新世纪高等院校影视动画、游戏教材

# 3ds Max 初级造型

3ds Max Primary Modeling

王嫱/苏黎诗(新加坡) 著

四川出版集团 四川美术出版社

**图书在版编目（CIP）数据**

3ds Max初级造型／王嫱，(新加坡)苏黎诗 著.—成都：四川美术出版社，2007.8

新世纪高等院校影视动画、游戏教材

ISBN 978-7-5410-3222-6

Ⅰ.3… Ⅱ.①王…②苏… Ⅲ.三维—动画—图形软件，3ds Max—高等学校—教材 Ⅳ.TP391.41

中国版本图书馆CIP数据核字（2007）第019191号

**指导单位**

中华民族文化促进会
动画艺术委员会
中国动画学会
教育专业委员会

揭示《3DS Max初级造型》的奥秘——

## 内容简介

《3ds Max 初级造型》一书为高等教育大学影视动画专业必修课程的教材，针对高等院校学生实际运用，从3ds Max软件首要的建模出发，重点讲解了3ds Max中最初级，最实用的建模技术。

早期的3ds Max作为一款三维软件，运动面主要在于低精度模型的游戏以及建筑表现上。如今更多更完善的技术使这款软件的建模技术越发方便、快捷。建模技术的高级升阶在于如何以最简化、最直观的步线及造型能力来表达物体。本书以最简单的实际案例来讲述了建模中常见的方法以及一些注意事项，提供较为完善的技术运用的例子，分析讲解了每个工具的运用规范及注意事项。

3ds Max软件已逐渐在游戏产业中规范化，前期建模为首要的基础流程，游戏模型的精度把握、模型的动画关节是必须注意的重点环节。本书在建模过程的讲述中，灵活结合了Polygon以及Nubrs建模技术交互式的使用。本书还详细分析对比了影视级别的模型与游戏模型之间的区别；对在每个不同场景的测试开发中所运用到的不同模型的精度、运动项目的方向，都作了指导性的讲述。

相信学习者通过掌握本书的知识，能掌握建模过程以及前期开发的较为坚实的技术基础。

**新世纪高等院校影视动画、游戏教材**

XINSHIJI GAODENG YUANXIAO YINGSHI DONGHUA YOUXI JIAOCAI

**3ds Max 初级造型**

3ds Max CHUJIZAOXING

**王嫱　苏黎诗（新加坡）著**

责任编辑　何启超
封面设计　何启超　邓静雯
特约编辑　蒋世元
装帧设计　何启超　陈世才　孙幼琳　张　扬
责任校对　张　杰　李　成　杨　鞠
责任印制　曾晓峰
版式制作　廖振宇　邓静雯
出版发行　四川出版集团　四川美术出版社
（成都三洞桥路12号　邮政编码　610031）
网　　址　WWW.SCMSCBS.COM
经　　销　新华书店
印　　刷　成都经纬印务有限公司
成品尺寸　190mm × 260mm
印　　张　15
图　　片　596幅
字　　数　384千
版　　次　2007年8月第一版
印　　次　2007年8月第一次印刷
书　　号　ISBN 978-7-5410-3222-6
定　　价　59.00元（附赠1教程CD）

# 《新世纪高等院校影视动画、游戏教材》编审委员会

# 丛书总序

当前，快速发展的数字艺术、CG技术与我国影视动画、动漫、游戏行业现状的差距；美国、日本、韩国动漫产业成为其国民经济重要支柱的现实；在国内，共和国的同龄人对上世纪《大闹天宫》等中国动画片的美好记忆与当代中国青少年伴随着国外卡通形象成长的现实反差；改革开放以来，中国高速发展的具有中国特色的社会主义市场经济对培育新的经济增长点的要求，等等。这一切，都将我国影视动画、动漫、游戏产业必须快速、高效发展的课题摆在了我们面前。

从1994年我国为发展动漫产业提出的“5515”工程，到进入新的世纪，其缓慢、曲折的发展历程长达14年。而日益绚丽多彩的数字艺术对动漫产业的现代化要求；人们日益增长的物质文化需求对我们动漫产业所形成的巨大市场空间；历史上曾辉煌于世界的“中国气派”的民族艺术，如何在今天再现其文化内涵的现代魅力等等，更将对动漫产业人才的需求摆在了我们面前。

人才是事业、产业发展的源动力，是发展的根本。而我国动漫产业与所需人才的数量、质量上的差距，已成为动漫产业发展的“瓶颈”，培养造就大批新型数字艺术家、动漫游戏专业工作者，已是当前最急迫的任务。人才需求的现状，直接催生了近年来我国动画教育的蓬勃发展。国内有关大学及社会各类培训班的动画类招生人数，每年均呈快速递增的趋势。而这一切，对动漫各专业教育的课程设置、教材编写也提出了更高的要求。

策划于我国西部软件、数字娱乐之都的《新世纪高等院校影视动画教材》，特邀国内外具有丰富教学经验，关注各国动漫、数字娱乐最新发展的教授、教育专家，有长期动画制作经验和具有社会影响的数字艺术家共同编撰。

此系列教材立足于中国动漫游戏产业及教育现状，致力于将中国民族文化的内涵与来自国外的教学理念相结合，将CG技术与视觉艺术相结合，体现新型的“双轨”教育思想。在编撰中，注重教育的科学性、连续性、系统性，注重对学习者基本的专业技能和艺术修养的训练。

系列教材的撰写科目，以教育部规定的及全国各院校实际开设的专业基础课和技术课为主，包括1-4年级的影视动画艺术原创，CG技术的各种基础专业及技法训练，理论知识，共近30多个科目。系列教材的思路，注重理论与实例的融会贯通，图文并茂、循序渐进、重点突出，以最新的实例、最新的资讯、最简洁的方式使学习者获得知识。

在3ds Max与Maya两套教材中，根据各校的教学软件不同，以高等教育中不同年级的课程定位，设定了基础、技能、创作教学3个阶段。基础教学教材的中心要点：全面学习3ds Max和Maya软件的各项功能。技能教学的中心要点：掌握3ds Max和Maya各项技术制作方法，全面学习更深层次的3ds Max和Maya技术制作。创作教学以创作为蓝本，综合性讲解3ds Max和Maya的创作流程，以技术、技巧和艺术性的综合指导，开发学习者的三维动画创新思维，使学习者能系统地完成三维动画创作。还设置了国外艺术家讲座，通过欣赏艺术家的原创作品，艺术家自己谈三维艺术创作的心得，然后再学习他们的制作技法，在非常专业的引导下，激发学生的学习激情，开阔学生视野。

此系列教材本着培养造就新型数字艺术创作者，振兴我国动漫游戏产业的美好愿望，从总体策划到收集信息、整理资料、作者撰写、编辑出版，现已历时两年。整个出版工程，凝聚了许多专家学者的心血，体现了中国动画人对中国动画教育和动漫产业的执着信念和热情。我真诚地感谢这套诞生于中国西部，具有中国特色的数字艺术高等教材的每位工作人员。同时，由于编写出版的时间紧迫及整个工作的复杂性，教材中存在的问题和纰漏，恳请同行、专家的指正、完善。

北京电影学院动画学院　院长 教授
2006年4月

# 引言十段

1 什么是数字艺术?

深入、透彻而全面的定义现在是不会有的，一切刚开始。今天的数字艺术是一个开放的框架，充满悬念，有待大家积极摸索、大胆创新、发表见解。

2 新奇与完美，速度与方便。艺术与技术的相互作用与融合，是数字艺术制作与传播的基本特征。

3 必须叫人思量与重视的，是传统的视觉艺术和纯粹的计算机技术早已混合。并且无处不在，并且规模扩大，并且快速更新，并且明星惊艳。

4 数字艺术激发想像，超越现实，其本质是艺术的幻觉，是由现实的技术魔变出来的玄幻真实。这个领域早晚会形成另一种奇特而完整的知识结构，以及全新的理论体系。

5 直觉的形象思维与理性的逻辑思维不再各行其是。两股钢轨，一条铁道。两种思维，一个大脑。思想的空间迅速拓展，人的能量成倍增长。视觉和心理被触发，营造美丽，召唤激情。

6 新人类、新新人类。说的就是两种思维自由切换的人。迷恋技术，同时迷恋艺术。在艺术与技术之间，他们有特权。

7 一年级、二年级、三年级，小学生、中学生、大学生，一步、两步、三步，大家都是这么走的。要成功，先立志。未来的成就取决于你的努力，你的努力取决于你的思维，你的思维取决于你如何学习。学习艺术与技术结合的双向思维，是我给你的建议。

8 2005年的统计，电子娱乐经济已经超过国际军火经济。电子娱乐经济是什么？不就是数字艺术制品吗？不就是数字艺术的集体狂欢吗?

9 美女帅哥们，假如倒退30年，我会一头扎进这套教材。如同英国的小朋友进到C.S.LEWIS先生的大衣橱，有一个神奇的纳尼亚世界等在那里。

10 数字艺术的形态，一些显示了，一些尚未显示。正如它的力量，一些爆发了，一些尚未爆发。让我加入啦啦队：你攥着鼠标长大，你看着图像成长，快快采取行动。血拼一场，天昏地暗，日月无光，长驱直入，亲密接触。发挥你的天赋，创造你的艺术，让我们眼睛一亮!

四川大学 艺术学院 / 计算机（软件）学院 教授 程丛林

2006.5.26.

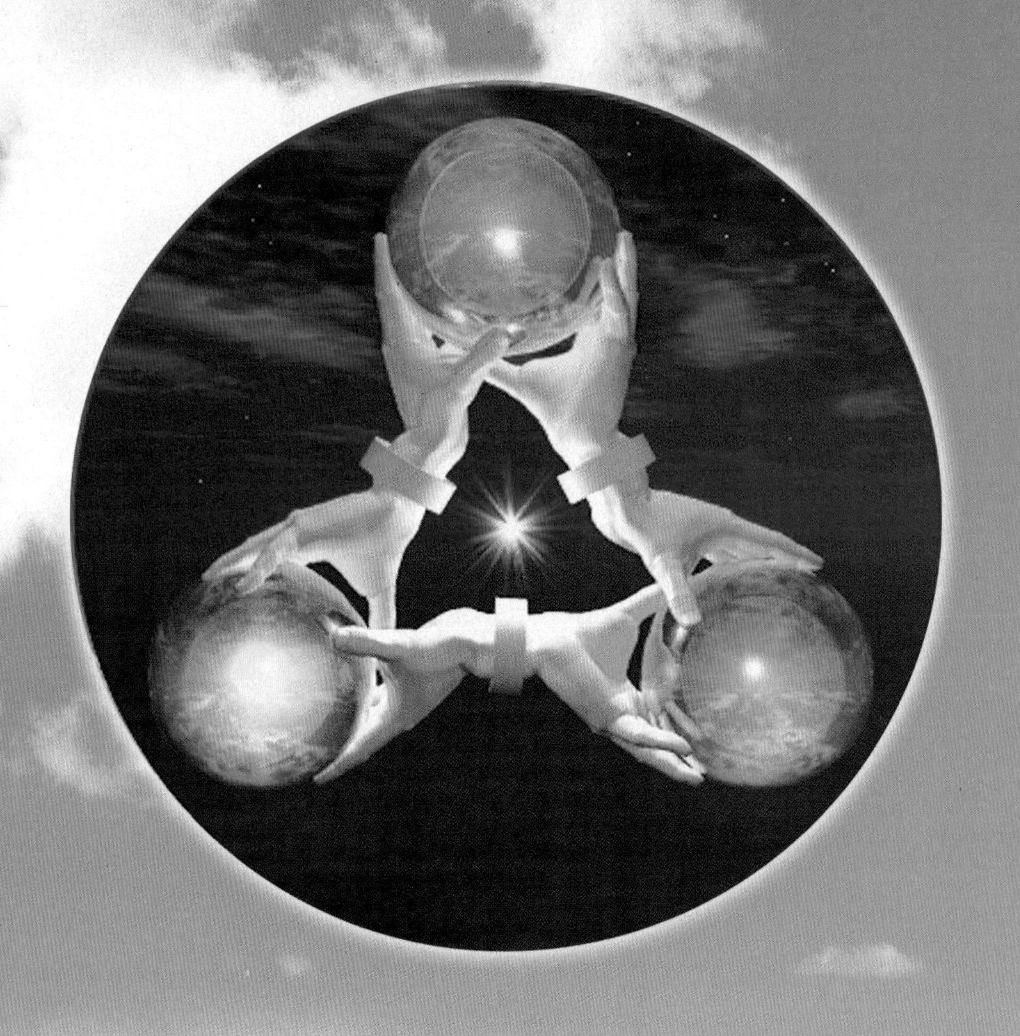

## 作者寄语

Hi，大家好！我是 Awang，这幅作品，是撰写此套教材特意献给同学们的。蓝色球代表教材，黄色球代表同学们，红色球代表我；手代表三方面的支持与配合。我们共同努力，托起我国动画事业美好的明天。

本套教材的编写，我们希望能体现以下特点：

· 以计算机技术和视觉艺术相结合，体现新型的双轨思维教育；

· 以艺术性，商业性与知识体例的系统性、完整性的完美结合为重点，以专业性、启发性、指导性的方法培养综合性高素质影视动画艺术原创、CG人才为目的；

· 图文并茂、循序渐进，深入浅出地一步步完成教学；

· 撰写科目以教育部规定的以及我国各院校实际开设的专业基础课和技术课为主，包揽1–4年级全部课程，共近30多个科目。

在本书里，让我们共同走进3ds Max的神奇境界，体验3ds Max的强大功能，感受3ds Max的无限虚拟空间……

## 《3ds Max 初级造型》附赠教程 CD 内容

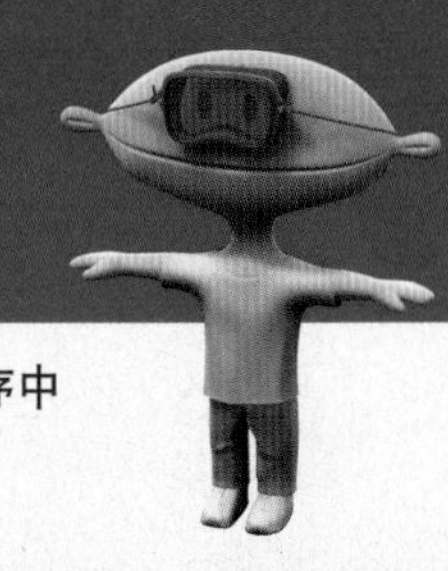

■ **材质贴图文件**（初级造型实例中需要的材质贴图文件，可以在 3ds Max 程序中使用，也可以使用看图浏览器浏览。）

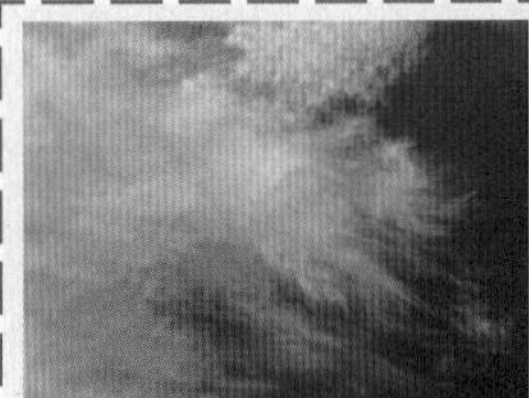

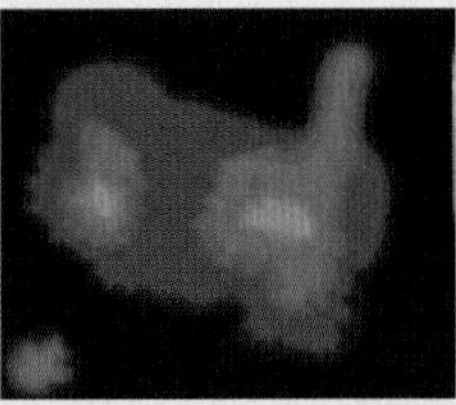

■ **参考图片文件**（可以使用看图浏览器浏览。）

■ **实例模型文件**（是初级造型实例源文件，只能在 3ds Max 程序中使用。）

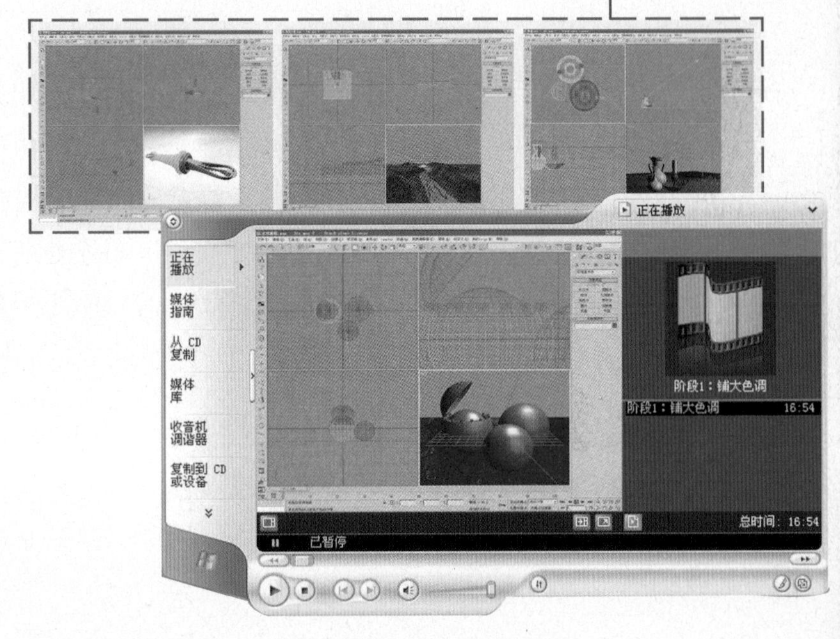


■ **实例模型文件**（初级造型实例源文件，只能在 3ds Max 程序中使用。）

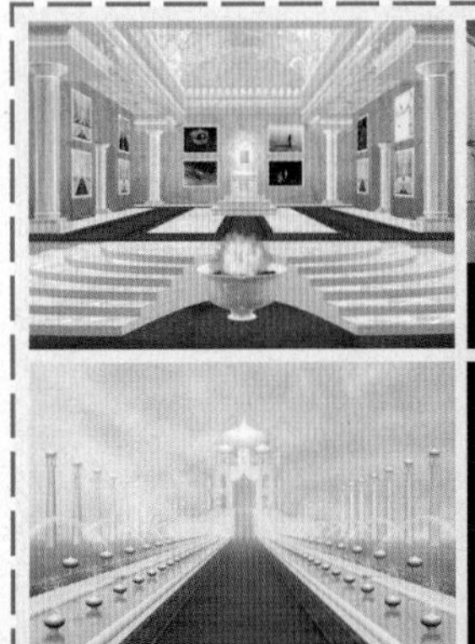

# 目　录



★学习前注意事项

在教学中未提到的参数和设置，就是要保持默认值，而指出来的参数和设置就是要改变的。
有特别需要注明的，会以“操作”、“注意”、“提示”、“重点”、“要点”、“技巧”、“警告”等来表明。
在学习与练习之前，请仔细观察原示例图，做到心中有数，方可开始一步一步跟着讲解的步骤去练习。
参考原文件，可以在学习光盘中找到。

# 第一部分 基础教学

★注：以上为基础教学的课程，参考学时：60 课时。

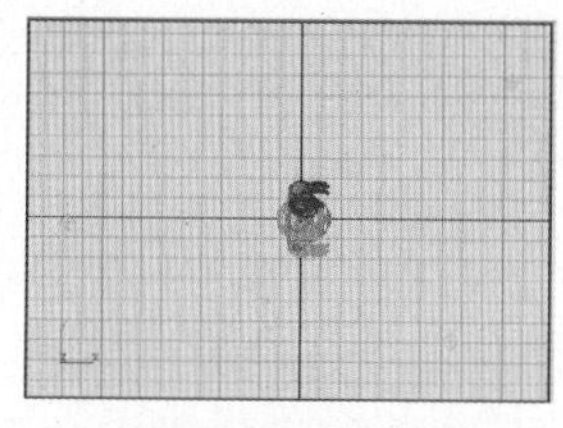

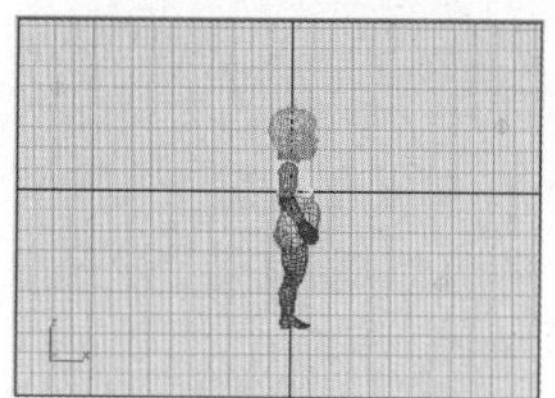

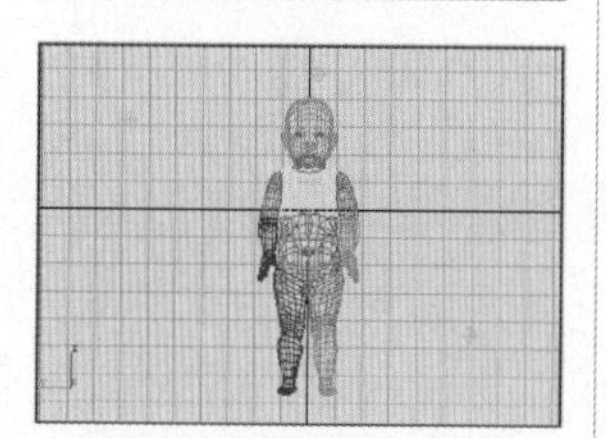

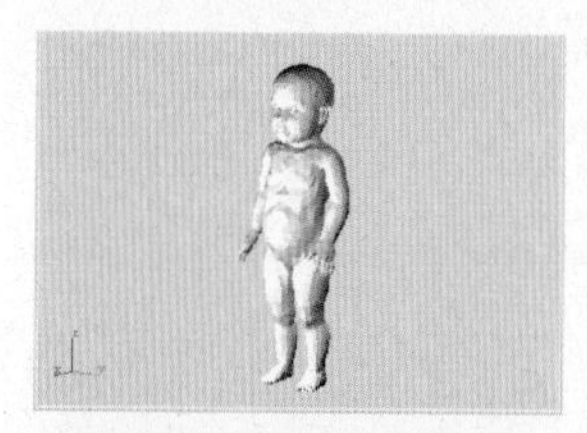

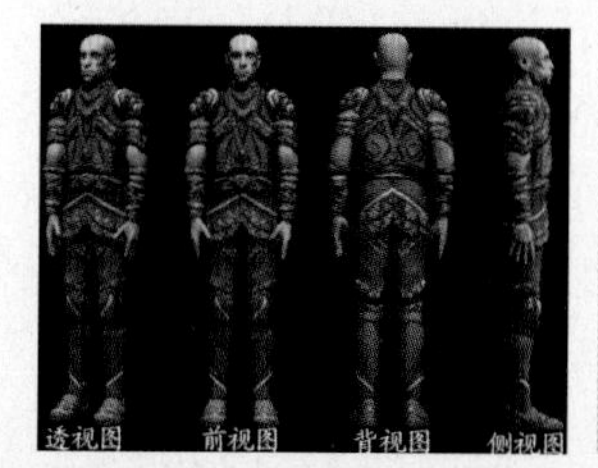

# 第一章 三维动画概述

本章包括以下学习内容：

**学习目的：**

认识了解三维动画软件的功能特点与应用领域，做好学习三维动画最前期的准备工作，使学生从心理上，以及使用的硬件设备上，都做好完全的准备。

## 第一节 如何看待三维艺术

最近几年来，美国好莱坞推出了几部较有影响力的电影，如比较熟悉的《珍珠港》、《拯救大兵瑞恩》、《泰坦尼克》、《精灵鼠小弟》等，这些电影都有一个共同点，都不同程度地运用了电脑三维艺术。除此之外，三维也将面对许许多多不同规模的工作场所的选择，首先，它依托于计算机上运行的三维软件，其次，三维既涉足计算机，也涉及艺术范畴，如Maya、3ds Max等，在科学计算可视化、医学、地理信息系统、虚拟现实等，都有广泛的应用。因此，电脑三维艺术当之无愧地属于计算机技术的范畴。

从事三维工作的人员，要有良好的理工科基础，其次必须掌握一种编程语言。例如，在科学计算可视化中，所有的计算结果都是程序运行的结果；在虚拟现实场景制作中，要运用多方面数学表达式，优化场景显示等，因此，三维依赖于它的母体——计算机，但它同时又无可非议地属于艺术领域。

看看下面三维的一些特征就会发现，三维与传统领域有许多相似之处，三维中镜头的定义、命名和运动等概念，属于摄影的范畴；图像组与帧序列的组织镜头的选择、电影语言等，属于电影及电视的范畴；构图、光和颜色属于绘画领域；关节、骨骼以及视点的理解、造型等与雕刻之类相关；夸张、预备、缩扁与拉长等动作，可从卡通中学习；灯光的效果可从舞台中获取经验；动画、动作的节奏与场景过渡，又与音乐修养结下不解之缘；在以上众多领域中，总能找到自己“一技之长”的方面。

## 第二节 PC电脑

不要以为是电脑就可以制作电脑三维，恰恰相反，三维对电脑的要求是很高的。十几年以前，要做电脑三维，离不开大型图形工作站，Mac苹果机的加入使电脑三维的影响力逐步扩大，近年来由于PC机在速度及存储量上都有显著的提高，已经在和传统上做三维的图形工作站，及Mac机一争高低，这时电脑三维艺术才真正流行起来。

不过，图形工作站的性能，比起PC电脑还是优越很多，由于工作站通常比台式电脑的价格高十倍左右，因此国内一般电脑制作公司，多配置性能较好的PC或Mac电脑，个人用户也几乎都在使用PC机。实际上，PC与Mac之间的性能差距已越来越小，而PC机的价格优势仍很明显，因此用PC机做三维，必然会成为主流。即使是最差的品牌图形工作站都要四、五万元人民币，用来制作电影的图形工作站，价格就更高了。SGI公司推出的最新工作站，可以支持128个CPU、1G的内存和512GB的显存，这种工作站使用是自己的操作系统IRIX和图形软件，而不是一般的Windows和3ds Max，不是一般人能够买得起和买得到的。对于一般人来说，并不一定要购买如此昂贵的电脑，因为随着电脑技术的飞速发展，只要个人电脑配置合理，利用个人电脑同样可以玩三维制作。

下面讲述三维对硬件配置有哪些特殊要求：

**CPU（中央处理器）**

电脑在进行三维创建的过程中，需要大量的运算，它既要计算三维空间中的每一个点、每一个线和面的位置，还要计算光影，以及物体的运动等，这就决定了它必须有一个强大的CPU，因此，要选择运算速度较快的CPU，尤其是浮点运算力强的CPU，当然最好是双CPU。现在支持双CPU的主板并不是很多，在准备购买双CPU时，一定要注意主板的支持能力。另外越是运算快的CPU发热量就越大，因为，应注意CPU的散热问题，比如选择功率大一些的风扇等。

**显示卡**

在三维技术发展的过程中，对显示卡的要求不再只是显示的作用，它还要分担很多CPU的工作。一个好的显示卡，并不能提高最终的渲染速度，但是能够在建模和动画中，提高显示速度，且不出现丢帧现象。三维制作者制定了一些标准，要求显示卡要对其进行支持，只有支持这些标准的显示卡，才能够流畅地显示出三维效果。

这些标准有DirectX、OpenGL&Glide。OpenGL是SGI公司所制定的强大的三维接口，因此，中高端的三维软件都支持OpenGL，所以在购买显示卡时，就要看它是否能够很好的支持OpenGL。

**警告：**

有很多的显示卡的广告，声称该显示卡能够支持OpenGL，但是它只支持游戏中的OpenGL，而不是三维中的OpenGL，希望不要被广告所误导。

**显示器**

由于在三维制作过程中，常常要同时从顶面、前面、侧面、透视等几个方向观察物体，因此会将一个显示器，划分为几个画面，再加上工具栏等，这样要很好地观察这些画面，就需要较大的显示器。建议购买17英寸以上的，当然显示尺寸越大越好。

**内存**

最好在512MB以上，有ECC的更好，当然容量越大越好。

**硬盘**

容量越大越好，可接硬盘阵列就更好，硬盘阵列能提高读取数据的速度。

## 第三节 三维软件

目前，暂时还没有国产的大型电脑三维软件，现在使用的都是国外的软件产品。中端软件有Lightwave和3ds Max，高端软件有Maya、Soft-Image(Next version will be named “Sumatra”)和Hunidi等。对于国内市场来说，用得最多的当数3ds Max，因为它是最早面市的基于PC电脑的三维软件。经过十几年的发展，该软件现已经拥有大量的固定用户，也有很多开发人员为其开发插件，而且它对系统的要求相对来说并不高，因此，国内有很多人拿它来进行游戏开发和各种设计制作。

## 第四节 制作三维的步骤

制作三维是一个涉及范围很广的话题，从某种角度来说，三维的创作有点类似于雕刻、摄影、布景设计及舞台灯光的使用，可以在三维环境中控制各种组合。三维制作者具备基本操作技能外，还要有更多的创造力。

电脑三维的制作过程主要有建模、编辑材质、贴图、灯光、镜头(摄像机)、动画编辑和渲染几个步骤。

**建模**

就是利用三维软件在电脑里，构造多个立体的模型。如：人体模型、飞机模型、建筑模型等。这些立体模型在进行其他制作过程之前，只是一个有着单一颜色的物体，毫无生气。

**编辑材质**

就是对模型的光滑度、反光度、透明度的编辑。玻璃的光滑和透明、木料的低反光度和不透明等，都是在这一步实现的。如果经过这一步后直接渲染，就可以得到一些漂亮的单色物体，如玻璃器皿和金属物体。

**贴图**

现实生活中的物体，并不都是单色的物体，如人的皮肤和衣着，无不存在着各种绚烂的图案。在三维中要做得逼真，就要将这些图案做出来。如果想直接在三维的模型上，做出这种效果是难以实现的，因此一般都是将一幅或几幅平面的图像，像贴纸一样贴到模型上，这就是贴图。贴图是一个很重要的过程，是保证做出来的物体有真实感的基础。

**灯光**

也就是在做好的场景中，放上几盏灯，烘托出不同的效果。在3ds Max中，灯的种类主要有太阳灯、聚光灯、泛光灯和环境灯这几种。

**镜头（摄像机）**

就是设置观看的画面。

**动画编辑**

以上做出来的模型只是个静物，要使它像电影、电视中的画面一样动起来，还需要经过动画编辑。动画编辑主要通过关键帧、粒子、力场几个方法来实现。

**渲染**

电脑三维效果的渲染对电脑的要求是很高的，一段动画效果的渲染，短要几秒、几十秒，长则多达几个小时，像一些大型的影视效果的渲染，往往长达一个月，甚至几个月。因此不能一边制作一边显示效果，而是在完成以上过程后，再去渲染。至于以后的剪辑、配音等其他过程，则由后期影视处理软件如：After Effect等处理。

## 第五节 三维的艺术领域

**＊ 造型艺术**

造型是三维的基础。三维造型存在于计算机虚拟的三维空间内，它依靠空间坐标轴，进行定位与定型，且每一点都具备X、Y、Z三个坐标值。制作过程中和已完成的三维造型，在屏幕上通常以网格方式显示，将其放大可以看到四边形拼接的表面。交叉的地方为顶点，顶点是三维动画中，最小的造型单位，每三个顶点构成一个三角面，三角面是更高一级的造型单位，一个物体就是由许许多多的这样的三角面连接而成的。通过对每个表面的受光计算，可以给它们赋予不同的颜色，从而显示出具有体积感的三维物体，再通过表面抛光处理，就可以达到真实的三维效果。

在造型的编辑操作上，是通过不同的视窗角度来观察和加工物体的。习惯上，使用顶视图、前视图和左视图三个正交视图，以及一个自由的透视图，如图1-5-1所示，

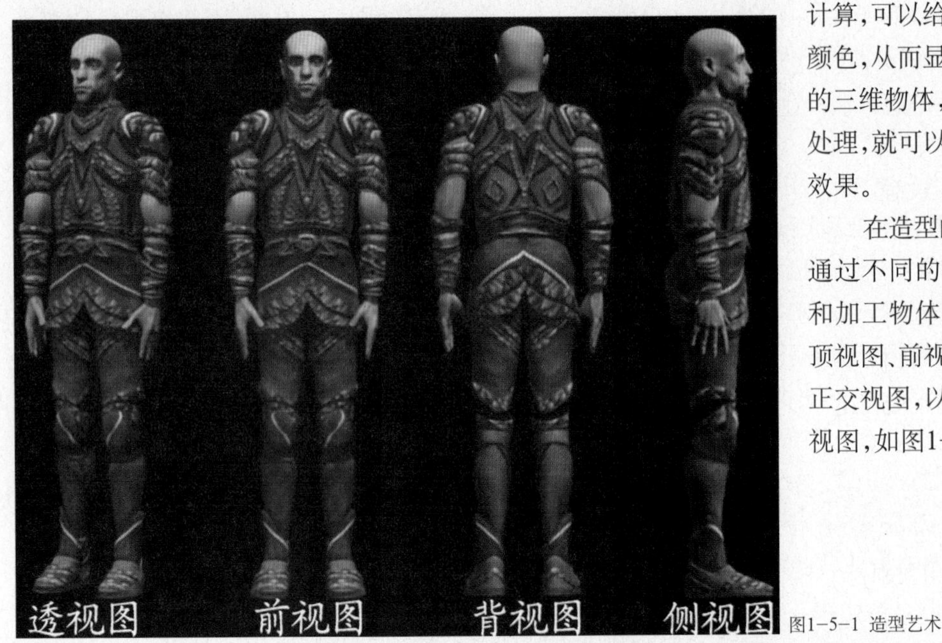


图1-5-1 造型艺术

在透视图内，可以通过自由地调整观察角度，来选择最合适的位置，制作和编辑物体。物体的精细程度，由表面三角面的数目来决定，三角面越多，造型就越细腻。三维造型是通过各种造型工具建立的，与徒手绘画的概念完全不同。一个完整的三维造型，可以使用各种工具，对它进行变形加工处理，就像现实生活中的雕塑艺术一样。

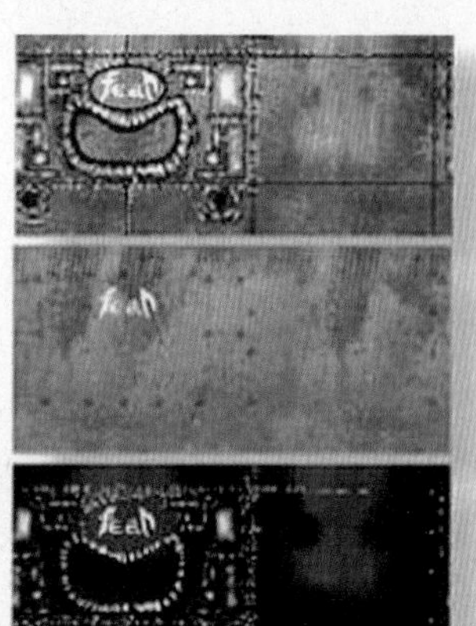

图1-5-2 色彩艺术

* 色彩艺术

计算机的色彩原理与绘画不同，它是通过发光的像素来显示颜色的。一般显示器都具备1600万种色彩的显示能力。色彩是以R G B方式调节的，通过红绿蓝三原色，可以调配出1600万种颜色。三维软件中色彩的渲染不同于绘画，对一个造型而言，色彩主要取决于造型本身的材质属性。材质编辑器是专门用来制作加工材质的，它提供多种工具，用于创造形形色色的材质。

材质在指定给物体后，物体就显示出了色彩和光彩。材质有三种最主要的基本着色方式：一种为面方式，较为粗糙；一种为塑性方式，细腻光滑，为常用方式；一种为金属方式，专用于金属材质的制作。

对一个材质而言，它分为高光区、过渡区和阴影区三个区域。这三个区域的色彩、反光强度和受光范围，可以随意调节，以用来创造不同质感的材质。在材质表面，可以附着图案纹理，将扫描处理后的纹理贴图贴在材质表面，制作出真实感极强的材质，如图1-5-2所示。

图1-5-3 灯光艺术

* 灯光艺术

在三维软件内部提供了用于照明的灯光。在没有灯光的场景里，任何三维造型都是不可见的。

泛光灯是一种应用广泛的照明灯光，它可以照亮场景中的所有物体，并在物体表面产生明暗对比关系。

聚光灯是一种有目标指向的定向光源，只照亮其设定范围内的物体。聚光灯的照射角度可以任意调节，以产生不同的明暗效果。

聚光灯的照射范围，可以自由设定，通过对聚光灯亮度的控制，可以产生不同光强的照明效果；灯光的色彩可以任意变化，以产生彩色的光照效果，所有的灯光都具备投射阴影的能力，通过对光线追踪计算，可以产生真实的光影效果，如图1-5-3所示。

* 摄影艺术

计算机内部提供虚拟的具有定位点和目标点的摄影机，沿着摄影机目标点的方向，在其范围内的物体，都将成像在摄影机视图内，摄影机视图，是最后作品的展示窗口，如图1-5-4所示。

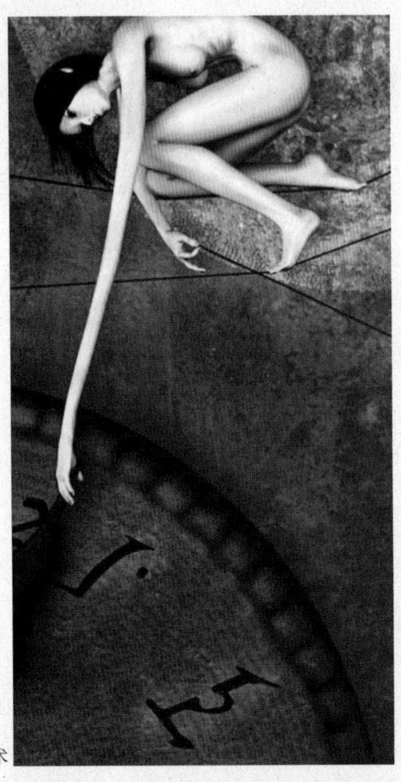

图1-5-4 摄影艺术

可以对摄影机进行推拉、变焦、摇移和旋转操作，在全部场景完成后，可以为摄影机指定运动轨迹，并通过摄影机的运动，拍摄所观察到的景象。

* 运动艺术

三维动画中的运动原理与手式动画相似。制作运动画面时，只需设定出运动的关键帧，中间的过渡画面，可由计算机自动完成，如图1-5-5所示。

可以改变物体的位置，进行任意角度的旋转，对它的大小进行任意比例的缩放。对于比较复杂的运动，可以为物体制作三维空间中的运动轨迹，并将其放置在轨迹上进行运动。物体与物体之间，可以通过父子继承关系，进行关节连接，并相互影响，从而完成较为复杂的连接运动。

* 影视娱乐

影视娱乐是最能体现三维价值的制作，不管是人为不能拍摄到的地方，还是科学未能实现的事物，只要利用三维就能从虚拟到现实了，如图1-5-6所

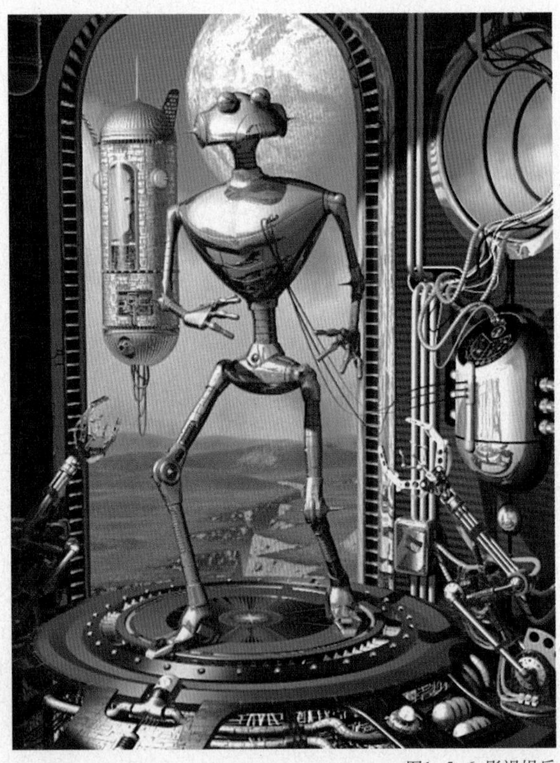

图1-5-6 影视娱乐

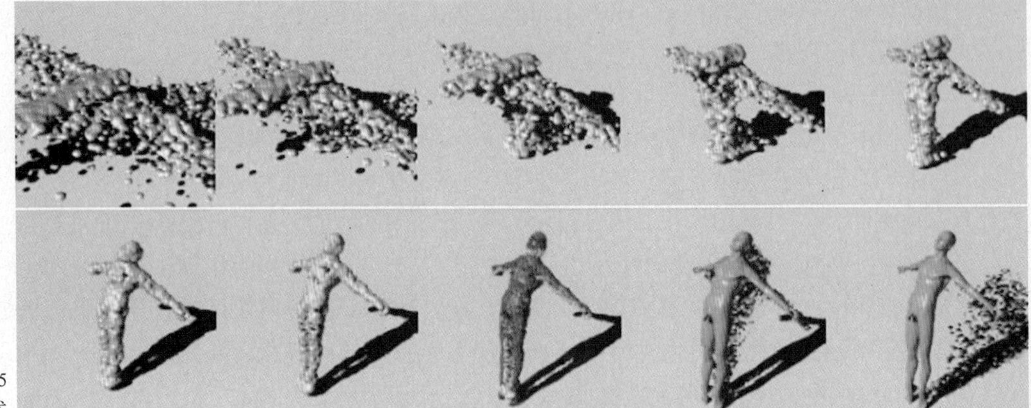

图1-5-5 运动艺术

示，是科幻影片中的机器人。

＊ **广告制作**

大量的广告片头都是用三维制作完成的，它使得广告产品更加形象活泼。三维广告字，几乎成了广告标板的专用字，如图1–5–7所示，是利用三维制作的麦当劳快餐广告。

＊ **产品制造**

用三维对产品进行辅助设计是举足轻重的。研究设计新产品时，对环境危险，以及人所不能观察到的地方，利用三维模拟，可减少误差和损失。在汽车工业上，就需要三维知识，因为流线型的车身，用手工很难设计出来，如图1–5–8所示。

图1–5–7 广告制作

图1–5–8 产品制造

* 建筑装潢

建筑装潢使用三维来展示建筑结构，建筑使用的三维效果图表现得更精确，效果也更令人满意，在施工前，可以将实际地形和建造设想与三维模型有机结合，以观察最后竣工效果，对于内部结构通过三维手段一目了然，可以在内外随意浏览观看，如图1-5-9所示。

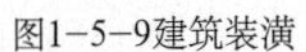

图1-5-9建筑装潢

* 艺术绘画

可以通过三维来表现生活中的艺术形态，目前国外已有很多优秀的三维艺术家，如图1-5-10所示。

1-5-10艺术绘画

* **电脑游戏**

电脑游戏在娱乐业中有很大市场,对计算机着迷的人中,有很多是被游戏所吸引的。因此,对于电脑游戏产业来说,优美的画面设计和程序设计同样重要,如图1-5-11所示,是三维游戏的经典作品之一。

* **生化研究**

三维在生物化学领域引入较早。复杂分子结构无法靠想象来完成,而三维模型给出了精确分子构成,遗传工程利用三维对D N A进行重组后,可产生新的化合物,给研究工作带来了极大的便利。

1-5-11电脑游戏

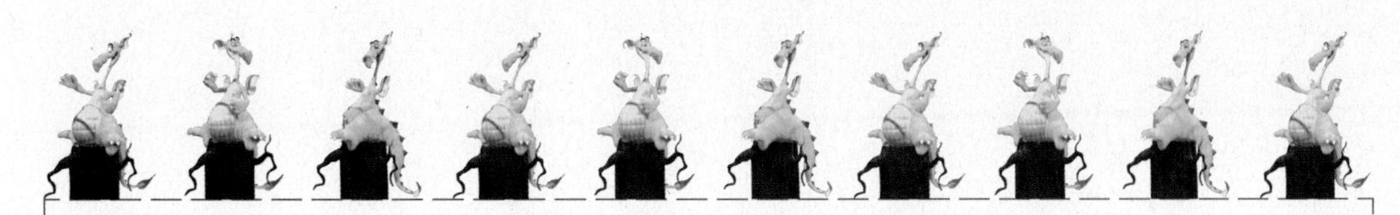

## 小结

概述介绍了三维软件在三维制作中的应用领域,以及所需要的必备硬件条件。

## 课外作业

搜集大量的三维制作的经典作品。

# 第二章 3ds Max快速入门

本章包括以下学习内容：



注意：

如果是从【命令提示】窗口，或批处理文件中，打开3ds Max，则可以添加命令行开关；3ds Max是单文档应用程序，这意味着一次只能编辑一个场景；然而，可以打开3ds Max的多个副本，并在每个副本中，打开不同的场景；打开多个3ds Max副本，需要占用大量RAM；为了获得最佳性能，应该计划好一次只打开一个副本，并只编辑一个场景；Windows ME不支持打开多个3ds Max副本。

学习目的：

快速引导学生进入学习3ds Max的状态，使其学习掌握基本的操作功能，初步认识3ds Max的操作原理和制作方法与流程。

## 第一节 项目工作流程

安装了3ds Max之后，从【开始】菜单中，或使用Windows中的任何其他方式，均可将其打开，如图2-1-1所示，显示了加载场景文件的应用程序窗口。

### 1.建模型

在视口中，建立对象的模型，并设置对象动画，视口的布局是可配置的，可以从不同的3D基本几何体开始，也可以使用2D图形，作为放样或挤出对象的基础，可以将对象转变成多种可编辑的曲面类型，然后通过拉伸顶点和使用其他工具进一步建模，如图2-1-2所示。

另一个建模工具，是将修改器，应用于对象，修改器可以更改对象几何体，弯曲和扭曲是修改器的两种类型；在命令面板和工具栏中，可以使用建模、编辑和动画工具，如图2-1-3所

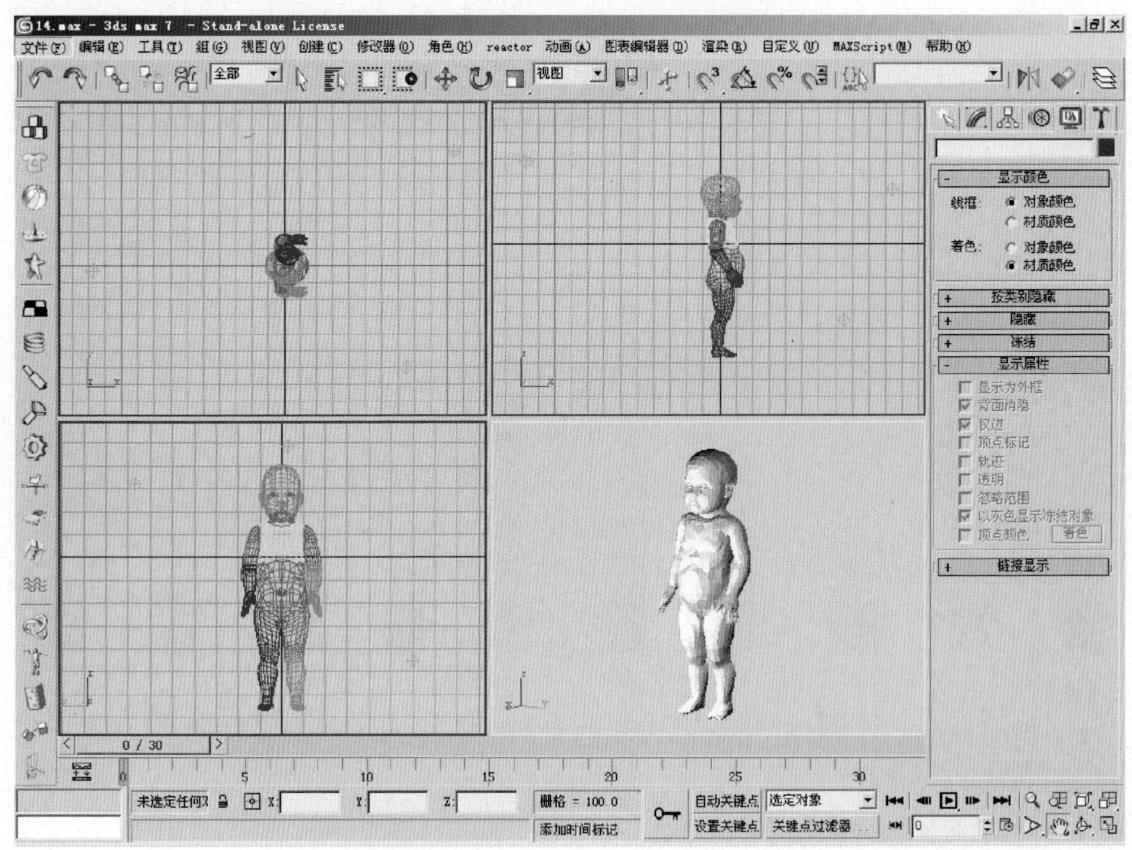

图2-1-1 加载场景文件的应用程序窗口

示。

**2.材质制作**

可以使用材质编辑器制作材质，编辑器在其自身的窗口中显示；使用材质编辑器定义曲面特性的层次，可以创建有真实感的材质；曲面特性可以表示静态材质，也可以表示动画材质，如图2-1-4所示。

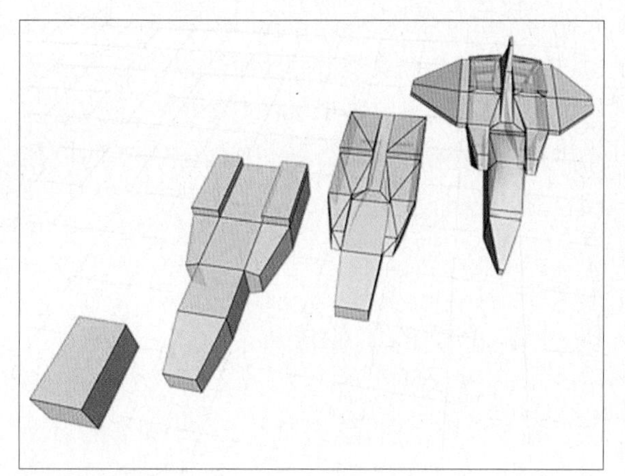

图2-1-2 建模型

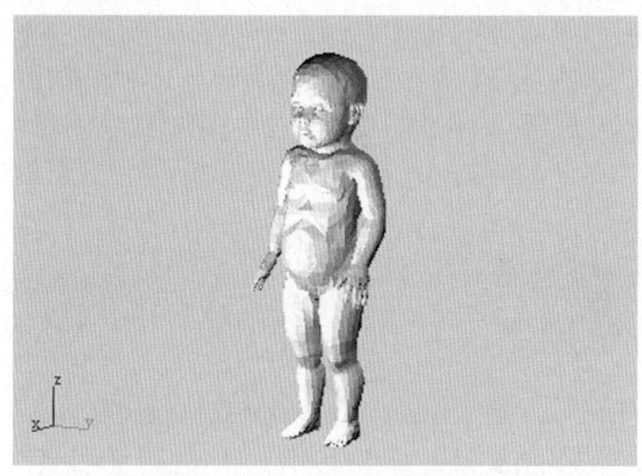

图2-1-3 修改模型

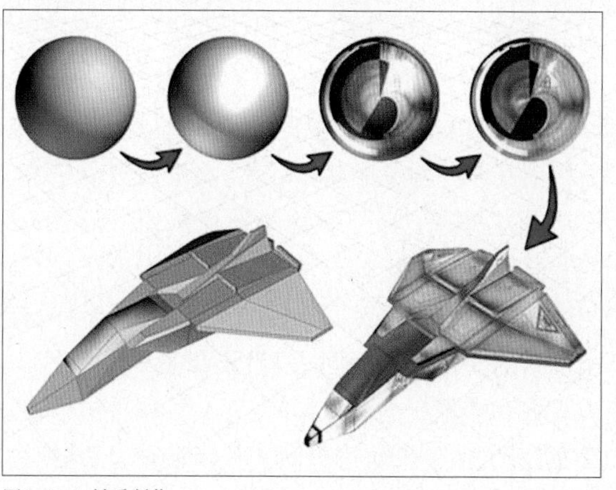

图2-1-4 材质制作

**3.灯光和摄像机**

可以创建带有各种属性的灯光，来为场景提供照明；灯光可以投射阴影、投影图像，以及为大气照明创建体积效果；基于自然的灯光，让场景中使用真实的照明数据，光能传递在渲染中，提供无比精确的灯光模拟；创建的摄像机，可模拟在真实世界中一样，控制镜头长度、视野和运动，例如，平移、推拉和摇移镜头，如图2-1-5所示。

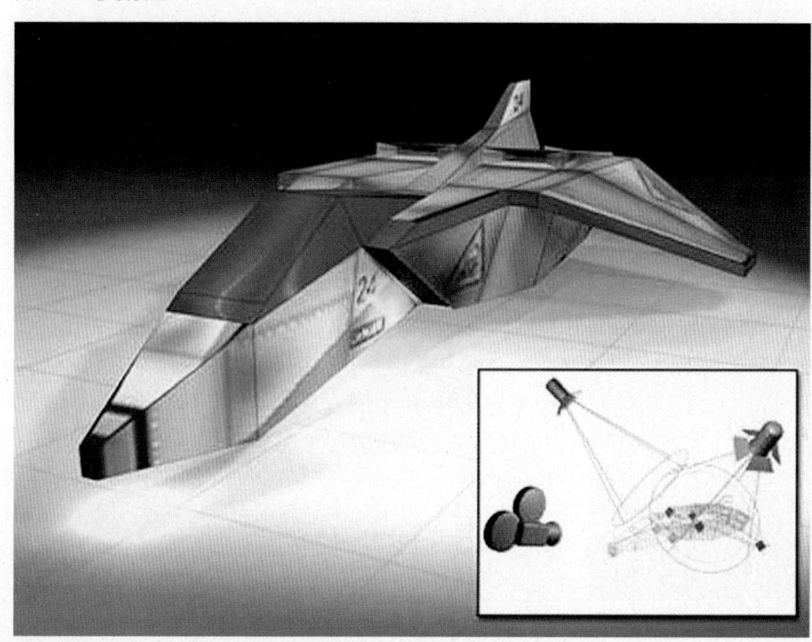

图2-1-5灯光和摄像机

4.动画

任何时候只要打开自动关键点按钮，就可以设置场景动画，关闭该按钮，就返回到建模状态；也可以对场景中对象的参数，进行动画设置，以实现动画建模效果；打开自动关键点按钮之后，3ds Max自动将所做出的移动、旋转和比例变化，记录为展示期间，在特定帧上的关键点，而非记录为静态场景的变化；此外，还可以设置众多参数，不时做出灯光和摄像机的变化，并在3ds Max视口中，直接预览动画；使用轨迹视图来控制动画，轨迹视图是浮动窗口，可以在其中为动画效果编辑动画关键点、设置动画控制器或编辑运动曲线，如图2-1-6所示。

5.渲染

渲染会在场景中添加颜色和着色。3ds Max中的渲染器，包含下列功能，例如，选择性光线跟踪、分析性抗锯齿、运动模糊、体积照明和环境效果；当使用默认的扫描线渲染器时，光能传递解决方案，能在渲染中提供精确的灯光模拟，包括由于反射灯光所带来的环境照明；当使用Mental Ray渲染器时，全局照明会提供类似的效果；如果工作站是网络的一部分，网络渲染可以将渲染任务，分配给多个工作站；使用Video Post，也可以将场景与已存储在磁盘上的动画合成，如图2-1-7所示。

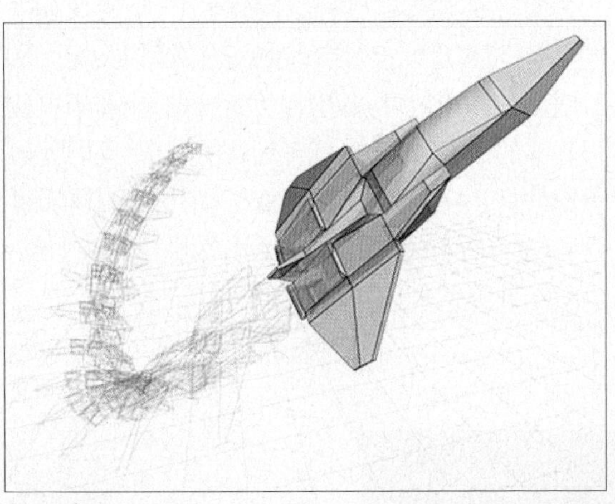

2-1-6动画

图2-1-7渲染

## 第二节 典型的工作流程

一.设置场景

当打开程序时，就启动了一个未命名的新场景，也可以从文件菜单中，选择新建或重置，来启动一个新场景。

*选择单位显示

在单位设置对话框中，选择单位显示系统，可以从公制、美国标准、通用方法中选择，或者设计一个自定义度量系统，随时可以在不同的单位显示系统之间切换。

注意：

为了获取最佳结果，可在进行以下操作时，使用一致的单位：

1 合并场景和对象。

2 使用外部参考对象或外部参考场景。

*设置系统单位

单位设置对话框中的系统单位设置，确定3ds Max与输入到场景的距离信息如何关联，该设置还确定舍入误差的范围，除非建立非常大，或者非常小的场景模型，否则请不要更改系统单位值。

*设置栅格间距

在栅格和捕捉设置对话框的主栅格面板中，设置可见栅格的间距，可以随时更改栅格间距。

*设置视口显示

3ds Max中，默认的四个视口，按一种有效的和常用的屏幕布局方式排列，在视口配置对话框中，设置相应的选项，可以更改视口布局和显示属性，如图2-2-1所示。

*保存场景

经常保存场景，能避免误操作和丢失所做的工作。

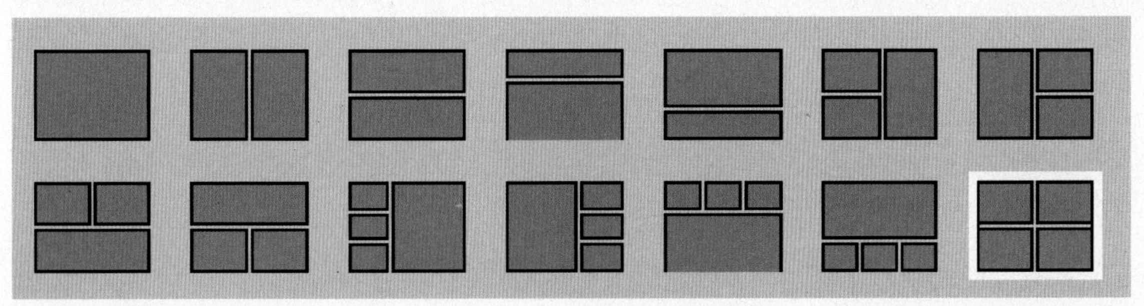

图2-2-1 设置视口显示

## 二.建立对象模型

通过创建标准对象，例如3D几何体和2D图形，然后将修改器应用于这些对象，可以在场景中，建立对象模型，程序包含大量的标准对象和修改器，如图2-2-2所示。

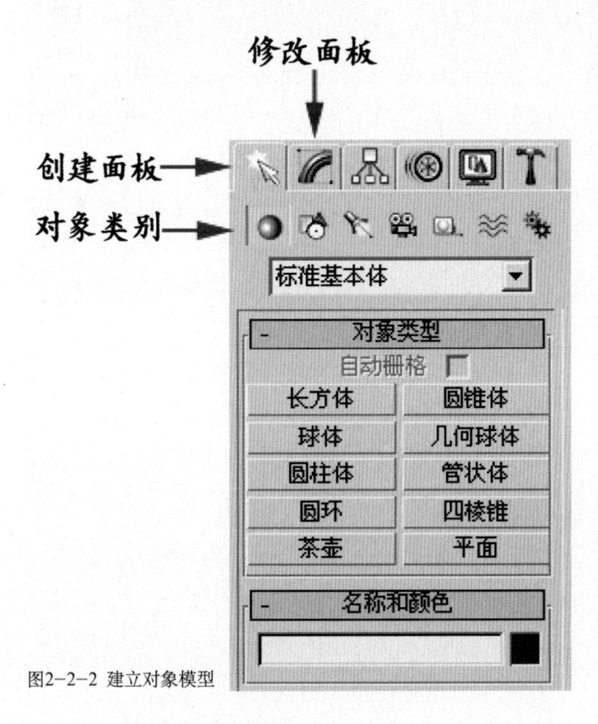


图2-2-2 建立对象模型

### * 创建对象

在【创建】面板上，单击对象类别和类型，然后在视口中，单击或拖动来定义对象的创建参数，这样就可以创建对象。程序将【创建】面板组织到以下基本类别中：【几何体】、【图形】、【灯光】、【摄像机】、【辅助对象】、【空间扭曲】和【系统】，每一种类别包含有多种子类别，都可以从中进行选择，如图2-2-3所示。

图2-2-3 创建面板创建对象

在【创建】菜单中，选择对象类别和类型，然后在视口中，单击或拖动来定义对象的创建参数，这样就可以创建对象。程序将【创建】菜单组织到以下基本类别中：【标准基本体】、【扩展基本体】、【AEC对象】、【复合对象】、【粒子】、【面片栅格】、【NU－RBS】、【动力学】、【图形】、【灯光】、【摄像机】、【辅助对象】、【空间扭曲】和【系统】，如图2-2-4所示。

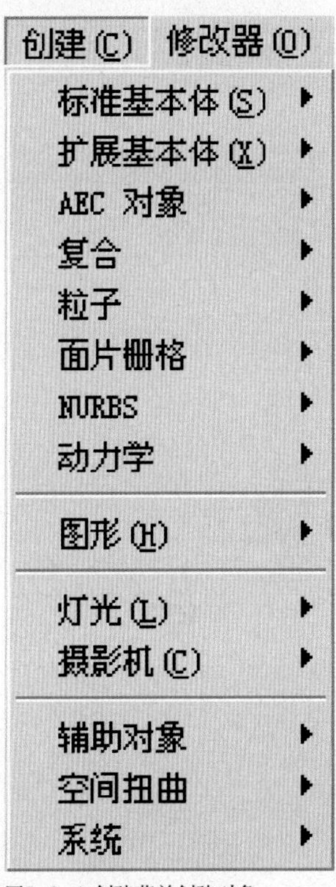


图2-2-4 创建菜单创建对象

### * 选择和定位对象

在对象周围的区域单击，或拖动来选择该对象，也可以通过名称或其他属性，例如，颜色或对象类别，来选择对象；选择完对象之后，使用【变换】工具移动、旋转和缩放，来将它们定位到场景中，还可以使用【对齐】工具，精确定位对象。

### * 建立对象模型

从【修改】面板中，应用【修改器】，将对象塑造和编辑成最终的形式，应用于对象的修改器，将存储在堆栈中，可以随时返回，并更改修改器的效果，或者将其从对象上移除，如图2-2-5所示。

三.使用材质

可以使用【材质编辑器】来制作材质和贴图，从而控制对象曲面的外观，贴图也可以被用来控制环境效果的外观，例如，灯光、雾和背景，如图2-2-6所示。

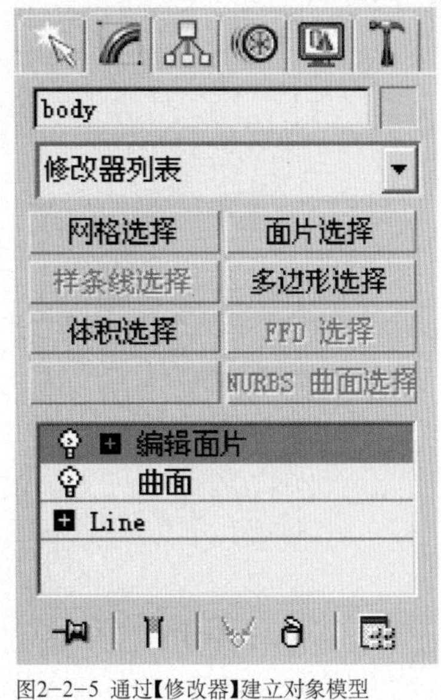

图2-2-5 通过【修改器】建立对象模型

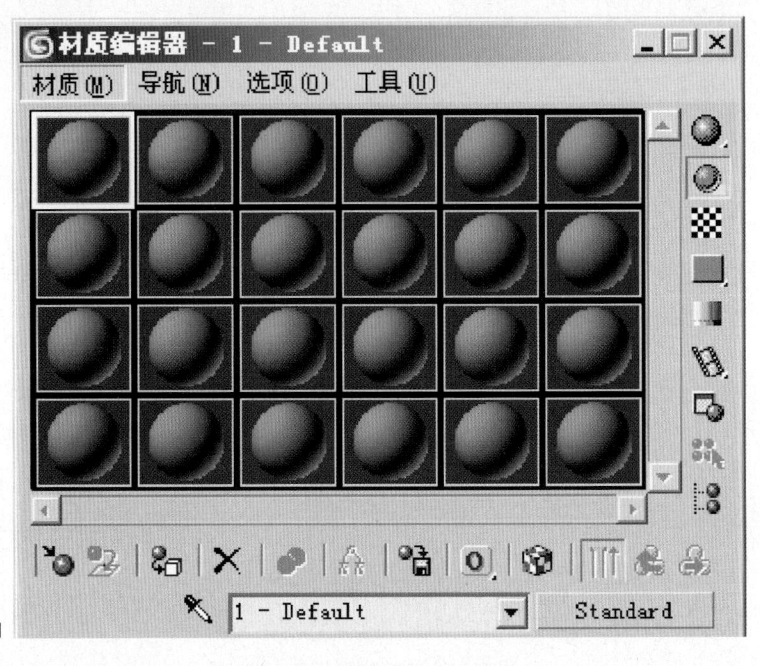

图2-2-6【材质编辑器】

例如：

左边房子使用的是默认的【标准】材质，右边房子使用的是【复合】材质，如图 2-2-7所示。

图2-2-7 标准材质与复合材质

* 基本材质属性

可以设置基本材质属性来控制曲面特性。

例如：

默认颜色、反光度和不透明度级别，仅使用基本属性，就能够创建具有真实感的单色材质。

* 使用贴图

通过应用贴图来控制曲面属性，例如纹理、凹凸度、不透明度和反射，可以扩展材质的真实度；大多数基本属性，都可以使用贴图进行增强。

例如：

在画图程序中创建的文件，都能作为贴图使用，或者可以根据设置的参数，来选择创建图案的程序贴图；程序也包含创建精确反射和折射的光线跟踪材质和贴图。

* 查看场景中的材质

可以在着色视口中，查看对象材质的效果，但该显示，只是接近最终的效果，渲染场景以精确地查看材质。

四.放置灯光和摄像机

放置灯光和摄像机来完成场景，就像在拍电

影以前，在电影布景中，放置灯光和摄像机一样。

A 放置灯光和摄像机构成场景，如图2-2-8所示。

图2-2-8 放置灯光和摄像机构成场景

B 场景结果，如图2-2-9所示。

图2-2-9 场景结果

＊默认照明

默认照明均匀地为整个场景提供照明，当建模时，此类照明很有用，但不是特别有美感或真实感。

＊放置灯光

当在场景中获得更加特定的照明时，可以从【创建】面板的灯光类别中，创建和放置灯光；程序包含下列标准灯光类型：【泛光灯】、【聚光灯】和【平行光】，可以将灯光设为任意颜色，甚至可以设置颜色动画，以模拟变暗或颜色变换灯光，所有这些灯光，都能投射阴影、投影贴图和使用体积效果。

＊光度学灯光

光度学灯光可以使用真实的照明单位，来更加精确和直观地工作，光度学灯光同样支持行业标准的光度学文件格式（IES、CIBSE、LTLI），所以可以模拟真实的人造光源特性，甚至从 Web中拖入现成的光源，同时使用光度学灯光与3ds Max光能传递解决方案，能更精确的从实际上和数量上评估场景的照明效果；从【创建】面板中的【灯光】下拉列表中，可选择光度学灯光，如图2-2-10所示。

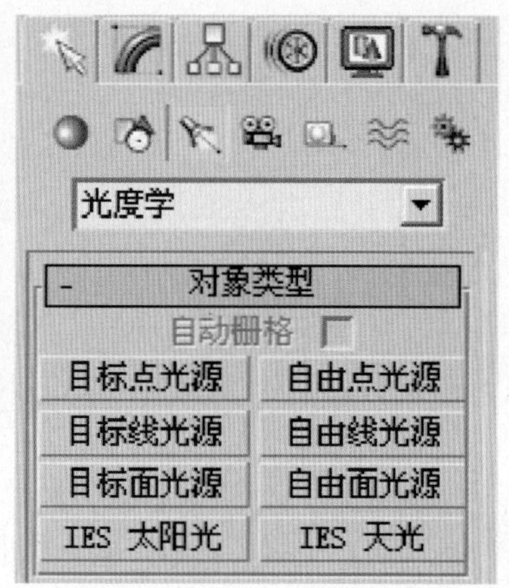


图2-2-10 光度学灯光

＊日光系统

日光系统将太阳光和天光结合，创建一个统一的系统，该系统遵循太阳在地球上，某一给定位置的符合地理学的角度和运动，可以选择位置、日期、时间和指南针方向，也可以设置日期和时间的动画，该系统适用于计划中的和现有结构的阴影研究。

＊查看场景中的照明效果

当在场景中放置灯光时，默认的灯光会关闭，整个场景只由创建的灯光照明，在视口中所看到的照明，只是真实照明的近似效果，渲染场景以精确地查看照明。

技巧：

如果日光系统看起来冲蚀场景，则尝试使用对数曝光控制。

＊放置摄像机

可以从【创建】面板的摄像机类别中，创建和放置摄像机，摄像机定义用来渲染的视口，还可以设置摄像机动画，来产生电影的效果，例如，推拉和平移拍摄。

此外，还可以从透视视口中，通过使用【视图】菜单中的【从视图创建摄像机】命令，自动创建摄像机；可以调整透视视口，直到满意为止，然后选择【视图】中的【从视图创建摄像机】；3ds Max创建摄像机，并使用显示相同透视的摄像机视口，取代了透视视口。

### 五.设置场景动画

可以对场景中的几乎任何东西，进行动画设置，单击【自动关键点】按钮，来启用自动创建动画，拖动时间滑块，并在场景中做出更改来创建动画效果。

**＊控制时间**

程序为每一个新场景，启动100帧的动画。帧是度量时间的一种方法，可以通过拖动时间滑块，来查看不同的时间，也可以打开【时间配置】对话框，来设置场景中使用的帧数和帧显示的速度。

**＊动画变换和参数**

当【自动关键点】按钮，处于启用状态时，只要变换对象或更改参数，程序就会创建一个动画关键点，要对某一范围的帧设置参数动画，请在第一帧和最后一帧指定值，程序会计算两者之间所有帧的值。

**＊编辑动画**

可以打开【轨迹视图】窗口，或更改【运动】面板上的选项，来编辑动画；【轨迹视图】就像一张电子表格，它沿着时间线，显示动画关键点，更改这些关键点，可以编辑动画。

【轨迹视图】有两种模式，在曲线编辑器模式下，可以将动画显示为一系列的功能曲线，这些曲线用图形方式，显示某个值，是如何在一段时间内变化的；此外，在摄影表模式下，还可以将动画，显示为在栅格上的一连串关键点或范围。

### 六.渲染场景

使用渲染功能，可以定义环境，并从场景中生成最终输出结果，渲染将颜色、阴影、照明效果等等，加入到几何体中，如图2-2-11所示。

图2-2-11 渲染场景

**＊定义环境和背景**

很少会在默认的背景颜色中渲染场景，打开【环境】和【效果】对话框的【环境】面板，可以为场景定义背景，或设置效果，例如，雾。

**＊设置渲染选项**

要设置最终输出的大小和质量，可以从【渲染场景】对话框的众多选项中进行选择，可以完全地控制专业级别的电影和视频属性以及效果。例如，反射、抗锯齿、阴影属性和运动模糊。

**＊渲染图像和动画**

将渲染器设置为渲染动画的单个帧，就可以渲染单幅图像，请指定要生成的图像文件的类型，以及程序存储文件的位置；除了需要将渲染器设为渲染一系列帧以外，渲染动画与渲染单幅图像是一样的，可以选择将动画渲染成多个单独帧文件，或是渲染成常用的动画格式，例如，FLC或AVI。

## 第三节 3ds Max 窗口

1.菜单栏，如图2-3-1所示。

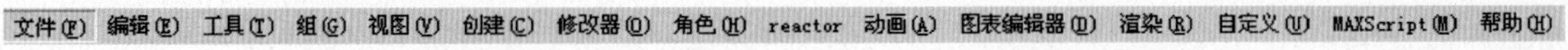

文件(F) 编辑(E) 工具(T) 组(G) 视图(V) 创建(C) 修改器(O) 角色(H) reactor 动画(A) 图表编辑器(D) 渲染(R) 自定义(U) MAXScript(M) 帮助(H)

图2-3-1 菜单栏

2.【窗口/交叉选择切换】，如图2-3-2所示。

图2-3-2【窗口/交叉选择切换】

3.【捕捉】工具，如图2-3-3所示。

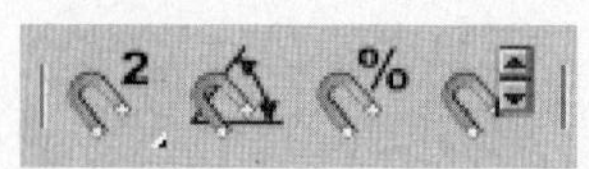
图2-3-3【捕捉】工具

4.【命令】面板，如图2-3-4所示。

图2-3-4 命令面板

5.【对象】类别，如图2-3-5所示。

图2-3-5 对象类别

6. 卷展栏，如图2-3-6所示。

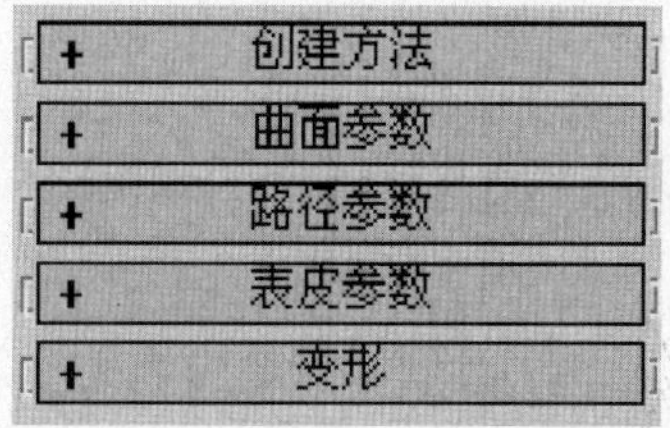

图2-3-6 卷展栏

7. 活动视口，如图2-3-7所示。

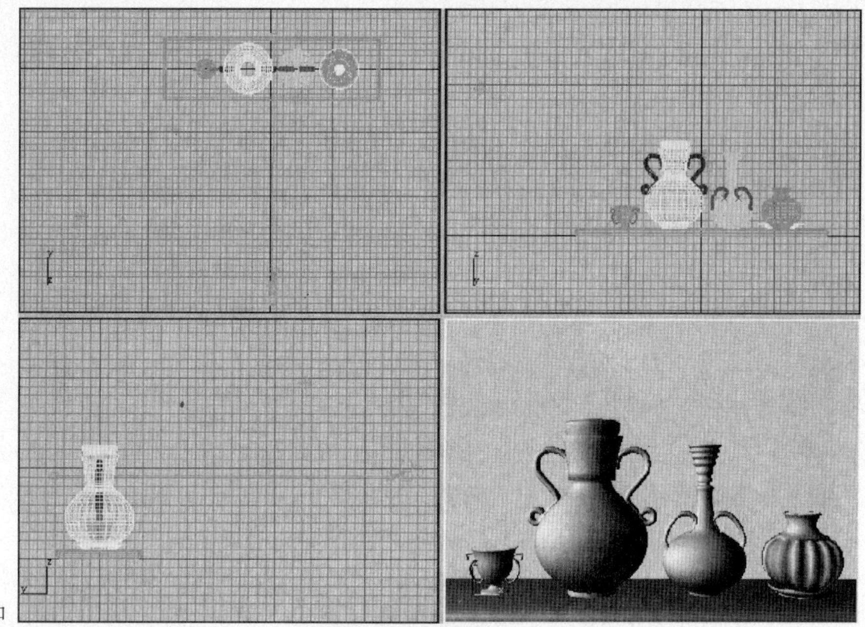
图2-3-7 活动视口

8.【视口导航】控制，如图2-3-8所示。

图2-3-8【视口导航】控制

9.【动画播放】控制，如图2-3-9所示。

图2-3-9 动画播放控制

10.【动画关键点】控制，如图2-3-10所示。

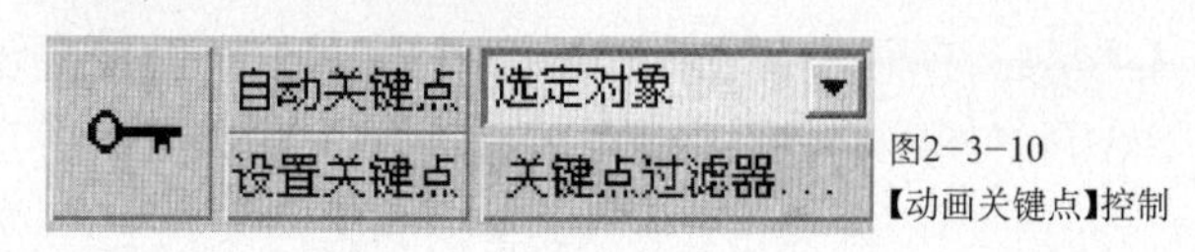

图2-3-10【动画关键点】控制

11.【绝对/相对坐标切换】和【坐标显示】，如图2-3-11所示。

图2-3-11【绝对/相对坐标切换】和【坐标显示】

12.【提示行】和【状态】栏，如图2-3-12所示。

单击或单击并拖动以选择对象 添加时间标记

图2-3-12【提示行】和【状态】栏

13.【MaxScript迷你侦听器】，如图2-3-13所示。

图2-3-13【MaxScript迷你侦听器】

14.【轨迹】栏，如图2-3-14所示。

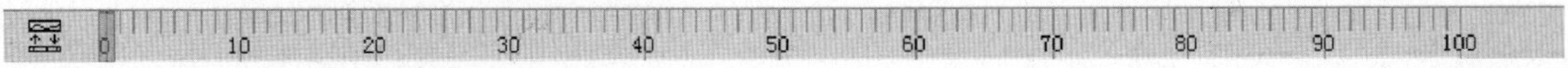

0 10 20 30 40 50 60 70 80 90 100

图2-3-14【轨迹】栏

15.【时间滑块】，如图2-3-15所示。

0 / 100

图2-3-15【时间滑块】

16.【主工具】栏，如图2-3-16所示。

图2-3-16【主工具】栏

视口占据了主窗口的大部分，可在视口中查看和编辑场景，窗口的剩余区域，用于容纳控制功能，以及显示状态信息。

使用3ds Max最重要的方面之一，就是它的多功能性，许多程序功能，可以通过多个用户界面元素来使用。例如，可以从【主工具】栏和【图表编辑器】菜单中，打开【轨迹视图】来控制动画，但要在【轨迹视图】中，获得某个特定对象的轨迹，最容易的方法是右键单击该对象，然后从【四元】菜单中，选择【Track View Selected】。

可以用下列多种方法定义用户界面：添加键盘快捷键、调整工具栏和命令面板、创建新工具栏和工具按钮，甚至在工具按钮中记录脚本；可以通过MaxScript在内置的脚本语言中，创建和使用自定义命令。

1.菜单栏

标准的Windows菜单栏，带有典型的【文件】、【编辑】和【帮助】菜单。

特殊菜单包括：【工具】包含许多主工具栏命令的重复项；【组】包含管理组合对象的命令；【创建】包含创建对象的命令；【修改器】包含修改对象的命令；【视图】包含设置和控制视口的命令；【角色】有编辑骨骼、链接结构和角色集合的工具；【动画】包含设置对象动画和约束对象的命令；【图表编辑器】可以使用图形方式编辑对象和动画；【轨迹视图】允许在【轨迹视图】窗口中，打开和管理动画轨迹，【图解视图】提供另一种方法，在场景中编辑和导航到对象；【渲染】包含渲染、Video Post、光能传递和环境等命令；【自定义】可以使用自定义用户界面的控制；【MaxScript】有编辑MaxScript内置脚本语言的命令。

2.时间控件

【自动关键点】按钮打开动画模式，其他控制用于沿时间导航和播放动画。

3.命令面板

借助于这六个面板的集合，可以访问绝大部分建模和动画命令，可以将【命令】面板拖放至任意位置；默认情况下，【命令】面板位于屏幕的右边，在【命令】面板上，单击右键，会显示一个菜单，可以通过该菜单浮动或消除【命令】面板，如果菜单没有显示，或者要更改其位置和停靠或浮动状态，请在任何工具栏的空白区域单击右键，然后从快捷键菜单中进行选择。

【创建】包含所有对象创建工具。

【修改】包含修改器和编辑工具。

【层次】包含链接和反向运动学参数。

【运动】包含动画控制器和轨迹。

【显示】包含对象显示控制。

【工具】包含其他工具。

4.状态栏和提示行

这两行显示关于场景和活动命令的提示和信息，它们也包含控制选择和精度的系统切换，以及显示属性。

5.视口

可以显示一到四个视口，它们可以显示同一个几何体的多个视图，以及【轨迹视图】、【图解视图】和其他信息显示。

6.视口导航按钮

主窗口右下角的按钮簇，包含在视口中进行缩放、平移和导航的控制。

## 第四节 特殊控制

1.右键单击菜单

程序使用几种不同类型的右键单击菜单。可以使用【四元】菜单来进行对象编辑和动态着色控制，【四元】菜单上出现的命令，根据编辑的对象和所在模式的不同，而有所不同。

右键单击视口的标签，会显示视口右键单击菜单，从中可以更改视口显示设置，选择视口中要显示的视图等等；同样，【命令】面板和【材质编辑器】，也有右键单击菜单，从中可以管理卷展栏和快速导航面板；大多数其他窗口，包括【图解视图】和【轨迹视图】，都有右键单击菜单，从中可以快速访问常用功能。

2.弹出按钮

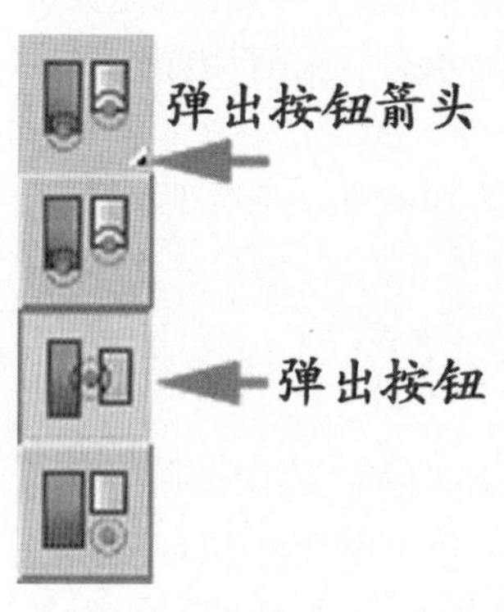


图2-4-1 弹出按钮

弹出按钮类似于普通菜单，不同的是，它上面的项目是按钮。弹出按钮用右下角的小箭头表示，要显示弹出按钮，请单击按钮，并按住一小会，然后在上面移动光标到所需按钮，再释放鼠标按钮，如图2-4-1所示。

**注意：**

编辑Maxstart.cui文件，可以为弹出按钮，定义自定义文本注释。

3.卷展栏

卷展栏是命令面板和对话框中的区域，可以展开或卷起它来管理屏幕空间。例如，【键盘输入】卷展栏是折叠的，用【+】符号表示，而【参数】卷展栏是展开的，用【－】符号表示，如图2-4-2所示。

| + 键盘输入 |
| --- |
| - 参数 |

图2-4-2 卷展栏

**操作：打开和关闭卷展栏**

请单击卷展栏标题栏，以在展开和折叠之间切换。

**操作：移动卷展栏**

移动卷展栏在展开或卷起状态下均可进行；要移动卷展栏，可将卷展标题栏，拖至命令面板或对话框上的其他位置；在拖动过程中，将会有半透明的卷展标题栏图像，跟随鼠标光标；将鼠标放在卷展栏的合格位置附近或之上时，在释放鼠标按钮时，卷展栏将要放置的位置上，会出现一条蓝色的水平线。

4.滚动面板和工具栏

有时候【命令】面板和对话框的大小，不够显示其所有的卷展栏，在这种情况下，面板的非活动部分，会显示一个手形平移光标，可以垂直滚动命令面板和对话框，也可以让工具栏，沿其主轴滚动。

**操作：滚动面板**

1.请将指针放在面板的空白区域，以显示平移光标。

2.指针变成手形后，将面板向上或向下拖动。

3.滚动面板的右边，也会显示一个细小的滚动栏，也可以使用指针来拖动滚动栏。

**操作：滚动工具栏**

只有当某些工具按钮不可见时，才可以滚动工具栏，这种情况一般发生在程序窗口比全屏小的时候。

1.请将指针放在工具栏的空白区域，以显示平移光标。

2.将指针放在工具栏的任意部分，然后单击并按住鼠标中键。

3.指针图标变成手形后，将工具栏水平拖动。

5.微调器

微调器是一种使用鼠标的数值字段控件，可以单击或拖动微调器箭头，来更改字段的值，如图2-4-3所示。

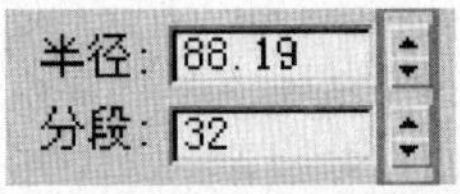

图2-4-3 微调器

**操作：使用微调器更改某个值**

1.单击微调器的向上箭头，即可增加数值，单击向下箭头，即可减小数值，单击并按住箭头，即可连续改变值。

2.向上拖动增加值，向下拖动减小值。

3.拖动时按住【Ctrl】键，可以加快数值改变的速率。

4.拖动时按住【Alt】键，可以降低数值改变的速率。

5.右键单击微调器，可以将字段重置为其最小值。

6.数值表达式求值器

当数值字段处于活动状态时，可以显示一个名称为【数值表达式求值器】的计算器，要显示该计算器，请按【Ctrl+N】，如图2-4-4所示。

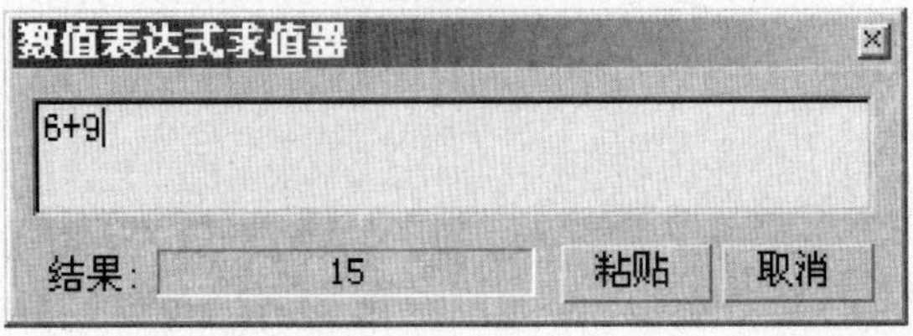

图2-4-4 数值表达式求值器

计算器会计算输入的表达式，并在结果字段后空白处显示其结果。单击【粘贴】按钮，应用计算结果，替换字段值，单击【取消】按钮，退出数值表达式求值器。

表达式技术描述了可以输入的表达式，不能在【表达式求值器】中使用变量，但可以输入常量，例如，pi(圆周率)、e(自然对数底)和 TPS(每秒刻度数)，这些常量是区分大小写的：表达式求值器无法识别 PI、E、或tps。

也可以输入向量表达式，或表达式求值器函数调用，但表达式或函数的结果必须是标量值，否则【表达式求值器】不会执行计算。

7.输入数字

可以用相对偏移来更改数值，方法是高亮显示数值字段的内容，并键入【R】或【r】，后跟偏移量。

**注意：**

不是在【数值表达式求值器】中。

**例如：**

半径字段显示为70，并将其高亮显示：如果键入R30，半径会增加30，值更改为100；如果键入R−30，半径会减少30，值更改为40。

8.控制和颜色

用户界面使用颜色提示来提醒程序处于何种状态。

**要点：**

使用【自定义用户界面】对话框的颜色面板，可以自定义大部分颜色。

红色代表动画：当处于动画模式时，【自动关键点】按钮、【时间滑块】背景和【活动】视口边框，都会变成红色。

黄色代表模式功能按钮：如果打开某个按钮后，进入常规创建或编辑模式，则该按钮会变成黄色。

黄色代表特殊操作模式：如果打开某个按钮后，会改变其他功能的正常行为，则该按钮高亮显示成黄色，该行为的常见示例，包括子对象选择和锁定当前选择集。

单击另一个模式按钮，就可以退出功能模式，某些按钮支持的其他退出方式，包括在视口中，单击右键或单击模式按钮一秒钟。

9.撤消操作

可以容易地撤消对场景和视口所做的更改，场景对象和每一个视口，都有单独的撤消缓冲区。

使用工具栏的撤消和恢复按钮，或者【编辑】菜单>【撤消】和【重做】命令，来反转大多数场景操作的效果；也可以使用【Ctrl+Z】来执行撤消，【Ctrl+Y】来执行重做，可以撤消程序中的大部分操作。

使用【视图】菜单>【撤消】和【重做】命令，来反转大多数视口操作的效果，例如，缩放和平移，也可以使用【Shift+Z】来执行撤消视图更改，【Shift+Y】来执行重做视图更改。

也可以使用【编辑】菜单上的【操作中原图是否暂存】和【取回】命令来撤销操作；选择【编辑】菜单>【暂存】，可将场景的副本保存到临时文件中；选择【编辑】菜单>【取回】将丢弃当前场景，并随时还原为保留的场景。

## 第五节 管理文件

3ds Max支持多种类型的文件来处理插件、图像贴图和其他程序中的模型，渲染图像和动画，当然也包括保存和打开场景文件；文件对话框中例如，打开、保存和另存为，都会记住上次使用的路径，并默认指向那个位置，如图2-5-1所示。

**＊配置文件路径**

【自定义】菜单>【配置路径】对话框，指定了3ds Max搜索所有文件类型的位置，如图2-5-2所示。

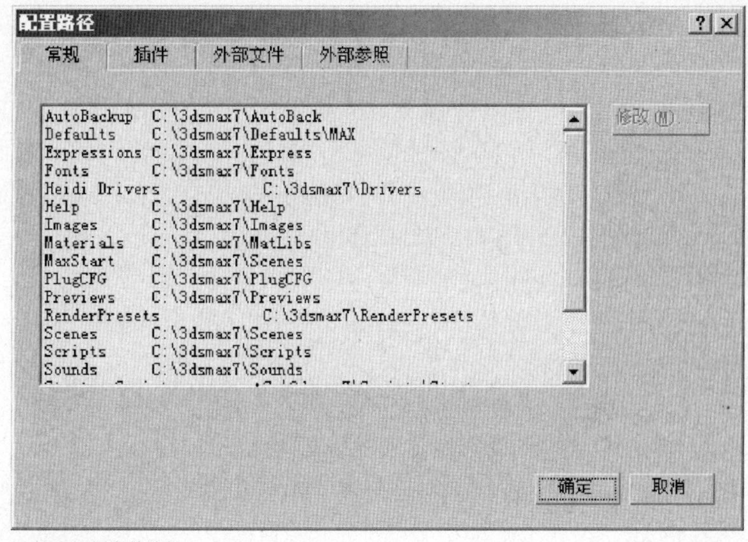


2-5-2 配置文件路径

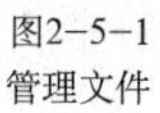

图2-5-1
管理文件

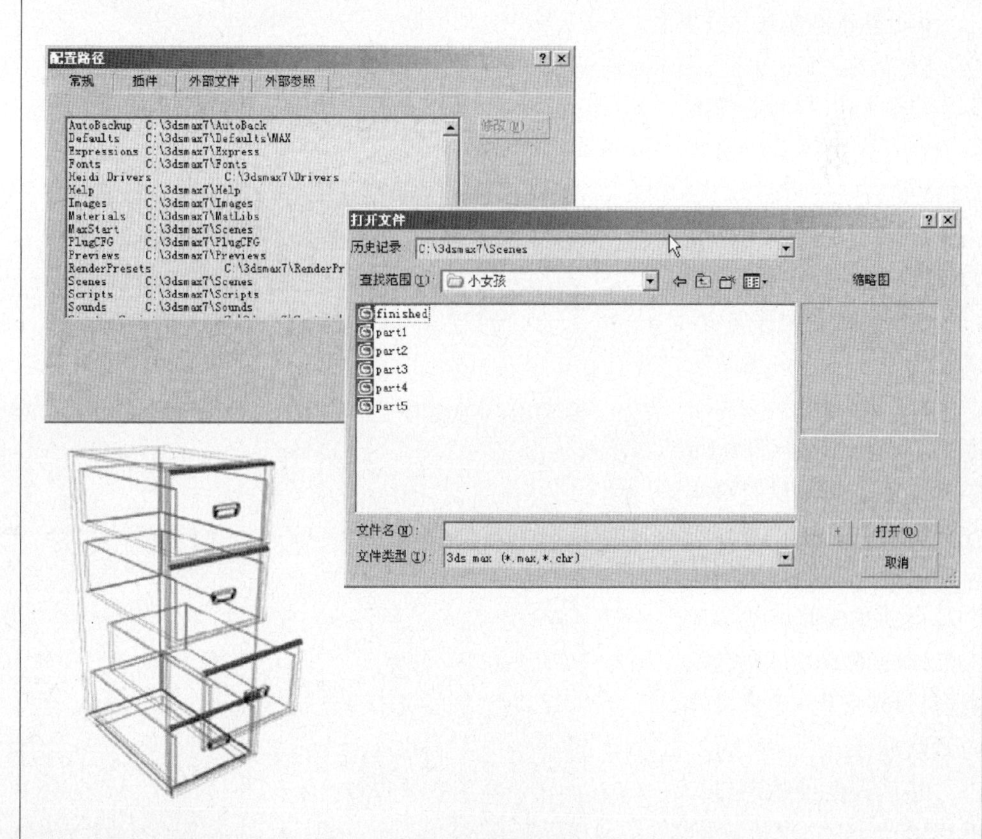

可以在任意路径位置，选择打开和保存文件，配置路径对话框包含四个面板，用于列出支持文件的常规类别。

**＊设置常规文件路径**

常规面板包含标准支持文件的路径，可以为3ds Max使用的每一种文件类型，指定一个路径。

**＊设置插件文件路径**

3ds Max中的众多特性均作为插件实施，这意味着可以通过添加Discreet或第三方开发商的插件，来更改和扩展3ds Max功能。

可以通过在【插件】面板中，添加路径项来告诉3ds Max查找其他插件文件的位置，如果将所有的插件，都放在一个单独的目录中，则插件管理会迅速变得一团糟，这就是程序在【插件】面板中，支持多个项目的原因。

**＊设置位图、光度学和FX文件路径**

外部文件面板包含程序搜索图像文件、光度学文件和FX文件的多个路径项，图像文件有多种用途，例如，定义材质和贴图、投射灯光和营造环境效果。

**＊设置外部参考文件路径**

【外部参考】面板包含程序用来搜索外部引用文件的多个路径项，这些是用来在工作组环境中共享文件的。

**1.导入、合并、替换和外部引用场景**

从场景或其他程序中，通过合并几何体来重新使用原有工作成果，会大大提高工作效率。3ds Max的【导入】、【合并】和【替换】命令支持这项技术，也可以使用外部参考功能，来与同一个项目的其他同事共享场景和对象。例如，导入齿轮模型，使其成为另一个场景的一部分，如图2-5-3所示。

＊从其他程序中导入几何体

使用【文件】菜单>【导入】菜单命令，将其他程序的对象导入到场景中，选择要导入的文件对话框中的文件类型列表，列出了可以导入的文件类型；根据选择的文件类型不同，会提供可用的相应导入插件的选项。

**＊将场景合并在一起**

使用合并功能，将多个场景合并成一个单独的大型场景。当合并文件时，可以选择要合并的对象，如果要合并的对象与场景的对象名称相同，可以重命名或跳过合并对象。例如，烟斗和烟灰缸模型合并在一个场景中，如图2-5-4所示。

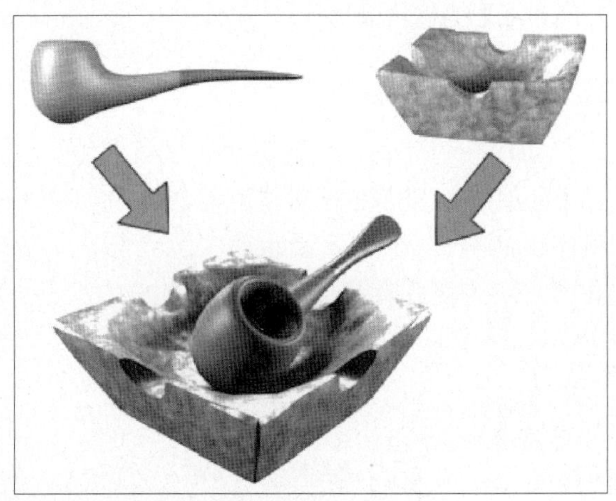

图2-5-4 烟斗和烟灰缸模型合并在一个场景中

图2-5-3 导入齿轮模型

**＊将动画合并到场景中**

使用合并动画功能将动画中相同几何体，或类似几何体，从一个场景合并到另一个场景中。

**＊替换场景对象**

使用替换将场景中的对象，替换成另一个场景中拥有相同名称的对象，如果想在设置场景和设置场景动画时，使用简化对象，然后在渲染前，将简化对象替换成复杂对象，替换命令就很有用。

【替换】对话框与【合并】对话框的外观和功能都相同，不同的是它只列出与当前场景中的对象有相同名称的对象。

**＊使用外部引用**

使用外部参考对象和外部参考场景，能在场景中使用对象和场景设置，而它们实际上是从外部Max文件中引用的，这些功能允许与工作组的其他成员共享文件，以及使用更新和保护外部文件的选项。

### 2.使用资源浏览器

使用【资源浏览器】从桌面，就可以编辑万维网上的内容。在3ds Max内部，可以用浏览Internet来查找纹理示例和产品模型，这包括位图纹理（BMP、JPG、GIF、TIF和TGA），或者几何体文件（Max、3DS等等）。

可以将这些示例和模型拖动到场景中，来即时显现和演示，可以将几何体快速放到预定义的位置，并在场景中相互拖放，来改变位置，如图2-5-5所示。

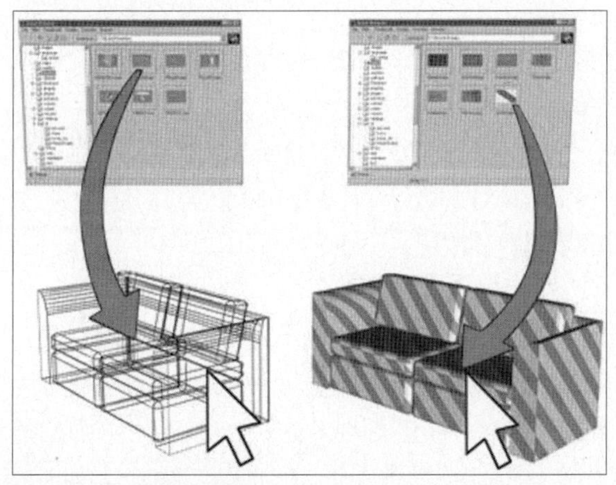

图2-5-5 使用【资源浏览器】

也可以使用【资源浏览器】在硬盘或共享网络驱动器上，浏览位图纹理和几何体文件的缩略图显示，然后可以查看它们或将其拖放到场景中，或者拖放到有效贴图按钮或窗口中。

**要点：**

几何体文件的缩略图显示，是几何体视图的位图表示形式，因为缩略图显示、不是基于向量的表示形式，所以不能将其旋转或缩放；可以将嵌入在网页中的大多数图像，拖放到场景中。如果网页的图像或区域标记为超级链接或其他HTML控制，例如，位图被标记为按钮，则不能拖放。

### 3.启动文件

当启动3ds Max时，几个辅助文件同时加载，设置程序默认值和用户界面布局，在某些情况下，当更改设置和退出程序时，程序会更新文件。

**要点：**

3ds Max自带几个不同的针对市场的默认值，基于最常使用的文件类型，它们会在启动中，设定不同的程序默认值；可以加载3ds Max自带的预设默认值，或者自己创建。

通常，不需要直接编辑辅助文件，但了解它们是有益的，程序所使用的辅助文件如下：

3dsMax.ini：该文件在启动和退出3ds Max，以及更改大多数的首选项设置时会更新，它包含与程序默认值有关的值，包括图形驱动程序、用于访问外部文件，例如，声音和图像的目录、预设渲染大小、对话框位置、捕捉设置以及其他首选项和默认设置；如果要编辑该文件，请确定首先复制一个副本，这样如果出了什么问题，还可以返回到初始设置。

**提示：**

在3ds Max中，许多程序默认值是在currentdefaults.ini中设置的，该文件位于\defaults目录中。

Maxstart.Max：启动或重置程序时，3ds Max会在由配置路径指定的\Maxstart文件夹中，查找该文件，如果找到的话将其加载，这样每当启动或重置程序时，就可以指定工作区的默认状态。例如，如果经常使用地平面，可以将其作为默认设置，方法是创建一个地平面，并保存为Maxstart.Max文件；如果用另一个文件保存并覆盖了Maxstart.

Max，将Maxstart.Max文件删除，然后重置程序，就可以返回到程序默认值。

Maxstart.Max：它是默认的自定义用户界面文件，可以加载和保存CUI文件，并设置程序来使用不同的默认CUI文件。

3dsMax.ini：该文件包含插件的目录路径。程序INI文件中，保留有大多数其他路径，然而plugin.ini则作为单独的文件保存，因为第三方插件，经常在安装时，向列表中添加项目。

**要点：**

在plugin.ini文件中，嵌套其他路径，就可以使用多个plugin.ini，这非常有用，因为它允许整个网络的用户，共享同一个plugin.ini文件，也使得网络管理员，能更容易地维护系统。

Startup.ms：它是在启动时自动执行的MaxScript文件。

Splash.bmp：要用自定义初始屏幕替代默认图像，请将任意Windows位图(.bmp)文件复制到程序根目录中，并将其重命名为splash.bmp，此后程序在启动时，就会使用该文件。

**4.3dsMax.ini 文件**

3ds Max使用名称为3dsMax.ini的文件，来存储会话之间的设置，它位于3ds Max安装的根目录中。

**技巧：**

如果使用3ds Max时，遇到异常和无法解释的用户界面问题，请尝试删除3dsMax.ini文件，并重新启动，3ds Max会写入一个新的3dsMax.ini文件，来替换被删除的文件，这通常可以解决与用户界面状态有关的问题。

在文本编辑器，例如记事本中，直接编辑3dsMax.ini文件，就可以更改3ds Max启动条件。如果确实要尝试，并手动编辑文件，请确保保持源文件的结构和语法。

Maxstart.Max文件也定义了启动条件，要保存任何特殊的启动条件，请创建一个带有该条件的Max文件，并将其保存为Maxstart.Max，当启动3ds Max时，3ds Max会自动使用该文件。

3dsMax.ini文件有下列类别：

【Directories】——定义各种文件操作的默认路径。

【Performance】——提高视口性能的控制。

【PlugInKeys】——启用或禁用插件的键盘快捷方式。

【Renderer】——渲染Alpha和过滤背景的控制。

【RenderPresets】——定义渲染预设文件的路径。

【BitmapDirs】——定义材质所使用的位图的默认贴图路径。

【Modstack】——控制修改器堆栈按钮集和图标显示项。

【WindowState】——软件显示、OpenGL或Direct3D驱动程序的设置。

【CustomMenus】——定义mnu文件的路径。

【Material Editor】——材质编辑器设置。

【ObjectSnapSettings】——与捕捉有关的设置。

【CommandPanel】——设定列的数目，控制多个列中的卷展栏显示。

**5.备份和存档场景**

应该定期备份和存档所做的工作，一个方便的方法是保存场景的增量副本，该方法为工作过程创建历史记录。

*** 保存增量文件**

如果打开【首选项】对话框的【文件】面板中的【增量保存】选项，则每次保存时，程序会重命名当前场景，方法是在文件末尾增加一个两位数的数字。例如，如果打开一个名称为myfile.Max的文件，然后将其保存，则被保存的文件名称为myfile01.Max，每次保存文件时，其名称都会被增加，生成myfile02.Max文件、myfile03.Max文件等等。

也可以使用【另存为】来为文件名，手动增加一个两位数的数字，方法是单击【另存为】对话框上的增量【+】按钮。

*** 使用自动备份**

在【首选项】对话框上，设置【自动备份】选项，就可以自动定期保存备份文件。备份文件将命名为autobak#.Max，其中#是从1到9的数字，加载备份文件和加载其他场景文件别无二致。

*** 存档场景**

3ds Max场景使用众多不同的文件，如果要与其他用户交换场景，或为了存档而存储场景，通常就不能只保存场景文件。

使用【文件】菜单>【存档】命令，可将场景文件和场景所使用的位图文件，传递到与PKZIP软件兼容的存档程序中。

## 第六节 故障恢复系统

如果3ds Max遇到了意外故障，它会试图恢复和保存当前内存中的文件，这尚属可靠，但并不总是有效：在故障期间，恢复的场景可能已损坏。

恢复文件存储在配置的自动备份路径中，它在该路径中，被保存为<filename>_recover.Max。

恢复文件也以INI文件的格式，作为最近使用的文件置于文件菜单中，如果选择要返回到该文件的话，这使得返回到该文件极为容易。

如果对象的修改器堆栈有损坏的话，故障恢复系统会识别，在这些情况下，损坏的对象将由一个红色的虚拟对象替换，借此来保留它的位置和任意链接对象层次。

**要点：**

1 建议定期备份数据，而不要依赖该文件恢复机制。
2 请定期保存所做的工作。
3 要利用自动增量文件命名，请执行以下操作：转至【自定义】菜单>【首选项】>【文件】面板>【文件处理】组，打开增量保存。
4 使用【文件】菜单>【另存为】，单击增量【+】按钮，来为正在进行中的工作保存增量副本。
5 如果是经常忘记保存，请启用自动备份功能，转至【自定义】菜单>【首选项】>【文件】选项卡>【自动备份】组，打开启用。

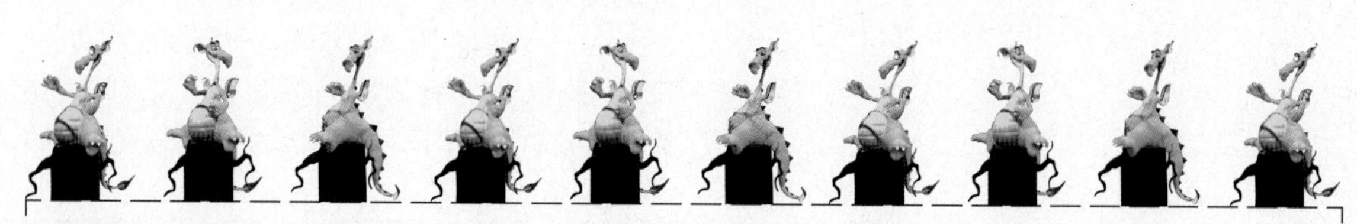

### 小结

通过快速入门使其掌握3ds Max的各种基本操作与管理方法，为进一步学习3ds Max打好基础。

### 课外作业

1.熟悉掌握基础操作。

2.熟悉各种文件管理方法。

# 第三章 导航3D空间

本章包括以下学习内容：

**学习目的：**

在3ds Max中创建的所有内容，都位于一个三维的世界中，可以使用各种各样的选项，来查看这个巨大的舞台般的空间，从最小对象的细节到整个场景；学习本节所讲解的视图选项，可以按照工作和想象的需要在视图间切换，可以用单独的大型视口，填满整个屏幕，也可以设置多个视口，以便跟踪场景中的各个方面，为了准确定位，可以使用平面绘制视图，它就像3D透视视图和三向投影视图一样；通过调整视图的位置、旋转和放大视图，可以导航3D空间，可以完全控制屏幕上对象的渲染和显示方式，也可以使用抓取视口命令来创建正在进行的工作的快照。

## 第一节 常规视口概念

视口是场景的三维空间中的开口，如同观看封闭的花园或中庭的窗口，但视口却不仅是被动观察点，在创建场景时，可以将其用作动态和灵活的工具，来了解对象间的3D关系。

有时可能希望通过一个完整的大视口来查看场景，通过观景窗来查看所创建的世界，并且常常需要使用多视口进行操作，每个视口设置不同的方向。

如果希望在世界空间中，水平方向移动对象，可以在顶部视口中进行此操作，这样在对象移动时，可直接朝下查看对象，同时，还要监视着色透视视口，以查看正在移动的对象，何时滑至另一对象背后，同时使用这两个窗口，可以恰好获得所希望的位置和对齐效果。

在每个视图中，还可以使用平移和缩放功能，以及栅格对齐功能，通过一些鼠标单击或按键操作，可以获得进行下一步工作所需要的任何级别的详细信息。

使用视口的另一个方法，是在场景中放置一台摄像机，并设置一个通过其镜头查看的视口，当移动摄像机时，视口会跟踪更改，可使用聚光灯来进行同样的工作。

除几何体外，视口可以显示其他视图，如轨迹视图和图解视图，这两个视图显示了场景和动画的结构，可以将视口扩展以显示其他工具，如

【MaxScript侦听器】和【资源浏览器】。对于交互式渲染，该视口可以显示动态着色窗口。

**1.活动视口**

带有高亮显示的边界的一种视口，它始终处于活动状态，【活动】视口是命令和其他操作在其中生效的视口，在某一时间仅有一个视口处于活动状态，如果其他视口可见，则通常设置为仅供观察；除非禁用，否则这些视口会同步跟踪活动视口中进行的操作。

**2.保存活动视口**

可以在任一活动视口中保存视图，然后使用【视图】菜单中的【保存活动视图】和【还原活动视图】命令，对其进行还原，可将一个视图保存为以下每一种视图类型：【顶】、【底】、【左】、【右】、【前】、【后】、【用户】、【透视】。

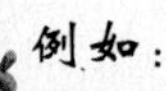

例如：

在【前】视图中，选择保存活动前视图，然后缩放和平移此视图，之后激活【顶】视图，选择【保存活动顶视图】，再单击最大化显示，返回至【前】视图，选择【还原活动前视图】，返回至其原始缩放和平移状态，随时都可以激活【顶】视口，然后选择【还原活动顶视图】，还原其保存过的视图。

## 第二节 主栅格：基于世界坐标轴的视图

在每个视口中，所看到的栅格表示三个平面中的一个，此三个平面相互间以直角相交于一个叫做原点的公共点，相交沿常见于几何体中的三条直线进行，即世界坐标轴：X、Y和Z，以笛卡尔坐标系为基础。

**1.主栅格**

基于世界坐标轴的三个平面叫做主栅格；它是3D世界中的基本参考坐标系，要简化对象定位，在每个视口中，仅保持一个主栅格的平面可见，如果可以在单个透视视口中，看到这三个平面，该图会以同样形式显示全部三个平面。例如，使用主栅格定位房子，如图3-2-1所示。

**2.轴、平面和视图**

两个轴定义主栅格的每个平面，在默认透视视口中，看到的是整个XY平面，即地平面，X轴方向，为从左至右，而Y轴方向，为从前至后，第三根为Z轴，它在原点垂直穿过XY 平面，如图3-2-2所示。

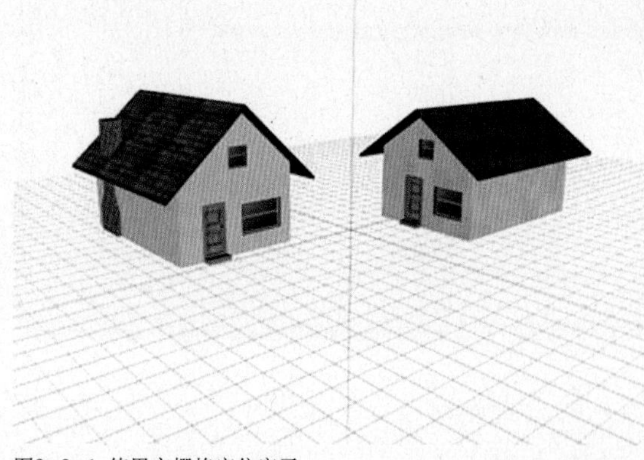

图3-2-1 使用主栅格定位房子

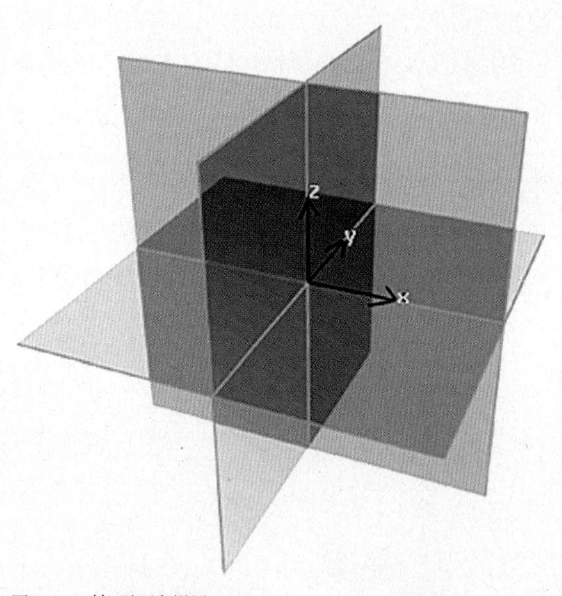



图3-2-2 轴、平面和视图

**3.主栅格和栅格对象**

主栅格与世界坐标轴对齐，可以启用和禁用任一视口主栅格，但不得更改其方向，出于灵活性，可以通过独立栅格来补充主栅格，该独立栅格可在任意位置，以任意角度进行放置，可与任意对象或曲面对齐，其功能类似构造平面，可以使用一次，然后丢弃，或保存以备重新使用，如图3-2-3所示。

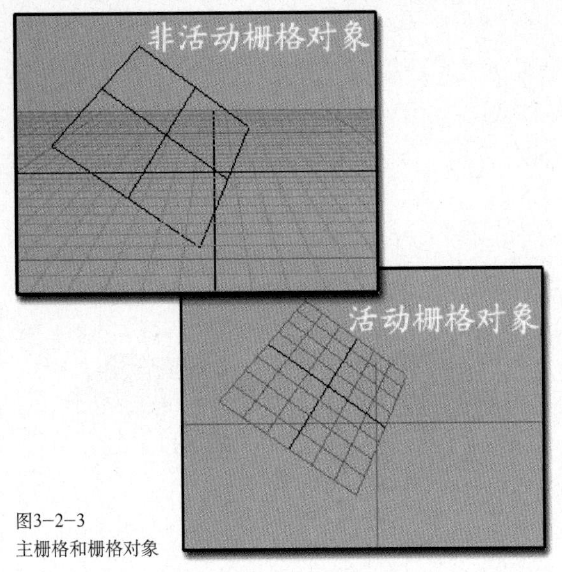


图3-2-3
主栅格和栅格对象

### 4.自动栅格

自动栅格功能可以创建和激活，处于闲置状态下的临时栅格对象，利用此功能可以通过首先创建临时栅格，然后创建对象的办法，来创建任意对象面外的几何体，还可使临时栅格成为永久栅格的选项。

## 第三节 了解视图

在视口中，可以见到两种类型的视图：【三向投影】视图显示了没有透视的场景，模型中的所有线条均相互平行，顶部、前部、左侧和用户视口，均为三向投影视图，如图3-3-1所示。

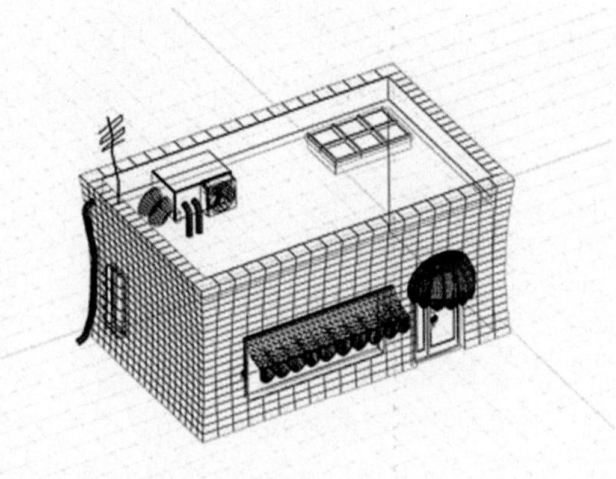

图3-3-1 场景的三向投影视图

【透视】视图显示线条水平汇聚的场景，透视和摄像机视口，就是【透视】视图的示例，如图3-3-2所示。

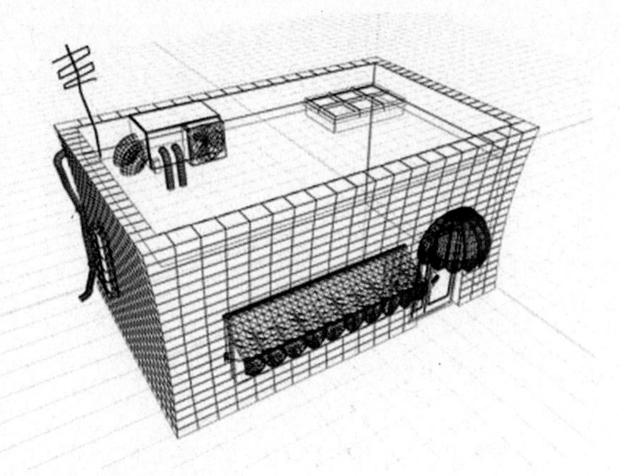

图3-3-2 相同模型的透视视图

要点：

【透视】视图与人类视觉最为类似，视图中的对象看上去向远方后退，产生深度和空间感，【三向投影】视图，提供一个没有扭曲的场景视图，以便精确地缩放和放置，一般的工作流程，是使用【三向投影】视图来创建场景，然后使用【透视】视图来渲染最终输出。

### 1.【三向投影】视图

在视口中有两种类型的【三向投影】视图可供使用：【正交】视图和【旋转】视图。

【正交】视图是场景的平面视图，例如，【顶】视口、【前】视口和【左】视口，所显示的视图，也可以通过使用视口右键，单击菜单或者键盘快捷键，将视口设置成特定的正交视图。

例如：

要将【活动】视口设置成【左】视图，则按【L】键。

保持平行投影的同时，为了能以一定的角度查看场景，也可以【旋转】正交视图，【用户】视口代表了此类型的视图。

### 2.【透视】视图

带有标签透视的【透视】视口是3ds Max中的启动视口之一，通过按键盘快捷键【P】，可以将任何活动视口，更改为这种类似视觉的观察点。

### 3.【摄像机】视图

在场景中创建摄像机对象之后，可以通过按键盘快捷键【C】，将【活动】视口更改为【摄像机】视图，然后从场景的摄像机列表中进行选择，此外，还可以从【透视】视口中，通过使用【从视图创建摄像机】命令，直接创建【摄像机】视图，如图3-3-3所示。

要点：
【摄像机】视口会通过选定的摄像机镜头来跟踪视图，在其他视口中移动摄像机或目标时，会看到场景也会随着移动，这就是【摄像机】视图较之【透视】视图的优势，因为【透视】视图无法随时间设置动画。

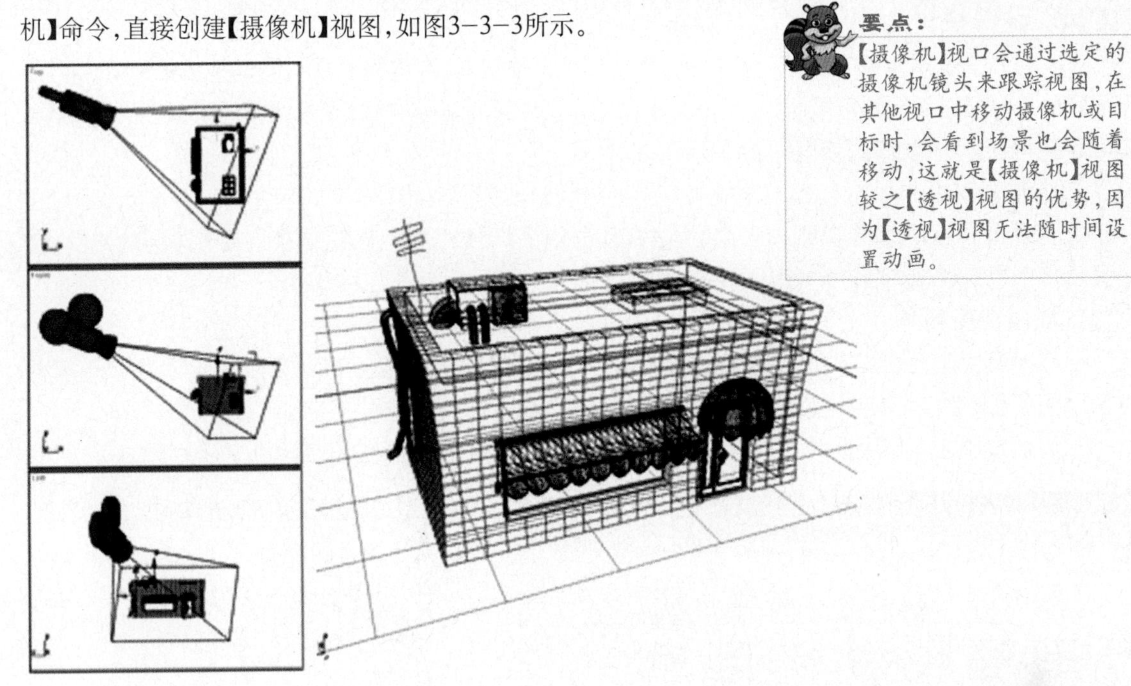

图3-3-3 【摄像机】视图

如果打开摄像机的参数卷展栏上的【正交投影】，摄像机会生成类似【用户】视图的三向投影视图。默认情况下，【摄像机】视图使用三点透视，其中垂直线看上去在顶点上汇聚，这在传统摄影学中称为梯形失真。摄像机校正修改器，在摄像机视图中使用两点透视，在两点透视中，垂直线保持垂直，在摄像机上放置倾斜修改器，可获得类似的效果。

**4.灯光视图**

【灯光】视图的工作方式，很像【目标摄像机】视图，首先创建一个聚光灯或平行光，然后为此聚光灯设置活动视口，最方便的办法是按键盘快捷键【$】，如图3-3-4所示。

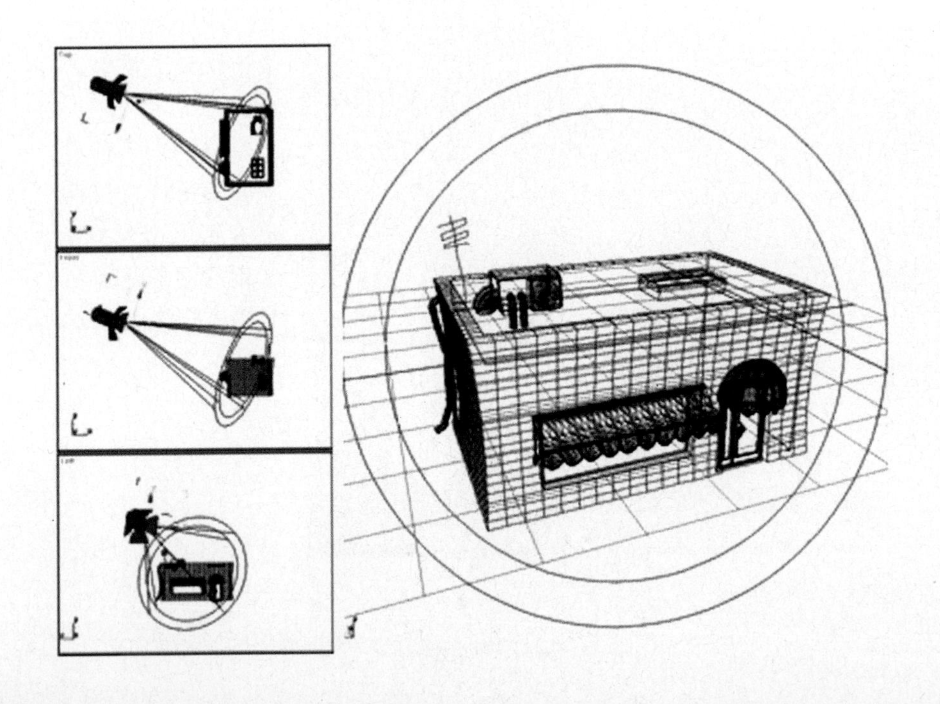

图3-3-4 灯光视图

## 第四节 设置视口布局

3ds Max默认采用两上两下视口排列，还有13个其他布局，但屏幕上视口的最多数量保持为4个。使用【视口配置】对话框的布局面板，可以从不同的布局中进行选取，并且在每个布局中自定义视口，视口配置将与工作一起保存，如图3-4-1所示。

### 1. 调整视口大小

当选择布局后，可以调整视口大小，通过移动分割视口的分隔条，使这些视口拥有不同的比例，仅当显示多个视口时，此操作才可用，如图3-4-2所示。

### 2. 更改视图类型

工作时可快速更改任一视口中的视图，例如，可以从【前】视图切换到【后】视图，可以使用以下两种方法中的任意一种：菜单或键盘快捷键。

(1) 右键单击希望更改的视口标签，然后单击视图，再单击所需的视图类型。

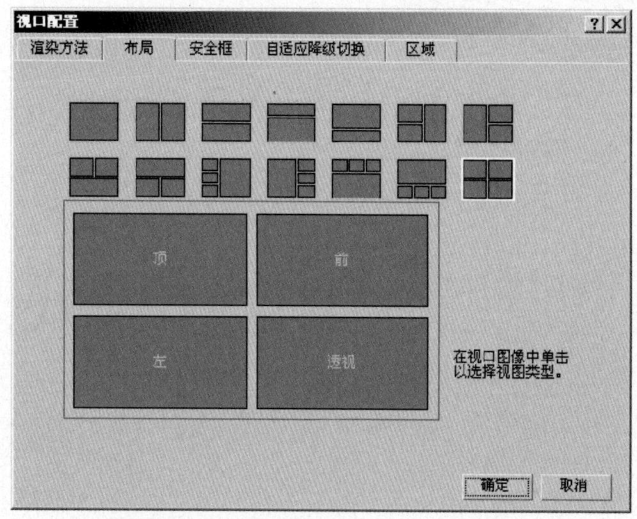


图3-4-1 设置视口布局

(2) 单击希望更改的视口，然后按下列的某个键盘快捷键。

(3) 顶视图——【T】

(4) 底视图——【B】

(5) 前视图——【F】

(6) 摄像机视图——【C】

**要点：**

如果所在的场景只有一台摄像机，或在使用该键盘快捷键前，已选择摄像机，那么摄像机提供该视图，如果所在的场景拥有多台摄像机，并且未选择任何摄像机，屏幕将显示摄像机列表。

(7) 透视视图——【P】

(8) 用户(三向投影)视图——【U】

(9)右视图——使用视口右键单击菜单。

(10)图形视图——使用视口右键单击菜单，将视图与选定的图形范围和其局部XY轴自动对齐。

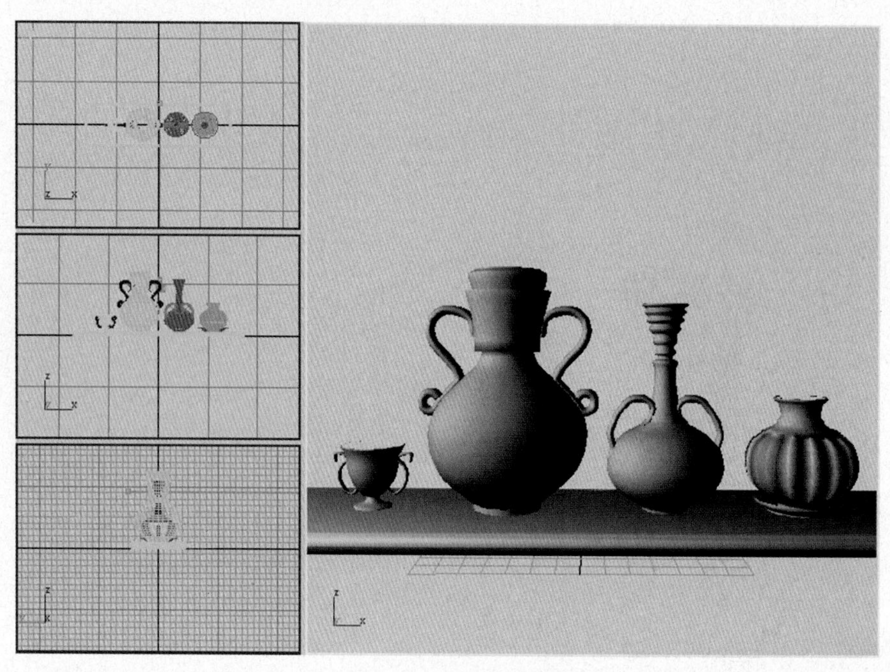

图3-4-2 调整视口大小

## 第五节 控制视口渲染

可以从多个选项中，选择以显示场景，可将对象显示为简单外框，或使用平滑着色和纹理贴图对其进行渲染，如果需要，可对每个视口选择不同的显示方法，如图3-5-1所示。

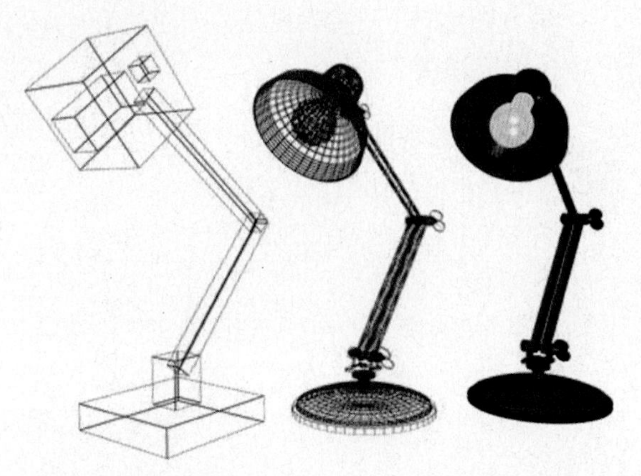

图3-5-1 控制视口渲染

**提示：**

如果要将单个对象显示为线框，则可使用线框材质。如果要将单个对象，显示为外框，则可选定对象，然后在【显示】面板上的显示属性卷展栏中，选择显示为外框。

### 1.使用视口渲染控件

视口渲染选项位于【视口配置】对话框的渲染方法面板，使用该面板可选择渲染级别和与该级别相关联的任一选项，然后选择是将这些设置，应用到活动视口、所有视口，还是所有活动的视口。

选择的渲染级别由所需的实际显示、精度和速度来决定。例如，外框模式显示比使用高光的平滑着色快很多，渲染精度越逼真，显示速度越慢，选择渲染级别后，可设置渲染选项，不同的选项，适用于不同的渲染级别，也可使用视口中的动态着色，该功能有助于快速预览，对灯光和材质所做的更改，视口渲染对通过单击渲染场景，生成的最终渲染没有影响。

### 2.渲染方法和显示速度

渲染方法不但影响视图显示的质量，还对显示性能，有着较深的影响，使用较高的质量渲染级别和逼真选项，会降低显示性能。

设置渲染方法后，可选择调节显示性能的附加选项，作为这些控件之一，自适应降级可在使用逼真渲染级别时，提高显示性能。

**技巧：**

如果旋转视口时，场景莫名奇妙地消失，并仅显示为外框，则已经按下了键盘上的【O】键，无意中启用了自适应降级。

## 第六节 控制显示性能

3ds max包含了可以帮助调整显示性能的控件：在显示对象时，平衡质量和时间。根据需要可能会放弃一些显示速度，以达到较高级别的渲染质量，或可能通过使用线框或边界框显示，来达到最快的显示速度，选择何种方法取决于个人喜好和工作要求。

### 1.显示性能控件

使用显示性能控件，可以确定如何渲染和显示对象。

**＊视口首选项**

【自定义】>【首选项】对话框的视口面板，包含用于视口显示软件性能精细调节的选项。

**＊如何渲染对象**

【视口配置】对话框中的自适应降级面板，会动态降低显示性能的渲染级别，可以设置控制平衡显示质量和显示速度的参数。

**＊如何显示对象**

要查看和修改对象的显示属性，请使用鼠标右键单击对象，选择属性，然后转到显示属性分组框；查看对象属性。这些选项对显示性能的影响，几乎与视口渲染选项的影响一样。例如，打开带有许多顶点的某个对象的顶点标记会降低性能。

**注意：**

显示属性只有在按【对象/按层切换开关】，设置为按对象时可用。要查看和修改对象显示的方式，可使用层；此外，还可以从【四元】菜单，快速控制类似对象的可见性和可编辑性。

**＊显示哪些对象**

提高显示速度的一种方式，是不显示某些内容，使用显示面板上的隐藏和冻结功能，或【四元】菜单来更改场景中对象的显示状态。隐藏和冻结功能，也影响最终渲染和Video Post输出。

**＊设置自适应降级**

自适应降级动态调节渲染级别，以保持期望

的显示速度级别,可直接控制降级多少,以及何时降级。

活动降级和常规降级使用与视口渲染级别面板同样的选择。活动降级控制在活动视口中的渲染,而常规降级控制在所有其他视口中的渲染。

**要点:**

选定的级别确定3ds Max在不能维持期望的显示速度时,会回落至哪些渲染级别,可根据需要选择多个级别,但是建议对每种类型的降级,只选择一个或两个级别。

## 第七节 使用标准的视图导航

要在场景中导航,请使用位于程序窗口右下角的【视图导航】按钮,除了【摄像机】和【灯光】视图外,所有的视图类型,都使用一组标准的视图导航按钮。

**1.按钮操作**

单击标准视图导航按钮,将产生以下两种结果之一:

A.执行命令,并返回到先前的操作。

B.激活一种视图导航模式。

**技巧:**

可以辨别所在的模式,因为按钮保持选定状态,并高亮显示,此模式处于激活状态,直到单击鼠标右键,或者选择其他命令;在导航模式下,可以通过单击任意视口,来激活相同类型的其他视口,而不用退出该模式。

**2.撤消标准视图导航命令**

(1) 使用【视图】菜单上的【撤消视图更改】和【重做视图更改】命令,可以重置标准视图导航命令,而不影响场景中的其他视口或几何体;当右键单击视口标签时,也可以在显示的菜单上找到这些命令。

(2) 【视图】>【撤消】和【视图】>【重做】与【编辑】菜单命令,或工具栏上的【撤消】和【重做】按钮是分开的,3ds Max为场景编辑,以及每个视口,保留了单独的【撤消】/【重做】缓冲区。

(3) 视图【撤消】/【重做】缓冲区,为每个视口存储了最近使用的20个视图导航命令,可以通过【撤消视图】/【重做视图】缓冲区,来进行后退操作,直到撤消了所有存储的视图导航命令。

## 第八节 缩放、平移以及旋转视图

单击某个视图导航按钮时,可以更改这些基本视图的属性:

视图放大——控制放大和缩小。

视图定位——控制向任何方向的平移。

视图旋转——控制向任何方向的旋转。

**1.缩放视图**

**操作:缩放视图**

1.激活【透视】或【正交】视口。

2.单击【缩放】。该按钮处于启用状态时,将高亮显示。

3.在视口中,进行拖动,以更改放大值。向上拖动,可增加放大值;向下拖动,可减少放大值。

4.按下【Esc】键,或者右键单击,可关闭该按钮。

**操作:提高缩放速度**

当在视口中拖动时,按下【Ctrl】键。

**操作:减慢缩放速度**

当在视口中拖动时,按下【Alt】键。

**操作:启用自动缩放模式**

在键盘上,按下【Ctrl+Alt】键,然后按下鼠标中键,并在视口中拖动。这将无法激活【缩放】按钮。

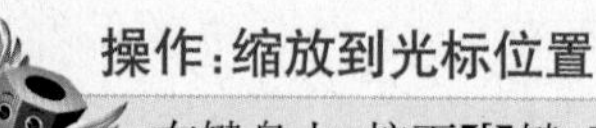

**操作:缩放到光标位置**

在键盘上,按下【[】键,可进行放大,而按下【]】键,可缩小。

如果【透视】视图为活动视图,也可以单击【视野】,更改视野与更改摄像机上的镜头的效果相似,视野越大,场景中可看到的部分越多,且【透视】图会扭曲,这与使用广角镜头相似;视野越小,场景中可看到的部分越少,且【透视】图会展平,这与使用长焦镜头类似,如图3-8-1所示。

虽然【视野】的效果类似于缩放,但是实际上透视是不断变化的,从而导致视口中的扭曲增大或减小。

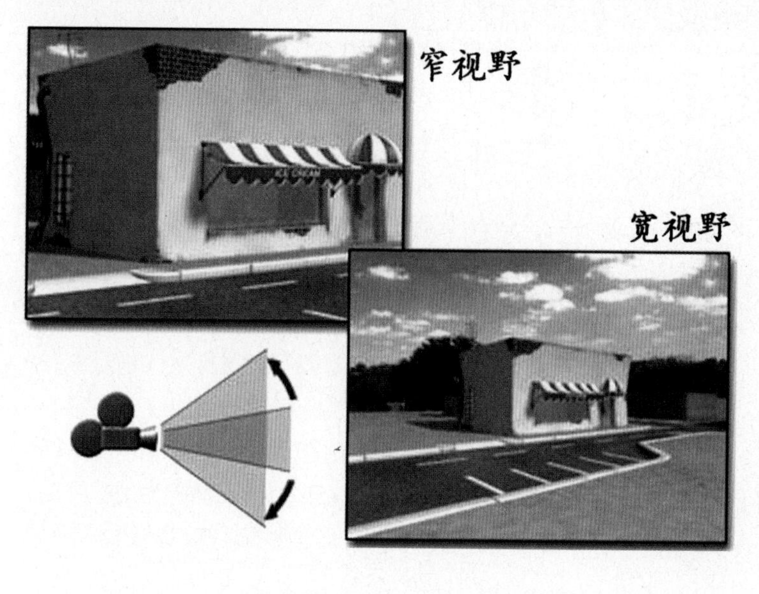


图3–8–1 视野

警告：

使用极端视野设置时务必谨慎，相应操作可能会产生意外的结果。

在透视视口中，视野将视角的宽度定义为一个角，角的顶点位于视平线，末端位于视角两侧。

在摄像机视口中，视野控制摄像机视角的区域宽度，并且以度数表示摄像机水平线的弧形。对于选定的摄像机，可以直接调整其FOV和镜头参数来微调视口中设置的FOV。

2.缩放区域

单击【缩放区域】模式，以在活动视口中，拖动出一个矩形区域，并且放大此区域，以填充视口，缩放区域可用于所有标准视图。

**操作：在视口中调整视野**

1.激活【透视】或【摄像机】视口。

2.单击【视野】，该按钮处于启用状态时，将以金色高亮显示。

3.在视口中进行拖动，以调整FOV角度；向下拖动将扩大(增加)FOV角度，减小镜头长度，显示更多的场景，并且扩大透视图范围；向下拖动将缩小(减小)FOV角度，增加镜头长度，显示更少的场景，并且使透视图展平。

4.按下【Esc】键，或者右键单击，可关闭该按钮。

**操作：在【透视】视图中输入FOV值**

1.激活【透视】视口。

2.右键单击【视野】，显示【视口配置】对话框。

3.单击【渲染方法】选项卡。

4.在【透视用户视图】组的FOV字段中输入角度。

5.单击【确定】可进行更改。

**操作：要使用带有摄像机参数的FOV**

1.激活【摄像机】视口。

2.按【H】键，并且在【选择对象】对话框中，选择视口的摄像机。

3.打开【修改】面板，以查看摄像机的【参数】卷展栏。

4.当在视口中拖动视野时，【FOV】和【镜头】参数将交互更新。

5.直接设置【FOV】和【镜头】参数，或单击【备用镜头】组中的按钮。

要点：

只能FOV值与摄像机一起保存。镜头值(焦距)是表示和选择FOV的另一种方法；在摄像机视口中，使用【透视】按钮，也可以更改与推位摄像机一致的FOV。

**操作：缩放区域**

1.激活【正交】或【透视】视口。

2.单击【缩放区域】或按【Ctrl+W】键。当在【透视】视口缩放区域时，请从【视野】弹出按钮中，选择【缩放区域】。

3.在显示非摄像机视图的任何视口，拖动一个矩形区域，释放后，该区域放大为充满视口。

**技巧:**

在【透视】视图中使用【缩放区域】时,缩放矩形与摄像机具有固定的距离。因此,如果绘制的矩形过大,可以从场景中缩小。

### 3.缩放至范围

单击【最大化显示】或者【全部最大化显示】弹出按钮,可以更改视图的放大和位置,并显示场景中对象的范围,视图居中于对象,并改变放大倍数,以使对象填充视口。

**操作:缩放场景中的所有对象**

1.激活任何视口。

2.单击【所有视图最大化显示】,视口将显示场景中的所有对象。

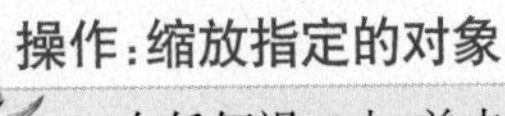

**操作:缩放指定的对象**

1.在任何视口中,单击对象将其选中,或按下【H】键,以按名称选择对象。

2.单击【所有视图最大化显示选定对象】,视口将显示选定对象。

### 4.平移视图

单击【平移视图】,并在视口中拖动,可以平行于视口平面移动视图,在任何工具处于活动状态时,也可以通过按住鼠标中键,以拖动的方式来平移视口。

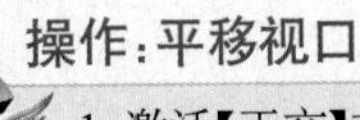

**操作:平移视口**

1.激活【正交】或【透视】视口,然后单击【平移视图】。

2.沿着希望移动的方向,在视口中进行拖动。

3.按下【Esc】键,或者右键单击,可关闭该按钮。

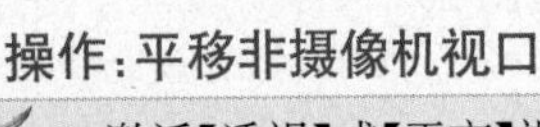

**操作:平移非摄像机视口**

1.激活【透视】或【正交】视口。

2.单击【平移视图】图标。

3.按【Ctrl+P】键。

4.按鼠标中键。

5.沿着希望移动的方向,在视口中进行拖动,或者使用箭头键。

**操作:加速平移**

在平移时,按下【Ctrl】键。

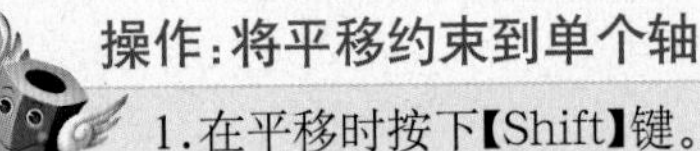

**操作:将平移约束到单个轴**

1.在平移时按下【Shift】键。

2.将平移约束到使用的第一个轴。

3.如果一开始垂直拖动,则平移或环游,也将约束为垂直方向;如果一开始水平拖动,则平移或环游,也将约束到水平方面。

### 5.旋转视图

单击【弧形旋转】、【弧形旋转选定对象】或【弧形旋转子对象】按钮,可以分别围绕视图中心、选定的对象,或者当前选定的子对象旋转视图,旋转正交视图,例如顶视图时,它会转换为用户视图;使用弧形旋转时,如果对象靠近视口的边缘,则可能会旋转出视图。

选择了弧形旋转的情况下,视图围绕选定的对象旋转时,选定的对象会停留在视口中相同的位置,如果没有选择任何对象,则此功能会还原为标准的弧形旋转。

选择了【弧形旋转子对象】的情况下,视图围绕选定的子对象或对象旋转时,选定的子对象或对象,会停留在视口中相同的位置。

**要点:**

按住【Alt】键的同时,使用鼠标中键,在视口中拖动,能够旋转视图。这将使用当前的弧形旋转模式,无论弧形旋转按钮,是否处于活动状态,也可以通过按【Ctrl+R】来激活弧形旋转。

**操作:使用【弧形旋转】**

1.激活【透视】或【正交】视口。

2.单击三个【弧形旋转】按钮之一,视图旋转【轨迹球】,将显示为黄色圆圈,其控制柄位于象限点上。

3.在【轨迹球】上拖动鼠标,可产生不同类型的视图旋转。光标的变化指出将要执行的旋转类型。

4.拖动控制柄,以保持以水平方向,或垂直方向进行旋转。在侧控制柄上水平拖动,或在控制柄的顶部,或底部垂直拖动。

5.在轨迹球的内部进行拖动,可在视口中自由旋转视图。即使光标在轨迹球外部呈十字形,拖动时也可以继续进行自由旋转。

6.在轨迹球外部进行拖动,可围绕与屏幕垂直的深度轴旋转视图。在拖动时,如果光标在轨迹球内部呈十字形,也可以进行自由旋转。当光标又在轨迹球外部呈十字形时,自旋转将再次起作用。

7.按【Esc】键,或右键单击,可结束【弧形旋转】。

**操作:将旋转约束到单个轴**

1.旋转时,按下【Shift】键。

2.将旋转约束到使用的第一个轴。

**操作:使用键盘和鼠标进行旋转**

1.旋转时,按下【Shift】键。

2.将旋转约束到使用的第一个轴。

## 第九节 使用穿行导航

使用【穿行导航】,可通过按下包括箭头方向键在内的一组快捷键,在视口中移动,正如在众多视频游戏中的3D世界中导航一样。

在进入【穿行导航】模式之后,光标将改变为中空圆环,并在按下某个方向键(前、后、左或右)时,显示方向箭头,这一特性可用于【透视】和【摄像机】视口,不可用于【正交】视图或【聚光灯】视口。

**1.设置穿行动画**

在【摄像机】视口中,使用【穿行导航】时,可以使用【自动关键点】或【设置关键点】来设置摄像机穿行的动画。无论采用哪一方式,要设置摄像机动画,就需要手动更改帧编号,最简洁的途径是使用时间滑块;此外使用设置关键点方法时,还需要更改帧编号,然后单击设置关键点。

**提示:**

在开始设置动画之前,选择摄像机,如果没有选定摄像机,则其关键点,将不会出现在轨迹栏上。

**操作:使用穿行导航**

1.按【向上】键。

2.单击 【穿行】按钮,以便将其打开,该按钮可见于【平移/平行移动】和【穿行】弹出按钮。

**操作:停止使用穿行导航**

1.右键单击。

2.激活其他视口。

3.将【活动】视口,更改为其他类型。

4.打开其他视口导航工具,例如,缩放或平移。

5.打开选择对象或某个变换工具。

**注意:**

在选择某个对象,或更改视口着色类型,例如,着色和线框时,并未退出穿行模式。

【穿行】按钮是【穿行导航】的唯一图形化元素界面,其他特性均通过鼠标操作,或键盘快捷键提供,一下是键盘操作指令:

【Q】——加速切换

【S】或【向下键】——后

【Z】——减速切换

【[】——减小步长

【C】或【Shift+向下键】——下

【W】或【向上键】——向前

【]】——增加步长

【A】或【向左键】——左

【Shift +空格键】——级别

【空格】——锁定垂直旋转

【Alt+[】——重设置步长

【D】【向右键】——右

【E】或【Shift +向上键】——上

**要点:**

如果在快捷键列中,没有任何显示任何信息,则表示没有为该命令指定默认键,此时可以使用【自定义用户界面】对话框中的【键盘】面板设置自定义快捷键。

**2.向前、后和侧面移动**

对于移动操作,可使用方向键或小键盘中左边的字母键。

**要点:**

当处于透视视口中时,可使用【撤消视图更改】和【重做视图更改】,快捷键为【Shift+Z】、【Shift+Y】来撤消或重作导航操作。但是,当处于摄像机视口中时,穿行动画将转换摄像机对象,因此必须使用【编辑】>【撤消】和【编辑】>【重作】命令,快捷键为【Ctrl+Z】和【Ctrl+Y】,来完成相应操作。

**提示:**

按住任意上述按钮,都可令相应动作持续进行。

【W】或【向上键】——前进。向前移动摄像机或视点。

**注意:**

如果并未处于穿行导航模式之中,可按下【向上】键进入相应模式。

【S】或【向下键】——后退。向后移动摄像机或视点。

注意：
当处于摄像机视口中时，前和后等同于推进和拉出。

【A】或【向左键】——左。向左移动摄像机或视点。

【D】或【向右键】——右。向右移动摄像机或视点。

注意：
当处于摄像机视口中时，左和右等同于向左平移和向右平移。

【E】或【Shift+向上键】——上。向上移动摄像机或视点。

【C】或【Shift+向下键】——下。向下移动摄像机或视点。

3.加速和减速

加速切换和减速切换——按下【加速】或【Q】，将会令运动速度更快；按下【减速】或【Q】，将会令运动速度更慢。

要点：
这些控件是切换开关：第二次按下按键时，将恢复默认动作速率，再次按下按键，将关闭第一次的按键操作结果，它们通过按住向下键，进行导航时尤为实用；加速和减速切换，不依赖于步长大小。

4.调整步长大小

增加步长和减少步长——在移动摄像机或视点时，按下【增加步长】、【]】，将增加动作增量；按下【减小步长】、【[】，将减小动作步长，此外还可以重复按下这些快捷键以增强效果。

要点：
当通过单击或通过按住按键，来进行导航时，更改步长的效果会比较明显，步长更改对于将动作调整到场景范围之内非常实用，相应设置随Max文件保存；重设置步长—按下【重设置步长】、【Alt+[】，会将步长恢复到其默认值；步长和加速或减速无关。

5.旋转（倾斜）

倾斜视图——单击【+】，拖动以倾斜摄像机或视点。

注意：
当处于摄像机视口中时，倾斜视图等同于平移摄像机。

增加旋转灵敏度和减小旋转灵敏度——在使用【倾斜视图】时，按下【增加旋转灵敏度】（无默认键），将增加动作增量；按下【减小旋转灵敏度】（无默认键），将减小动作灵敏度；此外还可以重复按下这些快捷键以增强效果，它们对于将动作调整到场景范围之内非常实用，相应设置随Max文件保存。

锁定水平旋转——按下【锁定水平旋转】（无默认键），将锁定水平轴，此时摄像机或视点将只作垂直倾斜。

锁定垂直旋转——按下【锁定垂直旋转】或【空格键】，将锁定垂直轴，此时摄像机或视点将只作水平倾斜。

反转垂直旋转切换——拖动鼠标时，按下【反转垂直旋转】（无默认键），将反转倾斜方向。关闭这一切换开关时，向上拖动将导致场景对象，在视图中下落，向下拖动将导致场景对象在视图中上升，类似于倾斜实际的摄像机；打开切换开关时，视图中的对象，将按照鼠标拖动的相同方向移动。

水平——按下【水平】或【Shift+空格键】，将移除摄像机或视点，可能具有的倾斜或旋转效果，令视图横平竖直。

## 第十节 导航摄像机和灯光视图

【摄像机】与【灯光】视图导航按钮略有不同。当带有【摄像机】或【灯光】视图的视口，处于活动状态时，这些按钮可见。【摄像机】和【灯光】视图导航按钮，除调整视图外，还具有更多功能，它们变换和更改与【摄像机】或【灯光】对象关联的参数，如图3-10-1所示。

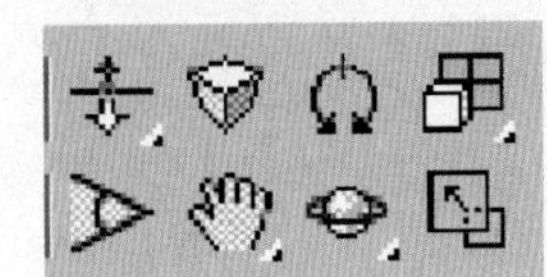
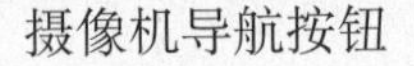
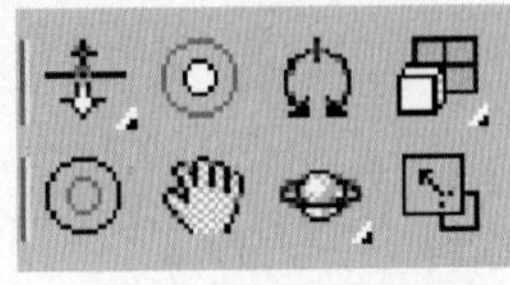
摄像机导航按钮　　灯光导航按钮

图3-10-1 导航摄像机和灯光视图

注意：
【灯光】视图将灯光（聚光灯或平行光）视为摄像机，将灯光衰减区视为摄像机视野。

牢记下列内容：

(1) 使用【摄像机】和【灯光】视口导航按钮，移动或旋转摄像机或灯光，与更改它们的基础参数相同。

(2) 使用【摄像机】或【灯光】视图导航按钮，所做的更改，可以生成与其他对象，更改相同的动画。

**1.缩放摄像机或灯光视图**

可以单击【视野】，然后在【摄像机】视口中，拖动来缩放摄像机视图，视野将宽度定义为一个角，角的顶点位于视平线，末端位于视图两侧，更改视野与更改摄像机上的镜头的效果极为相似；视野越大，场景中可看到的部分越多，且透视图会扭曲，这与使用广角镜头相似；视野越小，场景中可看到的部分越少，且透视图会展平，这与使用长焦镜头类似，如图3-10-2所示。

图3-10-2 缩放摄像机

**要点：**

聚光区是灯光视口中，可见的两个圆圈或矩形的内部，用灯光的全部强度来为聚光区中的对象提供照明，在对象靠近衰减区边界时，使用递减强度来为聚光区和衰减区之间的对象提供照明。

单击【灯光】改变视口的灯光聚光区，可以获得与缩放相同的效果。如图3-10-3所示，泛光灯的聚光区很窄，而衰减区很宽。如图3-10-4所示，加宽聚光区可创建更亮的灯光。

图3-10-3 泛光灯的聚光区很窄，而衰减区很宽

图3-10-4 加宽聚光区可创建更亮的灯光

#### 操作:更改灯光聚光区

1.设置【透视】视口,以便可以看到3D空间中的灯光。

2.激活【灯光】视口。

3.按【H】键,可显示【选择对象】对话框,选择灯光,灯光及其锥体,在【透视】视口中可见。

4.单击【灯光聚光区】,该按钮处于启用状态时,将高亮显示。

5.在【灯光】视口中进行拖动,可更改聚光区角度。

6.拖动时,蓝色聚光区锥体将扩大和收缩;向下拖动,可加宽(增加)聚光区角度,并照亮更多的场景。聚光区将随着角度增大,而在衰减区内部扩大。默认情况下,聚光区可能比衰减区锥体小。

7.拖动时,按下【Shift】键,可覆盖默认值。这样在聚光区锥体增大时,衰减区锥体也将随之增大;向上拖动可减小(减少)聚光区角度,并照亮更少的场景。

8.拖动时,按下【Ctrl】键,可锁定聚光区和衰减区锥体的初始分隔角度。

9.按下【Esc】键,或者右键单击,可关闭该按钮。

### 2.移动摄像机或灯光视图

可以通过单击以下某个按钮,然后在摄像机或灯光视口中,进行拖动来移动摄像机和灯光视图。

【推拉】——沿视线移动摄像机或灯光。

#### 操作:推拉摄像机

1.激活【摄像机】视口。

2.单击【推拉摄像机】弹出按钮上的按钮之一。

3.通过拖动来移动摄像机。

4.向上拖动,可沿着其视线向前移动摄像机。

5.向下拖动,可沿着其视线向后移动摄像机。

6.按下【Esc】键,或者右键单击,可关闭该按钮。

当【摄像机】视口,处于活动状态时,此弹出按钮上的按钮,将代替【缩放】按钮。使用这些按钮,可以沿着摄像机的主轴移动摄像机或摄像机目标,移向或移离摄像机所指的方向,如图3-10-5所示。

自由摄像机沿着其深度轴,朝着镜头所指的方向移动。与目标摄像机不同,无论您推拉多远,自由摄像机的目标距离仍然保持固定。

**要点:**

当【目标摄像机】视口处于活动状态时,【推拉摄像机】弹出按钮的三个按钮都可用。当【自由摄像机】视口处于活动状态时,按钮显示为弹出按钮,但对于此类型的摄像机只有【推拉摄像机】可用。如果激活【目标摄像机】视口,三个按钮将再次处于可用状态。

图3-10-5 推拉摄像机

【平移】——沿着平行于视图平面的方向，移动摄像机或灯光及其目标。

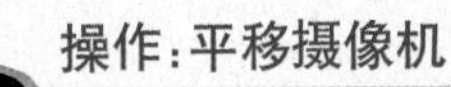

### 操作：平移摄像机

1. 激活【摄像机】视口。
2. 单击【平移摄像机】，该按钮处于启用状态时，将高亮显示。
3. 拖动可移动摄像机及其目标。
4. 摄像机及其目标，将沿着平行于视图平面的方向移动，这将与摄像机的视线垂直。
5. 按下【Esc】键，或者右键单击，可关闭该按钮。

### 操作：将平移约束到单个轴

1. 按下【Shift】键。
2. 按下【Shift】键时，可将平移约束到移动的第一个轴。

### 操作：加速平移

按下【Ctrl】键。

图3-10-6 平移摄像机

使用【平移摄像机】，可以沿着平行于视图平面的方向移动摄像机。对于目标摄像机，通过拖动鼠标，沿着平行于摄像机视图的方向，移动摄像机及其目标，如图3-10-6所示。

当【摄像机】视口处于活动状态时，【平移】按钮将替换为此按钮。

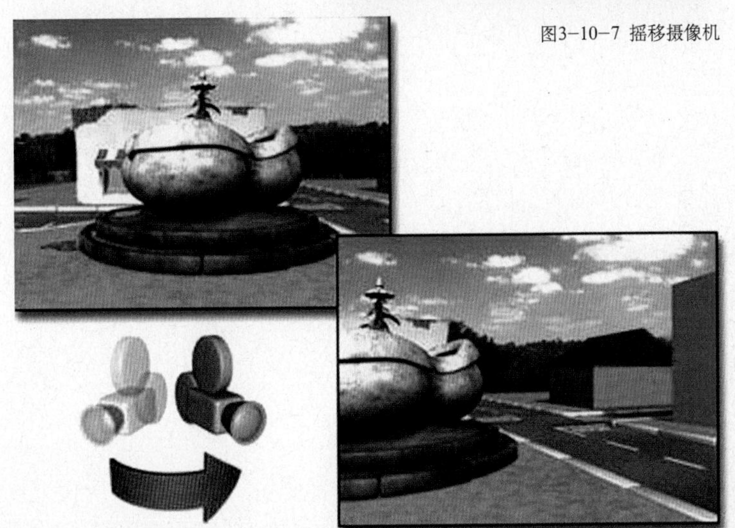

图3-10-7 摇移摄像机

【摇移】——在围绕摄像机或灯光的圆形区域中移动目标，此按钮为弹出按钮，它与【环游】共享同一位置。使用【摇移摄像机】可围绕摄像机旋转目标，如图3-10-7所示。

**操作：摇移摄像机**

1. 激活【摄像机】视口。

2. 单击【摇移摄像机】，该按钮处于启用状态时，将高亮显示。

3. 拖动以围绕摄像机旋转视图。

4. 拖动可使用世界X轴和Y轴，自由旋转视图。

5. 按【Shift】键，然后水平拖动，可将视图旋转锁定为围绕世界Y轴，从而将产生水平摇移。

6. 按【Shift】键，然后垂直拖动，可将旋转锁定为围绕世界X轴，从而将产生垂直摇移。

7. 按下【Esc】键，或者右键单击，可关闭该按钮。

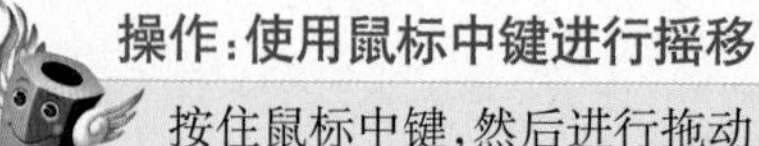

**操作：使用鼠标中键进行摇移**

按住鼠标中键，然后进行拖动；【摇移】模式将自动启用。

【环游】——在围绕目标的圆形区域中，移动摄像机或灯光，其效果与非摄像机视口的弧形旋转相似。使用【环游摄像机】可围绕目标旋转摄像机，如图3–10–8所示。

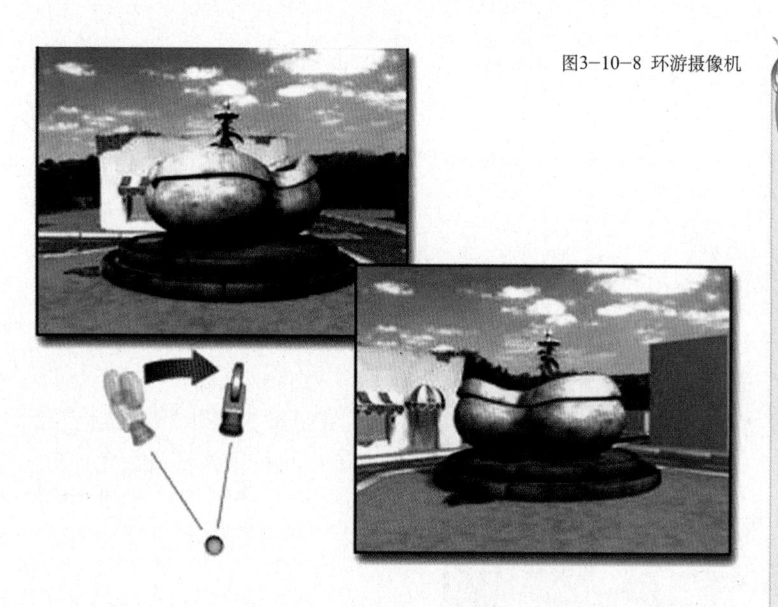

图3–10–8 环游摄像机

**操作：环游摄像机**

1. 激活【摄像机】视口。

2. 单击【环游摄像机】，拖动可围绕目标旋转视图。

3. 拖动可使用世界X轴和Y轴，自由旋转视图。

4. 按【Shift】键，然后水平拖动，可将视图旋转锁定为围绕世界Y轴，从而将产生水平环游。

5. 按【Shift】键，然后垂直拖动，可将旋转锁定为围绕世界X轴，从而将产生垂直环游。

6. 按下【Esc】键，或者右键单击可关闭该按钮。

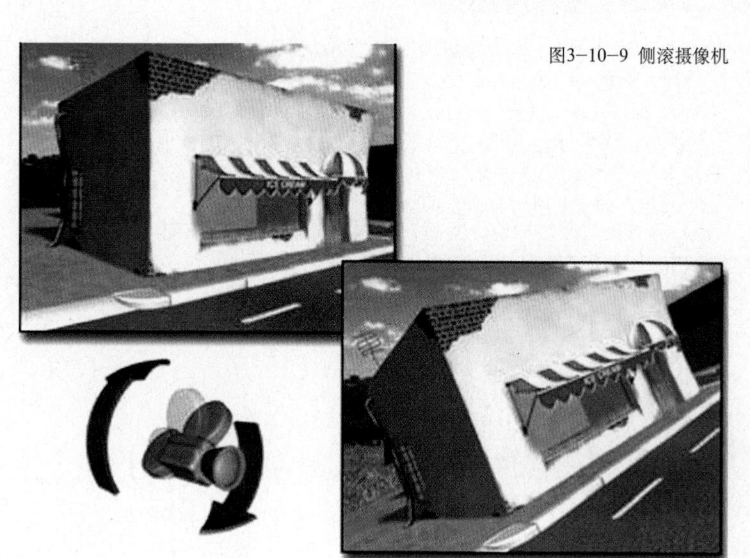

图3–10–9 侧滚摄像机

### 3. 侧滚摄像机或灯光视图

单击【侧滚】，然后在【摄像机】或【灯光】视口中拖动，使【摄像机】或【灯光】围绕其视线旋转，视线的定义为从摄像机或灯光，到其目标之间的直线，视线还与摄像机或灯光的局部Z轴相同，如图3–10–9所示。

### 4.更改摄像机透视

单击【透视】，然后在【摄像机】视口中，以拖动来更改视野，并同步推拉摄像机，其效果是在维持此视图构图的同时，改变透视张角量，如图3-10-10所示。

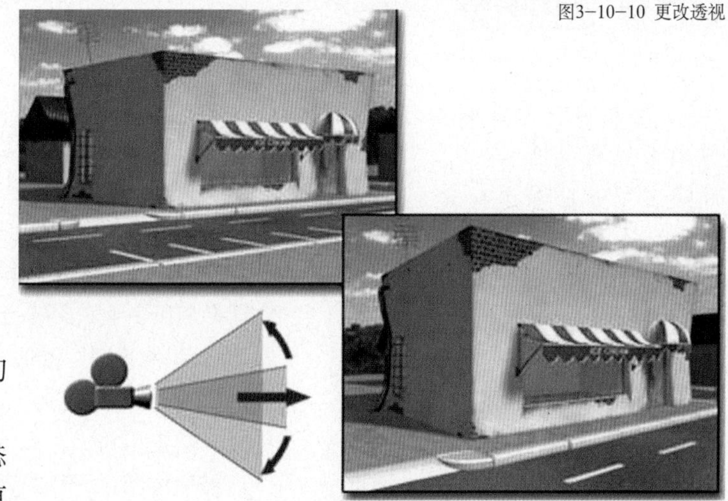
图3-10-10 更改透视

## 第十一节 自适应降级切换

选择【视图】>【自适应降级切换】菜单命令，快捷键为【O】。

自适应降级切换处于打开状态(默认)时，它会取代变换几何体、更改视图或在着色视口中播放动画时出现的自适应降级。在这种情况下，几何体会保留着色，即使这样会降低视口显示和动画播放速度；如果图形卡不能实时显示帧，动画播放时可能会丢失帧。

**提示：**

如果需要对大型模型，进行导航或发现性能降低，请关闭自适应降级切换。

自适应降级导致着色对象为更加快速的显示模式所取代，默认情况下，着色对象将为其边界框所取代。

选择【自定义】>【视口配置】>【自适应降级】菜单面板中，可在【视口配置】对话框，更改显示选项，并设置其他自适应降级参数。

**注意：**

如果【自适应降级】处于关闭状态时，在着色视口中，使用弧形旋转时，则无论自适应降级设置如何，对象都会降级至边界框。

**操作:关闭或覆盖自适应降级**

1.选择【视图】>【自适应降级切换】菜单命令。

2.按【O】键。

**操作:在视口中更改自适应降级的级别**

1.使用右键单击视口标签，并选择【配置】，或选择【自定义】>【视口配置】。

2.在【视口配置】对话框中，打开【自适应降级】面板。

3.调整【常规】和【活动降级】分组框中的设置。

## 第十二节 抓取视口

选择【工具】>【抓取视口】菜单命令。【抓取视口】在渲染帧窗口中，创建活动视口快照，在该窗口中，可将快照保存为图像文件。

**操作:创建视口快照**

1.激活要捕获的视口。

2.选择【工具】>【抓取视口】菜单命令，屏幕会显示一个对话框，可用于将标签添加到快照中。

3.如果需要，可以输入快照的标签，将标签输入到对话框中时，该标签会显示在图像的右下角位置。

4.单击【抓取】，【渲染帧窗口】会打开以显示视口快照。

5.使用【渲染帧窗口】中的控件来保存图像。

抓取视口界面，如图3-12-1所示。

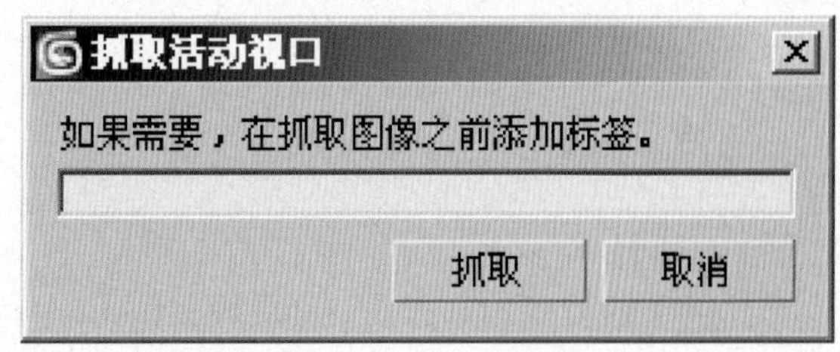

图3-12-1 抓取视口界面

标签——在此处输入文本，以将标签添加到快照中，所输入的文本，显示在快照的右下角。

抓取——使用活动视口的快照，打开【渲染帧窗口】。

取消——取消【抓取视口】命令。

# 第四章 选择对象

本章包括以下学习内容：

**学习目的：**

3ds max中的大多数操作，都是对场景中的选定对象执行，必须在视口中选择对象，然后才能应用命令，因此，选择操作是建模和设置动画过程的基础。

本节讲解3ds max中提供的选择工具，除使用鼠标和键盘选择单个和多个对象的基本技术以外，还讲解命名选择集的使用，以及其他有助于管理对象选择的功能。例如，隐藏和冻结对象以及层，此外还包括子对象选择简介，这对使用对象的基本几何体是必需的。

最后讲解用于分组对象的技术，使用分组功能，可以创建具有多种独立对象特征的、持久性较强的选择。

## 第一节 对象选择简介

3ds Max是一种面向对象的程序，这意味着3D场景中的每个对象，都带有一些指令，它们会告诉程序，能通过程序执行的操作，这些指令随对象类型的不同而异。

因为每个对象，可以对不同的命令集作出响应，所以可通过先选择对象，然后选择命令来应用命令，这称作【名词-动词】界面，因为，先选择对象（名词），然后选择命令（动词）。

**1.确定选择界面**

在用户界面中，选择命令或功能，显示在以下区域中：

A.【主工具】栏

B.【编辑】菜单

C.【四元】菜单（选定对象时）

D.【工具】菜单

E.【轨迹视图】

F.【显示】面板

G.【图解视图】

【主工具】栏上的按钮，是一种直接的选择方式。选择浮动框位于【工具】菜单中，方便易用，而【编辑】菜单，提供了更多常规选择命令，以及按属性选择对象的方法；【轨迹视图】和【图解视图】，可以从层次列表中选择对象。

**2.从四元菜单中进行选择**

选择对象的最快方式是从【四元】菜单的【变换】区域中进行选择，从中可以方便地在【移动】、【旋转】、【缩放】和【选择】模式之间切换；选择任意模式，然后单击要在视口中选择的对象即可。

**3.按名称选择**

选择对象的另外一种快捷方法，是使用【按名称选择】命令的键盘快捷键，按键盘上的【H】键，然后在列表中，按名称选择对象；当场景中有许多重叠对象时，这是确保选择正确对象的最为可靠的方式。

**4.【选择】按钮**

选择对象的另外一种方法，是单击以下按钮之一，然后单击对象。

【选择对象】

【选择对象名称】

【选择并移动】

【选择并旋转】

【选择并缩放】

【选择并操纵】

【主工具】栏有几个选择模式按钮，如果任一选择按钮，处于活动状态，则程序处于可通过单击这些按钮，来选择对象的状态。

仅需要进行选择时，可使用这些选择按钮中的【选择对象】或【选择浮动框】；使用其余按钮，可以选择并变换或操纵的选择；使用变换可移动、旋转和缩放的选择。

**5.交叉选择与窗口选择**

【选择】切换位于工具栏中，当按区域选择时，可以在【窗口】和【交叉】模式间切换。在【窗口】模式中，只能对所选内容内的对象进行选择；在【交叉】模式中，可以选择区域内的所有对象，以及与区域边界相交的任何对象。

**6.【编辑】菜单命令**

【编辑】菜单包含的选择命令，可以对选择的对象进行全局操作。

**7.【工具】菜单命令**

【工具】菜单包含无模式选择对话框，即【浮动框】的两个选项，可以将它们置于屏幕的任何位置，也可以通过右键，单击标题栏，并选择【最小化】将其最小化。

A.【选择浮动框】——它的功能与【按名称选择】相同。

B.【显示浮动框】——供用于隐藏和冻结选择的选项，以及一些显示选项。

**8.选择浮动框**

【工具】菜单中包含一个用于名为【选择浮动框】的无模式选择对话框的选项，可以将其置于屏幕上的任意位置。【选择浮动框】和【按名称选择】，具有相同的特性。

**9.【轨迹／图解视图】选择**

【轨迹视图】主要设计为动画工具，但也可将其【层次列表】窗口，用作按名称和层次选择对象的替代方法。在【曲线编辑器】和【轨迹视图】的【摄影表】模式中均可使用。

【图解视图】是为了能够有效地在场景中导航而特别设计的，它提供了一个层次视图，并可以按名称选择对象及其属性。

**10.【显示】面板选择**

【显示】面板提供了用于隐藏和冻结对象的选项，这些技术可用于从其他选择方式中排除对象，对于简化复杂场景很有用，冻结的对象仍然可见，但是隐藏的对象不可见，如图4-1-1所示。

图4-1-1 【显示】面板选择

## 第二节 选择对象的基本知识

最基本的选择技术，是使用鼠标或鼠标与键盘配合使用。

线框中的选择对象，如图4-2-1所示。

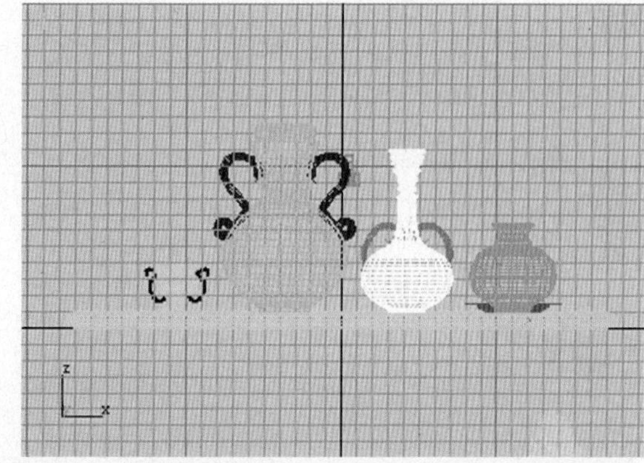

图4-2-1 线框中的选择对象

平滑和着色视图中，选择对象，如图4-2-2所示。

图4-2-2 平滑和着色视图中选择对象

操作：选择对象

1.单击工具栏上的其中一个选择按钮：【选择对象】、【按名称选择】、【选择并移动】、【选择并旋转】、【选择并缩放】或【选择并操纵】。

2.在任一视口中，将光标移到要选择的对象上。

要点：

当光标位于可选择对象上时，它会变成小十字叉；对象的有效选择区域，取决于对象的类型，以及视口中的显示模式；在着色模式中，对象的任一可见曲面都有效；在线框模式中，对象的任一边，或分段都有效，包括隐藏的线。

3.当光标显示为选择十字叉时，单击以选择该对象，并取消对任何先前选择的对象。

提示：

选定的线框对象变成白色，选定的着色对象，在其边界框的角处，显示白色边框。

操作：选择所有对象

a.选择【编辑】>【全选】菜单命令，这将选择场景中的所有对象。

b.在键盘上，按下【Ctrl+A】键。

操作：反转当前选择

a.选择【编辑】>【反选】菜单命令，这将反转当前选择模式。

例如：

假定开始时，在场景中有五个对象，已选定其中两个。选择【反转】后，这两个对象会取消选择，而其余对象被选定。

b.在键盘上，按下【Ctrl+I】键。

操作：扩展或减少选择

按住【Ctrl】键的同时，单击以进行选择，这将切换所选对象的选择状态，使用此方法，可以选择或取消选择对象。

例如：

如果已选定两个对象，然后按【Ctrl】键，并单击以选择第三个对象，则第三个对象，将被添加到选择中；如果此时按【Ctrl】键，并单击三个选定对象中的任一个，则会取消选择该对象。

提示：

此外还可以在单击时，按住【Alt】键，从所做选择中移除对象。

操作：锁定选择

1.选择对象。

2.单击状态栏上的【选择锁定切换】图标，以启用锁定选择模式。

要点：

锁定选择时，可以在屏幕上任意拖动鼠标，而不会丢失该选择，光标显示当前选择的图标。如果要取消选择或改变选择，请再次单击【锁定】按钮，禁用锁定选择模式，空格键是用于锁定选择模式的键盘切换。

操作：取消选择对象

a.在当前选择以外的任意空白区域单击。

b.按住【Alt】键，然后单击对象，或在此对象周围拖出区域，以取消选择。

c.按住【Ctrl】键，并单击以取消选择选定对象，此操作也可以选择未选定对象。

d.选择【编辑】>【全部不选】菜单命令，以取消选择场景中的所有对象。

## 第三节 按区域选择

借助于【区域选择】工具，使用鼠标，即可通过轮廓，或区域选择一个或多个对象，如图4-3-1所示。

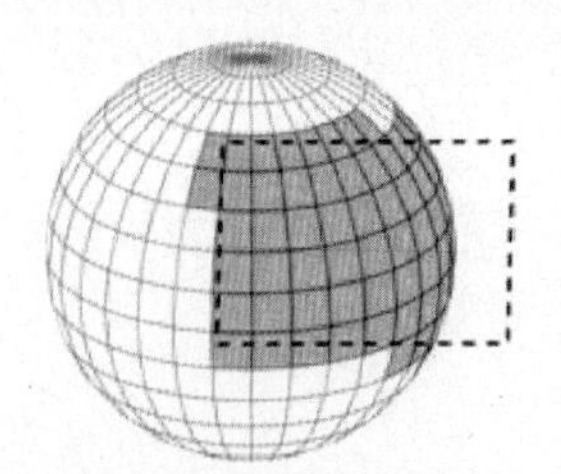

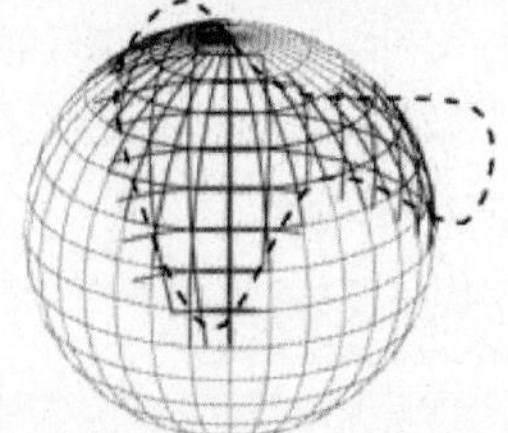


图4-3-1 按区域选择

### 1.区域选择

默认情况下，拖动鼠标时，创建的是矩形区域，释放鼠标后，区域内和区域触及到的所有对象均被选定。

**技巧：**

如果在指定区域时，按住【Ctrl】键，则影响的对象，将被添加到当前选择中；反之，如果在指定区域时，按住【Alt】，则影响的对象，将从当前选择中移除。

### 2.设置区域类型

拖动鼠标时所定义的区域类型，由【按名称选择】按钮右侧的【区域】弹出按钮设置。有五种区域类型可供选择：

【矩形区域】——拖动鼠标以选择矩形区域。

**操作:使用矩形进行选择**

1.单击【矩形选择区域】按钮。

2.单击状态栏上的【选择锁定切换】，以启用锁定选择模式。

3.要取消该选择，请在释放鼠标前右键单击。

【圆形区域】——拖动鼠标以选择圆形区域。

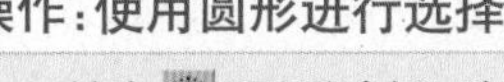

**操作:使用圆形进行选择**

1.单击【圆形选择区域】按钮。

2.在视口中拖动，然后释放鼠标。首先单击的位置是圆形的圆心，释放鼠标的位置定义了圆的半径。

3.要取消该选择，请在释放鼠标前右键单击。

【围栏区域】——通过交替使用鼠标移动和单击(从拖动鼠标开始)操作，可以画出一个不规则的选择区域轮廓。

**操作:使用围栏进行选择**

1.单击【围栏选择区域】按钮。

2.拖动以绘制多边形的第一条线段，然后释放鼠标按钮，此时光标会附有一个“橡皮筋线”，固定在释放点。

3.移动鼠标并单击，以定义围栏的下一个线段，可根据需要任意重复此步骤。

4.要完成该围栏，请单击第一个点或双击。

**要点：**

当距离近到足以单击第一个点时，会出现一对十字线。这样就创建了一个封闭的围栏；双击可以创建一个开放的围栏，这种围栏只能通过交叉方法选择对象。

5.要取消该选择，请在释放鼠标前右键单击。

【套索区域】——拖动鼠标将创建一个不规则区域的轮廓。

**操作:使用套索进行选择**

1.单击【套索选择区域】按钮。

2.围绕应该选择的对象，拖动鼠标以绘制图形，然后释放鼠标按钮。

3.要取消该选择，请在释放鼠标前右键单击。

【绘制区域】——在对象或子对象之上拖动鼠标，以便将其纳入到所选范围之内。

**操作:通过绘制区域选择**

1.从弹出按钮中，选择【绘制选择区域】。

2.将鼠标拖至对象之上，然后释放鼠标按钮。在进行拖放时，鼠标周围将会出现一个画刷大小为半径的圆圈。

3.要取消该选择，请在释放鼠标前右键单击。

4.要更改笔刷大小，右键单击【绘制选择区域】按钮，然后在【首选项设置】对话框>【常规】选项卡>【场景选择】组上，更改绘制选择笔刷大小值。

5.还可以设置键盘快捷键来更改笔刷大小，为此，请使用【向上绘制选择大小】和【向下绘制选择大小】操作项。

### 3.设置区域包含

此选项用于指定是否包括已经为曲边边界所触及的对象，适用于除【绘制】之外的所有区域方法。

选择【编辑】>【区域】菜单命令，可显示以下两项子菜单。一次只能激活一项，此外也可以从主工具栏上，使用该选项。

A.【窗口】——只选择完全位于区域之内的对象。

B.【交叉】——选择位于区域内，并与区域边界交叉的所有对象，这是默认区域。

也可以使用工具栏上的【窗口/交叉】切换，在两种模式之间进行切换；可以设置首选项，根据光标运动方向，自动在【窗口】和【交叉】之间切换。

**操作：使用默认设置进行区域选择**

1.单击【选择对象】按钮。

2.拖动鼠标定义区域，将显示一个橡皮筋矩形。

3.释放鼠标按钮，以选择区域内，或区域触及的所有对象，选定对象变为白色。

**要点：**

也可以使用工具栏上的【选择】和【变换】按钮，来按区域进行选择，必须在视口的不可选择区域，开始区域定义，否则，开始拖动鼠标时，会变换鼠标下方的对象。

## 第四节 使用按名称选择

可在【选择对象】对话框中，按对象的指定名称选择对象，从而完全避免了鼠标单击操作。

**操作：按名称选择对象**

a.在主工具栏上，单击【按名称选择】按钮。

b.选择【编辑】>【选择方式】>【名称】菜单命令。

c.选择【工具】>【选择浮动框】菜单命令。

**提示：**

将显示【选择对象】或【选择浮动框】对话框，默认情况下，这些对话框列出场景中的所有对象，所有选定的对象，会在列表中高亮显示。

d.在列表中选择一个或多个对象，使用【Ctrl】键，添加至选择。

e.单击【选择】按钮，进行选择，【选择对象】将关闭，而【选择浮动框】仍保持活动状态。

## 第五节 使用命名选择集

可以为当前选择指定名称，随后通过从列表中，选取其选择名称，来重新选择这些对象，如图4-5-1所示。

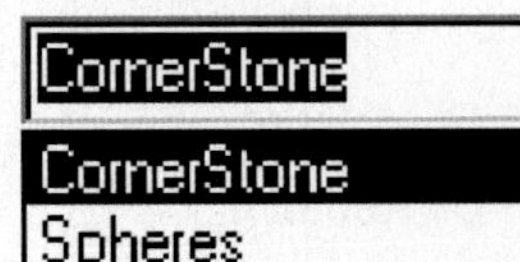


图4-5-1 使用命名选择集

也可以通过【命名选择集】对话框，编辑命名集的内容。

### 1.编辑命名选择

建模和创建场景时，可能要重新排列构成命名选择集的对象，如果执行此操作，则需要对这些集的内容进行编辑。

**操作：为选择集指定名称**

1.使用选择方法的任一组合，选择一个或多个对象或子对象。

2.单击主工具栏中的【命名选择】字段。

3.输入命名选择集的名称。该名称可以包含任意标准的ASCII字符，其中包括字母、数字、符号、标点和空格。

**注意：**

名称区分大小写。

4.按【Enter】键，完成选择集。

5.此时，可以选择其他对象，或子对象组合，并重复上述过程创建其他命名选择集。

**操作：检索命名选择集**

1.在【命名选择】字段中，单击箭头。

**要点：**

如果使用的是子对象选择集，则必须位于创建该选择集的同一层级，例如，【可编辑网格】>【顶点】中，才能使其显示在列表中。

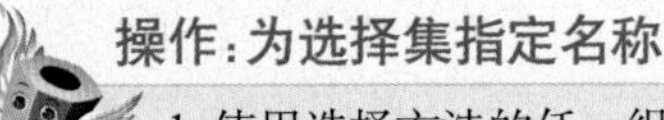

2.在列表中，单击某个名称。

**操作:编辑命名选择集**

在主工具栏上,单击【命名选择集】,以显示【命名选择集】对话框。

## 第六节 使用选择过滤器

可以使用主工具栏上的【选择过滤器】列表,来禁用特定类别对象的选择。默认情况下,可以选择所有类别,但可以设置【选择过滤器】,以便仅选择一种类别,例如灯光;也可以创建过滤器组合,以添加至列表中。

为了在处理动画时,更易于使用,可以选择过滤器,以便通过该过滤器,仅选择骨骼、IK链中的对象或点,如图4-6-1所示。

全部
几何体
图形
灯光
摄影机
辅助对象
扭曲
-----
组合...
-----
骨骼
IK 链对象
点

图4-6-1 选择过滤器

1.使用组合

【组合】功能,可以将两个或多个类别,组合为一个过滤器类别。

**操作:使用选择过滤器**

单击【选择过滤器】箭头,然后从【选择过滤器】列表中,单击类别。此时,选择就被限定于该类别中定义的对象,该类别将一直保持有效,直到进行更改。

可用类别如下:

【全部】——可以选择所有类别。这是默认设置。

【几何体】——只能选择几何对象。这包括网格、面片以及该列表未明确包括的其他类型对象。

【图形】——能选择图形。

【灯光】——只能选择灯光及其目标。

【摄像机】——只能选择摄像机及其目标。

【辅助对象】——只能选择辅助对象。

【扭曲】——只能选择空间扭曲。

【组合】——显示用于创建自定义过滤器的【过滤器组合】对话框。

【骨骼——只能选择骨骼对象。

【IK链】——只能选择IK链中的对象。

【点】——只能选择点对象。

**操作:创建组合类别**

1.从下拉列表中选择【组合】,以显示【过滤器组合】对话框,将列出所有单个类别。

2.选择要组合的类别。

3.单击【添加】按钮。

4.组合以各类别首字母缩写的形式,显示在右侧列表中,单击【确定】按钮。

**例如:**

如果选择了几何体、灯光和摄像机,则组合的名称为【GLC】,该名称会显示在下拉列表中【组合】的下方。

## 第七节 使用【轨迹视图】进行选择

【轨迹视图】提供了用于编辑动画轨迹的高级方法,此外,该视图的【层次】列表,按名称和层次,显示场景中的所有对象,使用【轨迹视图】,可以通过单击【层次】列表中的对象图标,选择场景中的任一对象,如图4-7-1所示。

世界
声音
Global Tracks
Video Post
环境
渲染效果
Render Elements
渲染器
全局阴影参数
场景材质
材质编辑器材质
对象
桌子
盘子01
矮罐子
Camera01
Camera01.Target
Omni02

图4-7-1 【轨迹视图】

可以在【曲线编辑器】和【摄影表】中,使用【轨迹视图】选择功能。以下过程说明了【曲线编辑器】的用法。在【摄影表】中,可使用相同的方法。

**操作：打开【轨迹视图】并显示和选择对象**

1.在主工具栏上，单击【曲线编辑器】按钮。

2.单击列表中的任一立方体图标，以选择命名对象。

可进行以下几种选择：

A.选择列表中若干个相邻的对象，单击第一个对象，按住【Shift】键，然后单击列表中，其他位置的另一个对象。

B.通过在单击的同时，按下【Ctrl】键，来修改所做选择。使用【Ctrl】键，可以在选择和取消选择单个项之间进行切换，而不取消选择列表中的其他项。

C.选择一个对象以及其所有子对象，按住【Alt】键，然后右键单击对象的立方图标，按住鼠标右键，再从菜单选择【选择子对象】。

**技巧：**

可以仅为了按名称选择对象，而打开【轨迹视图】窗口，缩小窗口直至只显示部分层次，然后，将窗口移到屏幕中适合的区域。

## 第八节 使用【图解视图】进行选择

【图解视图】是一个窗口，用于以层次视图形式，显示场景中的对象，该视图提供了在场景中，选取和选择对象，并导航至这些对象的另外一种方式。

打开【修改】面板时，在【图解视图】中，双击对象修改器，可将修改器堆栈，导航至该修改器，以便快速访问其参数。

**操作：打开【图解视图】并显示和选择对象**

1.单击主工具栏上的【打开图解视图】按钮。

2.单击包含对象名称的矩形。

3.可以使用包括拖动区域在内的标准方法，在【图解视图】中，选择任意数量的对象。

## 第九节 冻结和解冻对象

可以冻结场景中的任一对象选择。默认情况下，无论是线框模式，还是渲染模式，冻结对象都会变成深灰色。这些对象仍保持可见，但无法选择，因此不能直接进行变换或修改，冻结功能可以防止对象被意外编辑，并可以加速重画。

在视口中，可选择使冻结的对象保留其平常颜色或纹理。请使用【对象属性】对话框的【常规】选项卡中的【以灰色显示冻结对象】切换。

冻结对象与隐藏对象相似。冻结时，链接对象、实例对象和参考对象，会如同其解冻时一样表现。冻结的灯光和摄像机，以及所有相关联视口，如正常状态一般继续工作。

**1.冻结对象**

可以冻结一个或多个选定对象，这是将对象暂存的常用方法。也可以冻结所有未选定的对象，使用此方法，可以只让选定对象处于活动状态，这在杂乱的场景中非常有用。例如，在该场景中，希望确保其他任何对象不受影响，如图4-9-1所示。

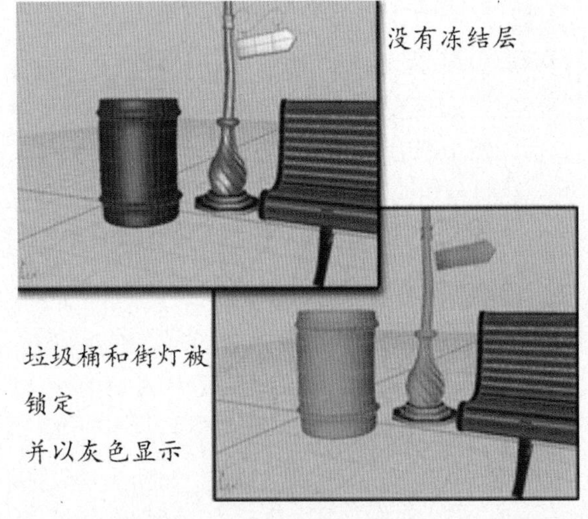


图4-9-1 冻结对象

**操作：访问【冻结】选项**

1.打开【显示】面板，然后展开【冻结】卷展栏。

2.选择【工具】>【显示浮动框】菜单命令。此无模式对话框，具有与【冻结】卷展栏相同的选项，它还包括【隐藏】选项。

3.通过右键单击【四元】菜单或【编辑】菜单，访问【对象属性】对话框。启用【隐藏】和/或【冻结】。

4.在【层管理器】中，单击【冻结】列，以冻结/解冻该列表中的每个层。

5.右键单击活动视口，然后从【四元】菜单>【显示】区域，选择【冻结】或【解冻】命令。

## 第十节 按选择隐藏和取消隐藏对象

可以隐藏场景中的任一单个对象选择，这些对象将从视图中消失，使得选择其余对象更加容易，隐藏对象还可以加速重画；然后，可以同时取消隐藏所有对象，或按单个对象名称取消隐藏所有对象；也可以按类别过滤这些名称，以便只列出特定类型的隐藏对象。

**注意：**

隐藏灯光源，并不会改变其效果，它仍对场景进行照明。

1.隐藏对象

隐藏对象与冻结对象相似。隐藏时，链接对象、实例对象和参考对象，会如同其取消隐藏时一样表现，隐藏的灯光和摄像机，以及所有相关联视口，如正常状态一般继续工作，如图4-10-1所示。

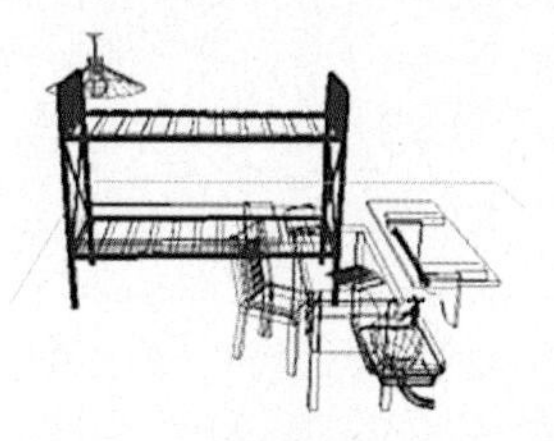


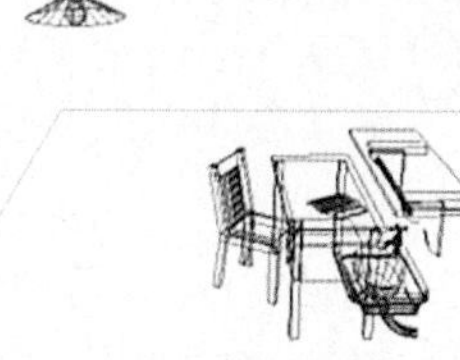


图4-10-1 隐藏对象

隐藏对象与冻结对象相似，可以隐藏一个或多个选定对象，也可以隐藏所有未选定的对象；另一个选项是按类别隐藏对象。

2.取消隐藏对象

可以使用以下任一方法，取消隐藏对象：

A.使用【全部取消隐藏】，同时取消隐藏所有对象。

B.使用【全部打开】，同时显示所有对象。

C.使用【按名称取消隐藏】有选择地取消隐藏对象。单击【按名称取消隐藏】时，会显示与隐藏时相同的对话框，此时称为【取消隐藏对象】。

**要点：**

当场景中没有隐藏对象时，【取消隐藏】按钮不可用。先按选择隐藏、后按类别隐藏的对象，将不会重新出现。虽然以选择级别取消隐藏了这些对象，但它们仍以类别级别隐藏。

**警告：**

不能取消隐藏位于隐藏层上的对象，如果尝试取消隐藏位于隐藏层上的对象，系统会提示取消隐藏该对象的层。

**操作：访问【隐藏】选项**

a.打开层管理器。在【层管理器】中，可以轻松地隐藏对象组或层。

b.打开【显示】面板。如有必要，单击【隐藏】展开卷展栏。

c.选择【工具】>【显示浮动框】菜单命令。此无模式对话框，具有与【隐藏】卷展栏相同的选项，它还包括【冻结】选项。

d.通过右键单击【四元】菜单，或【编辑】菜单，访问【对象属性】对话框。

e.如果该按钮不可用，则打开隐藏或冻结，因为【按层】已经启用，单击【按层】将其更改为【按对象】。

f.右键单击活动视口，然后从【四元】菜单>【显示】区域选择【隐藏】或【取消隐藏】命令。

## 第十一节 按类别隐藏和取消隐藏对象

可以按类别隐藏对象。例如，可以同时隐藏场景中的所有灯光、所有图形或任意类别组合。隐藏所有类别后，场景看起来是空的。隐藏的对象虽然不显示，但仍继续作为场景中几何体的一部分存在，只是无法对其进行选择，如图4-11-1所示。

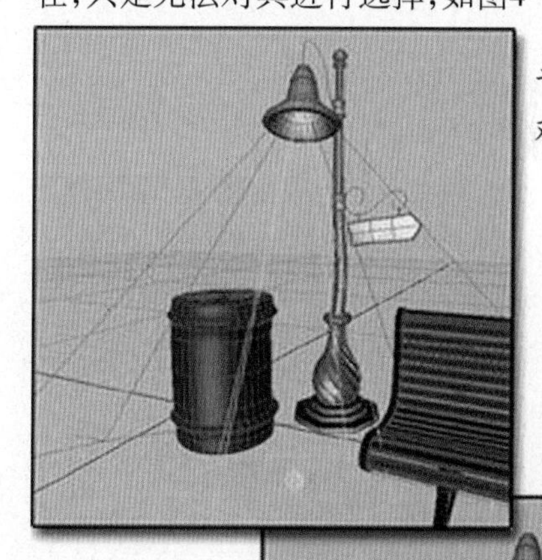


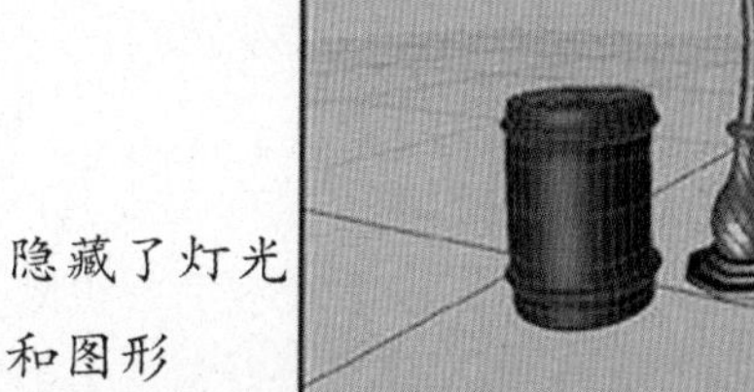


图4-11-1 按类别隐藏和取消隐藏对象

**1.隐藏几何体和粒子系统**

几何体和粒子系统，具有单独的类别，即使粒子系统也是几何体。

A.选择【几何体】将隐藏场景中的所有几何体，包括粒子系统，粒子系统的选项将不可用。

B.选择【粒子系统】，将只隐藏这些对象，对其他几何体不产生影响。

**2.按类别隐藏的效果**

A.如果在隐藏的类别中创建对象，将会清除此类别选择，并会取消隐藏该类别中的对象。

B.按类别取消隐藏，对使用【隐藏】卷展栏上的控件，进行隐藏的对象没有影响。这些对象仍保持隐藏状态，需要使用该卷展栏上的控件，来取消隐藏这些对象。

C.如果隐藏对象类别，则按选择取消隐藏，并不能将隐藏对象，返回至场景中。【全部取消隐藏】和【按名称取消隐藏】控件，继续起作用，但直到类别被清除后，才能看到效果。

D.按类别隐藏的灯光会继续照明，通过摄像机和目标灯光的视图，仍处于活动状态。

E.隐藏时，链接对象、实例对象和参考对象，会如同其可见时一样表现。

**操作：隐藏对象类别**

1.打开【显示】面板。

2.如有必要，单击【按类别隐藏】展开卷展栏。默认情况下，该卷展栏上的所有类别，都处于禁用状态，即未隐藏。

3.选择要隐藏的类别。进行选择后，该类别的所有对象，都将立即从场景中消失。

4.在【显示浮动框】的【对象层级】面板上，会显示相同的【按类别隐藏】选项。

**操作：取消隐藏对象类别**

取消选择类别。此类别中的所有对象，都将重新显示，除非已经按选择隐藏了某些对象。

## 第十二节 孤立当前选择

【孤立当前选择】工具，可用于在暂时隐藏场景其余对象的基础上，来编辑单一对象或一组对象，这样可防止在处理选定对象时，选择其他对象，专注于需要看到对象，无需为周围的环境分散注意力，同时也可以减小由于在视口中显示其他对象，而造成的性能影响。

启用【孤立当前选择】时，孤立的对象选择，在所有视口中居中放置，活动视口还可以对孤立对象执行【最大化显示】操作。

当孤立的当前选择包含多个对象时，可以选择这些对象的子集，然后再选择【孤立当前选择】，这会孤立子集。但是，单击【退出孤立】，会取消隐藏整个场景，无法通过单独的孤立层级逐步后退。

**注意：**

【孤立当前选择】只对对象层级起作用，当处于子对象层级时，无法选择该功能。如果在处理孤立的对象时，进入子对象层级，可以单击【退出孤立】，但不能孤立子对象。

**提示：**

也可以使用【孤立未选定对象】，孤立场景中所有未选定的对象。

当孤立工具处于活动状态时，会显示标有【警告：已孤立的当前选择】的对话框。退出孤立模式——单击可结束孤立，关闭对话框，并取消隐藏场景的其余部分，视图会还原到选择【孤立当前选择】之前的状态。

## 第十三节 子对象选择简介

这是对子对象选择的常规介绍。为对象建模时，通常是编辑其基本几何体部分，例如它的一组面或顶点，或者是在使用模型时，希望将贴图坐标，应用于其基本几何体部分，使用本节中介绍的方法，可进行子对象选择。

可以通过多种方式访问子对象几何体。最为常用的技术，是将对象转化为【可编辑几何体】，例如网格、样条线、面片、NURBS或多边形对象，这些对象类型，能以子对象层级选择，并编辑几何体，如图4－13－1所示。

如果有一个基本体对象，并想要保留对其创建参数的控制，则可以应用修改器，例如【编辑网格】、【编辑样条线】、【编辑面片】或网格选择。

**提示：**

样条线、NURBS曲线和NURBS曲面除外，创建这些类型的对象后，即可编辑其子对象。

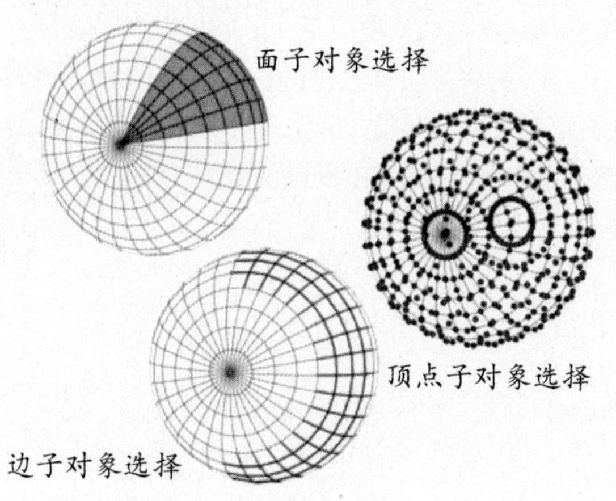


图4-13-1 通过多种方式访问子对象几何体

可以在【堆栈显示】中，选择子对象层级，单击拥有子对象的对象名称旁边的加号，这会展开层次，显示出可用的子对象层级，单击层级将其选定，子对象层级的名称，以黄色高亮显示，子对象层级的图标，显示在子对象层级名称和顶级对象名称的右侧，如图4-13-2所示。

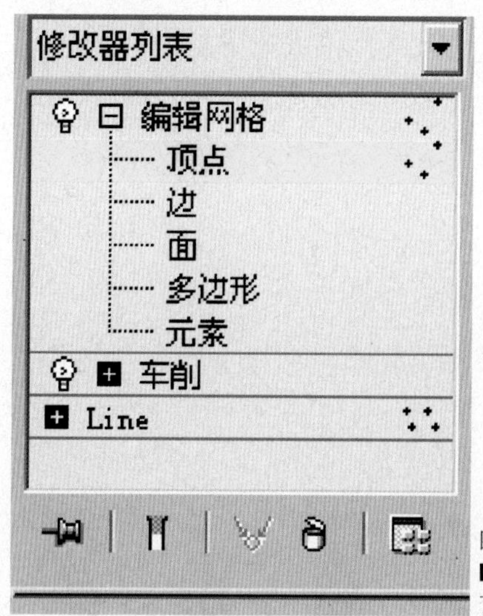


图4-13-2 【堆栈显示】列出了子对象层次

1.以子对象层级编辑

以子对象层级编辑对象时，只能以该层级选择组件，例如，顶点、边、面子对象等。无法取消选择当前对象，也不能选择其他对象，要退出子对象编辑，并返回对象层级编辑，请在【修改器堆栈】中，单击对象的顶级名称，或单击突出显示的子对象层级，如图4-13-3所示。

图4-13-3 单击顶级对象名称将退出子对象编辑

**操作：进行子对象选择**

这些方法假定对象具有子对象层级，如果对象没有子对象层级，例如，球体等基本体，则不会出现【+】图标，在此情况下，需要塌陷对象，或者在编辑其子对象几何体之前，应用【编辑】修改器。

1.选择要编辑的对象。

2.应用【编辑网格】修改器。

3.打开【修改】面板。

4.在【修改器堆栈】显示中，单击【+】图标，以展开对象层次。

5.在【堆栈显示】中，单击以选取当前选择的层级，例如，顶点、边和面等。

**提示：**

对于某些类型的对象，例如，可编辑网格、着色视口，并不显示子对象选择，在这种情况下，右键单击视口标签，并选择【线框】视图或【边面】视图；要查看详细选择，可能需要放大对象。

6.单击工具栏【选择对象】按钮之一，然后使用【选择对象】所用的相同方法，来选择子对象组件。或者从【四元】菜单>【变换】区域中，选择一种选择方法，然后选择子对象组件。

有两种其他方法，可以进入子对象层级：

A.选择对象并进入【修改】面板。右键单击对象，使用【四元】菜单>【工具1】区域>【子对象】子菜单。

B.使用【修改】面板的【选择】卷展栏中的按钮,选取当前选择层级,如果针对所编辑对象的类型,显示一个按钮。

**提示:**

处于子对象层级后,按【Insert】键,可以在其他类型的子对象层级之间循环切换。

**操作:退出子对象选择模式**

1.在【堆栈显示】中,单击高亮显示的子对象名称,或对象的顶级名称。

2.如果对象具有【选择】卷展栏,单击以禁用活动子对象层级的按钮。

3.右键单击对象,然后在【四元】菜单的【工具1】区域中选择【顶级】。

4.打开另一个命令面板,这会禁用子对象编辑。

如果认为已禁用了子对象编辑,但顶级对象选择仍未还原,则可能是由于以下原因造成:

A 选择被锁定,单击提示行中的【锁定选择集】按钮,以将其禁用。

B 已将主工具栏上的【选择过滤器】设置为【特定对象】类别,因此无法选择其他任何类别,要解决此问题,请在【选择过滤器】列表中选择【全部】。

## 小结

3ds Max中的选择对象是一个功能操作,在制作中缺一不可。为此,理解选择对象的功能是非常重要的。

## 课外作业

熟悉掌握对象的选择。

# 第五章 变换操作

本章包括以下学习内容：

**学习目的：**

3ds max中的大多数操作，都是对场景中的选定对象执行，必须在视口中选择对象，然后才能应用命令，因此，选择操作是建模和设置动画过程的基础。

## 第一节 移动、旋转和缩放对象

要更改对象的位置、方向或比例，请单击主工具栏上的三个【变换】按钮之一，或从快捷菜单中选择【变换】。使用鼠标、状态栏的坐标显示字段、输入对话框，或上述任意组合，可以将【变换】应用到选定对象。变换对象示意图，如图5-1-1所示。

图5-1-1 变换对象示意图

**操作：使用工具栏上的控件变换对象**

1. 在工具栏上，单击以下三个变换按钮之一：【选择并移动】、【选择并旋转】或【选择并缩放】。这些按钮通常称为【移动】、【旋转】和【缩放】，如图5-1-2所示。

图5-1-2 变换工具

2. 将鼠标放在要变换的对象上。

a. 如果已选定对象，则光标会发生变化以指示变换。

b. 如果未选定对象，则光标会变为十字线图标，表示可以选择此对象。

3. 拖动鼠标可应用变换。

**提示：**

如果在未选定的对象上拖动鼠标，会选定并变换该对象。可以使用【变换Gizmo】，将变换轻松地限制到一个或两个轴。

操作:取消变换

拖动鼠标时,右键单击。

操作:要通过【四元】菜单变换选定对象

1.右键单击选定对象。

提示:

将显示【四元】菜单,在其【变换】区域中,会显示三个变换。

2.选择其中一种变换。

提示:

将激活工具栏上的等效变换按钮。

3.拖动对象或变换Gizmo,以应用该变换。

1.使用变换输入

使用【变换输入】可以输入精确变换值,以应用于选定对象。可以访问与状态栏上的坐标显示等效的控件,或打开在工作时,保留在屏幕上的小对话框。内容会更新,以匹配当前活动变换和对象选择。

操作:使用变换输入

1.将变换应用到选定对象。

2.使用状态栏上的坐标,显示输入字段,或选择【工具】>【变换输入】菜单命令。

3.访问该对话框的键盘快捷键为【F12】。也可以右键单击主工具栏上的变换按钮,打开【变换输入】。

可以执行下列任一操作,以便根据需要,从一种情况切换至另一种情况:

A.在轴字段中输入值,然后按【Enter】键,将变换更改应用到视口中的对象。

B.拖动轴字段中的微调器,以更新视口中的对象。

C.拖动对象以应用变换,并读取对话框中的更改结果。

例如:

如果【移动】处于活动状态,则对话框字段,会反映出世界空间中,选定对象的绝对和偏移位置。如果未选定任何对象,这些字段会变成灰色,无文字信息。

2.对子对象选择使用输入

可以对任何子对象选择,或Gizmo使用【变换输入】。变换会影响选择的三轴架,【绝对】和【偏移】变换的世界坐标,就是该三轴架的坐标。如果选择了多个顶点,则三轴架位于选择的中心,其位置将以世界坐标给定;由于不能缩放三轴架,因此处于子对象模式时,【绝对缩放】字段不可用。

## 第二节 三轴架和世界坐标轴

3ds Max中的两个视觉辅助功能,提供有关工作区中当前方向的信息。

1.三轴架

如果【变换】工具不处于活动状态,在选择一个或多个对象时,会在视口中显示三轴架,用以帮助直观地进行变换操作。当变换工具处于活动状态时,除非已禁用变换Gizmo,否则该选项会出现替代,当变换Gizmo处于非活动状态时,三轴架将出现。

三轴架由标记为X、Y和Z的三条线组成,并说明了以下三项内容:

A.三轴架的方向,显示了当前参考坐标系的方向。

B.三条轴线的交点位置,指示了变换中心的位置。

C.高亮显示的红色轴线,指示了约束变换操作的一个或多个轴。例如,如果只有X轴线为红色,则只能沿X轴移动对象。

2.世界坐标轴

可以在每个视口的左下角,查找到世界坐标轴,该轴指示了与世界坐标系,相对的视口的当前方向。世界坐标轴的X轴为红色,Y轴为绿色,Z轴为蓝色。可以通过禁用【首选项设置】对话框的【视口】面板上的【世界坐标轴】,来切换所有视口中,世界坐标轴的显示,如图5-2-1所示。

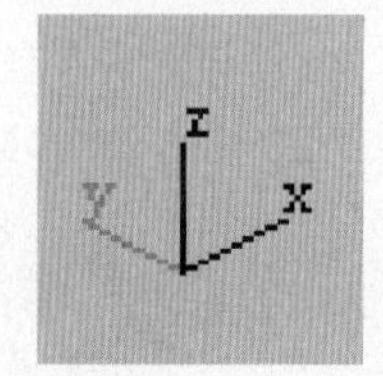

图5-2-1 世界坐标轴

## 第三节 使用变换

【变换】是相对于正在工作的3D世界或世界空间，对对象的位置、方向或比例进行的调整。可以将三种类型的【变换】应用到对象：【移动】、图旋转【旋转】、【缩放】。

通过更改模型的位置、旋转或缩放来更改模型，如图5-3-1所示。

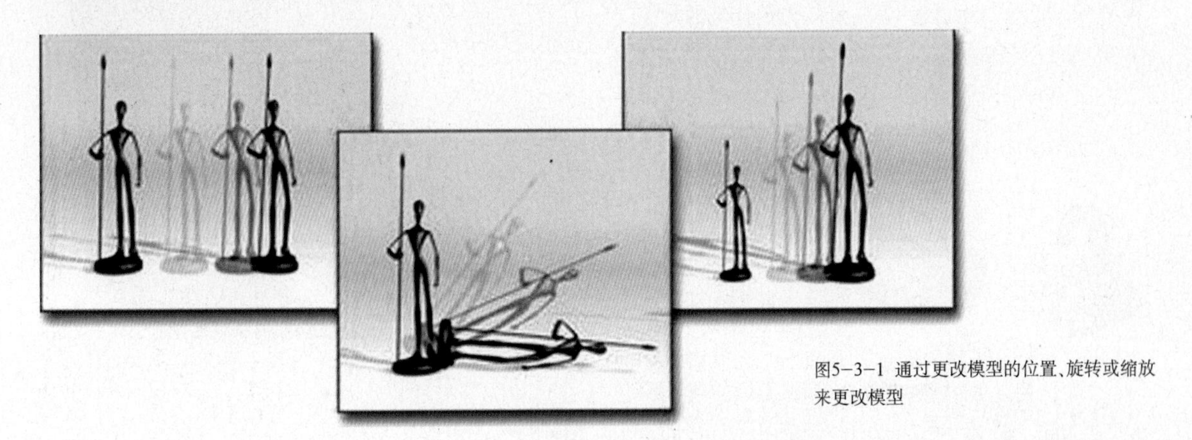

图5-3-1 通过更改模型的位置、旋转或缩放来更改模型

### 一、应用变换

要使用变换，可以单击主工具栏上的三个【变换】按钮之一，或从【四元】菜单中选择【变换】，然后使用鼠标和/或输入对话框，将【变换】应用到选定对象。

* 使用变换输入

【变换输入】是一个小对话框，可以在工作时，将其保留在屏幕上，其内容会更新，以匹配当前活动变换和选定对象。

在状态栏上，还有一个坐标显示区域，可以在此监视和更新对象的位置、旋转和缩放值。

* 对子对象选择使用输入

可以对任何子对象选择或Gizmo使用【变换输入】，变换会影响选择的三轴架；【绝对】和【偏移】变换的世界坐标，是对象或选择的坐标系的坐标，其原点由三轴架指示，如果选择了多个顶点，则三轴架位于选择的中心，其位置将以世界坐标给定；由于三轴架不能缩放，因此处于子对象级别时，【绝对缩放】字段不可用。

### 二、移动和旋转对象

在3D世界中，平移或重定位对象，旋转可更改对象的方向，如图5-3-2所示。

图5-3-2 移动和旋转对象

操作：

单击工具栏上的【选择并移动】，该按钮将高亮显示。此时，可以选择对象、移动先前选定的对象，或通过一个鼠标操作，选择并移动对象。如下操作示意图所示，要移动对象，请执行以下操作，如图5-3-3所示。

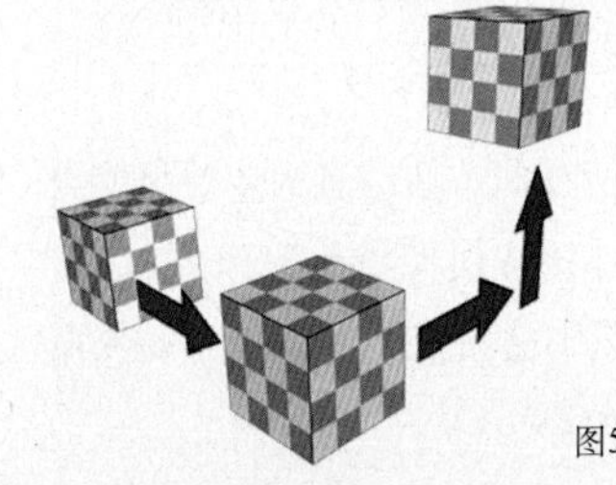

图5-3-3 移动对象操作示意图

**要点：**

移动的方向由鼠标和当前参考坐标系来确定，此外，【轴约束】设置或使用变换Gizmo，将限制沿着一个或两个轴的移动。

**操作：**

单击工具栏上的【选择并旋转】，该按钮将高亮显示。此时，可以选择对象、旋转先前选定的对象，或通过一个鼠标操作，选择并旋转对象，如下操作示意图所示，要旋转对象，请执行以下操作，如图5-3-4所示。

图5-3-4 旋转对象操作示意图

**要点：**

旋转所围绕的轴，由【轴约束】设置确定，可以使用变换Gizmo来指定轴，也可以在【轴约束】工具栏上锁定轴，旋转的中心由【变换中心】设置确定。

### * 移动或旋转失败

在某些情况下，即使启用了正确的按钮，并选定了对象，可能仍不能移动或旋转对象。这可能是由于以下某种原因造成的：

a.对象已冻结。

b.已将变换控制器指定给该对象。

c.已启用【反向运动学】模式，并已禁用名为【始终变换世界坐标系的子级】的首选项。

## 三、缩放对象

【缩放】可更改对象的大小。【缩放】变换按钮为弹出按钮，可提供三种类型的缩放。工具栏上可见的缩放类型为显示在【四元】菜单中的类型，可通过右键单击选定对象来访问。

如果使用新的变换Gizmo，则对于【均匀缩放】或【非均匀缩放】，无须选择缩放类型。通过在变换上选择不同的轴，可以执行这两种类型的缩放。

**操作：缩放对象**

将【选择并缩放】弹出按钮设置为要使用的缩放类型，然后单击它，该按钮将高亮显示。此时，可以选择对象、缩放先前选定的对象，或通过一个鼠标操作，选择并缩放对象。

### * 均匀缩放

使用【均匀缩放】可以沿三个轴，均等地缩放选择，均匀缩放保持对象的比例，如图5-3-5所示。

图5-3-5 均匀缩放

**要点：**

缩放的中心由【变换中心】设置确定，轴约束设置和变换坐标系，对均匀缩放毫无影响。

### * 非均匀缩放

使用【非均匀缩放】，可以沿三个轴，不同程度地缩放选择。通过为不同的轴设置不同的值，非均匀缩放可以更改对象比例，如图5-3-6所示。

**要点：**

【轴约束】设置确定了从中进行缩放的一个或多个轴，参考坐标系确定缩放的方向，【变换中心】按钮，确定进行缩放的中心。

图5-3-6 非均匀缩放

### * 挤压

使用【挤压】可以按一个方向，沿一个轴缩放选择，还可以按相反方向，沿两个轴缩放选择；【挤压】在保持选择体积的情况下生成外观，【挤压】按相反方向，沿两个轴进行缩放，同时保持对象的原始体积，如图5−3−7所示。

图5−3−7 挤压

**要点：**

【轴约束】设置指定进行缩放的轴，而其他轴进行反向缩放，如果使用双轴约束，则剩余的一个轴进行反向缩放。

**缩放注意事项：**

1.如果缩放了对象之后，在【修改】面板中，检查其基础参数，会看到该对象缩放前的尺寸，基础对象的存在与场景中，可见的缩放对象无关。

2.可以使用测量工具，来测量已缩放或由修改器，更改的对象的当前尺寸。

## 四、使用【变换 Gizmo】

【变换Gizmo】是视口图标，当使用鼠标变换选择时，使用它可以快速选择一个或两个轴。通过将鼠标放置在图标的任一轴上来选择轴，然后拖动鼠标，沿该轴变换选择。此外，当移动或缩放对象时，可以使用其他Gizmo区域，同时执行沿任何两个轴的变换操作。

使用Gizmo无须先在【轴约束】工具栏上，指定一个或多个变换轴，同时还可以在不同变换轴和平面之间，快速而轻松地进行切换。

当选定一个或多个对象，并且工具栏上的任一变换按钮处于活动状态时，会显示【变换Gizmo】。每种变换类型使用不同的Gizmo，如图5−3−8所示。

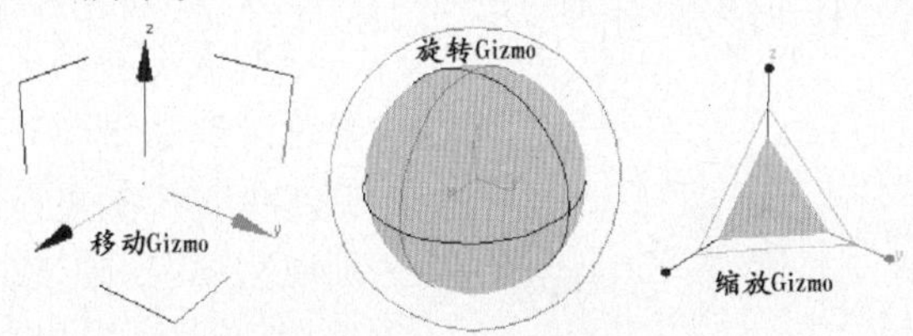


图5−3−8 每种变换类型使用不同的Gizmo

默认情况下，为每个轴指定三种颜色中的一种：

X轴——红色

Y轴——绿色

Z轴——蓝色

将为移动Gizmo的角度，指定两种颜色的相关轴。例如，XZ平面的角为红色和蓝色。将鼠标放在任意轴上时，其变为黄色，表示处于活动状态。类似的，将鼠标放在一个平面控制柄上，两个相关轴，将变为黄色。此时可以沿着所指示的一个或多个轴拖动选择，这样做可以更改【轴约束】工具栏【限制到…】设置。

**＊移动 Gizmo**

移动Gizmo包括平面控制柄，以及使用中心框控制柄的选项。可以选择任一轴控制柄，将移动约束到此轴。此外，还可以使用平面控制柄，将移动约束到XY、YZ或XZ平面。例如，选定了YZ轴的移动Gizmo，如图5−3−9所示。

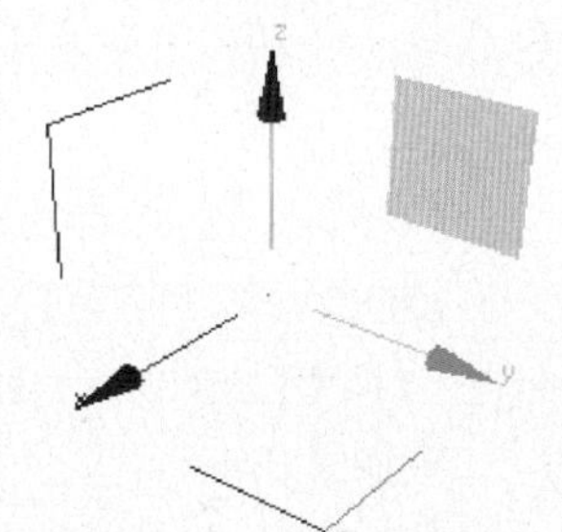

图5−3−9 选定了YZ轴的移动Gizmo

选择聚光区，位于由平面控制柄形成的方形区域内，可以在【首选项】对话框的【Gizmo】面板上，更改控制柄和其他设置的大小和偏移。

通过拖动中心框，可以将平移限制到视口面板。要使用这个可选控件，请启用在屏幕空间内移动，如图5−3−10所示。

图5−3−10 拖动中心框将平移限制到视口面板

**＊旋转 Gizmo**

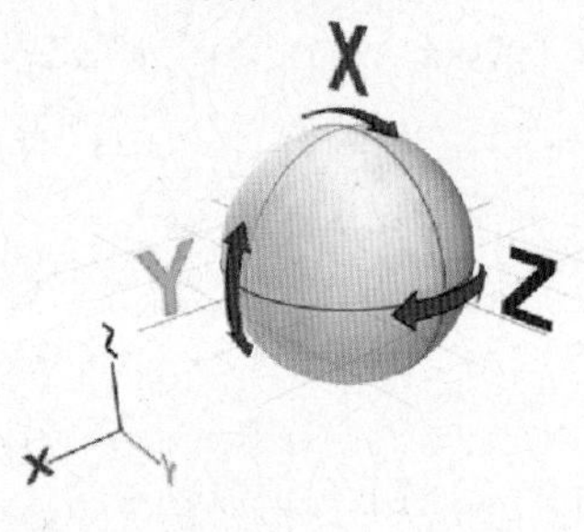

图5-3-11 旋转Gizmo

旋转Gizmo是根据虚拟轨迹球的概念而构建的。可以围绕X、Y或Z轴，或垂直于视口的轴自由旋转对象，如图5-3-11所示。

轴控制柄是围绕轨迹球的圆圈。在任一轴控制柄的任意位置拖动鼠标，可以围绕该轴旋转对象；当围绕X、Y或Z轴旋转时，一个透明切片会以直观的方式，说明旋转方向和旋转量；如果旋转大于360°，则该切片会重叠，并且着色会变得越来越不透明；3ds Max还显示数字数据，以表示精确的旋转度量，如图5-3-12所示。

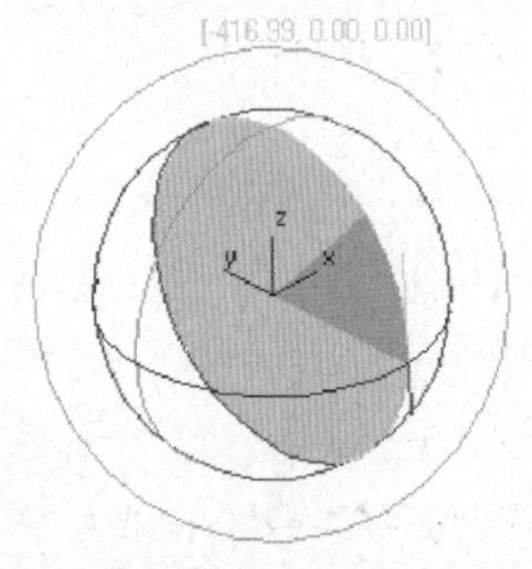

图5-3-12 轴控制柄

除了X、Y、Z旋转，还可以使用自由旋转或视口控制柄来旋转对象。在旋转Gizmo内，或Gizmo的外边，拖动可执行自由旋转。旋转操作的执行应该就像实际旋转轨迹球一样，围绕旋转Gizmo的最外一层是【屏幕】控制柄，使用它可以在平行于视口的平面上旋转对象，可以在【首选项】对话框的Gizmo面板上，调整【旋转Gizmo】的设置。

**＊缩放 Gizmo**

缩放Gizmo包括平面控制柄，以及通过Gizmo自身拉伸的缩放反馈。使用平面控制柄，可以执行【均匀】和【非均匀】缩放，而无须在主工具栏上更改选择。

要执行【均匀】缩放，请在Gizmo中心处拖动，如图5-3-13所示。

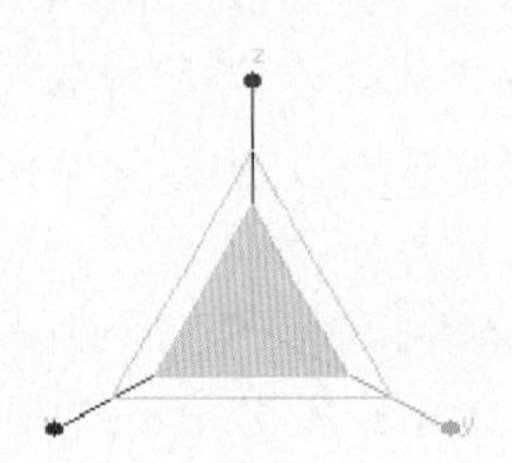
图5-3-13 在Gizmo中心处拖动

要执行【非均匀缩放】，请在一个轴上拖动或拖动平面控制柄，如图5-3-14所示。

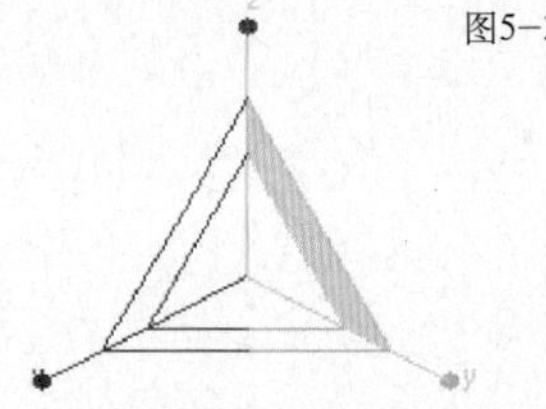
图5-3-14 选定了YZ平面控制柄的缩放Gizmo

选定了YZ平面控制柄的缩放Gizmo；在YZ轴上进行的【非均匀缩放】，如图5-3-15所示。

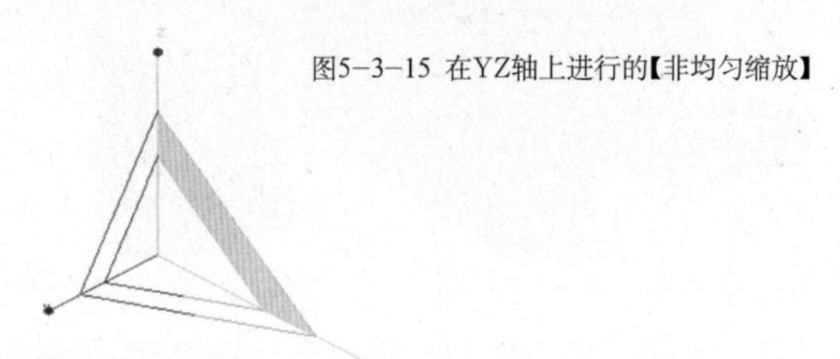
图5-3-15 在YZ轴上进行的【非均匀缩放】

**注意：**

要执行【挤压】操作，必须选择主工具栏上的【选择并挤压】。

缩放Gizmo通过更改其大小和形状提供反馈。在执行均匀缩放操作时，Gizmo将随着鼠标的移动而增大或缩小，在非均匀缩放时，Gizmo在拖动的同时将拉伸和变形。但是，释放鼠标按钮后，Gizmo将恢复为其原始大小和形状。可以在【首选项】对话框的Gizmo面板上调整【缩放Gizmo】的设置。

**要点：**

使用变换Gizmo，会将默认轴约束设置为上次使用的轴或平面。拖动变换Gizmo会暂时禁用捕捉；要保留捕捉功能，同时又启用变换Gizmo，请设置约束，然后变换选择，而不拖动任何Gizmo控制柄；如果【锁定选择集】已启用，则可以在视口中任意位置拖动，以变换对象，但是，拖动轴仍会沿该轴应用约束。

**操作：探讨变换Gizmo的使用**

1.重置该程序，然后创建一个球体，再单击【选择并移动】按钮。

**要点：**

变换Gizmo会显示在该球体的中心，由于【轴约束】工具栏上的默认轴约束是XY平面，因此变换Gizmo的X和Y轴为黄色，即处于活动状态，而Z轴为蓝色。

2.使用弧形旋转调整透视图，以便更好地查看变换Gizmo。完成这些操作后，右键单击以返回【选择并移动】。

3.指向远离变换Gizmo的球体的任一部分，然后拖动鼠标，以确认该球体已锁定到XY平面。

4.指向Z轴，然后拖动。

提示：

Z轴变成黄色，X和Y轴，分别变成红色和绿色，球体将沿Z轴移动。

5.指向Y轴，然后拖动。

提示：

Y轴变成黄色，球体将只沿Y轴移动。

6.指向与X和Y轴末端相对的红色和绿色角点标记，然后拖动。

提示：

球体将沿XY平面移动。

7.按空格键，以启用锁定锁定。

8.在视口中，远离选择的任意位置拖动鼠标。

提示：

球体将沿XY平面移动。

9.指向X轴，然后拖动。

提示：

球体将只沿X轴移动。

对其他变换，如旋转和缩放进行体验，尝试使用不同的参考坐标系，对子对象变换进行体验。

更改默认颜色——【自定义】菜单>【自定义用户界面】对话框>【颜色】面板>【Gizmo元素】>【活动变换Gizmo】和【变换Gizmo X/Y/Z】。

启用/禁用变换Gizmo——【自定义】菜单>【首选项】>【变换Gizmo】组>Gizmo面板>【启用】复选框。

要点：

如果在【首选项】中，禁用变换Gizmo，则将显示标准三轴架。要切换显示Gizmo或三轴架，请按【X】键，或使用【视图】菜单>【显示变换Gizmo】。对于【首选项】对话框的Gizmos面板中的每个Gizmo，都有附加控件。

## 五、变换输入

使用【变换输入】，可以输入移动、旋转和缩放变换的精确值。对于可以显示三轴架或变换Gizmo的所有对象，都可以使用【变换输入】。

还可以使用状态栏上的【变换输入】框。要使用状态栏上的【变换输入】框，只需在该框中输入适当的值，然后按【Enter】键应用变换。单击变换框左侧的【相对/绝对变换输入】按钮，可以在输入绝对变换值或偏移值之间进行切换。

如果从【工具】菜单中，选择【变换输入】或右键单击其中一个工具栏按钮，则【变换输入】将以对话框形式弹出，对话框的标题反映了活动变换。如果【旋转】处于活动状态，则对话框标题为【旋转】，并且其控件会影响旋转；如果【缩放】处于活动状态，则对话框标题为【缩放】，依此类推，可以在【变换输入】对话框中，输入绝对变换值或偏移值。

大多数情况下，【绝对】和【偏移】变换。使用当前选定的参考坐标系，使用世界坐标系的【视图】，以及使用世界坐标系，进行绝对移动和旋转的【屏幕】属于例外。此外，对于【绝对】变换，缩放始终使用局部坐标系。在该对话框中，标签会不断变化，以显示所使用的参考坐标系。

如果以子对象级别使用【变换输入】，将变换子对象选择的变换Gizmo。例如，绝对位置值代表变换Gizmo的绝对世界位置。如果已选定一个顶点，它就是该顶点的绝对世界位置；如果选定了多个顶点，则变换Gizmo将置于该选择的中心，因此在【变换输入】中指定的位置，设置了选定顶点中心的绝对位置。如果在【局部】变换模式下，选定了多个顶点，将以多个变换Gizmo结束，在这种情况下，只有【偏移】控件可用。

由于三轴架不能缩放，因此在子对象层级下【绝对缩放】控件不可用，只有【偏移】可用；如果为【绝对】旋转使用【变换输入】，则需要考虑【中心】弹出按钮的状态。可以围绕对象轴点、选择中心或变换坐标中心，进行绝对旋转。

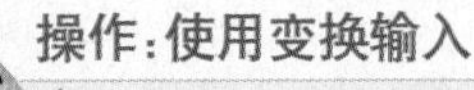

操作：使用变换输入

1.选择一个对象或一组对象。

2.选择要在对象上执行的变换（移动、旋转或缩放）。

可以执行下列任一操作，以便根据需要从一种情况切换至另一种情况：

A.在轴字段中输入值，然后按【Enter】键，将变换更改应用到视口中的对象。

B.拖动轴字段中的微调器，以更新视口中的对象。

C.拖动对象以应用变换，并读取轴字段中的更改结果。

如果【移动】处于活动状态，则字段会读出世界空间中选定对象的两个绝对位置。如果未选定任何对象，这些字段会变成灰色。

状态栏（如图5-3-16所示）

X: Y: Z:

图5-3-16 状态栏

绝对/偏移模式变换输入 图偏移——禁用时，本软件将输入X、Y和Z字段的值，作为绝对值。启用时，本软件应用输入的变换值，作为当前值的相对值，即作为偏移。默认设置为禁用。

X、Y和Z——显示并接受位置、旋转和缩放，沿每个轴的值输入。

【绝对】组对话框（如图5-3-17所示）

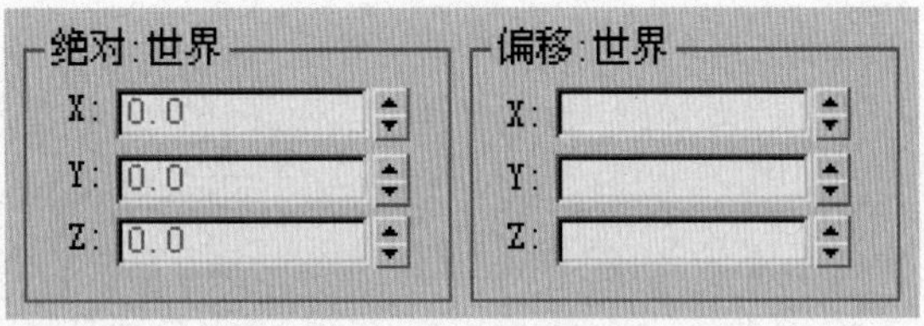

| 绝对:世界 | | 偏移:世界 | |
|---|---|---|---|
| X: | 0.0 | X: | |
| Y: | 0.0 | Y: | |
| Z: | 0.0 | Z: | |

图5-3-17 【绝对】组对话框

X、Y和Z——显示并接受位置、旋转和缩放，沿所有每个轴的绝对值输入。由于世界比例通常是局部的，因此始终显示位置和旋转。

【偏移】组对话框

X、Y和Z——显示并接受位置、旋转和缩放值，沿每个轴的偏移输入。

每次操作后，显示的偏移值还原为0.0。例如，如果在【旋转偏移】字段输入45度，则按【Enter】键后，3ds Max将对象从上一个位置旋转45度，将【绝对值】字段值增加45度，并将【偏移】字段重置为0.0。

【偏移】标签反映了活动的参考坐标系。【偏移】可以是【偏移：局部】、【偏移：父对象】等等，如果利用拾取选择特定对象的参考坐标系，则将用该对象命名【偏移】。

## 六、设置变换的动画

通过启用【自动关键点】按钮，然后在除第0帧以外的任何帧上执行变换，可以对位置、旋转和缩放中的更改设置动画，这将在当前帧上，创建该变换的关键点。

**操作：在三点之间设置对象移动的动画，如图5-3-18所示。**

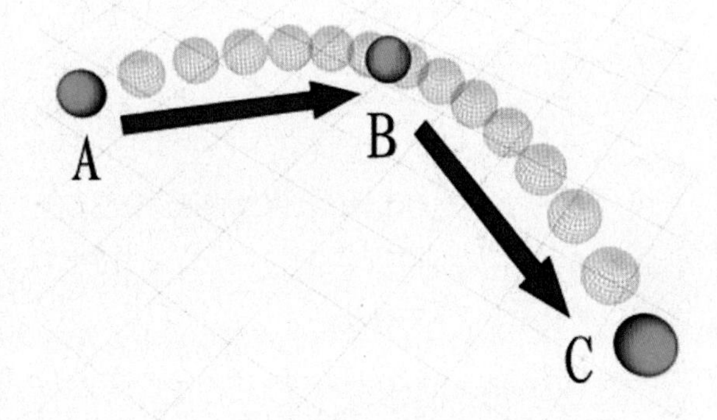


图5-3-18 在三点之间设置对象移动的动画

1.启用【自动关键点】按钮。

【自动关键点】按钮，以及活动视口周围的高亮边界，均变为红色。

2.将时间滑块拖动至第25帧。

从对象的当前位置点A，将其移动到其他位置点B。3ds Max将在第0帧和第25帧处，创建【移动】关键点，这些关键点，将显示在轨迹栏上，在第0帧处，创建的关键点，描述了对象的原始位置点A，第25帧处的关键点，描述了对象在点B的位置。

3.将时间滑块拖动至第50帧。

**提示：**

将对象从点B移动至第三位置点C。3ds Max将在第50帧处，创建【移动】关键点，它描述了对象在点C的位置。

4.单击【自动关键点】按钮，以停止记录。

5.单击【播放】按钮。

**提示：**

对象跨越第0帧至第25帧，从点A移动到点B，然后继续跨越第26帧至第50帧移动到点C。

6.【播放】按钮，变为【停止】按钮，单击【停止】停止播放。

**技巧：**

可以在一个动画序列中，组合不同的变换，当对象旋转和更改大小时，其看起来像移动一样。

## 七、变换管理器

3ds Max提供了三种控件，统称为变换管理器，这些控件可以修改变换工具的操作。

**＊变换管理器控件如下：**

A.参考坐标系下拉列表，其控制变换轴的方向，位于主工具栏上【移动】、【旋转】和【缩放】变换按钮的右侧。

B.【变换中心】弹出按钮，其控制3ds Max围绕哪个中心应用变换，位于【参考坐标系】下拉列表的右侧。

C.轴约束，其沿一个或两个轴限制变换。轴约束工具位于【轴约束】工具栏上，默认情况下处于禁用状态，通过右键单击主工具栏上的空白区域，并从菜单中选择【轴约束】，可以启用该选项。

**＊定义**

在变换和变换管理器的说明中，使用了特定的术语。

A.轴是一条直线，对象沿该直线移动或缩放，或围绕其旋转。在3D中工作时，使用标为X、Y和Z的三个轴，它们互相之间呈90度。

B.坐标系指定变换使用的X、Y和Z轴的方向。

**例如：**

在【世界】坐标系中，X轴是水平地从左至右，Y轴是从后至前，Z轴是垂直地从底部至顶部。

另一方面，每个对象都拥有其自己的局部坐标系。如果对象已经旋转，其局部坐标系，可能不同于世界坐标系。

C.变换中心或轴点，是围绕其进行旋转的点，或者是缩放到或自其进行缩放的点。

使用变换管理器，可以指定轴、变换坐标系和变换中心的任意组合。

**＊三轴架图标**

当选择一个或多个对象时，在视口中都会显示三轴架，用以帮助直观地进行变换操作。此三轴架由标记为X、Y和Z的三条线组成，并说明了以下三项内容：

A.三轴架的方向，显示了坐标系的方向。

B.三条轴线的交点位置，指示了变换中心的位置。

C.高亮显示的红色轴线，指示了约束变换操作的一个或多个轴。

**例如：**

如果只有X轴线为红色，则只能沿X轴移动对象。

D.通过选择【视图】菜单>【显示变换Gizmo】，或者按【X】键，可以在所有视口中，切换三轴架的显示。

**＊变换管理器设置**

三个变换管理器（坐标系、中心和轴约束）的状态，根据各变换类型进行存储。如果从【移动】切换到【旋转】，再到【缩放】，则变换管理器变为上次使用该变换时所用的组合。

**例如：**

如果单击【旋转】并将变换管理器设置为【局部】、【选择中心】和【Y】约束，则单击【移动】时，控件可能变为【视图】、【轴点】和【XY】约束，即上次使用【移动】时设置的组合。返回到【旋转】时，控件将还原为【局部】、【选择中心】和【Y】约束。

**要点：**

为了避免意外，请始终先单击变换按钮，然后再设置变换管理器。如果先设置变换管理器，则一旦选择新的变换按钮，变换管理器的设置就可能会更改。记住此提示的一种方法是，始终按照从左至右的顺序，在工具栏上设置变换和管理器；另一种方法是，可以启用【自定义】菜单>【首选项】>【常规】选项卡>【参考坐标系】组>【恒定】，这可以让所有的变换，都使用相同的变换管理器设置。

## 八、指定参考坐标系

参考坐标系确定变换使用的X、Y和Z轴的方向。使用的变换系统类型，将影响所有的变换操作。使用【参考坐标系】列表，可以指定该变换坐标系。

### ＊创建局部轴

建模时，具有一个临时、可移动的局部轴，非常有用，这样可以围绕任意中心，进行旋转或缩放。

**警告：**

此技术不适用于动画。

**操作：创建可调整的局部轴**

1.创建一个点辅助对象。可以使用【创建】面板或【创建】菜单，在【创建】面板上，单击【辅助对象】按钮，并单击【点】，然后在视口中单击。或选择【创建】菜单>【辅助对象】>【点】，然后在视口中单击。

2.从【变换坐标系】列表中选择【拾取】，然后单击点对象。

**提示：**

点对象的名称，将作为活动的坐标系，出现在列表中。此时可以将点对象坐标系，用作可调整轴。

**操作：使用可调整轴**

1.将点对象放在旋转或缩放变换，要以其为中心的地方。

2.选择要变换的对象。

3.在【变换坐标系】下拉列表中，选择点对象的名称。

4.从【使用中心】弹出按钮中，选择【使用变换坐标中心】。

5.继续进行变换。

## 九、选择变换中心

变换中心影响缩放和旋转变换，但不影响位置变换，3ds Max用于选择三种类型的变换中心，方法是使用主工具栏上的【使用中心】弹出按钮。更改变换中心时，三轴架图标的交点，会移动到指定位置。

默认情况下，对于单个对象，3ds Max将变换中心设置为【使用轴点中心】。当选择多个对象时，默认变换中心，会更改为【使用选择中心】，这是因为选择集没有轴点。可以在任一情况下，更改变换中心，该程序可以为单个和多个对象选择，分别记住并还原变换中心设置。

**例如：**

可以选择单个对象。并选择【使用变换坐标中心】，然后选择多个对象，并选择【使用轴点中心】，当下一次选择单个对象时，该程序会切换回【使用变换坐标中心】，然后，当选择多个对象时，中心会切换回【轴点】。

如图5-3-19所示，1是选择单个对象；2是单击主工具栏上的【使用中心】，弹出按钮中的【使用变换坐标中心】；3是将第二个对象添加至选择；4是当选择集包含多个对象时，变换中心更改为【使用选择中心】；5是当仍选择多个对象时，单击【使用轴点中心】；6是选择单个对象；7是变换中心恢复为【使用变换坐标中心】；8是选择多个对象；9是变换中心恢复为【使用轴点中心】。

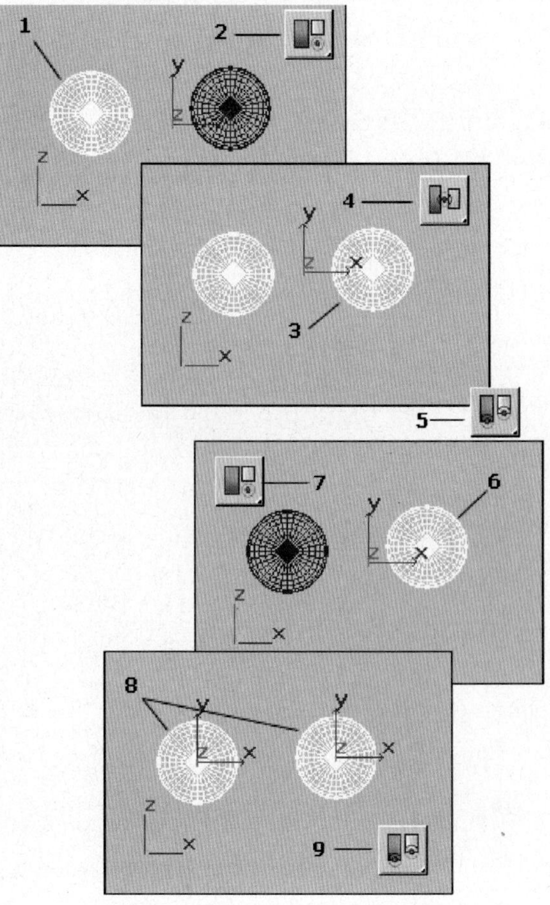


图5-3-19 选择变换中心操作

**＊围绕捕捉点变换**

虽然对于对象级别变换中心选择非常有用，但在变换子对象选择时，变换中心选择则不是非常便利，可以忽略活动变换中心，使用捕捉围绕临时点执行当前变换；当【捕捉】处于活动状态，且已锁定选择时，捕捉到的点，会设置要围绕其进行变换的点。

使用此技术，可以：

A. 相对于两个捕捉点进行移动。

B. 围绕捕捉点旋转。

C. 参照捕捉点缩放。

**＊动画和变换中心**

由于关键帧的特性，只有使用对象的局部轴点，才可以为旋转和缩放变换，正确地设置关键帧。例如，建模时，可以围绕世界中心坐标系，旋转偏移于世界坐标系原点的对象。该对象将以大弧，围绕原点进行扫描，但是，如果尝试为此操作设置动画，则对象会围绕其局部轴旋转，并按一条直线从弧的一端移动至另一端。

为了避免这一矛盾，如果【自动关键点】按钮已启用，并且【旋转】或【缩放】按钮处于活动状态，那么【使用中心】弹出按钮就不可用，并设置为【使用轴点】；如果【自动关键点】按钮已禁用，则所有变换会使用上述中心设置。

通过禁用【动画首选项】设置中的动画期间，使用局部坐标中心来覆盖此行为，切记这只影响变换中心，选定变换坐标系的方向仍有效。

**＊动画【偏心】**

通过将对象作为虚拟辅助对象的子对象链接对象，可围绕偏心点，对旋转或缩放设置动画，然后围绕虚拟对象旋转或缩放。另一项技术是使用【层次】面板来偏移对象的轴点。

## 十、使用轴约束

【限制到...】按钮，也称作【轴约束】按钮，位于【轴约束】工具栏上，默认情况下，处于禁用状态。通过右键单击主工具栏上的空白区域，并从弹出菜单中，选择【轴约束】，可以启用该选项。使用这些按钮，可以指定用于围绕，或沿着其进行变换的一个或两个轴。

**注意：**

通常情况下，变换Gizmo比这些按钮，更便于使用，但是，使用这些按钮，有助于理解以下介绍的概念，如图5－3－20所示。

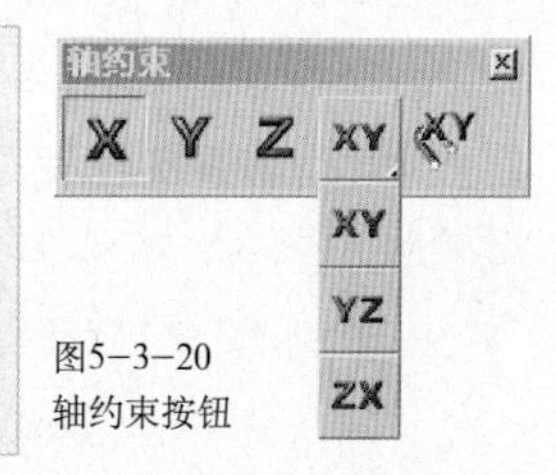


图5－3－20
轴约束按钮

四个【轴约束】按钮中，一次只有一个处于活动状态，当启用某按钮时，变换将被约束到其指定的轴。

**例如：**

如果启用【限制到X轴】按钮，则只能围绕当前变换坐标系的X轴旋转对象。

所限制到的一个或多个轴，在视口中的三轴架图标中，以红色高亮显示，或在变换Gizmo中，以黄色高亮显示。前三个按钮，将变换约束到单根轴，第四个按钮是弹出按钮，即是【限制到平面】弹出按钮，它指定了双轴组合。

**例如：**

如果【限制到YZ平面】处于活动状态，则只能沿YZ平面移动对象，只能沿Y和Z 轴，缩放对象，并可以围绕Y和Z轴，或两个轴的组合旋转对象，但不能围绕X轴旋转对象。

**注意：**

通常情况下，使用【捕捉】时应用轴约束，通过禁用捕捉选项中的【使用轴约束】，可以覆盖轴约束。

**＊轴约束的键盘快捷键**

作为使用【轴约束】工具栏上按钮的备用方法，可以使用功能键【F5】到【F8】，选择四个轴约束按钮。【F5】键激活【X】按钮，【F6】键激活【Y】按钮，【F7】键激活【Z】按钮，【F8】键激活双轴弹出按钮，重复按【F8】键，可以在三个双轴选项之间进行循环切换。

## 十一、重置变换工具

使用【重置变换】工具，可以将对象的旋转和缩放值，置于修改器堆栈中，并将对象的轴点和边界框与【世界】坐标系对齐；【重置变换】可以移除选定对象的所有【旋转】和【缩放】值，并将这些变换放入【变换】修改器；要重置组的变换，请使用【层次】>【轴】命令面板的【重置】组框中的【变换】按钮。

**操作：重置对象变换**

1.选择对象。

2.在【工具】面板上，单击【重置变换】。

3.在【重置变换】卷展栏中，单击【重置选定对象】。

对象旋转和缩放，现在由位于修改器堆栈顶部的【变换】修改器执行。应用【重置变换】工具时，携带旋转和缩放值的【变换】修改器，显示在【修改器堆栈】的顶部；可以应用位于该【变换】修改器上面或下面的其他修改器；可以选择【变换】修改器，并添加其他【移动】、【旋转】和【缩放】变换。可以删除【变换】修改器，以完全移除对象的变换，可以塌陷对象，以将旋转和缩放值，送达到对象网格中。

## 第四节 变换坐标和坐标中心

用于设置坐标系的控件，以及变换要使用的活动中心，位于默认的主工具栏上。

### 一、参考坐标系

使用【参考坐标系】列表，可以指定变换(移动、旋转和缩放)所用的坐标系。选项包括【视图】、【屏幕】、【世界】、【父对象】、【局部】、【万向】、【栅格】和【拾取】。在【屏幕】坐标系中，所有视图，包括透视视图，都使用视口屏幕坐标。

【视图】是【世界】和【屏幕】坐标系的混合体。使用【视图】时，所有正交视图都使用【屏幕】坐标系，而透视视图使用【世界】坐标系。

**注意：**

因为坐标系的设置基于逐个变换，所以请先选择变换，然后再指定坐标系。如果不希望更改坐标系，请启用【自定义】菜单>【首选项】>【常规】选项卡>【参考坐标系】组>【恒定】。

【视图】——在默认的【视图】坐标系中，所有正交视口中的X、Y和Z轴都相同，使用该坐标系移动对象时，会相对于视口空间移动对象。

视图坐标系有不同方向，X轴始终朝右、Y轴始终朝上、Z轴始终垂直于屏幕指向用户，如图5-4-1所示。

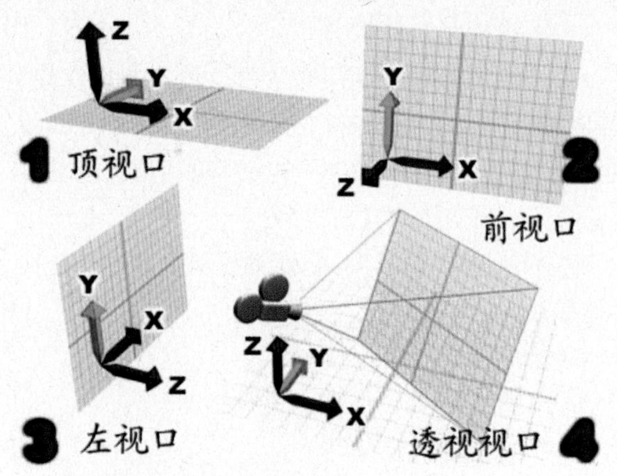

图5-4-1 视图坐标系的不同方向

【屏幕】——将活动视口屏幕用作坐标系。

X轴为水平方向，正向朝右。

Y轴为垂直方向，正向朝上。

Z轴为深度方向，正向指向用户。

因为【屏幕】模式取决于其方向的活动视口，所以非活动视口中的三轴架上的X、Y和Z标签，显示当前活动视口的方向。激活该三轴架所在的视口时，三轴架上的标签会发生变化。【屏幕】模式下的坐标系，始终相对于观察点，如图5-4-2所示。

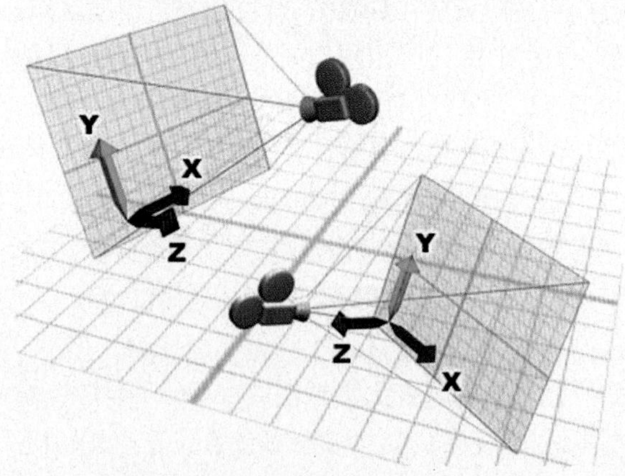

图5-4-2 屏幕模式下的坐标系，始终相对于观察点

【世界】——使用世界坐标系。从正面看：X轴正向朝右、Z轴正向朝上、Y轴正向指向背离用户的方向。【世界】坐标系始终固定，如图5-4-3所示。

【父对象】——使用选定对象的父对象的坐标系。如果对象未链接至特定对象，则其为世界坐标系的子对象，其父坐标系与世界坐标系相同。父对象坐标系示例，如图5-4-4所示。

【局部】——使用选定对象的坐标系。对象的局部坐标系由其轴点支撑，使用【层次】命令面板上

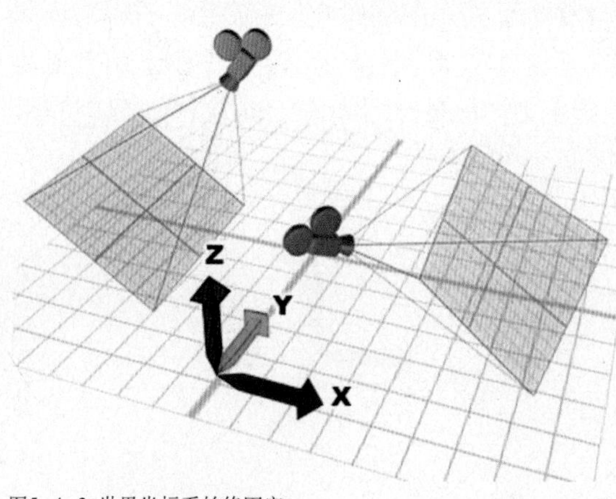


图5-4-3 世界坐标系始终固定

图5-4-4 父对象坐标系示例

的选项，可以相对于对象调整局部坐标系的位置和方向。如果【局部】处于活动状态，则【使用变换中心】按钮，会处于非活动状态，并且所有变换使用局部轴作为变换中心。在若干个对象的选择集中，每个对象使用其自身中心进行变换。【局部】为每个对象使用单独的坐标系，如图5-4-5所示。

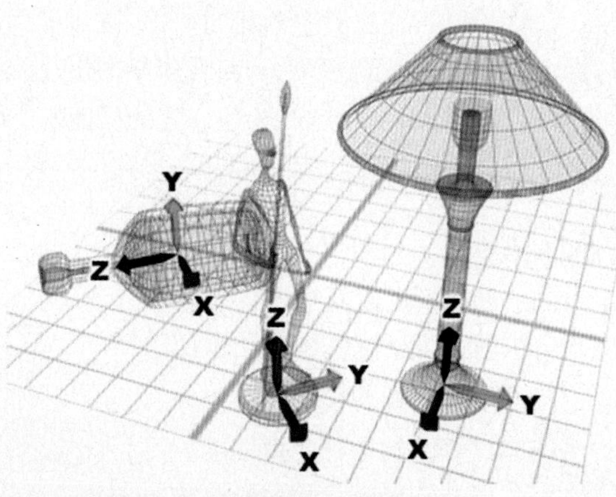


图5-4-5 局部为每个对象使用单独的坐标系

【万向】——【万向】坐标系与【Euler XYZ】旋转控制器一同使用。它与【局部】类似，但其三个旋转轴不一定互相之间成直角。

使用【局部】和【父对象】坐标系围绕一个轴旋转时，会更改两个或三个【Euler XYZ】轨迹。【万向】坐标系可避免这个问题：围绕一个轴的【Euler XYZ】旋转，仅更改该轴的轨迹，这使得功能曲线编辑更为便捷。此外，利用【万向】坐标的绝对变换输入会将相同的Euler角度值，用作动画轨迹，按照坐标系要求，与相对于【世界】或【父对象】坐标系的Euler角度相对应。

对于移动和缩放变换，【万向】坐标与【父对象】坐标相同。如果没有为对象指定【Euler XYZ 旋转】控制器，则【万向】旋转与【父对象】旋转相同。

**提示：**

【Euler XYZ】控制器，也可以是【列表控制器】中的活动控制器。

【栅格】——使用活动栅格的坐标系。使用活动栅格坐标系，如图5-4-6所示。

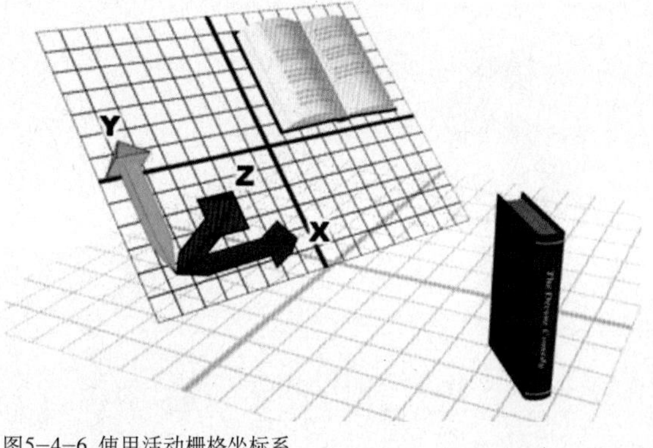


图5-4-6 使用活动栅格坐标系

【拾取】——使用场景中另一个对象的坐标系，如图5-4-7所示。

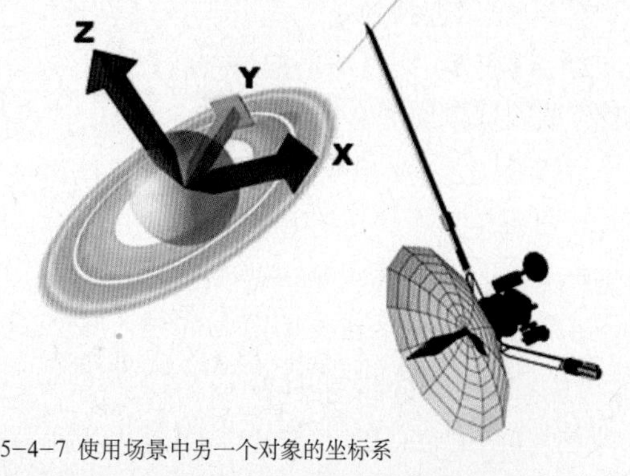


图5-4-7 使用场景中另一个对象的坐标系

选择【拾取】后，单击以选择变换要使用其坐标系的单个对象，对象的名称会显示在【变换坐标系】列表中。

由于此软件将对象的名称保存在该列表中，因此，可以拾取对象的坐标系，更改活动坐标系，并在以后重新使用该对象的坐标系，该列表会保存四个最近拾取的对象名称。

如果使用【拾取】指定对象作为参考坐标系，可以按【H】键，显示【选择对象】对话框，并从中拾取对象。

二、使用轴点中心

使用【使用中心】弹出按钮中的 图轴点中心【使用轴点中心】按钮，可以围绕其各自的轴点，旋转或缩放一个或多个对象，如图5-4-8所示。

注意：

三轴架显示了当前使用的中心，变换中心模式的设置基于逐个变换，因此请先选择变换，然后再选择中心模式。如果不希望更改中心设置，请启用【自定义】菜单>【首选项】>【常规】选项卡>【参考坐标系】组>【恒定】。

图5-4-8 将每个对象围绕其自身局部轴进行旋转

三、使用选择中心

使用【使用中心】弹出按钮中的【使用选择中心】按钮，可以围绕其共同的几何中心旋转，或缩放一个或多个对象。如果变换多个对象，3ds Max会计算所有对象的平均几何中心，并将此几何中心用作变换中心，如图5-4-9所示。

四、使用变换坐标中心

使用【使用中心】弹出按钮中的【使用变换坐标中心】按钮，可以围绕当前坐标系的中心旋转，或缩放一个或多个对象。当使用【拾取】功能，将其他对象指定为坐标系时，坐标中心是该对象轴的位置，如图5-4-10所示。

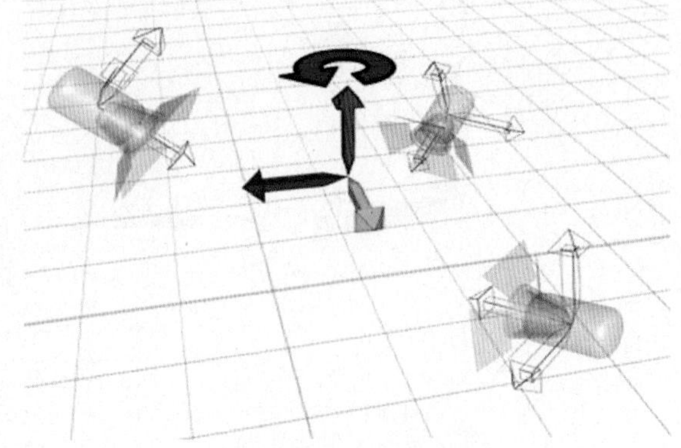

图5-4-9 经过平均计算的坐标系将用于旋转对象

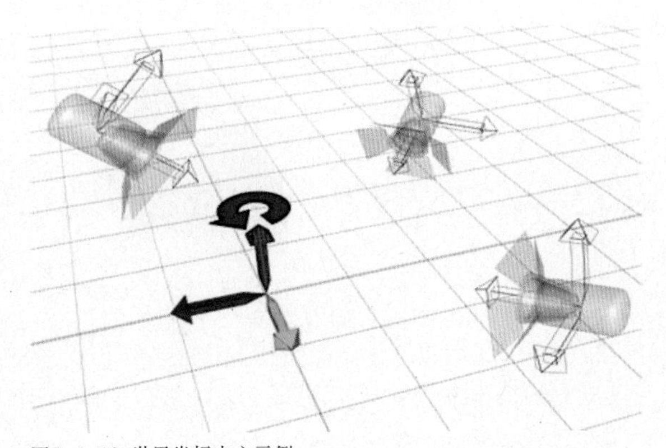

图5-4-10 世界坐标中心示例

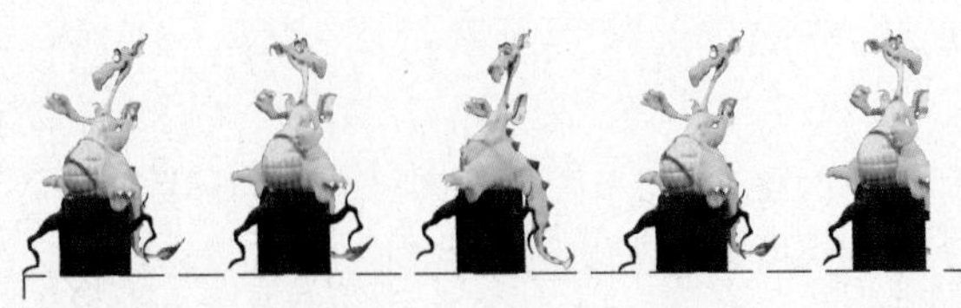

## 小结

这一部份，通过五个单元的课程，概述了3ds Max的基础入门要领，从而使同学们快速进入学习3ds Max的状态，为下一步的技能基础学习打好基础。

## 课外作业

1. 熟悉3ds Max的工作界面。
2. 练习3ds Max的基础操作。
3. 加强鼠标变换功能的操作。
4. 熟练掌握各种变换设置。
5. 理解不同形式的坐标系统。

# 第二部分 技能教学

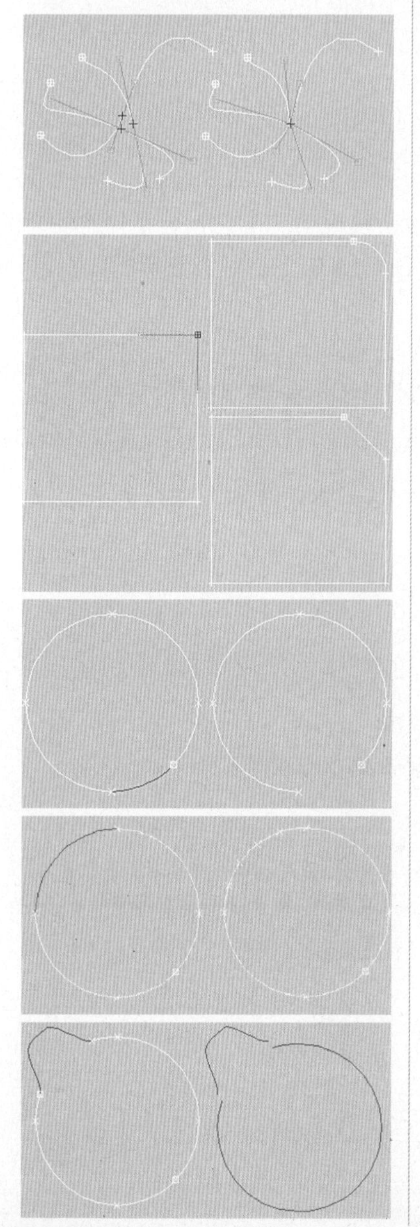

## 技能教学导读



★注：以上为技能教学的课程，参考学时：60课时。

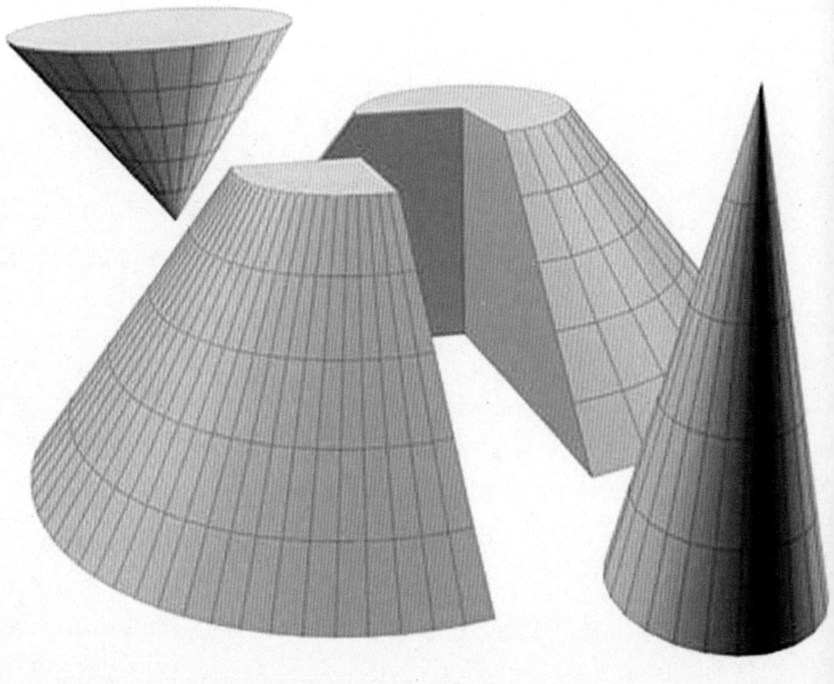

# 第六章 创建几何体

本章包括以下学习内容：

**学习目的：**

通过讲解创建几何体课程，进入第二阶段的基础学习，在三维制作软件的学习中，第一步就是要熟悉掌握各种建模技术，使其更好的为动画作品创作模型，为此造型基础课程的第一课，就是讲解怎样创建几何体，将讲解创建和建模对象所采用的技术。

## 第一节 创建和修改对象的基础知识

场景中实体3D对象和用于创建它们的对象，称为几何体。通常几何体组成场景的主题和渲染的对象。

在3ds Max中，通过以下操作，可以将基础知识参量对象，建模为更复杂的对象：

A.更改参量

B.应用修改器

C.直接操纵子对象几何体

【创建】面板——包含创建新对象的控件，这是构建场景的第一步。尽管对象类型各不相同，但是对于多数对象而言，创建过程是一致的。

【修改】面板——提供完成建模过程的控件。任何对象都可以重做，从其创建参数到其内部几何体，使用对象空间和世界空间修改器，可以将大量效果应用到场景中的对象，该修改器堆栈允许编辑修改器序列。

### 一、使用【创建】面板

【创建】面板提供用于创建对象和调整其参数的控件。

＊创建过程

**操作：访问【创建】面板**

1.单击【命令】面板中的【创建】选项卡。

**提示：**

默认情况下，在启动该程序时，此面板将打开。如果看不到命令面板，则通过自定义显示右键，单击菜单将其选中。

2.单击对象类型，可显示其【参数】卷展栏。

使用鼠标单击、拖动一些组合，可完成对象的实际创建，具体情况取决于对象类型。常规顺序如下：

A.选择一个对象类型。

B.在视口中单击或拖动，以创建近似大小和位置的对象。

C.立即调整对象的参数和位置，或以后再执行。

【创建】面板界面

【创建】面板中的控件，取决于所创建的对象种类。然而，某些控件始终显示，几乎所有对象类型，都共享另外一些控件。

【类别】——位于该面板顶部的按钮，可访问七个对象的主要类别。几何体是默认类别，如图6–1–1所示。

图6–1–1 七个对象的主要类别

【子类别】——一个列表，用于选择子类别。例如，【几何体】下面的子类别，包括【标准基本体】、【扩展基本体】、【复合对象】、【粒子系统】、【面片栅格】、【NURBS曲面】和【动力学对象】等，如图6–1–2所示。

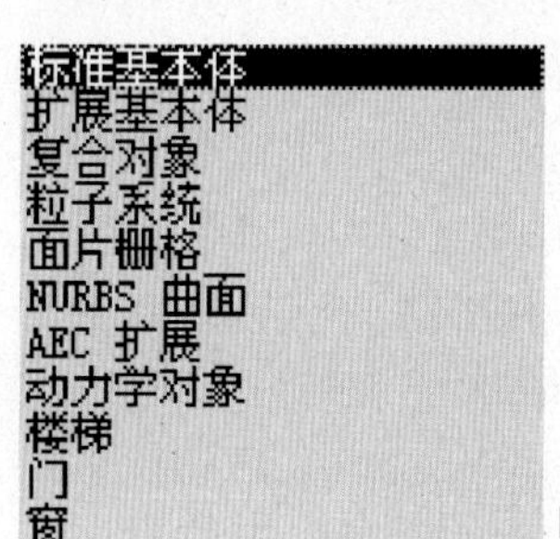


图6–1–2 子类别列表

每个子类别都包含一个或多个对象类型。如果已经安装了其他对象类型的插件组件，则这些组件，可能组合为单个子类别。

【对象类型】——一个卷展栏，包含用于创建特殊子类别中对象的按钮及自动栅格复选框，如图6–1–3所示。

图6–1–3 对象类型

【名称和颜色】——【名称】显示自动指定的对象名称。既可以编辑此名称，也可以用其他名称来替换它。单击方形色样，可显示【对象颜色】对话框，可以更改对象在视口中显示的线框颜色，如图6–1–4所示。

图6–1–4 名称和颜色

**注意：**

不同的对象可以同名，但是不建议这样。

【创建方法】——此卷展栏，提供如何使用鼠标来创建对象的选择。例如，可以使用中心（半径）或边（直径）来定义圆形的大小，如图6–1–5所示。

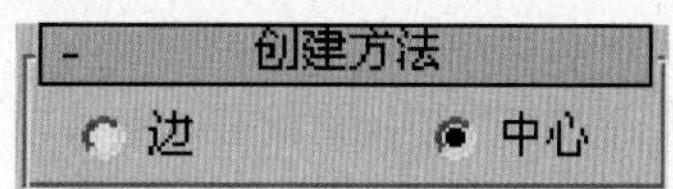


图6–1–5 创建方法

**要点：**

在访问该工具时，始终选择默认创建方法。如果要使用其他方法，请在创建对象之前，选择该选项；创建方法对已完成的对象无效，这些选项将便于进行创建。

【键盘输入】——此卷展栏，用于通过键盘输入基本几何体和形状对象的创建参数，如图6–1–6所示。

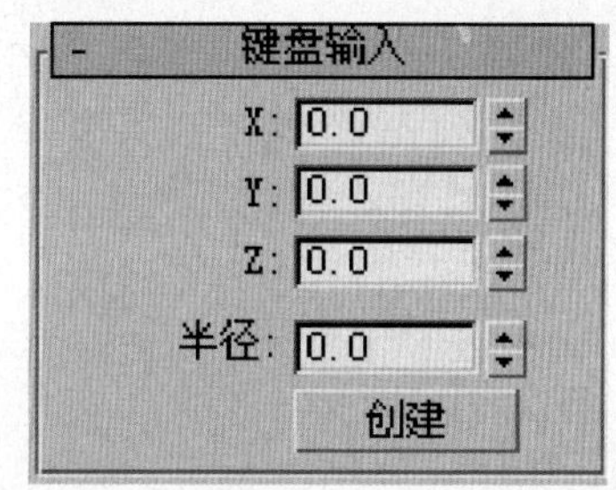


图6–1–6 键盘输入

【参数】——此卷展栏显示创建参数：对象的定义值。一些参数可以预设，其他参数只能在创建对象之后用于调整，如图6–1–7所示。

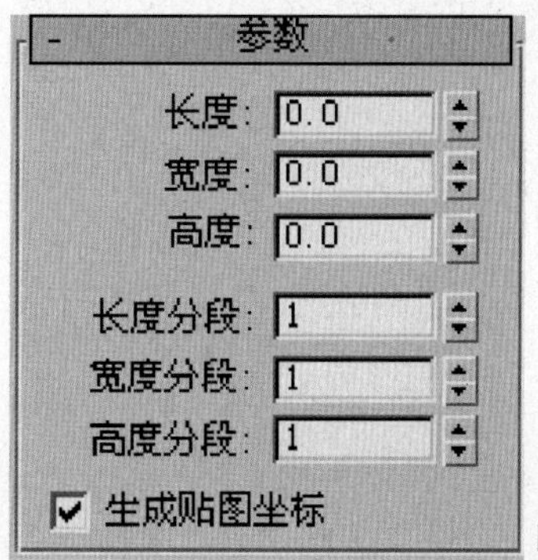


图6–1–7 参数

【其他卷展栏】——【创建】面板上，还显示其他卷展栏，具体情况取决于所创建的对象类型。

## 二、标识基本构建块

在【创建】面板上，为几何体和图形类别提供了【构建块】，来组合或修改更复杂的对象。这些是预备使用的参数化对象，调整这些值，并启用或禁用一些按钮，可以从此处的列表中，创建很多新的构建块，可以从【创建】面板上的子类别列表中，选择这些类型。

### * 几何体类型

【标准基本体】——相对简单的3D对象，比如长方体、球体、圆柱体、圆锥体、平面、环形、几何球体、管状体、茶壶体和四棱锥等，如图6-1-8所示。

图6-1-8 标准基本体

【扩展基本体】——更多复杂的3D对象比如胶囊、油罐、纺锤、异面体、环形结和棱柱等，如图6-1-9所示。

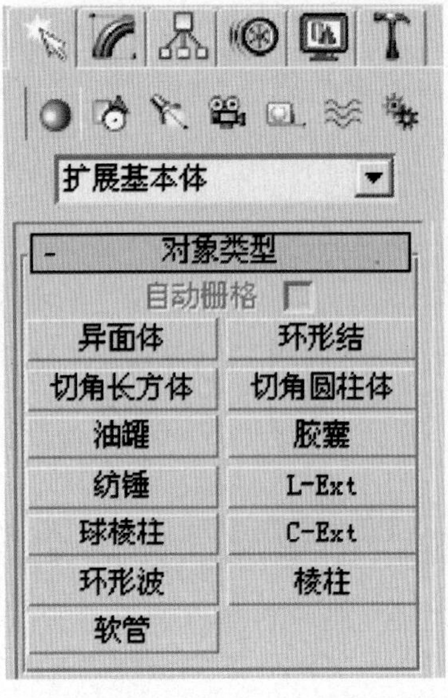

图6-1-9 扩展基本体

【复合对象】——复合对象包括散布、连接、图形合并、布尔计算、变形、水滴网格和放样，如图6-1-10所示。

图6-1-10 复合对象

布尔使用结合、交叉和其他不同的操作组合两个对象的几何体。变形是一种动画对象，它将一个几何体的图形，随时间改变为另一种图形。图形合并允许在几何体网格中，嵌入一个样条线图形。放样将图形用作横截面，沿路径产生3D对象。

【粒子系统】——模拟喷射、下雪、暴风雪和其他一些小对象集合的动画对象，如图6-1-11所示。

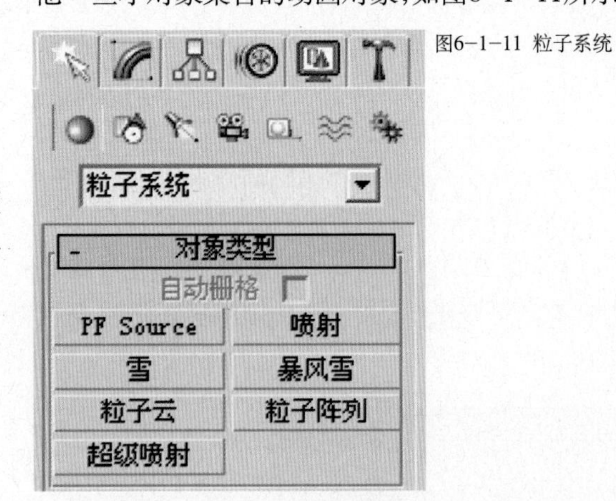

图6-1-11 粒子系统

【面片栅格】——用于建模或修复现有网格的简单2D曲面，如图6-1-12所示。

图6-1-12 面片栅格

【NURBS曲面】——特别适合使用复杂曲线建模的解析生成曲面，如图6-1-13所示。

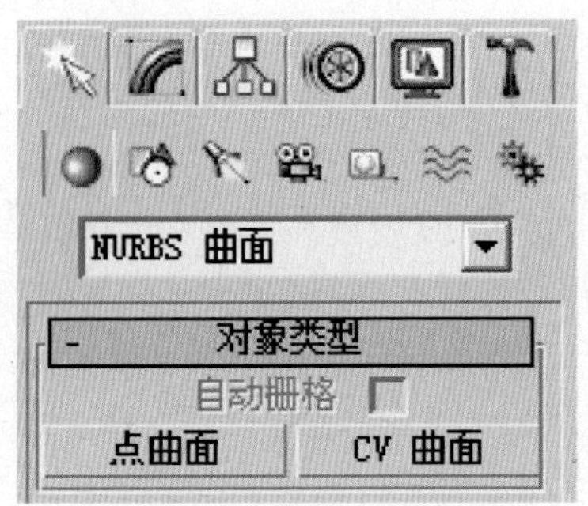

图6-1-13 NURBS曲面

【AEC扩展】——对于AEC设计很有用的元素，包括地形、植物（地面和树木）、栏杆（创建自定义栏杆）和墙（用于产生墙对象），如图6-1-14所示。

图6-1-14 AEC扩展

**注意：**

默认材质自动应用于植物，以及以下对象类型：栏杆、楼梯、门和窗口。

【动力学对象】——用于动力学模拟而设计的对象，如图6-1-15所示。

图6-1-15 动力学对象

【楼梯】——四种类型楼梯：螺旋型楼梯、L型楼梯、直楼梯和U型楼梯，如图6-1-16所示。

图6-1-16 楼梯

【门】——参数化的门类型包括轴门、折叠门和推拉门，如图6-1-17所示。

图6-1-17 门

【窗口】——参数化窗类型包括遮蓬式窗口、固定顶点窗口、投射窗口、平开窗口、轴窗口和滑动窗口，如图6-1-18所示。

图6-1-18 窗口

### * 图形类型

【样条线】——普通的2D图形，比如一条线、矩形、圆形、椭圆、弧形、圆环、多边形和星形；文本图形支持TrueType字体，从对象的交叉部分，创建一条样条线，螺旋线是一个3D图形，如图6-1-19所示。

图6−1−19 样条线

NURBS曲线——点曲线和CV曲线，为复杂曲面提供起始点，如图2−1−20所示。

图2−1−20
NURBS曲线

**＊改变参数**

与物理构建块不同，在固定的图形和尺寸条件下，可以改变对象和图形的参数，来显著改变拓扑。

此处是一些可进行更改的例子：

A.通过减少边数，并禁用【平滑】选项，可以将圆锥体变为四棱柱体。

B.将圆形对象当作派来进行切片。

C.对几乎所有的创建参数都设置动画，并在播放动画时交互式更改其设置。

D.以任意指定宽度渲染样条线。

E.破坏、分离并拆分墙分段。

F.改变梯级竖板数，而不影响楼梯的整体升起。

将基本体塌陷为基本几何体：

在不需要访问构建块对象的参数时，可以将其塌陷为一种基本几何体类型。例如，可以将任意标准基本体转换为可编辑网格，可编辑多边形，可编辑面片，NURBS对象，并且可以将样条线图形，转化为可编辑网格、可编辑样条线或NURBS对象。

塌陷对象的最简单方法是先将其选中，右键单击然后从【四元】菜单>【变换】区域中，选择【转换为】选项。此操作允许对对象使用显式编辑方法，比如变换顶点，也可以使用【修改】面板来塌陷基本体。

**＊贴图坐标**

大多数几何体对象都有一个用于生成贴图坐标的选项，如图6−1−21所示。

图6−1−21
生成贴图坐标的选项

**要点：**
如果要对对象应用贴图材质，那么这些对象需要这些贴图坐标。贴图材质包括很大范围的渲染效果，从2D位图到反射和折射。如果贴图坐标已应用于对象，则启用此功能的复选框。

### 三、创建对象

以示例图像为例，用于在【创建】面板上，创建任何类型对象的步骤。

1是定义的直径，2是定义的高度，如图6−1−22所示。

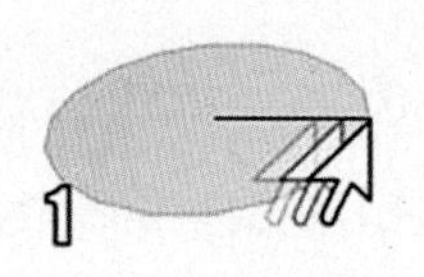

图6−1−22 定义直径与高度

3是增加的边，4是定义的高度分段，如图6-1-23所示。

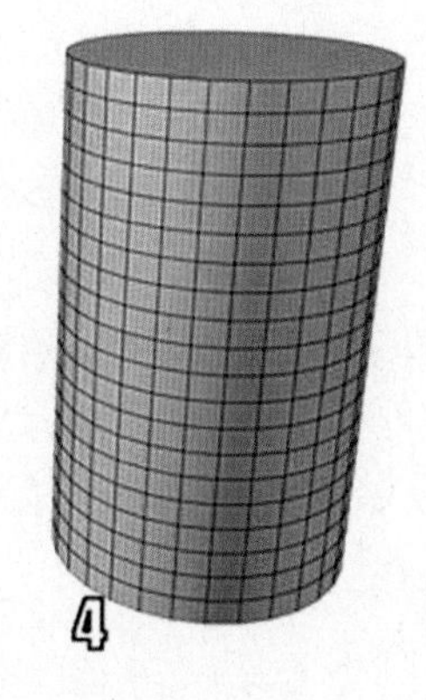


图6-1-23 增加的边与高度分段

### 操作:选择对象类别

1.单击【创建】选项卡，以查看【创建】面板。

2.单击【创建】面板顶部的一个按钮。例如【几何体】。

3.从列表中选择子类别【标准基本体】。在【对象类型】卷展栏上，出现很多按钮。

### 操作:选择对象类型

单击想要创建的对象类型按钮。该按钮高亮显示，表示其处于活动状态。显示四个卷展栏:【名称和颜色】、【创建方法】、【键盘输入】和【参数】。

### 操作:选择一个创建方法

1.可以接受默认的方法，跳过这一步。

2.在【创建方法】卷展栏中，选择一个方法。

### 操作:预设创建参数

1.创建对象之后，可以调整所有创建参数。如果愿意也可以跳过这一步。

2.在【参数】卷展栏中，创建对象之前，可以设置参数。但是，只有创建了对象之后，通过拖动鼠标设置的参数值，例如，圆柱体的半径和高度才有效。

### 操作:创建对象

1.将光标放在想要放置对象的任何视口中的点处，按下鼠标按钮，并不释放该按钮。

2.拖动鼠标以定义对象的第一个参数，例如，圆柱体的圆形底座。

3.释放鼠标按钮，释放后便设置了第一个参数。

4.不接触鼠标按钮，向上或向下移动，这样将设置下一个参数，例如，圆柱体的高度。

5.使用右键单击取消创建过程。

6.当第二个参数具有想要的值时单击，以此类推。

**要点:**

按下或释放鼠标按钮的次数，取决于需要定义的对象空间尺寸数;对于某些类型对象，如直线和骨骼，该数量是可修整的;完成该对象后，该对象处于选定状态并且便于调整。

### 操作:命名对象

高亮显示【名称和颜色】卷展栏中的默认对象名称，然后输入一个名称。

**要点:**

此选项只在选中一个对象之后才可用;命名对象对于组织场景来说，是一个好习惯;要命名一组选定对象，请参见命名选择集。

### 操作:更改对象的显示颜色

对象名称字段旁边的色样显示，选定对象的颜色，并且可以选择一个新颜色。该颜色是用于显示视口中对象的颜色，单击色样可显示【对象颜色】对话框。

**提示:**

也可以使用层，更改对象颜色。

### 操作:调整对象的参数

1.完成对象后，当仍然选中该对象时，可以立即更改创建参数。

2.可以随后选择该对象，并在【修改】面板上，调整其创建参数。

**提示:**

调整时，可以使用视口导航控件，如【缩放】、【平移】和【弧形旋转】，来更改选定对象的视图;也可以稍后调整时间滑块。

### 操作:终止创建过程

当对象类型按钮，仍然处于活动状态时，可以继续创建相同类型的对象，直到执行以下操作之一:

A.选择一个对象，而不是最近创建的对象。

B.变换对象。

C.更改为另一个命令面板。

D 使用命令，而不使用视口导航或时间滑块。

要点：

终止创建过程后，在【创建】面板上，更改参数将对于对象无效；必须转到【修改】面板调整对象的参数。

## 第二节 将颜色指定给对象

3ds Max是真彩程序。当在程序中拾取器颜色时，可以指定24位的颜色数据，这样可以提供超过16万色的范围。

对象线框颜色，主要用作组织工具来使用。对象命名策略、命名的选择集、对象线框颜色策略，将提供一整套用于组织的工具，即使在最复杂的场景中使用。

可以使用两个对话框来指定颜色：

A.【对象颜色】对话框，包含用于设置对象线框颜色的颜色预设调色板，曲面颜色也可以在渲染的视口中看到，两个调色板是【默认】调色板和AutoCAD ACI调色板。

B.颜色选择器是用来定义，24位颜色范围中的任何颜色的通用对话框，如果定义指定给对象的颜色，则该对话框只在整个【默认】调色板中可用。

提示：

使用【层】功能，可以组织场景，也可以用来指定对象颜色。

### 一、【对象颜色】对话框

在任意命令面板中，按对象的名称单击色样。【对象颜色】对话框包含两个调色板，使用这些调色板，可以设置对象的线框颜色。另外，这也是显示在着色视口中的曲面颜色。

＊使用随机颜色分配

默认情况下，创建对象时，3ds Max可以随机分配颜色。在【对象颜色】对话框的当前调色板中，可以选择的颜色。如果启用【自定义】>【首选项】>【常规】面板>【新节点默认为按层】，将会向新对象分配按层设置的颜色。

对于各个对象，可以单击【对象颜色】对话框中的【按层/按对象】按钮，以便更改设置对象颜色时使用的方法。

＊定义自定义颜色

使用【默认】调色板时，【对象颜色】对话框中包含16 种自定义色样的调色板。可以为每种16色样调色板定义任何颜色，具体方法是从【自定义颜色】组中选择色样，然后单击【添加自定义颜色】。

＊在调色板之间切换

单击相应的【基本颜色】切换后，可以随时在两个版本的【对象颜色】对话框之间切换：

A.默认调色板：包含64色固定调色板和16种自定义颜色的自定义调色板。

要点：

如果要使用小型的颜色调色板，或需要定义自定义对象线框的颜色，请使用该版本。

B.兼容AutoCAD的版本：包含256色固定调色板，其中256色与AutoCAD颜色索引(ACI)中的颜色相符。

要点：

如果需要分配与AutoCAD颜色索引相符的对象颜色，请使用该版本。如果计划将对象导出到AutoCAD，且需要按照对象颜色，对其进行排列，或者需要广泛的颜色选择范围，请使用ACI颜色。

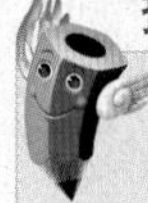

操作：设置对象颜色

这是选择对象颜色的一般步骤。

1.选择一个或多个对象。

2.在任意命令面板中，单击【对象名称】字段右侧的色样，以便显示【对象颜色】对话框。

3.在调色板中，单击某个色样，然后单击【确定】，将颜色应用于选定对象。

操作：创建颜色相同的对象

选择要使用的颜色，然后禁用【使用随机颜色】。

提示：

更改设置之前，新建的对象将一直显示为这种颜色。

操作：定义自定义颜色

1.在【对象颜色】对话框的【默认】调色板中，单击16种自定义色样之一

2.单击【添加自定义颜色】，即可显示颜色选择器。

3.定义自定义颜色，然后单击【添加颜色】。此时，自定义颜色存储在【对象颜色】对话框的选择色样中，且设置为当前颜色。

**操作：将自定义颜色，从场景中的对象复制到自定义色样之一**

向上拖动【当前色样】至其中一个自定义色样。

**提示：**

【当前色样】位于【对象颜色】对话框中，【确定】按钮的右侧。

**操作：按颜色选择对象**

单击【按颜色选择】。此时，将会显示【选择对象】对话框，与当前对象颜色相同的所有对象，将会高亮显示在该列表中，单击【选择】按钮。

【默认调色板】——选中该选项时，将会显示【基本颜色】和【自定义颜色】，因此，可以使用该选项，添加自定义颜色，如图6-2-1所示。

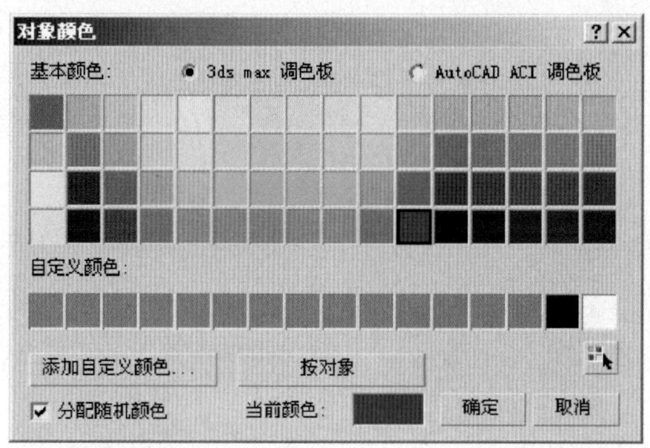


图6-2-1 默认调色板

【AutoCAD ACI调色板】——选中该选项时，将会显示AutoCAD ACI调色板。选择颜色时，其ACI#，将会显示在该对话框的底部，如图6-2-2所示。

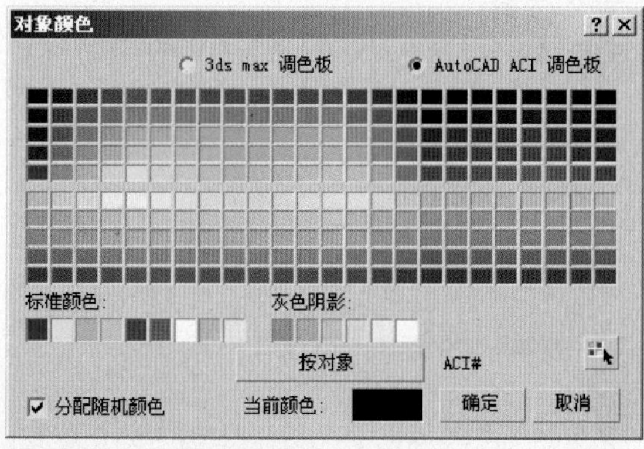


图6-2-2 AutoCAD ACI调色板

【基本颜色】——一组默认的64色，只有选中【默认调色板】时，才能使用该选项。

【自定义颜色】——选中【默认调色板】时，将会显示16种自定义颜色。要选择自定义颜色，请单击其色样。要重新定义自定义颜色，请单击其色样，然后单击【添加自定义颜色】。

【添加自定义颜色】——该选项只能与【默认调色板】一起使用。单击该选项时，将会显示颜色选择器。使用【颜色选择器】，可以修改当前选定的自定义颜色；如果在选择基本颜色时，单击【添加自定义颜色】，打开【颜色选择器】之前，该对话框将会切换到第一个自定义颜色。

【按层/按对象】——按层或对象设置对象的颜色。如果按对象设置颜色，在【对象颜色】对话框中，选择新颜色时，将会在视口中更改对象的线框颜色。

【ACI#】——显示选定颜色ACI编号。只有选中【AutoCAD ACI调色板】时，才能使用该选项。

【按颜色选择】——显示【选择对象】对话框。该对话框列出了将【当前颜色】用作线框颜色的所有对象。

**注意：**

只有场景中至少有一个对象，将【当前颜色】用作线框颜色时，才能使用该按钮。

【分配随机颜色】——启用时，3ds Max将会向创建的每个对象，随机分配一种颜色。禁用时，3ds Max将会向创建的每个对象分配相同的颜色，直到色样发生更改为止。只有启用【按对象】作为颜色选择方法时，该设置才能影响线框的颜色。

【当前颜色】——显示活动的颜色。单击色样时，将会显示【颜色选择器】。其中，可以混合自定义颜色。

## 二、【颜色选择器】对话框

在3ds Max中指定自定义颜色参数时，会使用【颜色选择器】。可以同时使用三种不同的颜色模型，来集中处理想要的确切颜色。

【颜色选择器】用于指定各种颜色参数，如灯光颜色、材质颜色、背景颜色和自定义对象颜色；另一种选择对象视口颜色的方法，是使用【对象颜色】对话框中的预定义颜色。

多数情况下，【颜色选择器】都是非模式的，也就是它始终保持位于屏幕上，直到将其关闭，而当该对话框，仍然显示在屏幕上的同时，也可以使用其他3ds Max控件，或在视口中工作。在其他情况下，【颜色选择器】是模式的，在处理前必须先单击【确定】或【取消】。

该对话框分为三种不同颜色的选择模型，可以使用任一模型的控件来定义颜色。三种颜色模型是：

**＊色调／黑度／白度 (HBW)**

HBW模型是最明显的显示和最直观的颜色模型。该模型代表基于色素混合颜色的自然方法，它以一个纯色（色调）开始，然后通过添加黑度，使其变暗，或通过添加白度，使其变亮来设置颜色。

**要点：**

HBW模型的主要特征是一个大的方框，在该方框中显示颜色光谱。在该方框的顶部是纯色或色调的光谱。在方框下部侧面，可以看到黑度的增加级别，越接近底部颜色越暗。

在颜色光谱框的右侧是【白度】框，该框控制颜色中的白度。使用较高的位置来减少白度，或使用较低的位置来增加白度，如图6－2－3所示。

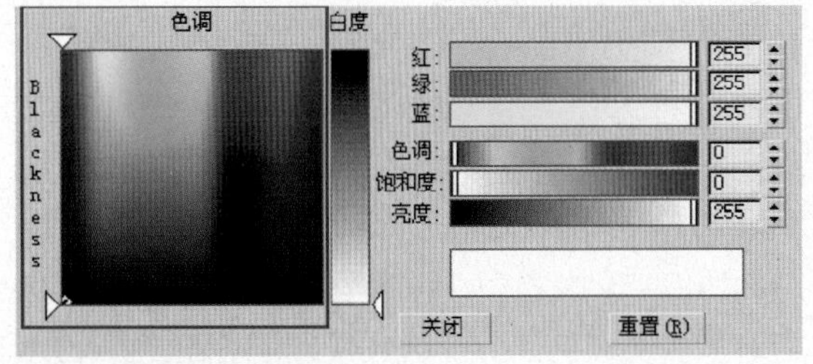


图6－2－3 色调／黑度／白度（HBW）

**＊红／蓝／绿 (RGB)**

RGB模型通过调整【红】、【绿】和【蓝】的混合来定义颜色。该模型表示有色光线混合的方式。它是相加颜色混合，与绘画和其他色素的相减颜色混合相对，可以使用颜色滑块、滑块右侧的数值字段（通过键盘），或者数值字段右侧的微调器来调整相应的值，如图6－2－4所示。

**＊色调／饱和度／值 (HSV)**

HSV颜色模型调整【色调】、【饱和度】和【值】。【色调】设置颜色；【饱和度】设置颜色纯度；而【值】设置颜色亮度或强度。可以使用颜色滑块、滑块右

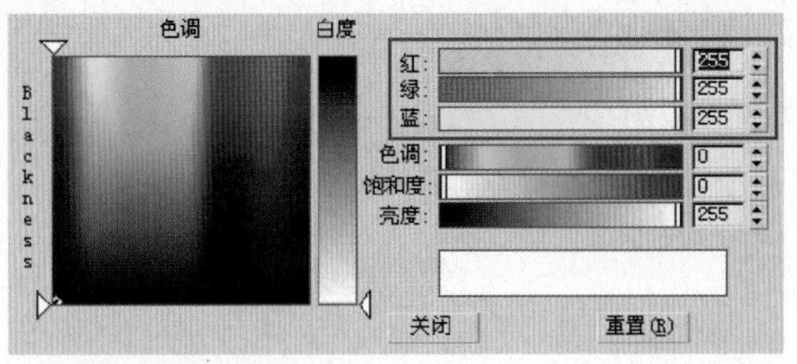


图6－2－4 红／蓝／绿（RGB）

地的数值字段（通过键盘），或者数值字段右地的微调器来调整相应的值，如图6－2－5所示。

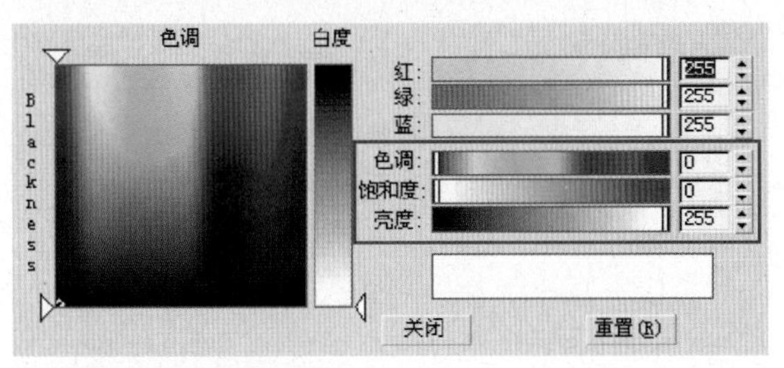


图6－2－5 色调／饱和度／值（HSV）

**注意：**

调整颜色模型的控件时，其他两个模型的控件，也会相应改变以匹配。由颜色模型定义的颜色，显示在【颜色输出】框的右半部，进行更改之前，原始颜色显示在左半部，如图6－2－6所示。

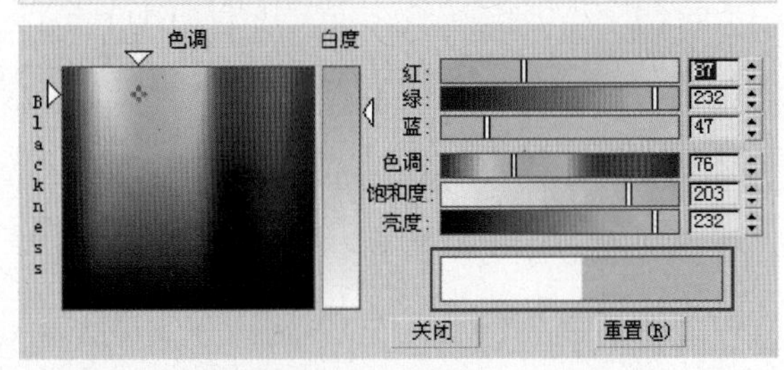


图6－2－6 原始颜色显示在左半部

**操作：显示【颜色选择器】**

1.单击颜色参数的色样，例如灯光或材质组件的颜色。

**注意：**

在命令面板中由对象名称显示的对象颜色，使用不同的【对象颜色】对话框。在【对象颜色】对话框中，单击【当前色样】或【添加自定义颜色】按钮，显示【颜色选择器】。

2.选择颜色，然后单击【关闭】。

3.要保持原始颜色，单击【重置】。

**操作：选择颜色的色调**

1.单击【色调】彩虹。

2.拖动彩虹顶部的【色调】滑块。

3.拖动【红】、【绿】和【蓝】滑块。

4.拖动【色调】滑块。

5.使用【红】、【绿】、【蓝】或【色调】微调器。

**操作:使颜色变亮**

1.向下拖动垂直的【白度】滑块。

2.向上拖动垂直的【黑度】滑块。

3.向左拖动【饱和度】滑块。

4.使用【饱和度】微调器,减少饱和度。

5.向右拖动【值】滑块。

6.使用【值】微调器来增加值。

**操作:使颜色变暗**

1.向上拖动垂直的【白度】滑块。

2.向下拖动垂直的【黑度】滑块。

3.向右拖动【饱和度】滑块。

4.使用【饱和度】微调器,增加饱和度。

5.向左拖动【值】滑块。

6.使用【值】微调器来减少值。

**操作:还原为原始颜色**

单击【重置】。

**提示:**

*原始颜色替换为新颜色,而且所有参数值都被重置。*

**操作:关闭【颜色选择器】**

1.单击【关闭】。

2.单击对话框的【关闭(X)】按钮。

【色调】——通过在方框顶部,拖动色调指示器来定义纯色。

【黑度】——拖动下侧的黑度指示器,通过增加黑度使纯色变暗。也可以单击或拖动框的内部,来同时更改色调和黑度。

【白度】——右侧的垂直栏控制白度的量。由色调和黑度指示器设置的颜色,显示在栏的上部,而纯白显示在底部,向下拖动白度指示器,通过添加白度使颜色变亮。

【红、绿和蓝】——当红、绿或蓝滑块都位于左侧时,其字段读数为0。该滑块未使用任何颜色控制。如果滑块位于最右侧,那么字段读数为255,这时使用了颜色的最大量。

**要点:**

每个滑块右侧的微调器是设置红、绿或蓝组件的另一种方法。更改滑块上的颜色,以显示将滑块移动到该位置,而无需调整任何其他参数,所得到的近似颜色结果。

【色调】——设置纯色。将滑块定位到最左侧,可以得到纯红。将滑块向右拖动,会在【红】、【黄】、【绿】、【青】、【蓝】、【洋红】的光谱中移动,最后又会回到【红】。用颜色圈来表示色调,比使用线性滑块更准确。这就是【色调】滑块,在两端都是红色的原因。可以将范围为0到255的色调,在圆环上指示出来,其中数值0与255相接在一起。

【饱和度】——设置颜色的纯度或强度。饱和度接近0的弱色,看起来阴暗,并且为灰色;饱和度为255的强色,则非常亮,并且纯正。

【值】——设置颜色的亮度或暗度。较低的值,使颜色变暗;较高的值,使颜色变亮;设置为 127的中间值,给出只由色调和饱和度定义的颜色。

【颜色输出】——通过在【值】滑块下方的一对色样,可以比较显示在右侧的新颜色和显示在左侧的原颜色

【重置】——单击该选项,可将颜色设置恢复为原始颜色。

*** Mental Ray 颜色选择器**

在Mental Ray材质或Mental Ray明暗器的界面中,单击色样时,可以看到【颜色选择器】的变化,如图6-2-7所示。

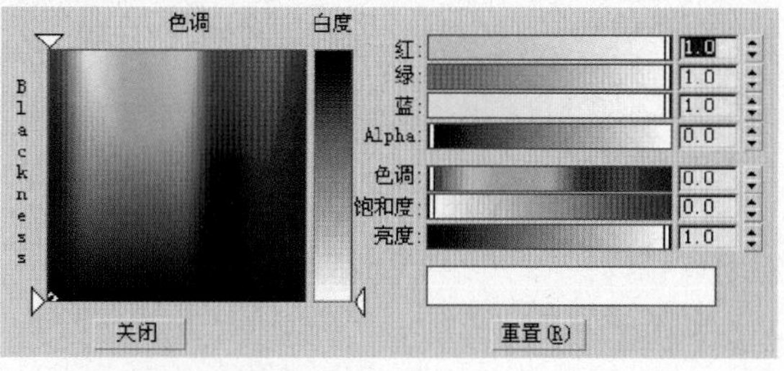


图6-2-7 Mental Ray颜色选择器

该对话框在以下两个方面与标准【颜色选择器】有所不同:

(1)RGB和HSV值显示为从0.0到1.0间的规范化值,而不是8位整数(0~255)。

(2)通过附加的Alpha滑块和微调器,可以显式设置该颜色的Alpha值。该值也是规范化的,0.0

表示完全透明，而1.0表示完全不透明。

(3)当使用DirectX 9明暗器材质和Mental Ray渲染器的【采样质量】卷展栏时，也会出现【颜色选择器】的该版本。

### 三、颜色剪贴板工具

【颜色剪贴板】工具，存储用于将贴图或材质复制到另一个贴图或材质的色样。例如，如果在【材质编辑器】中，想要将颜色从材质的一个级别的色样，复制到另一个级别的色样中，或另一个材质中，使用拖放将不能完成此操作。这是因为不能同时有两个可见的材质或贴图。但是，可以将颜色从一个材质，拖动到颜色剪贴板中，切换为另一个材质，然后将颜色从剪贴板拖动到新材质的色样中。

可以保存和加载颜色剪贴板文件。保存的文件指定为.ccb(颜色剪贴板)扩展名，它是一个包含选项板说明的ASCII文件。文件的前12行包含三个RGB数，因此可以容易编辑或创建自己的剪贴板文件，该文件格式也由顶点绘制修改器使用。

**操作：将颜色从色样复制到颜色剪贴板中**

1. 在【工具】面板上，单击【颜色剪贴板】。
2. 打开【材质编辑器】。
3. 从材质中的任何色样选择一个颜色。
4. 将颜色拖动到颜色剪贴板的色样中。

将出现一个对话框，询问是否想复制或交换该材质，选择复制可用选定材质的色样，替换颜色剪贴板中的色样，选择交换可交换颜色剪贴板色样和材质色样，如图6-2-8所示。

图6-2-8 复制或交换颜色对话框

**＊界面（如图6-2-9所示）**

【色样】——单击色样，可使用【颜色选择器】编辑其值。

**注意：**

该工具调用的【颜色选择器】，使用范围从0.0到1.0的小数，而不像3ds Max中的其他颜色选择对话框一样，使用范围从0到255的整数。

图6-2-9 颜色剪贴板

【新建浮动框】——显示带有12窗的浮动剪贴板，加号按钮用于打开和保存颜色剪贴板文件。可以打开任意多个浮动框，并可以将它们设置为动画。如果退出【工具】面板或选择【关闭】按钮来退出【颜色剪贴板】工具，则任何可见的浮动框，仍然打开，关闭浮动框后，将丢失任何更改值，如图6-2-10所示。

图6-2-10 12窗的浮动剪贴板

【关闭】——退出【剪贴板】工具。

## 第三节 调整法线和平滑

通常，调整法线和平滑可以为渲染准备对象。

法线是定义面或顶点指向方向的单位矢量。法线点的方向，代表面或顶点的前部或外部曲面的方向，这将是正常显示和渲染的曲面的侧面。可以手动翻转或统一面法线，以解决由建模操作，或从其他程序中导入网格，所引起的曲面错误。

平滑组定义了是否使用边缘清晰或平滑的曲面渲染曲面。平滑组是为对象的曲面指定的数目。每个曲面最多有32个平滑组，如果两个曲面共用一个边缘，且共用相同的平滑组，将作为平滑曲面予以渲染；如果它们没有共用相同的平滑组，它们之间的边缘，将作为角点进行渲染；可以手动更改或设置平滑组指定的动画，更改平滑组，不会以任何方式，改变几何体，其只更改着色的面或边。

## 一、查看和更改法线

在创建对象时，将自动生成法线。通常，使用这些默认发现可以正确渲染对象，然而，有时需要调整法线。

例如：

左：显示为钉形的法线，表示四棱锥上面的方向；右：翻转法线可以使面在着色视口和渲染中不可见或可见，如图6–3–1所示。

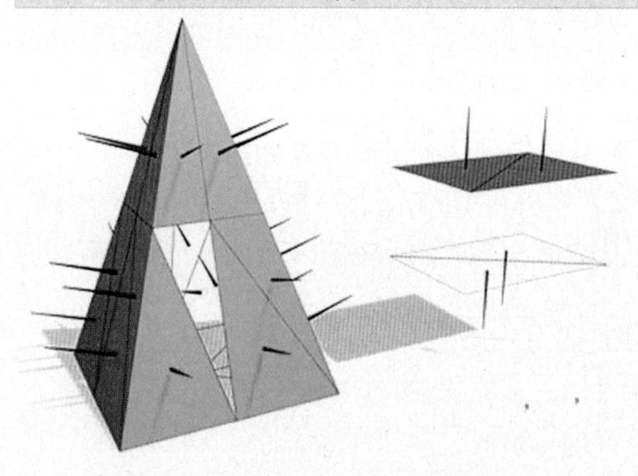

图6–3–1 查看和更改法线

在以下对象中，可能出现多余的法线：

A.从其他应用程序导入的网格。

B.通过复杂操作生成的几何体，如布尔对象、车削对象或阁楼。

法线用于定义将面或顶点的哪一面视为“外部”面。除非使用双面材质或在【渲染场景】对话框>【公用】面板>【公用参数】卷展栏中，启用【强制双面】选项，否则面或顶点的外部面，就是进行渲染的面，如图6–3–2所示。

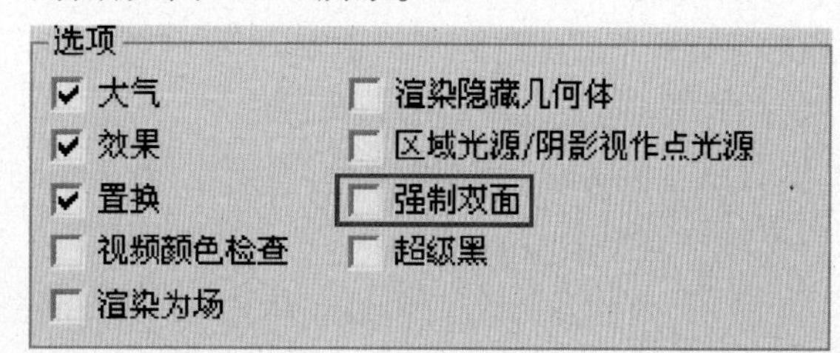


图6–3–2 强制双面选项

### 操作：查看或更改面法线

a.应用法线修改器。如果面的子对象选择处于活动状态，那么法线会应用于选定的面；如果没有选定面，那么法线会应用于整个对象。

b.应用编辑网格修改器，可以启用【面】、【多边形】或【元素】子对象模式，然后使用【曲面属性】卷展栏上的功能，来更改法线的指向，如图6–3–3所示。

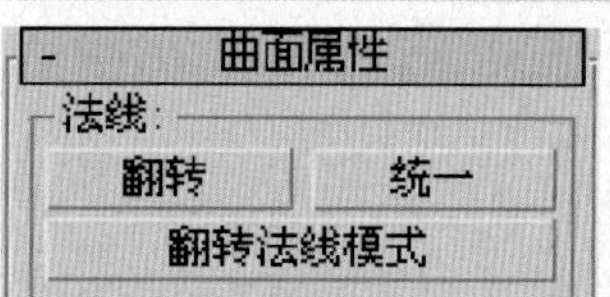


图6–3–3【曲面属性】卷展栏上的功能

c.将对象转化为可编辑曲面，可以启用【面】、【多边形】或【元素】子对象模式，然后使用【曲面属性】卷展栏上的功能。

### ＊查看法线

查看法线最简单的方法，是在着色视口中观看对象。在这种情况下，看到的并不是法线箭头本身，而是它们在着色曲面上的效果。如果对象外观为内部外翻，或拥有孔洞，则一些法线可能指向错误方向。

通过在可编辑网格对象，或【编辑网格】修改器的【选择】卷展栏上，启用【显示法线】，则可以显示选定面或顶点的法线矢量，如图6–3–4所示。

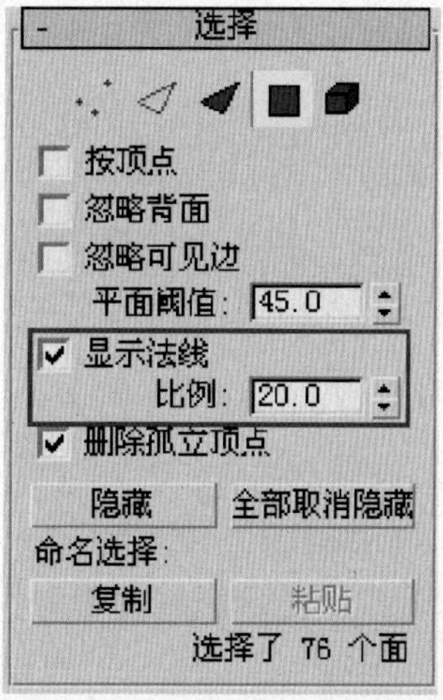

图6–3–4 启用【显示法线】

* 统一法线

使用【统一法线】，可使法线指向统一方向，如果对象拥有不统一的法线，一些指向外，一些指向内，则对象将显示为在表面具有孔洞。

【统一法线】位于【曲面属性】卷展栏和【法线】修改器上。如果正在设置复杂对象创建的动画，如嵌套的【布尔】或【阁楼】，而且认为这样的操作，可能导致不一致的法线，那么将法线修改器，应用到结果上，并启用【统一法线】。

* 翻转法线

使用【翻转法线】，可以反转所有选定面的方向，翻转对象的法线，可以使其内部外翻。【翻转法线】位于【曲面属性】卷展栏和【法线】修改器上，如图6-3-5所示。

图6-3-5 【法线】修改器

【车削】修改器，有时会创建法线指向内部的对象，使用【车削】修改器【参数】卷展栏上的【翻转法线】复选框，可调整法线。也可以使用【法线】修改器，并同时启用【统一】和【翻转】来修正【内部外翻】的车削对象，如图6-3-6所示。

图6-3-6 【车削】修改器

二、查看和更改平滑

平滑可以在面与面的边界混合颜色，以产生平滑曲面的外观。可以控制平滑应用于曲面的方式，这样对象就可以在适当的位置，既有平滑曲面，又有尖锐面状边缘。

标记为【1-2】的面与相邻面，共享平滑组，所以在渲染时，它们之间的边是平滑的；标记为【3】的面，不共享平滑组，所以它的边在渲染时是可见的，如图6-3-7所示。

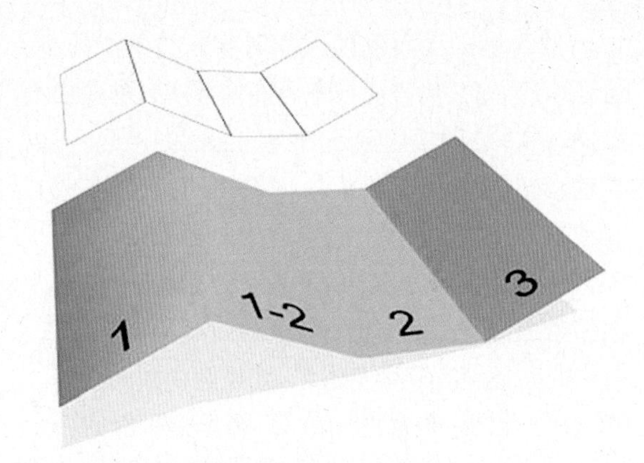

图6-3-7 查看和更改平滑

平滑不会影响几何体，它只会影响几何体在渲染时着色的方式。平滑由平滑组控制，组的编号范围从1到32，每个面都会指定一个或多个平滑组；渲染场景时，渲染器会检查每对相邻的面，检查它们是否共享一个平滑组，然后按照以下方式渲染对象：

A.如果面之间没有共用的平滑组，那么用它们之间的锐化边缘渲染面。

B.如果面之间至少有一个共用的平滑组，那么面之间的边就“平滑”了，这意味着它着色的方法，是面相交的区域以平滑显示。

因为每个面有三个边，所以对任何面，只可能有三个平滑组有效，指定给面的多余平滑组，会被忽略。

操作：查看或更改平滑组的指定

1.启用参数对象【参数】卷展栏上的【平滑】复选框，以设置对象的默认平滑，如图6-3-8所示。

图6-3-8 【平滑】复选框

2.应用【平滑】修改器。如果面的子对象选择,处于活动状态,那么【平滑】会应用于选定的面;如果没有选定面,那么【平滑】会应用于整个对象,如图6-3-9所示。

图6-3-9【平滑】修改器

3.应用【编辑网格】修改器,可以启用【面】、【多边形】或【元素】子对象模式,然后使用【曲面属性】卷展栏上的功能,如图6-3-10所示。

图6-3-10【曲面属性】卷展栏上的功能

4.将对象转化为可编辑曲面,可以启用【面】、【多边形】或【元素】子对象模式,然后使用【曲面属性】卷展栏上的功能。

**＊【查看平滑】组**

查看平滑最简单的方法,是在着色视口中查看对象。在这种情况下,看到的并不是平滑组本身,而是它们在着色曲面上的效果。

可以看到可编辑网格对象,或【编辑网格】修改器的选定面的平滑组号,方法是在【曲面属性】卷展栏上,查看【平滑组】按钮,或者在【多边形属性】卷展栏上,查看可编辑多边形对象。

【平滑组】按钮如下显示:

A.选择中任何面未使用的组号将以正常显示。

B.选择中所有面,使用的组号将显示为选中。

C.由选择中一些面,不是所有面,使用的组号,以空白显示。

**＊自动平滑对象**

【自动平滑】位于【曲面属性】卷展栏和【平滑】修改器上。单击【自动平滑】,可以自动指定平滑。通过设置【阈值】角,可以决定是否平滑相邻的面。

A.如果面法线之间的角小于或等于阈值,那么这些面就指定到一个共用的平滑组。

B.如果面法线之间的角大于阈值,那么这些面会指定到各个组。

**＊【手动应用平滑】组**

可以手动将平滑组指定到选择的面上,方法是在【曲面属性】卷展栏,或【平滑】修改器上单击【平滑组】按钮,单击的每个平滑组按钮,都会指定到选择上。

**＊按平滑组选择面**

还可以根据指定的平滑组来选择面。在【曲面属性】卷展栏(可编辑网格)或【多边形属性】卷展栏(可编辑多边形)上,单击【按平滑组选择】,然后单击要选择面的平滑组,使用这种方法,可以很方便地检查其他人,所创建对象上的平滑组。

## 第四节 创建几何体

### 一、通过键盘创建基本体

使用【键盘输入】卷展栏,通过键盘可以创建多数几何基本体。在单个操作中,可以同时定义对象的初始大小和其三维位置。自动指定对象的名称、颜色和默认的材质。

通常,该方法对于所有基本体都相同,只是在参数的数量和类型方面有区别,异面体基本体、复杂和高度可视的对象家族不适合该方法,并且没有键盘输入。

**操作:打开【键盘输入】卷展栏**

1.在【标准基本体】或【扩展基本体】的【创建】面板上,单击任何基本体【对象类型】卷展栏按钮,异面体或环形波除外。

2.单击【键盘输入】卷展栏,以将其打开。默认情况下,此卷展栏处于关闭状态。

**注意：**

【创建方法】卷展栏上的按钮，对于键盘输入无效。

**操作：通过键盘创建基本体**

1.在【键盘输入】卷展栏上，用鼠标选择数值字段，然后输入一个数值。

2.按【Tab】键，移动到下一个字段，输入一个值后，不要按【Enter】键，按【Shift+Tab】键，反转方向。

3.当设置完所有字段后，按【Tab】键，将焦点移动到【创建】按钮，按【Enter】键，对象出现在活动视口中。

4.创建之后，新基本体不受【键盘输入】卷展栏中的数值字段影响，可以在【参数】卷展栏上，或在【修改】面板上，或创建后立即调整参数值。

【键盘输入】卷展栏，包含一组常用的位置字段，标签为X、Y和Z，输入的数值为沿活动构造平面的轴的偏移，主栅格或栅格对象。加号和减号值，相应于这些轴的正负方向。默认设置为0、0、0，即活动栅格的中心。由X、Y设置的位置，为创建对象标准方法中的第一个鼠标下位置。

每个标准基本体，在其【键盘输入】卷展栏上，具有以下参数，如图6-4-1所示。

| 基本体 | 参数 | XYZ 点 |
|---|---|---|
| 长方体 | 长度、宽度、高度 | 底座中心 |
| 圆锥体 | 半径 1、半径 2、高度 | 底座中心 |
| 球体 | 半径 | 中心 |
| 几何球体 | 半径 | 中心 |
| 圆柱体 | 半径、高度 | 底座中心 |
| 管状体 | 半径 1、半径 2、高度 | 底座中心 |
| 圆环 | 半径 1、半径 2、 | 中心 |
| 四棱锥 | 宽度、深度、高度 | 底座中心 |
| 茶壶 | 半径 | 底座中心 |
| 平面 | 长度、宽度 | 中心 |

图6-4-1 标准基本体的参数

## 二、标准基本体

熟悉的几何基本体，在现实世界中，就是像水皮球、管道、长方体、圆环和圆锥形冰淇淋杯这样的对象。在3ds Max中，可以使用单个基本体，对很多这样的对象建模。还可以将基本体，结合到更复杂的对象中，并使用修改器进一步进行细化。标准基本体对象的集合，如图6-4-2所示。

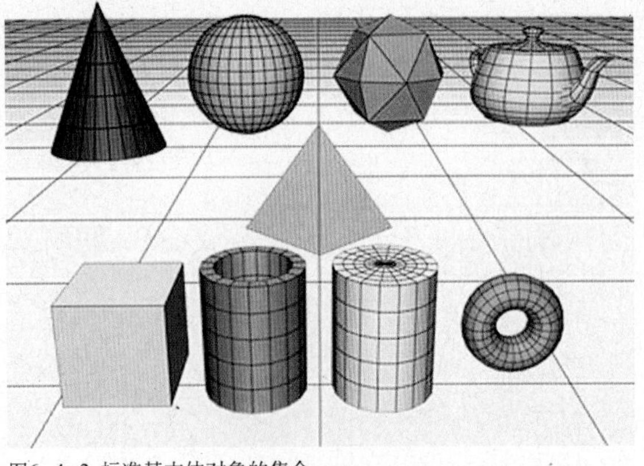

图6-4-2 标准基本体对象的集合

3ds Max包含10种基础基本体，可以在视口中，通过鼠标轻松创建基本体，大多数基本体，也可以通过键盘生成；这些基本体列在【对象类型】卷展栏和【创建】菜单中。还可以通过【对象类型】卷展栏，使用【自动栅格】选项，如图6-4-3所示。

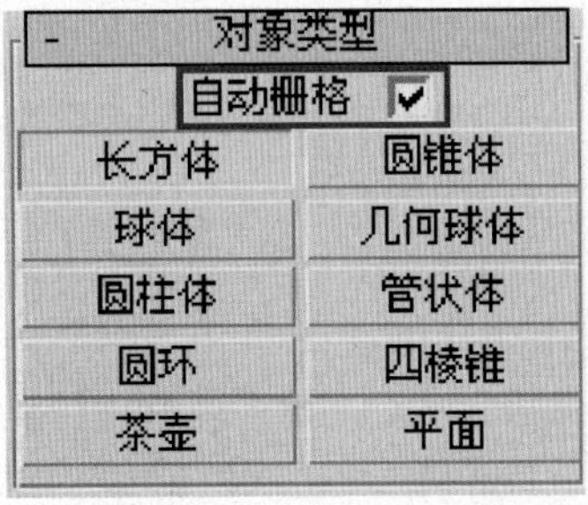

| - 对象类型 | |
|---|---|
| 自动栅格 ☑ | |
| 长方体 | 圆锥体 |
| 球体 | 几何球体 |
| 圆柱体 | 管状体 |
| 圆环 | 四棱锥 |
| 茶壶 | 平面 |

图6-4-3 使用【自动栅格】选项

可以将标准基本体对象，转换为可编辑网格对象、可编辑多边形对象和NURBS曲面，还可以将基本体转换为面片对象。所有基本体都拥有名称和颜色控件，并且允许从键盘输入初始值。

**＊长方体基本体**

长方体生成最简单的基本体。立方体是长方体的唯一变量，但是可以改变缩放和比例，以制作不同种类的矩形对象，类型从大而平的面板和板材到高圆柱和小块。长方体示例，如图6-4-4所示。

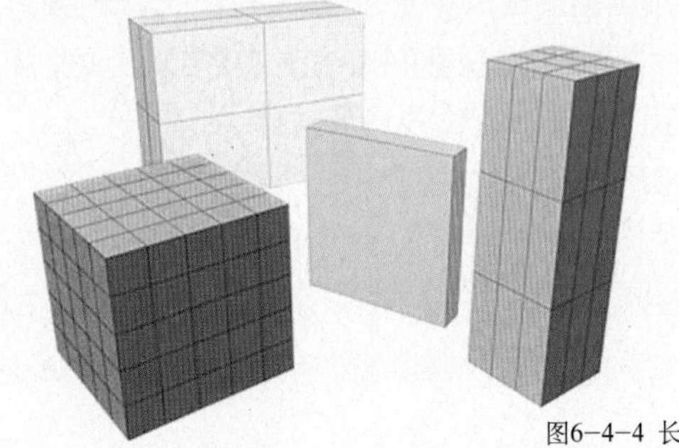

图6-4-4 长方体示例

### 操作:创建长方体

1.在【对象类型】卷展栏上,单击【长方体】。

2.在任意视口中,拖动可定义矩形底部,然后松开鼠标,以设置长度和宽度。

3.上下移动鼠标,以定义该高度。

4.单击即可设置完成的高度,并创建长方体。

### 操作:创建具有方形底部的长方体

1.拖动长方体底部时,按住【Ctrl】键,这将保持长度和宽度一致。按住【Ctrl】键,对高度没有任何影响。

2.要创建立方体,请执行以下操作:

3.在【创建方法】卷展栏上,选择【立方体】。

4.在任意视口中,拖动可定义立方体的大小。

5.在拖动时,立方体将在底部中心上,与轴点合并。

6.松开鼠标,以设置所有侧面的维度。

【创建方法】卷展栏,如图6-4-5所示。

- 创建方法

○ 立方体 ● 长方体

图6-4-5 创建方法卷展栏

【立方体】——施加压力使长度、宽度和高度相等。创建立方体是第一步操作,在立方体中心开始操作,在视口中拖动,以同时设置所有三维度,可以更改【参数】卷展栏中,立方体的单个维度。

【长方体】——从一个角到斜对角,创建标准长方体基本体,创建的标准体具有不同设置的长度、宽度和高度。

【参数】卷展栏,如图6-4-6所示。

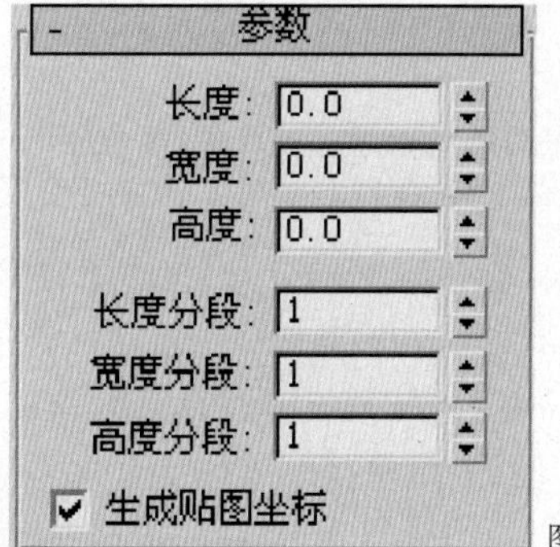


图6-4-6 参数卷展栏

**提示:**

默认设置生成具有在每个侧面上,都有一个分段的长方体。

【长度、宽度、高度】——设置长方体对象的长度、宽度和高度。在拖动长方体的侧面时,这些字段也作为读数。默认值为0、0、0。

【长度分段、宽度分段、高度分段】——设置沿着对象每个轴的分段数量。在创建前后设置均可。默认情况下,长方体的每个侧面,是一单个分段,当重置这些值时,新值将成为会话期间的默认值。默认设置为1、1、1。

**提示:**

增加【分段】设置,可以提供修改器影响的对象附加分辨率。例如,如果转至Z轴上弯曲长方体,可以将其【高度分段】参数设置为4或更高。

【生成贴图坐标】——生成将贴图材质应用于长方体的坐标。默认设置为启用。

＊圆锥体基本体

使用【创建】命令面板上的【圆锥体】按钮,可以产生直立或倒立的圆形圆锥体。圆锥体的示例如图6-4-7所示。

图6-4-7 圆锥体的示例

### 操作:创建圆锥体

1.在【创建】菜单上,选择【标准基本体】>【圆锥体】。

2.在任意视口中拖动,以定义圆锥体底部的半径,然后释放,即可设置半径。

3.上下移动可定义高度,正数或负数均可,然后单击,可设置高度。

4.移动以定义圆锥体另一端的半径,对于尖顶圆锥体,将该半径减小为0。

5.单击即可设置第二个半径,并创建圆锥体。

【创建方法】卷展栏，如图6-4-8所示。

- 创建方法
边 中心

图6-4-8 创建方法卷展栏

【边】——按照边来绘制圆锥体。通过移动鼠标，可以更改中心位置。

【中心】——从中心开始绘制圆锥体。

【参数】卷展栏，如图6-4-9所示。

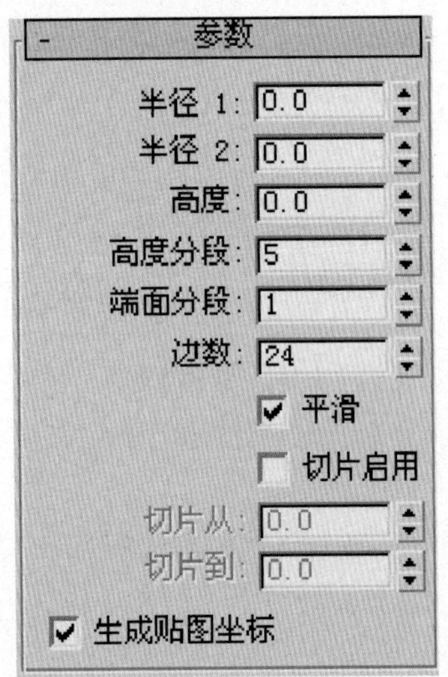


图6-4-9 参数卷展栏

使用默认设置将生成24个面的平滑圆形圆锥体，其轴点位于底部的中心，具有五个高度分段和一个端面分段。要改善渲染，则增加平滑着色的圆锥体的高度分段数，尤其是尖顶圆锥体。

【半径1、半径2】——设置圆锥体的第一个半径和第二个半径。最小设置为0，负值将转换为0；可以组合这些设置，以创建直立或倒立的尖顶圆锥体和平顶圆锥体，以下组合采用正高度，如图6-4-10所示。

| 半径组合 | 效果 |
|---|---|
| 半径 2为 0 | 创建一个尖顶圆锥体 |
| 半径 1为 0 | 创建一个倒立的尖顶圆锥体 |
| 半径 1比半径 2大 | 创建一个平顶的圆锥体 |
| 半径 2比半径 1大 | 创建一个倒立的平顶圆锥体 |

图6-4-10 采用正高度创建圆锥体

**提示：**

如果半径1与半径2相同，则创建一个圆柱体。如果两个半径设置大小接近，则效果类似于将锥化修改器应用于圆柱体。半径设置的效果，如图6-4-11所示。

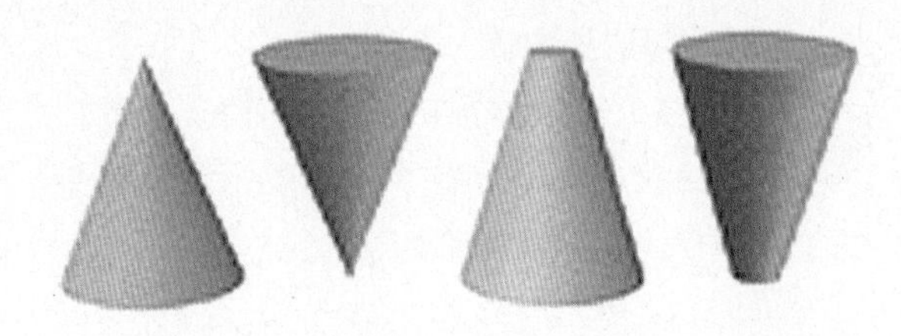

图6-4-11 半径设置的效果

【高度】——设置沿着中心轴的维度。负值将在构造平面下面创建圆锥体。

【高度分段】——设置沿着圆锥体主轴的分段数。

【端面分段】——设置围绕圆锥体顶部和底部的中心的同心分段数。

【边数】——设置圆锥体周围边数。

**要点：**

选中【平滑】时，较大的数值，将着色和渲染为真正的圆；禁用【平滑】时，较小的数值，将创建规则的多边形对象。

【平滑】——混合圆锥体的面，从而在渲染视图中创建平滑的外观。

【切片启用】——启用【切片】功能。默认设置为禁用状态。

**要点：**

创建切片后，如果禁用【切片启用】，则将重新显示完整的圆锥体，可以使用此复选框，在两个拓扑之间切换。

【切片从、切片到】——设置从局部X轴的零点开始，围绕局部Z轴的度数。

**要点：**

对于这两个设置，正数值将按逆时针，移动切片的末端；负数值，将按顺时针移动它；这两个设置的先后顺序无关紧要；端点重合时，将重新显示整个圆锥体。

【生成贴图坐标】——生成将贴图材质用于圆锥体的坐标。默认设置为启用。

**＊球体基本体**

球体将生成完整的球体、半球体或球体的其他部分，还可以围绕球体的垂直轴，对其进行【切片】。球体的示例，如图6-4-12所示。

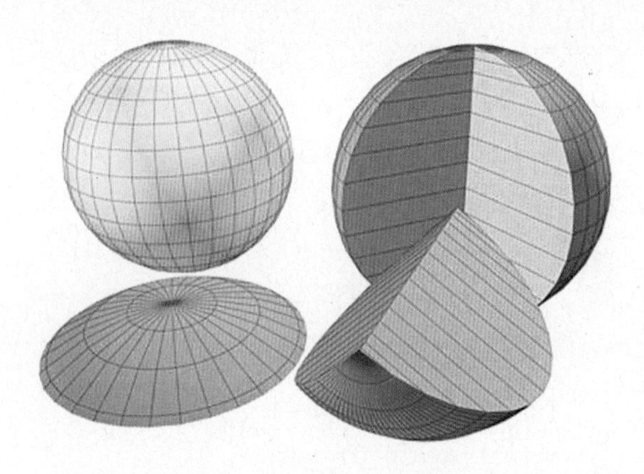

图6-4-12 球体的示例

### 操作：创建球体

1.在【创建】菜单上，选择【标准基本体】>【球体】。

2.在任意视口中，拖动以定义半径。

3.在拖动时，球体将在轴点上与其中心合并。

4.释放鼠标，可设置半径并创建球体。

5.要创建半球，请执行以下操作：

6. 如果需要，可以颠倒以下步骤的顺序。

7.创建所需半径的球体。

8.在【半球】字段中输入0.5。

9.球体将精确缩小为上半部，即半球。如果使用微调器，则球体的大小将更改。

【参数】卷展栏，如图6-4-13所示。

图6-4-13 参数卷展栏

**提示：**

使用默认设置，可以生成轴点，位于中心的32个分段的平滑球体。

【半径】——指定球体的半径。

【分段】——设置球体多边形分段的数目。

【平滑】——混合球体的面，从而在渲染视图中，创建平滑的外观。

【半球】——使该值过大，将从底部【切断】球体，以创建部分球体。值的范围可以从0.0至 1.0。默认值是0.0，可以生成完整的球体。设置为0.5，可以生成半球，设置为 1.0 ，会使球体消失。默认值为0.0。

【切除】和【挤压】，可切换半球的创建选项。在半球创建过程中，使用【切除】和【挤压】的效果，如图6-4-14所示。

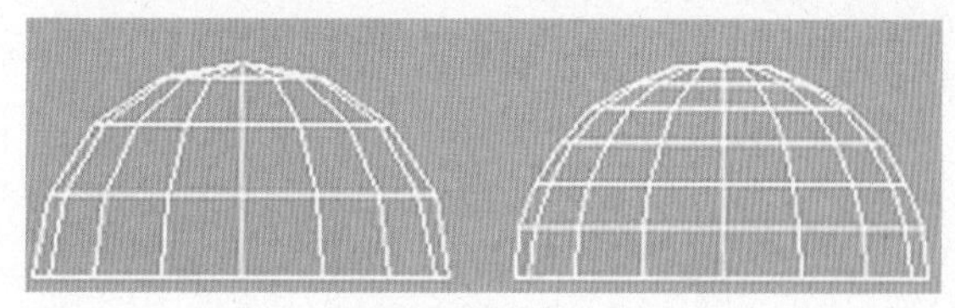

图6-4-14 使用【切除】和【挤压】的效果

【切除】——通过在半球断开时，将球体中的顶点数和面数【切除】来减少它们的数量。默认设置为启用。

【挤压】——保持原始球体中的顶点数和面数，将几何体向着球体的顶部【挤压】为越来越小的体积。

【切片启用】——使用【从】和【到】切换，可创建部分球体。效果与将半圆形车削超过360度类似。

【切片从】——设置起始角度。

【切片到】——设置停止角度。

**要点：**

对于这两个设置，正数值将按逆时针移动切片的末端；负数值将按顺时针移动它。这两个设置的先后顺序无关紧要。端点重合时，将重新显示整个球体。

面向饼形切片曲面，左侧的切口将指定为组3，右侧的切口将指定为组4。

按以下方式将材质ID指定给切片球体：底部是1(当半球大于0.0时)，曲面是2，切片曲面是3和4。

【轴心在底部】——将球体沿着其局部Z轴，向上移动，以便轴点位于其底部。如果禁用此选项，轴点将位于球体中心的构造平面上。默认设置为禁用状态。

启用【轴心在底部】可以放置球体，以便它们可以停留在构造平面上，像桌子上的撞球。使用该选项，还可以设置半球的动画，以便其从构造平面升起或落下。使用【轴心在底部】设置的效果，如图6-4-15所示。

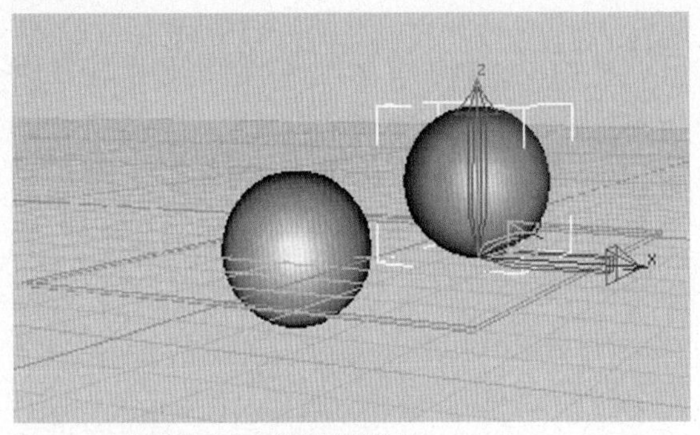

图6-4-15 使用【轴心在底部】设置的效果

【生成贴图坐标】——生成将贴图材质应用于球体的坐标。默认设置为启用。

**＊几何球体基本体**

使用【几何球体】可以基于三类规则多面体制作球体和半球。几何球体的示例，如图6-4-16所示。

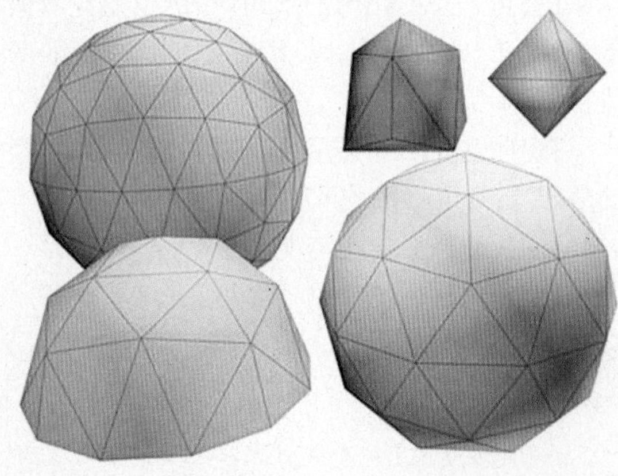

图6-1-46 几何球体的示例

与标准球体相比，几何球体能够生成更规则的曲面。在指定相同面数的情况下，它们也可以使用比标准球体更平滑的剖面进行渲染。与标准球体不同，几何球体没有极点，这对于应用某些修改器，如自由形式变形(FFD)修改器非常有用。

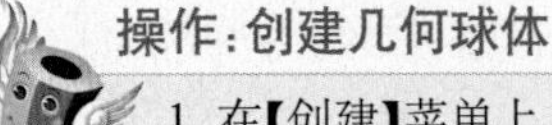

**操作：创建几何球体**

1.在【创建】菜单上，选择【标准基本体】>【几何球体】。

2.在任意视口中，拖动可设置几何球体的中心和半径。

3.设置像【基点面类型】和【分段】这样的参数。

**操作：创建几何半球**

1.创建一个几何球体。

2.在【参数】卷展栏中，启用【半球】复选框，几何球体将转换为半球。

【参数】卷展栏，如图6-4-17所示。

图6-4-17 参数卷展栏

【半径】——设置几何球体的大小。

【分段】——设置几何球体中的总面数。几何球体中的面数，等于基础多面体的面数，乘以分段的平方。

**要点：**

分段值越低越好。使用最大分段值200，最多可以生成800,000个面，从而会降低性能。

**【基点面类型】组**

用于从几何球体、基本几何体、规则多面体的三种类型中进行选择。

A.【四面体】——基于四面的四面体。三角形面，可以在形状和小上有所不同，球体可以划分为四个相等的分段。

B.【八面体】——基于八面的八面体。三角形面，可以在形状和大小上有所不同，球体可以划分为八个相等的分段。

C.【二十面体】——基于20面的二十面体。面都是大小相同的等边三角形，根据与20个面，相乘和相除的结果，球体可以划分为任意数量的相等分段。

【平滑】——将平滑组应用于球体的曲面。

【半球】——创建半个球体。

【轴心在底部】——设置轴点位置。如果启用此选项，轴将位于球体的底部；如果禁用此选项，轴将位于球体的中心；启用【半球】时，此选项无效。

【生成贴图坐标】——生成将贴图材质应用于几何球体的坐标。默认设置为启用。

**＊圆柱体基本体**

【圆柱体】功能用于生成圆柱体，可以围绕其主轴进行【切片】。圆柱体的示例，如图6-4-18所示。

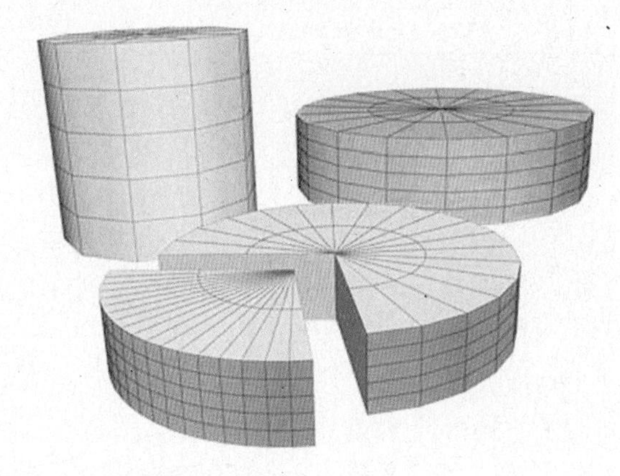

图6-4-18 圆柱体的示例

**操作：创建圆柱体**

1.在【创建】面板上选择【标准基本体】>【圆柱体】。

2.在任意视口中拖动，以定义底部的半径，然后释放，即可设置半径。

3.上移或下移，可定义高度，正数或负数均可。

4.单击即可设置高度，并创建圆柱体。

【参数】卷展栏，如图6-4-19所示。

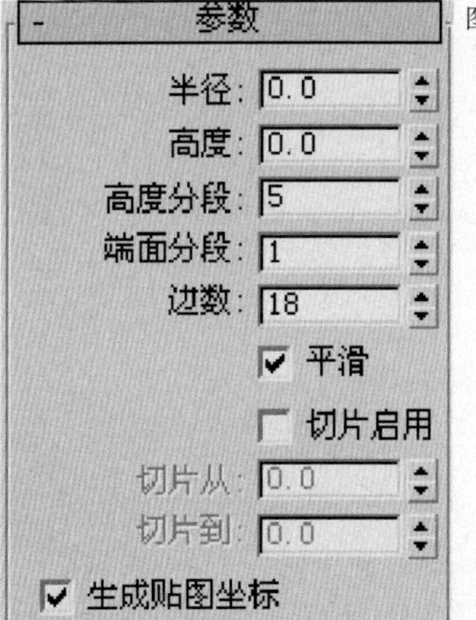


图6-4-19 参数卷展栏

**要点：**

使用默认设置将生成18个面的平滑圆柱体，其轴点位于底部的中心，具有五个高度分段和一个端面分段。如果不计划修改圆柱体的形状，如【弯曲】修改器），则将【高度分段】设置为1，可降低场景的复杂性；如果计划修改圆柱体围端，则考虑提高【端面分段】设置。

【半径】——设置圆柱体的半径。

【高度】——设置沿着中心轴的维度。负数值将在构造平面下面创建圆柱体。

【高度分段】——设置沿着圆柱体主轴的分段数量。

【端面分段】——设置围绕圆柱体顶部和底部的中心的同心分段数量。

【边数】——设置圆柱体周围的边数。

启用【平滑】时，较大的数值，将着色和渲染为真正的圆；禁用【平滑】时，较小的数值，将创建规则的多边形对象。

【平滑】——将圆柱体的各个面混合在一起，从而在渲染视图中，创建平滑的外观。

【切片启用】——启用【切片】功能。默认设置为禁用状态。

创建切片后，如果禁用【切片启用】，则将重新显示完整的圆柱体。可以使用此复选框，在两个拓扑之间切换。

【切片从、切片到】——设置从局部X轴的零点开始，围绕局部Z轴的度数。

**要点：**

对于这两个设置，正数值将按逆时针移动切片的末端；负数值将按顺时针移动它，这两个设置的先后顺序无关紧要，端点重合时，将重新显示整个圆柱体。

【生成贴图坐标】——生成将贴图材质用于圆柱体的坐标。默认设置为启用。

**＊管状体基本体**

【管状体】可生成圆形和棱柱管道，管状体类似于中空的圆柱体。管状体的示例，如图6-4-20所示。

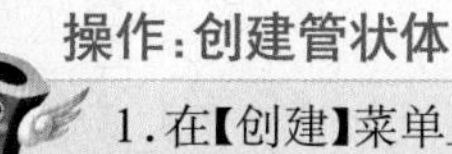

**操作：创建管状体**

1.在【创建】菜单上，选择【标准基本体】>【管状体】。

2.在任意视口中，拖动以定义第一个半径，其

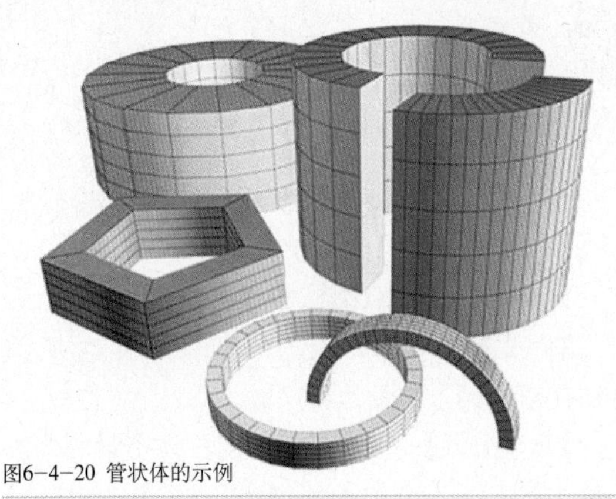

图6-4-20 管状体的示例

既可以是管状体的内半径，也可以是外半径，释放鼠标，可设置第一个半径。

3.移动以定义第二个半径，然后单击对其进行设置。

4.上移或下移，可定义高度，正数或负数均可。

5.单击即可设置高度，并创建管状体。

**操作：创建棱柱管状体**

1.设置所需棱柱的边数。

2.禁用【平滑】。

3.创建一个管状体。

**要点：**

使用默认设置将生成18个面的平滑圆形管状体，其轴点位于底部的中心，具有五个高度分段和一个端面分段，如果不计划修改圆柱体的形状，如【弯曲】修改器，则将【高度分段】设置为1，可降低场景的复杂性；如果计划修改圆柱体围端，则考虑提高【端面分段】设置。

### *环形基本体

【环形】可生成一个环形，或具有圆形横截面的环，有时称为圆环。可以将平滑选项与旋转和扭曲设置组合使用，以创建复杂的变体。圆环面的示例，如图6-4-21所示。

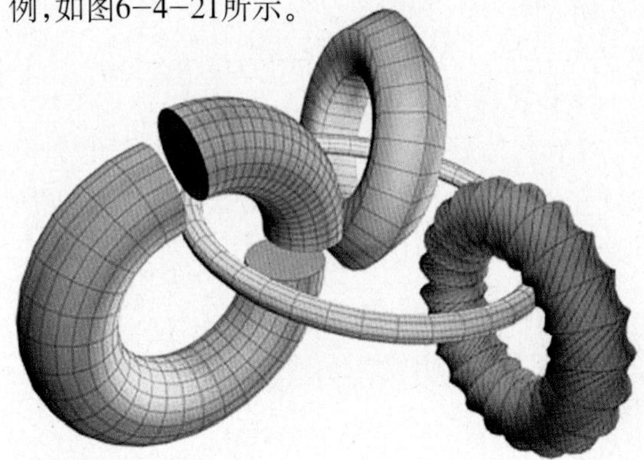

图6-4-21 圆环面的示例

**操作：创建环形**

1.从【创建】菜单上，选择【标准基本体】>【环形】。

2.在任意视口中，拖动以定义环形。

3.在拖动时，环形将在轴点上，与其中心合并。

4.释放鼠标，以设置环形环的半径。

5.移动以定义横截面圆形的半径，然后单击创建环形。

【参数】卷展栏，如图6-4-22所示。

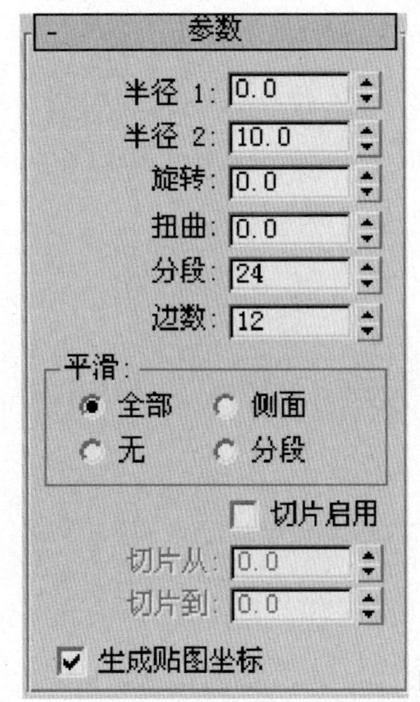


图6-4-22 参数卷展栏

默认设置将生成带有12个面和24个分段的平滑环形。轴点位于平面上环形的中心，通过环形的中心进行裁切；边数和分段数设置越高，就会生成密度越大的几何体，一些建模或渲染情况，可能需要这样的几何体。

【半径1】——设置从环形的中心，到横截面圆形的中心的距离。这是环形环的半径。

【半径2】——设置横截面圆形的半径。每当创建环形时，就会替换该值。默认为 10。

半径1和半径2的示意图，如图6-4-23所示。

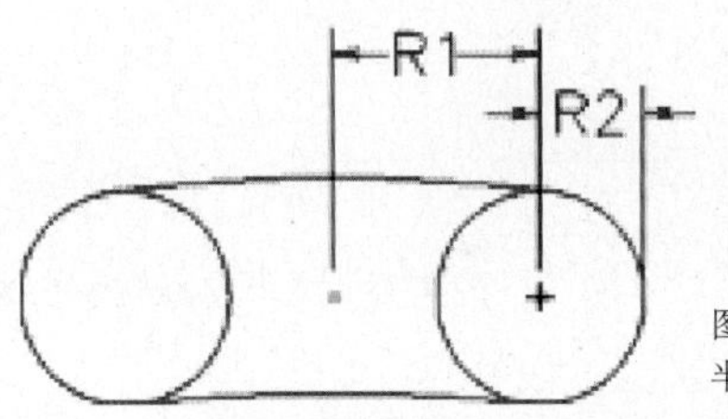


图6-4-23 半径1和半径2的示意图

【旋转】——设置旋转的度数。顶点将围绕通过环形环中心的圆形非均匀旋转，此设置的正数值和负数值，将在环形曲面上的任意方向【滚动】顶点，如图6-4-24所示。

图6-4-24 旋转和扭曲

【扭曲】——设置扭曲的度数。横截面将围绕通过环形中心的圆形逐渐旋转，从扭曲开始，每个后续横截面都将旋转，直至最后一个横截面具有指定的度数。

要点：

扭曲闭合(未切片)的环形，将在第一个分段上创建一个收缩，通过以360度的增量，进行扭曲或通过启用【切片】，并将【切片起始位置】和【切片结束位置】设置为0，以保持完整的环形，可以避免出现这种情况。

【分段】——设置围绕环形的分段数目。通过减小此数值，可以创建多边形环，而不是圆形。

【边数】——设置环形横截面圆形的边数。通过减小此数值，可以创建类似于棱锥的横截面，而不是圆形。

【平滑】组

选择四个平滑层级之一：

A.【全部】——将在环形的所有曲面上生成完整平滑。

B.【侧面】——平滑相邻分段之间的边，从而生成围绕环形运行的平滑带。

C.【无】——完全禁用平滑，从而在环形上生成类似棱锥的面。

D.【分段】——分别平滑每个分段，从而沿着环形生成类似环的分段。

【切片启用】——创建一部分切片的环形，而不是整个360度的环形。

【切片从】——启用【切片启用】之后，指定环形切片开始的角度。

【切片到】——启用【切片启用】之后，指定环形切片结束的角度。

**＊四棱锥基本体**

【四棱锥】基本体拥有方形或矩形底部和三角形侧面。四棱锥的示例，如图6-4-25所示。

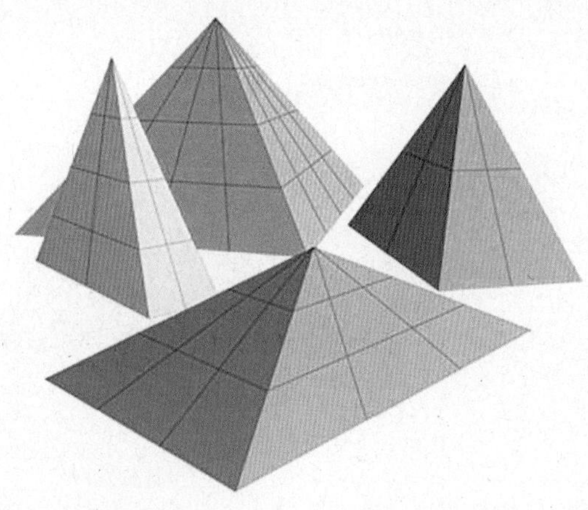

图6-4-25 四棱锥的示例

**操作：创建四棱锥**

1.在【创建】菜单上，选择【标准基本体】>【四棱锥】。

2.选择一个创建方法，【基点/顶点】或【中心】。

注意：

使用其中一种创建方法，同时按住【Ctrl】键，可将底部约束为方形。

3.在任意视口中拖动，可定义四棱锥的底部。如果使用的是【基点/顶点】，则定义底部的对角水平或垂直移动鼠标，可定义底部的宽度和深度；如果使用的是【中心】，则从底部中心进行拖动。

4.先单击再移动鼠标，可定义【高度】。

5.单击以完成四棱锥的创建。

【创建方法】卷展栏，如图6-4-26所示。

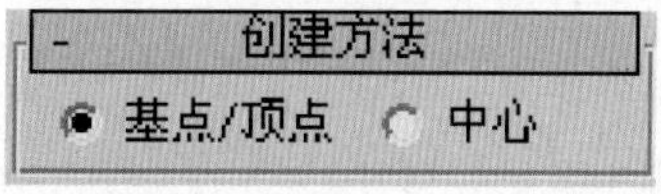

| - 创建方法 |
| --- |
| ◉ 基点/顶点 ○ 中心 |

图6-4-26 创建方法卷展栏

【基点/顶点】——从一个角到斜对角，创建四棱锥底部。

【中心】——从中心开始创建四棱锥底部。

**＊茶壶基本体**

【茶壶】可生成一个茶壶形状。可以选择一次制作整个茶壶或一部分茶壶，由于茶壶是参量对象，因此可以选择创建之后，显示茶壶的哪些部分。茶壶的示例，如图6-4-27所示。

茶壶的历史

茶壶起源于由Martin Newell在1975年开发的原始数据。一开始，茶壶的图纸草图是手工绘制

图6-4-27 茶壶的示例

的，之后Newell计算立方体Bezier样条线，创建了线框模型，此时，犹他州大学的James Blinn，使用此模型制作了具有出色质量的早期渲染。

茶壶至此成为计算机图形中的经典示例，其复杂的曲线和相交曲面，非常适用于测试显示世界对象上，不同种类的材质贴图和渲染设置。

**操作：创建茶壶**

1.在【创建】菜单上，选择【标准基本体】>【茶壶】。

2.在任意视口中，拖动以定义半径。

3.在拖动时，茶壶将在底部中心上与轴点合并。

4.释放鼠标，可设置半径，并创建茶壶。

**操作：创建茶壶部件**

1.在【参数】卷展栏>【茶壶部件】组中，禁用要创建部件之外的所有部件。

2.创建一个茶壶。

**注意：**

将显示保留的部件，轴点保持在茶壶底部的中心。

3.在【参数】卷展栏 >【茶壶部件】组中，禁用所需部件之外的所有部件。

**提示：**

茶壶具有四个独立的部件：壶身、壶柄、壶嘴和壶盖。控件位于【参数】卷展栏的【茶壶部件】组中；可以选择要同时创建的部件的任意组合，单独的壶身是现成的碗，或带有可选壶盖的壶。

**操作：将部件转换为茶壶**

1.在视口中选择一个茶壶部件。

2.在【修改】面板>【参数】卷展栏上，启用所有部件。

3.将显示整个茶壶。

**技巧：**

可以将修改器，应用到任何独立的部件上，如果以后启用其他部件，则修改器也影响附加几何体。

【参数】卷展栏，如图6-4-28所示。

图6-4-28 参数卷展栏

【半径】——设置茶壶的半径。

【分段】——设置茶壶或其单独部件的分段数。

【平滑】——混合茶壶的面，从而在渲染视图中，创建平滑的外观。

【茶壶部件】组

启用或禁用茶壶部件的复选框。默认情况下，将启用所有部件，从而生成完整茶壶。

【生成贴图坐标】——生成将贴图材质应用于茶壶的坐标。默认设置为启用。

*** 平面基本体**

【平面】对象是特殊类型的平面多边形网格，可在渲染时无限放大，可以指定放大分段大小和/或数量的因子，使用【平面】对象来创建大型地平面，并不会妨碍在视口中工作，可以将任何类型的修改器，应用于平面对象，如位移，以模拟陡峭的地形。平面的示例，如图6-4-29所示。

**操作：创建平面**

1.在【创建】菜单上，选择【标准基本体】>【平面】。

2.在任意视口中，拖动可创建【平面】。

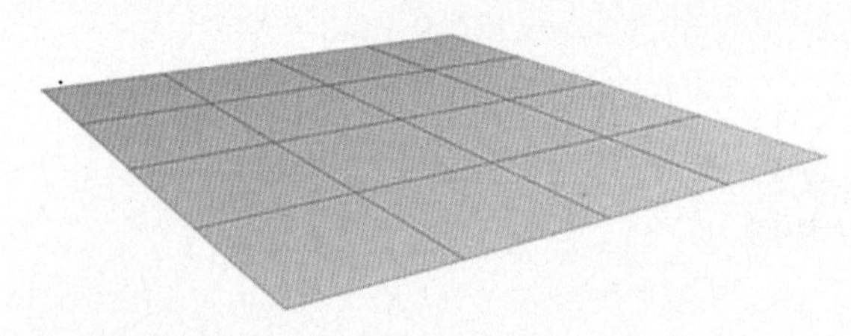

图6-4-29 平面的示例

【创建方法】卷展栏，如图6-4-30所示。

图6-4-30 创建方法卷展栏

【矩形】——从一个角到斜对角创建平面基本体，交互设置不同的长度和宽度值。

【方形】——创建长度和宽度相等的方形平面。可以更改【参数】卷展栏中，随后创建的维度。

【参数】卷展栏，如图6-4-31所示。

图6-4-31 参数卷展栏

【渲染倍增】组

【渲染比例】——指定长度和宽度在渲染时的倍增因子，将从中心向外执行缩放。

【渲染分段】——指定长度和宽度分段数，在渲染时的倍增因子。

## 三、扩展基本体

扩展基本体是3ds Max复杂基本体的集合，后面的主要介绍每种类型的扩展基本体，及其创建参数。扩展基本体对象的集合，如图6-4-32所示。

可以通过【创建】面板上的【对象类型】卷展栏和【创建】菜单>【扩展基本体】，使用这些基本体，如图6-4-33所示。

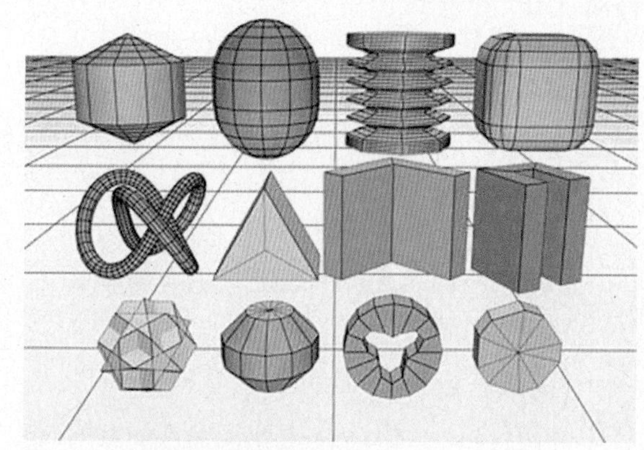

图6-4-32 扩展基本体对象的集合

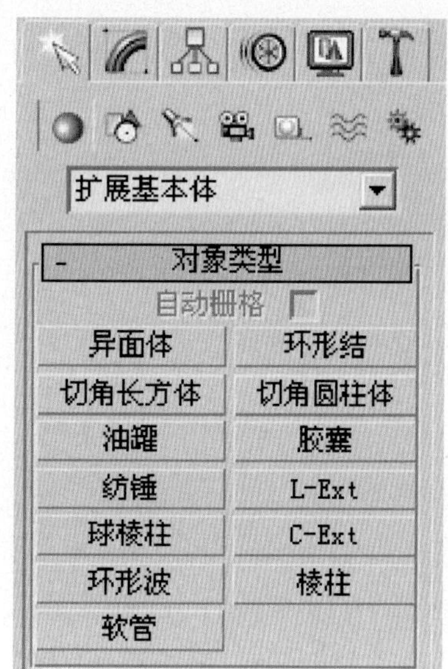


图6-4-33 对象类型

### *异面体扩展基本体

使用【异面体】可通过几个系列的多面体生成对象。异面体的示例，如图6-4-34所示。

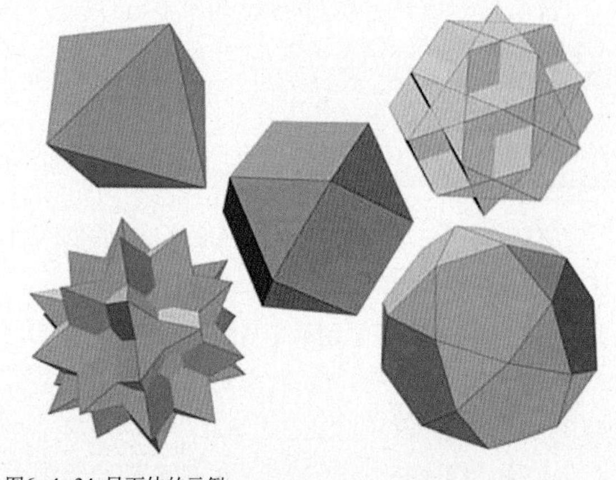

图6-4-34 异面体的示例

**操作:创建多面体**

1.从【创建】菜单上,选择【扩展基本体】>【异面体】。

2.在任意视口中,拖动以定义半径,然后释放以创建多面体。

3.在拖动时,将从轴点,合并多面体。

4.调整【系列参数】和【轴比例】微调器,可改变异面体的外观。

【系列】组

使用该组,可选择要创建的多面体的类型,如图6-4-35所示。

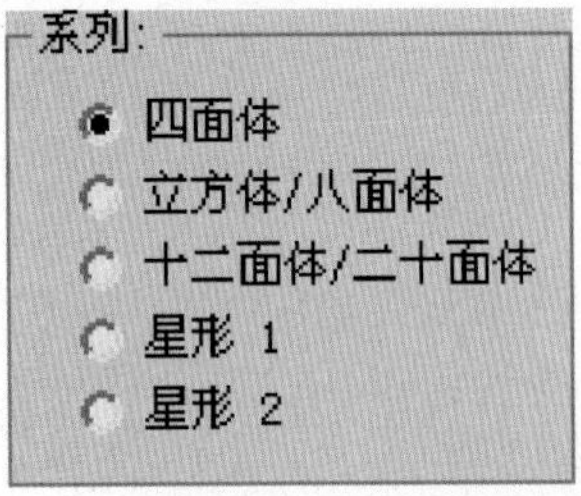

系列:
- 四面体
- 立方体/八面体
- 十二面体/二十面体
- 星形 1
- 星形 2

图6-4-35 系列组

【四面体】——创建一个四面体。

【立方体/八面体】——创建一个立方体或八面多面体,取决于参数设置。

【十二面体/二十面体】——创建一个十二面体或二十面体,取决于参数设置。

【星形1/星形2】——创建两个不同的类似星形的多面体。

**提示:**

可以在异面体类型之间设置动画。启用【自动关键点】按钮,转到任意帧,然后更改【系列】复选框,类型之间没有插值;模型只是从一个星形,跳转到立方体或四面体,如此而已。

【系列参数】组,如图6-4-36所示。

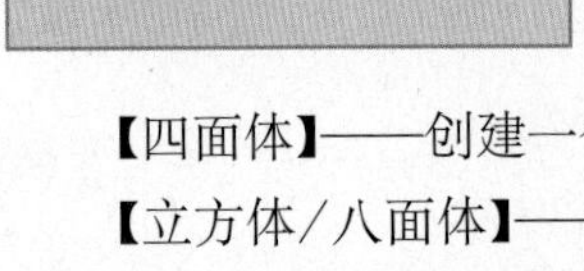

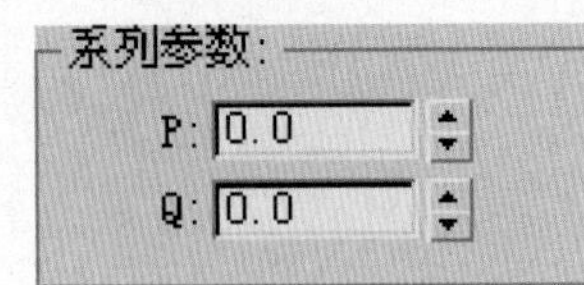

图6-4-36 系列参数组

【P、Q】——为多面体顶点和面之间,提供两种方式变换的关联参数。它们共享以下设置:

(1) 可能值的范围从0.0到1.0。

(2) P值和Q值的组合,总计可以等于或小于1.0。

(3) 如果将P或Q设置为1.0,则会超出范围限制,其他值将自动设置为0.0。

(4) 在P和Q为0时,会出现中点。

**要点:**

P和Q将以最简单的形式,在顶点和面之间,来回更改几何体;对于P和Q的极限设置,一个参数代表所有顶点,而其他参数则代表所有面;中间设置是变换点,而中点是两个参数之间的平均平衡。

【轴向比率】组,如图6-4-37所示。

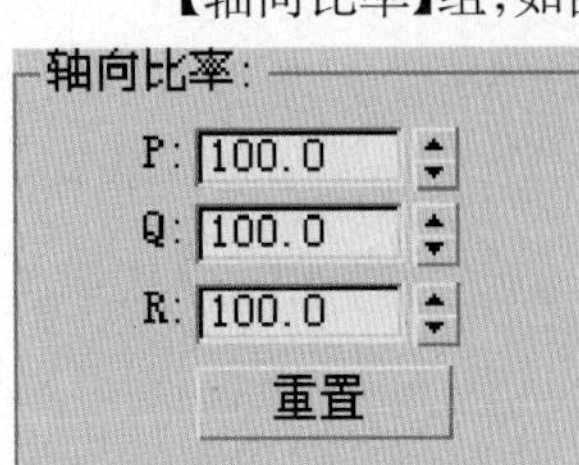

图6-4-37 轴向比率组

**要点:**

多面体可以拥有多达三种多面体的面,如三角形、方形或五角形。这些面可以是规则的,也可以是不规则的;如果多面体只有一种或两种面,则只有一个或两个轴向比率参数,处于活动状态,不活动的参数不起作用。

【P、Q、R】——控制多面体一个面反射的轴。实际上,这些字段,具有将其对应面,推进或推出的效果。默认设置为100。

【重置】——将轴返回为其默认设置。

【顶点】组,如图6-4-38所示。

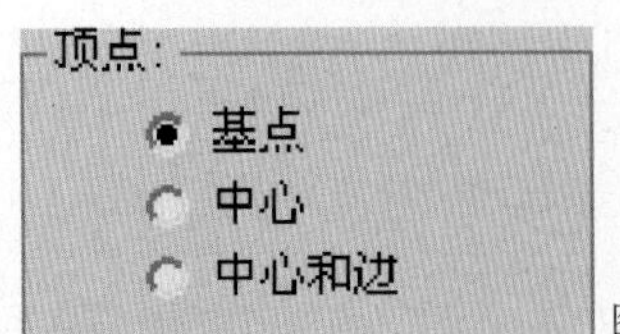

图6-4-38 顶点组

**要点:**

【顶点】组中的参数,决定多面体每个面的内部几何体。【中心】和【中心和边】会增加对象中的顶点数,因此增加面数,这些参数不可设置动画。

【基点】——面的细分不能超过最小值。

【中心】——通过在中心放置另一个顶点,其中边是从每个中心点到面角来细分每个面。

【中心和边】——通过在中心放置另一个顶点,其中边是从每个中心点到面角,以及到每个边的中心,来细分每个面,与【中心】相比,【中心和边】会使多面体中的面数加倍。

**注意：**

如果缩放对象的轴，除非已经设置【中心和边】，否则将自动使用【中心】点。要查看图中显示的内部边，请禁用【显示】命令面板上的【仅边】。

【半径】——以当前单位数，设置任何多面体的半径。

【生成贴图坐标】——生成将贴图材质用于多面体的坐标。默认设置为启用。

**＊环形结扩展基本体**

使用【环形结】可以通过在正常平面，围绕3D曲线绘制2D曲线，来创建复杂或带结的环形。3D曲线，称为【基础曲线】，既可以是圆形，也可以是环形结，可以将环形结对象转化为NURBS曲面。环形结的示例，如图6－4－39所示。

图6－4－39 环形结的示例

**操作：创建环形结**

1. 在【创建】菜单上，选择【扩展基本体】>【环形结】。
2. 拖动鼠标，定义环形结的大小。
3. 先单击，再垂直移动鼠标，可定义半径。
4. 再次单击，以完成环形创建。
5. 调整【修改】面板上的参数。

【创建方法】卷展栏，如图6－4－40所示。

图6－4－40 创建方法卷展栏

【直径】——按照边来绘制对象。通过移动鼠标，可以更改中心位置。

【半径】——从中心开始绘制对象。

【基础曲线】组，如图6－4－41所示。

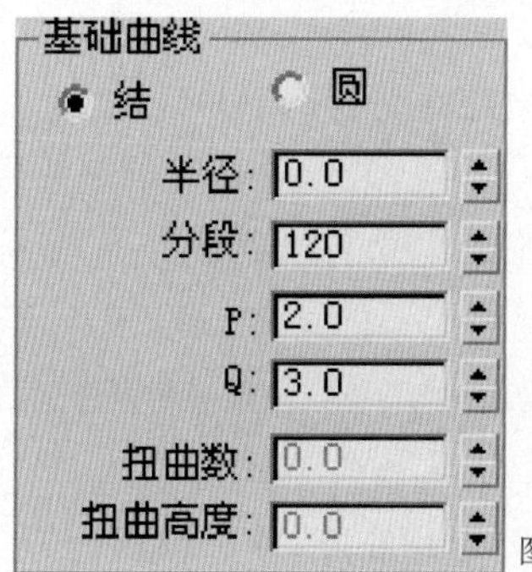


图6－4－41 基础曲线组

提供影响基础曲线的参数。

【结/圆形】——使用【结】时，环形将基于其他各种参数自身交织。如果使用【圆形】，基础曲线是圆形，如果在其默认设置中，保留【扭曲】和【偏心率】这样的参数，则会产生标准环形。

【半径】——设置基础曲线的半径。

【分段】——设置围绕环形周界的分段数。

【P】——描述上下(P)和围绕中心(Q)的缠绕数值。

**注意：**

只有在选中【结】时，才处于活动状态。

【扭曲数】——设置曲线周期星形中的点数。

**注意：**

只有在选中【圆形】时，才处于活动状态。

【扭曲高度】——设置指定为基础曲线半径百分比的【点】的高度。

【横截面】组，如图6－4－42所示。

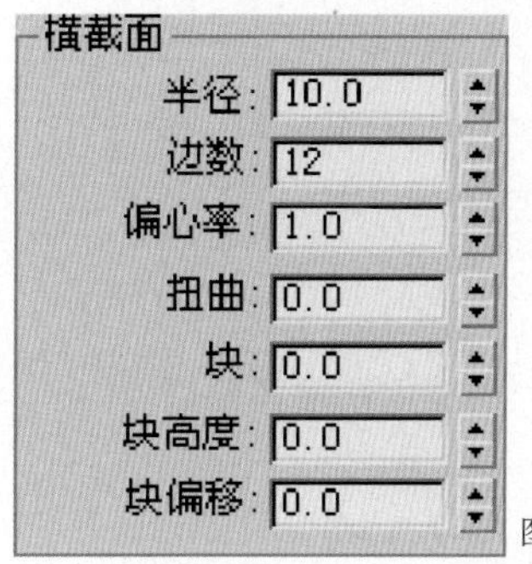


图6－4－42 横截面组

提供影响环形结横截面的参数。

【半径】——设置横截面的半径。

【边数】——设置横截面周围的边数。

【偏心率】——设置横截面主轴与副轴的比

率。值为1，将提供圆形横截面，其他值将创建椭圆形横截面。

【扭曲】——设置横截面围绕基础曲线扭曲的次数。

【块】——设置环形结中的凸出数量。

**注意：**

【块高度】微调器值，必须大于0，才能看到任何效果。

【块高度】——设置块的高度，作为横截面半径的百分比。

**注意：**

【块】微调器值，必须大于0，才能看到任何效果。

【块偏移】——设置块起点的偏移，以度数来测量。该值的作用是围绕环形设置块的动画。

【平滑】组，如图6-4-43所示。

图6-4-43 平滑组

提供用于改变环形结平滑显示或渲染的选项。这种平滑不能移动或细分几何体，只能添加平滑组信息。

【全部】——对整个环形结，进行平滑处理。

【侧面】——只对环形结的相邻面，进行平滑处理。

【无】——环形结，为面状效果。

【贴图坐标】组，如图6-4-44所示。

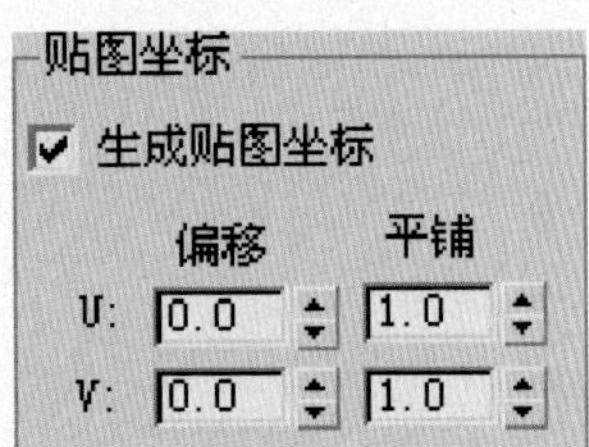


图6-4-44 贴图坐标组

提供指定和调整贴图坐标的方法。

生成贴图坐标】——基于环形结的几何体指定贴图坐标。默认设置为启用。

【偏移U/V】——沿着U向和V向，偏移贴图坐标。

【平铺U/V】——沿着U向和V向，平铺贴图坐标。

**＊倒角长方体扩展基本体**

使用【倒角长方体】来创建具有倒角或圆形边的长方体。倒角长方体示例，如图6-4-45所示。

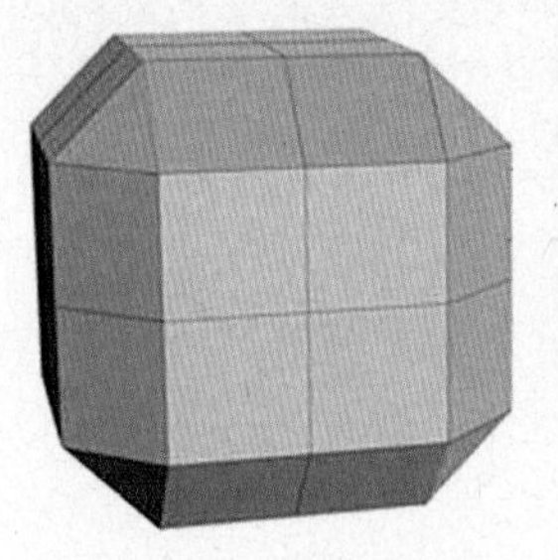

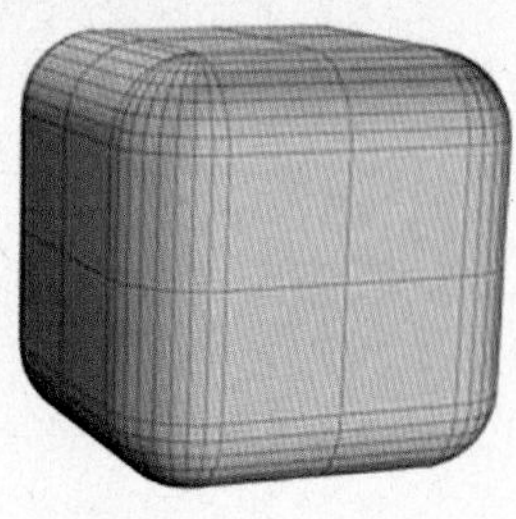

图6-4-45 倒角长方体示例

### 操作：创建标准的倒角长方体

1.从【创建】菜单上，选择【扩展基本体】>【倒角长方体】。

2.拖动鼠标，定义倒角长方体底部的对角线角点。按【Ctrl】，可将底部约束为方形。

3.释放鼠标按钮，然后垂直移动鼠标，以定义长方体的高度，单击可设置高度。

4.对角移动鼠标，可定义圆角或倒角的高度；向左上方移动，可增加宽度；向右下方移动，可减小宽度。

5.再次单击，以完成倒角长方体。

### 操作：创建立方体倒角长方体

1.在【创建方法】卷展栏上，单击【立方体】。

2.在立方体中心开始操作，在视口中拖动，以同时设置所有三维度。

3.松开鼠标，然后移动鼠标，以设置圆角或倒角。

4.单击以创建对象。

5.可以更改【参数】卷展栏中立方体的单个维度。

【参数】卷展栏，如图6-4-46所示。

【长度、宽度、高度】——设置倒角长方体的相应维度。

【圆角】——切开倒角长方体的边。值越高，倒角长方体边上的圆角，将更加精细。

长度分段、宽度分段、高度分段设置沿着相应轴的分段数量。

【圆角分段】——设置长方体圆角边时的分段数。添加圆角分段，将增加圆形边。

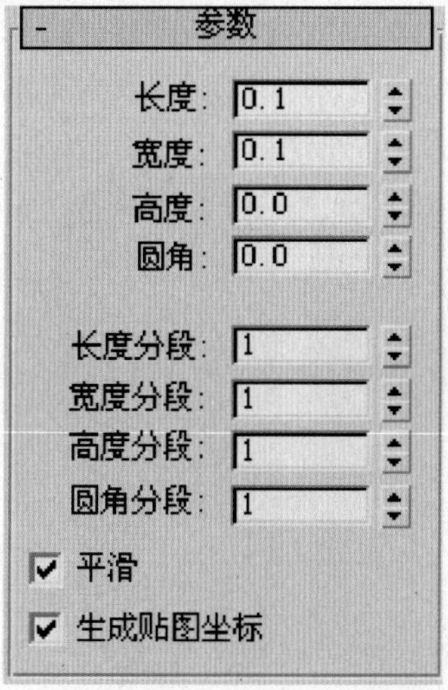

参数

长度：0.1
宽度：0.1
高度：0.0
圆角：0.0
长度分段：1
宽度分段：1
高度分段：1
圆角分段：1
☑ 平滑
☑ 生成贴图坐标

图6-4-46 参数卷展栏

【平滑】——混合倒角长方体的面的显示，从而在渲染视图中，创建平滑的外观。

【生成贴图坐标】——生成将贴图材质，应用于倒角长方体的坐标。默认设置为启用。

*** 倒角圆柱体扩展基本体**

使用【倒角圆柱体】来创建具有倒角，或圆形封口边的圆柱体。倒角圆柱体的示例，如图6-4-47所示。

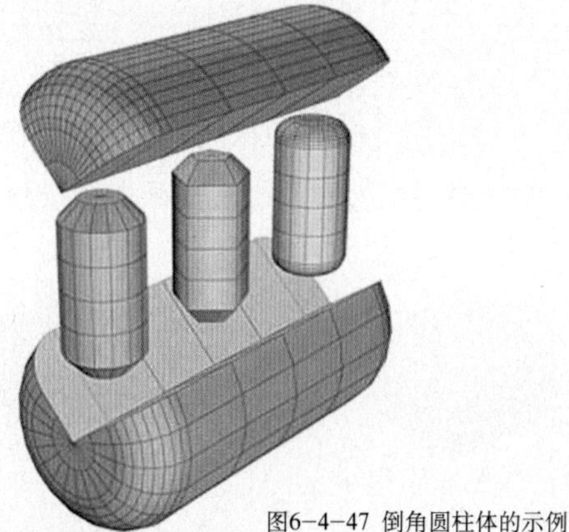

图6-4-47 倒角圆柱体的示例

**操作：创建倒角圆柱体**

1.从【创建】菜单上，选择【扩展基本体】>【倒角圆柱体】。

2.拖动鼠标，定义倒角圆柱体底部的半径。

3.释放鼠标按钮，然后垂直移动鼠标，以定义圆柱体的高度，单击可设置高度。

4.对角移动鼠标，可定义圆角或倒角的高度；向左上方移动，可增加宽度；向右下方移动，可减小宽度。

5.单击以完成圆柱体。

【参数】卷展栏，如图6-4-48所示。

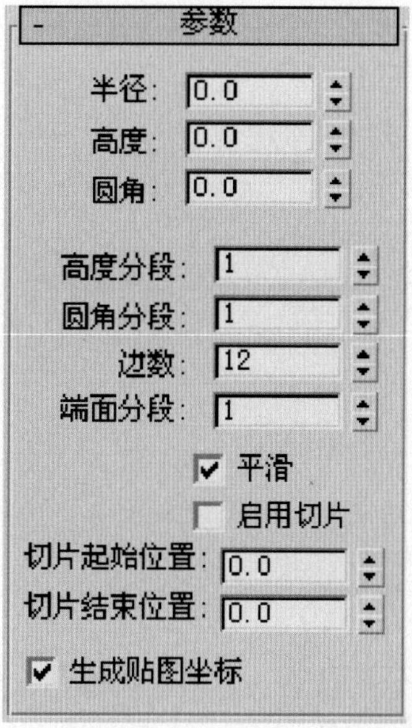

参数

半径：0.0
高度：0.0
圆角：0.0
高度分段：1
圆角分段：1
边数：12
端面分段：1
☑ 平滑
☐ 启用切片
切片起始位置：0.0
切片结束位置：0.0
☑ 生成贴图坐标

图6-4-48 参数卷展栏

【圆角】——斜切倒角圆柱体的顶部和底部封口边。数量越多，将使沿着封口边的圆角，更加精细。

【圆角分段】——设置圆柱体圆角边时的分段数。添加圆角分段曲线边缘，从而生成圆角圆柱体。

【边数】——设置倒角圆柱体周围的边数。

启用【平滑】时，较大的数值，将着色和渲染为真正的圆；禁用【平滑】时，较小的数值，将创建规则的多边形对象。

【端面分段】——设置沿着倒角圆柱体顶部和底部的中心，同心分段的数量。

*** 油罐扩展基本体**

使用【油罐】可创建带有凸面封口的圆柱体。油罐的示例，如图6-4-49所示。

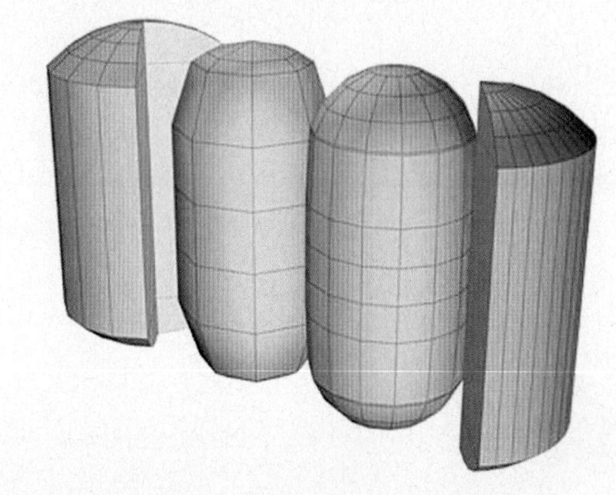

图6-4-49 油罐的示例

**操作:创建油罐**

1.从【创建】菜单上,选择【扩展基本体】>【油罐】。

2.拖动鼠标,定义油罐底部的半径。

3.释放鼠标按钮,然后垂直移动鼠标,以定义油罐的高度,单击可设置高度。

4.对角移动鼠标,可定义凸面封口的高度;向左上方移动,可增加高度;向右下方移动,可减小高度。

5.再次单击,可完成油罐。

【参数】卷展栏,如图6-4-50所示。

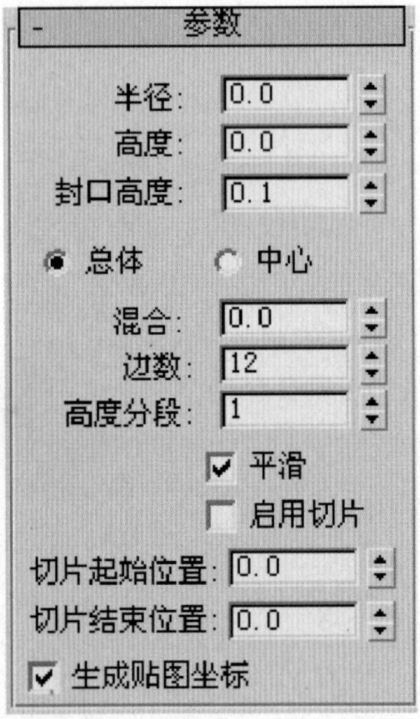

| 参数 | |
|---|---|
| 半径: | 0.0 |
| 高度: | 0.0 |
| 封口高度: | 0.1 |
| ◉ 总体 | ○ 中心 |
| 混合: | 0.0 |
| 边数: | 12 |
| 高度分段: | 1 |
| ☑ 平滑 | |
| ☐ 启用切片 | |
| 切片起始位置: | 0.0 |
| 切片结束位置: | 0.0 |
| ☑ 生成贴图坐标 | |

图6-4-50 参数卷展栏

【封口高度】——设置凸面封口的高度。

**要点:**
最小值是【半径】设置的2.5%,除非【高度】设置的绝对值,小于两倍【半径】设置,在这种情况下,封口高度不能超过【高度】设置绝对值的二分之一,否则最大值是【半径】设置。

【总体/中心】——决定【高度】值,指定的内容。【总体】是对象的总体高度,【中心】是圆柱体中部的高度,不包括其凸面封口。

【混合】——大于0时,将在封口的边缘,创建倒角。

【边数】——设置油罐周围的边数。

**要点:**
要创建平滑的圆角对象,请使用较大的边数,并启用【平滑】;要创建带有平面的油罐,请使用较小的边数,并禁用【平滑】。

### *胶囊扩展基本体

使用【胶囊】可创建带有半球状封口的圆柱体。胶囊示例,如图6-4-51所示。

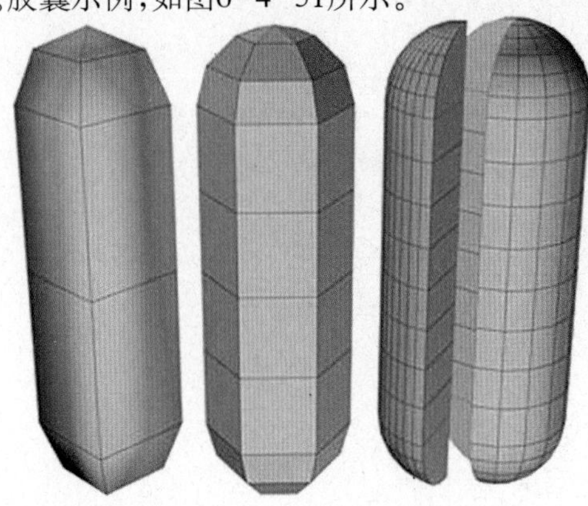

图6-4-51 胶囊示例

**操作:创建胶囊**

1.从【创建】菜单上,选择【扩展基本体】>【胶囊】。

2.拖动鼠标,定义胶囊的半径。

3.释放鼠标按钮,然后垂直移动鼠标,以定义胶囊的高度。

4.单击即可设置高度,并完成胶囊。

### *纺锤扩展基本

使用【纺锤】基本体,可创建带有圆锥形封口的圆柱体。纺锤的示例,如图6-4-52所示。

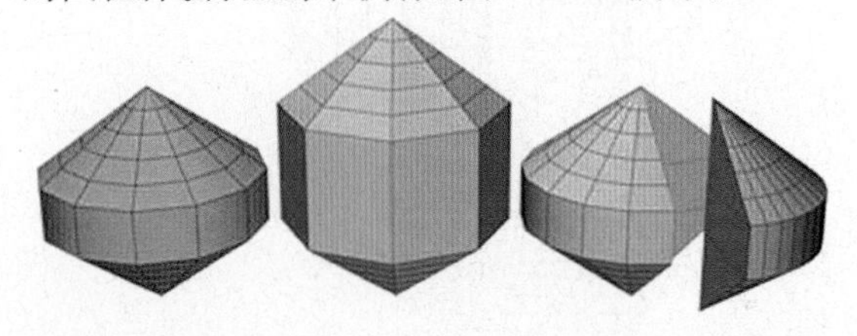

图6-4-52 纺锤的示例

**操作:创建纺锤**

1.从【创建】菜单上,选择【扩展基本体】>【纺锤】。

2.拖动鼠标,定义纺锤底部的半径。

3.释放鼠标按钮,然后垂直移动鼠标,以定义纺锤的高度,单击可设置高度。

4.对角移动鼠标,可定义圆锥形封口的高度;向左上方移动可增加高度;向右下方移动可减小高度。

5.再次单击,以完成纺锤创建。

### *L形挤出扩展基本体

使用【L挤出】可创建挤出的L形对象。L挤出的示例，如图6-4-53所示。

图6-4-53 L挤出的示例

**操作：创建L挤出对象**

1.从【创建】菜单上，选择【扩展基本体】>【L挤出】。

2.拖动鼠标以定义底部。按【Ctrl】键，可将底部约束为方形。

3.释放鼠标并垂直移动，可定义L挤出的高度。

4.单击后垂直移动鼠标，可定义L挤出墙体的厚度或宽度。

5.单击以完成L挤出。

【创建方法】卷展栏，如图6-4-54所示。

- 创建方法

◉ 角　　○ 中心

图6-4-54 创建方法卷展栏

【角】——按照角来绘制对象。通过移动鼠标，可以更改中心位置。

【中心】——从中心开始绘制对象。

【参数】卷展栏，如图6-4-55所示。

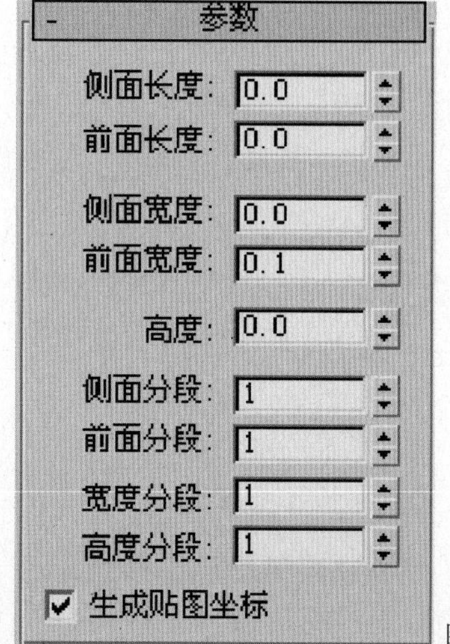


图6-4-55 参数卷展栏

【侧面/前面长度】——指定L每个“脚”的长度。

【侧面/前面宽度】——指定L每个“脚”的宽度。

【高度】——指定对象的高度。

【侧面/前面分段】——指定对象特定“腿”的分段数。

【宽度/高度分段】——指定整个宽度和高度的分段数。

**要点：**

就好像在顶视口或透视视口中，创建对象，并从世界空间的前方，观看它一样，将标记对象的维度(后、侧、前)。

### *球棱柱扩展基本体

使用【球棱柱】可以利用可选的圆角面边，创建挤出的规则面多边形。球棱柱的示例，如图6-4-56所示。

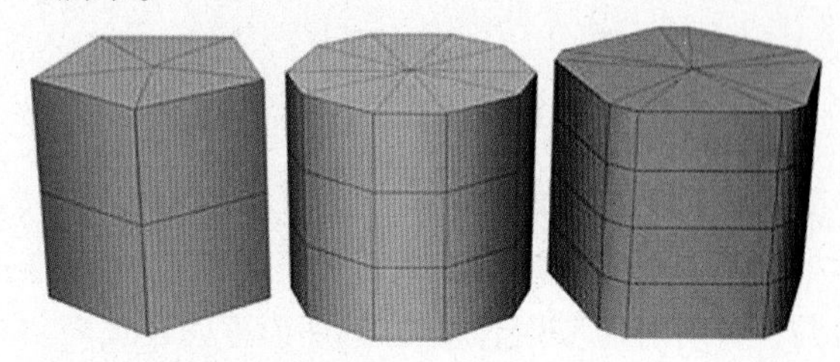

图6-4-56 球棱柱的示例

**操作：创建球棱柱**

1.从【创建】菜单上，选择【扩展基本体】>【球棱柱】。

2.设置【侧面】微调器，以指定球棱柱中侧面楔子的数量。

3.拖动鼠标，可创建球棱柱的半径。

4.释放鼠标按钮，然后垂直移动鼠标，以定义球棱柱的高度，单击可设置高度。

5.对角移动鼠标，可沿着侧面角，指定切角的大小；向左上方移动，可提高大小；向右下方移动，可减小大小。

6.单击以完成球棱柱。

**提示：**

在【参数】卷展栏中，增加【圆角分段】微调器，可将切角化的角，变为圆角。

### *C形挤出扩展基本体

使用【C形挤出】可创建挤出的C形对象。C形挤出的示例，如图6-4-57所示。

图6-4-57 C形挤出的示例

**操作:创建C形挤出对象**

1.从【创建】菜单上,选择【扩展基本体】>【C形挤出】。

2.拖动鼠标以定义底部。按【Ctrl】,可将底部约束为方形。

3.释放鼠标,并垂直移动,可定义C形挤出的高度。

4.单击后垂直移动鼠标,可定义C形挤出墙体的厚度或宽度。

5.单击以完成C形挤出。

### *环形波扩展基本体

使用【环形波】对象来创建一个环形,可选项是不规则内部和外部边,它的图形可以设置为动画;也可以设置环形波对象增长动画,也可以使用关键帧来设置所有数字设置动画;使用各种特效动画的【环形波】,例如,要描述由星球爆炸产生的冲击波。环形波示例,如图6-4-58所示。

图6-4-58 环形波示例

**操作:创建一个基本动画环形波**

1.在菜单栏上选择【创建】>【扩展基本体】>【环形波】。

2.在视口中拖动,可以设置环形波的外半径。

3.释放鼠标按钮,然后将鼠标移回环形中心,以设置环形内半径。

4.单击可以创建环形波对象。

5.拖动时间滑块,以查看基本动画,由【内边波折】组>【爬行时间】设置决定。

6.要设置环形增长动画,请选择【环形波计时】组>【增长并保持或循环增长】。

【环形波大小】组,如图6-4-59所示。

环形波大小

| | |
|---|---|
| 半径: | 500.0 |
| 径向分段: | 1 |
| 环形宽度: | 1.0 |
| 边数: | 200 |
| 高度: | 0.0 |
| 高度分段: | 1 |

图6-4-59 环形波大小组

使用这些设置来更改环形波基本参数。

【半径】——设置圆环形波的外半径。

【径向分段】——沿半径方向设置内外曲面之间的分段数目。

【环形宽度】——设置环形宽度,从外半径向内测量。

【边数】——给内、外和末端(封口)曲面,沿圆周方向设置分段数目。

【高度】——沿主轴设置环形波的高度。

**提示:**

如果在【高度】为0离开,将会产生类似冲击波的效果,这需要应用两面的材质,来使环形可从两侧查看。

【高度分段】——沿高度方向设置分段数目。

【环形波计时】组,如图6-4-60所示。

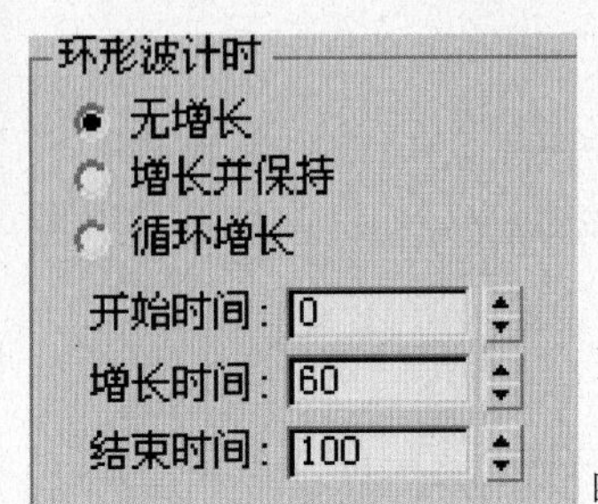


图6-4-60 环形波计时组

在环形波从零,增加到其最大尺寸时,使用这些环形波动画的设置。

【无扩大】——设置一个静态环形波，它在【开始时间】显示，在【结束时间】消失。

【增长并保持】——设置单个增长周期。环形波在【开始时间】开始增长，并在【开始时间】以及【增长时间】处达到最大尺寸。

【循环增长】——环形波从【开始时间】到【开始时间】，以及【增长时间】重复增长。

例如：

如果设置【开始时间】为0，【增长时间】为25，保留【结束时间】默认值100，并选择【循环增长】，则在动画期间，环形波将从零增长到其最大尺寸四次。

【开始时间】——如果选择【增长并保持】或【循环增长】，则环形波出现帧数并开始增长。

【增长时间】——从【开始时间】后，环形波达到其最大尺寸所需帧数。【增长时间】仅在选中【增长并保持】或【循环增长】时可用。

【结束时间】——环形波消失的帧数。

【外边波折】组，如图6-4-61所示。

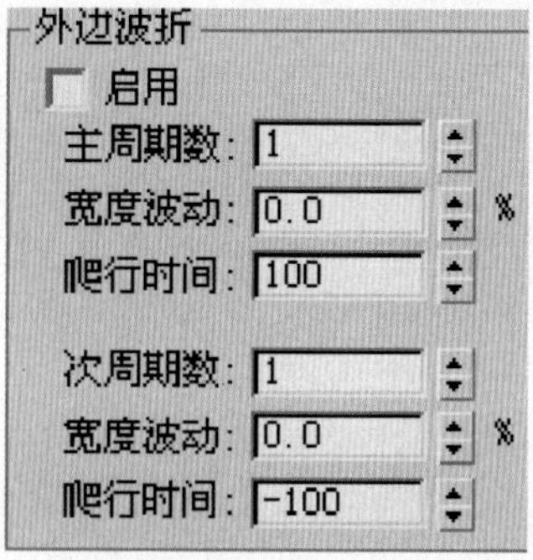

外边波折
- 启用
- 主周期数：1
- 宽度波动：0.0 %
- 爬行时间：100
- 次周期数：1
- 宽度波动：0.0 %
- 爬行时间：-100

图6-4-61 外边波折组

使用这些设置来更改环形波外部边的形状。

提示：

为获得类似冲击波的效果，通常，环形波在外部边上波峰很小或没有波峰，但在内部边上有大量的波峰。

【启用】——启用外部边上的波峰。仅启用此选项时，此组中的参数处于活动状态。默认设置为禁用状态。

【主周期数】——设置围绕外部边的主波数目。

【宽度波动】——设置主波的大小，以调整宽度的百分比表示。

【爬行时间】——设置每一主波绕【环形波】外周长移动一周，所需帧数。

【次周期数】——在每一主周期中设置随机尺寸小波的数目。

【宽度波动】——设置小波的平均大小，以调整宽度的百分比表示。

【爬行时间】——设置每一小波绕其主波移动一周，所需帧数。

【内边波折】组，如图6-4-62所示。

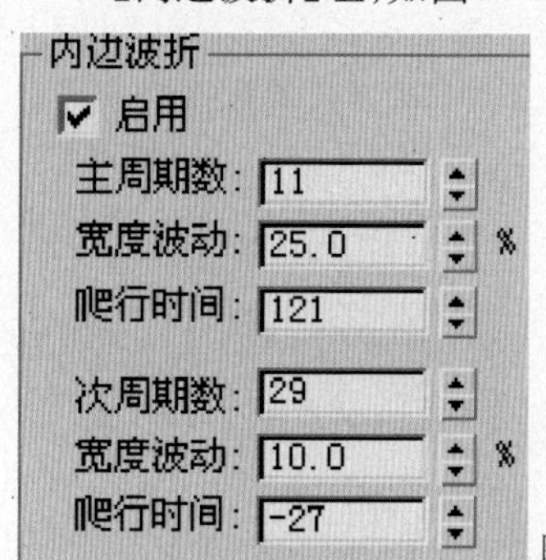


图6-4-62 内边波折组

使用这些设置来更改环形波内部边的形状。

【启用】——启用内部边上的波峰。仅启用此选项时，此组中的参数处于活动状态。默认设置为启用。

【主周期数】——设置围绕内部边的主波数目。

【宽度波动】——设置主波的大小，以调整宽度的百分比表示。

【爬行时间】——设置每一主波绕【环形波】内周长移动一周，所需帧数。

【次周期数】——在每一主周期中设置随机尺寸小波的数目。

【宽度波动】——设置小波的平均大小，以调整宽度的百分比表示。

【爬行时间】——设置每一小波绕其主波移动一周，所需帧数。

要点：

【爬行时间】参数中的负值，将更改波的方向。要产生干涉效果，使用【爬行时间】给主和次波设置相反符号，但与【宽度波动】和【周期】设置类似。

技巧：

要产生最佳【随机】结果，给主和次周期使用素数，这不同于乘以二或四的数。例如，主波周期为11或17，使用宽度波动50与周期为23或31，使用10到20之间的宽度波动合并，将产生效果很好的随机显示边。

【曲线参数】组，如图6-4-63所示。

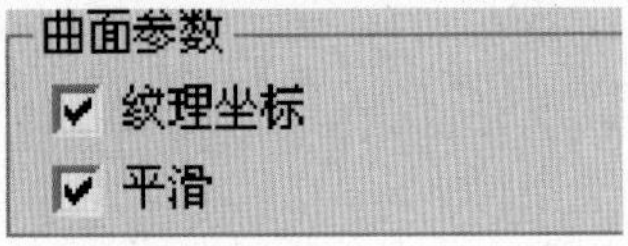

曲面参数
☑ 纹理坐标
☑ 平滑

图6-4-63 曲线参数组

【纹理坐标】——设置将贴图材质，应用于对象时，所需的坐标。默认设置为启用。

【平滑】——通过将所有多边形设置为平滑组1，将平滑应用到对象上。默认设置为启用。

**＊棱柱扩展基本体**

使用【棱柱】可创建带有独立分段面的三面棱柱。棱柱示例，如图6-4-64所示。

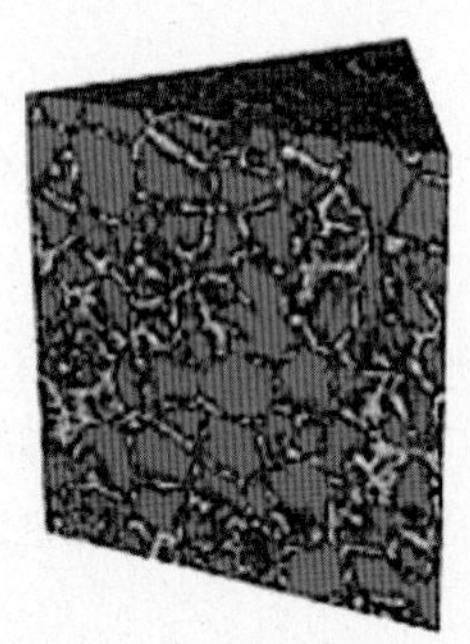

图6-4-64 棱柱示例

**操作：创建将等腰三角形作为底部的棱柱**

1.选择【创建方法】卷展栏上的【二等边】。

2.在视口中水平拖动，以定义侧面1的长度(沿着X轴)。垂直拖动，以定义侧面2和侧面3的长度(沿着Y轴)。

技巧：

要将底部约束，为等边三角形，请在执行此步骤之前，按【Ctrl】键。

3.释放鼠标，并垂直移动，可定义棱柱体的高度。

4.单击以完成棱柱体的创建。

5.在【参数】卷展栏上，根据需要更改侧面的长度。

6.要创建底部为不等边三角形或钝角三角形的棱柱体，请执行以下操作：

7.在【创建方法】卷展栏中，选择【基点/顶点】。

8.在视口中水平拖动，以定义侧面1的长度(沿着X轴)；垂直拖动，以定义侧面2和侧面3的长度(沿着Y轴)。

9.先单击再移动鼠标，以指定三角形顶点的位置。这样可以改变侧面2和侧面3的长度，以及三角形的角度。

10.先单击，再垂直移动鼠标，可定义棱柱体的高度。

11.单击以完成棱柱体的创建。

【创建方法】卷展栏，如图6-4-65所示。

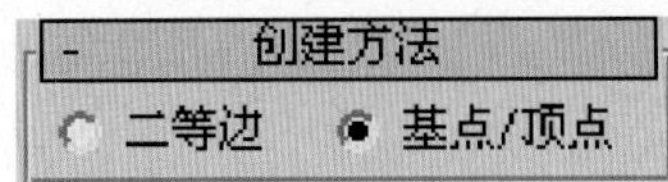


图6-4-65 创建方法卷展栏

【二等边】——绘制将等腰三角形，作为底部的棱柱体。

【基点/顶点】——绘制底部为不等边三角形，或钝角三角形的棱柱体。

【参数】卷展栏，如图6-4-66所示。

参数

| | |
|---|---|
| 侧面 1 长度: | 0.1 |
| 侧面 2 长度: | 0.1 |
| 侧面 3 长度: | 0.1 |
| 高度: | 0.0 |
| 侧面 1 分段: | 1 |
| 侧面 2 分段: | 1 |
| 侧面 3 分段: | 1 |
| 高度分段: | 1 |

图6-4-66 参数卷展

【侧面(n)长度】——设置三角形对应面的长度，以及三角形的角度。

【高度】——设置棱柱体中心轴的维度。

【侧面(n)分段】——指定棱柱体每个侧面的分段数。

【高度分段】——设置沿着棱柱体主轴的分段数量。

**＊软管扩展基本体**

软管对象是一个能连接两个对象的弹性对象，因而能反映这两个对象的运动。它类似于弹簧，但不具备动力学属性，可以指定软管的总直径和长度、圈数以及其【线】的直径和形状。利用软管，为摩托车上一个实际的弹簧建模，如图6-4-67所示。

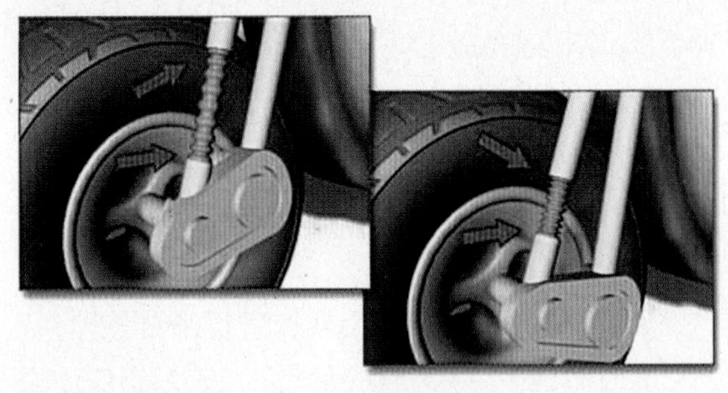

图6-4-67 弹簧建模

**操作:创建软管**

1.在菜单栏上选择【创建】>【扩展基本体】>【软管】。

2.拖动鼠标,定义软管的半径。

3.松开鼠标,然后移动鼠标,以定义软管的长度。

4.单击以完成软管的创建。

5.要将软管绑定至两个对象,请执行以下操作:

6.添加软管和其他两个对象,选择软管。

7.在【修改】面板>【软管参数】卷展栏>【结束点方法】组中,选择【绑定到对象轴】。

8.在【绑定对象】组中,单击【拾取顶部对象】,然后选择两个对象中的一个。

9.在【绑定对象】组中,单击【拾取底部对象】,然后选择两个对象中的另一个。

10.软管的两端将连接到两个对象上。

11.移动其中一个对象。

12.软管将调整自身,以保持与两个对象的连接。

【端点方法】组,如图6-4-68所示。

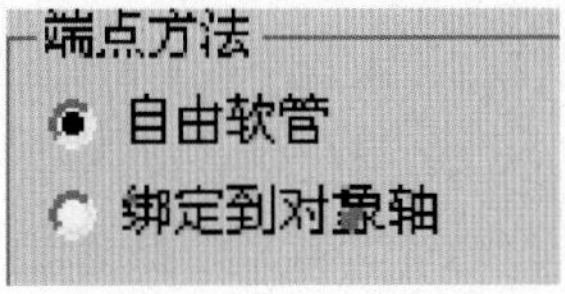

端点方法
自由软管
绑定到对象轴

图6-4-68 端点方法组

【自由软管】——如果只是将软管用作一个简单的对象,而不绑定到其他对象,则选择此选项。

【绑定到对象轴】——如果使用【绑定对象】组中的按钮,将软管绑定到两个对象,则选择此选项。

【绑定对象】组,如图6-4-69所示。

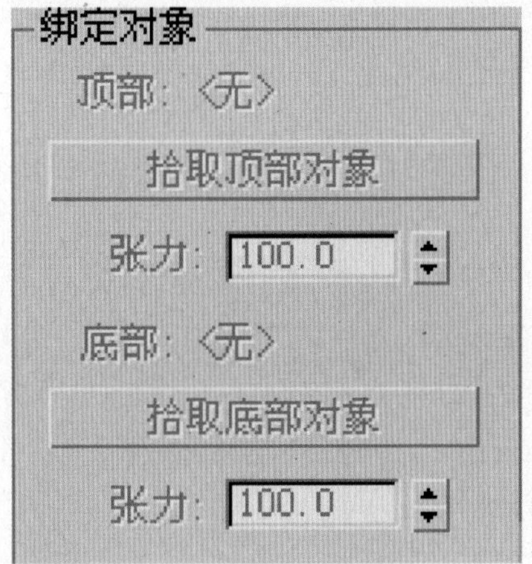


图6-4-69 绑定对象组

**要点:**

仅当选择了【绑定到对象轴】选项时才可用。可使用控件拾取软管绑定到的对象,并设置对象之间的张力。【顶部】和【底部】是任意的描述文字,绑定的两个对象相互之间,可以具有任意的位置关系;软管的每个端点,由总直径的中心定义,端点放置在要绑定对象的轴点处,在【层次】面板>【调整轴】卷展栏中,启用【仅影响效果】按钮后,可通过转换绑定对象,来调整绑定对象与软管的相对位置。

【顶部(标签)】——显示【顶部】绑定对象的名称。

【拾取顶部对象】——单击此按钮,然后选择【顶部】对象。

【张力】——确定当软管靠近底部对象时,顶部对象附近的软管曲线的张力。减小张力,则顶部对象附近,将产生弯曲;增大张力,则远离顶部对象的地方,将产生弯曲。默认值为100。

【底部(标签)】——显示【底部】绑定对象的名称。

【拾取底部对象】——单击此按钮,然后选择【底部】对象。

【张力】——确定当软管靠近顶部对象时,底部对象附近的软管曲线的张力。减小张力,则底部对象附近,将产生弯曲;增大张力,则远离底部对象的地方,将产生弯曲。默认值为100。

【自由软管参数】组,如图6-4-70所示。

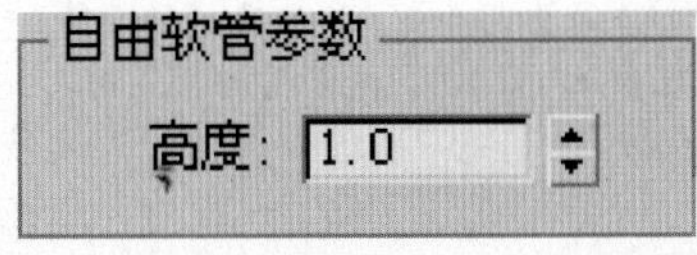


图6-4-70 自由软管参数组

【高度】——此字段用于设置软管未绑定时的垂直高度或长度。

**要点：**

不一定等于软管的实际长度，仅当选择了【自由软管】时，此选项才可用。

【公用软管参数】组，如图6-4-71所示。

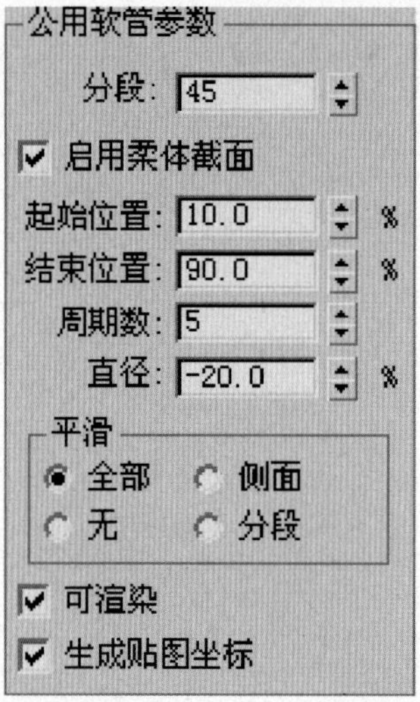

公用软管参数
分段：45
启用柔体截面
起始位置：10.0 %
结束位置：90.0 %
周期数：5
直径：-20.0 %
平滑
全部 侧面
无 分段
可渲染
生成贴图坐标

图6-4-71 公用软管参数组

【分段】——软管长度中的总分段数。当软管弯曲时，增大该选项的值，可使曲线更平滑。默认设置为45。

【启用柔体截面】——如果启用，则可以为软管的中心柔体截面，设置以下四个参数。如果禁用，则软管的直径，沿软管长度不变。

【起始位置】——从软管的始端到柔体截面开始处，占软管长度的百分比。默认情况下，软管的始端，指对象轴出现的一端。默认设置为10%。

【结束位置】——从软管的末端到柔体截面结束处，占软管长度的百分比。默认情况下，软管的末端，指与对象轴出现的一端相反的一端。默认设置为90%。

【周期数】——柔体截面中的起伏数目。可见周期的数目，受限于分段的数目，如果分段值不够大，不足以支持周期数目，则不会显示所有周期。默认设置为5。

**提示：**

要设置合适的分段数目，首先应设置周期，然后增大分段数目，直至可见周期停止变化。

【直径】——周期【外部】的相对宽度。如果设置为负值，则比总的软管直径要小；如果设置为正值，则比总的软管直径要大。默认设置为-20%，范围设置为-50%到500%。

【平滑】——定义要进行平滑处理的几何体。默认设置为【全部】。

A.【全部】——对整个软管进行平滑处理。

B.【侧面】——沿软管的轴向，而不是周向进行平滑。

C.【无】——不进行平滑处理。

D.【分段】——仅对软管的内截面进行平滑处理。

【可渲染】——如果启用，则使用指定的设置，对软管进行渲染。如果禁用，则不对软管进行渲染。默认设置为启用。

【生成贴图坐标】——设置所需的坐标，以对软管应用贴图材质。默认设置为启用。

【软管形状】组，如图6-4-72所示。

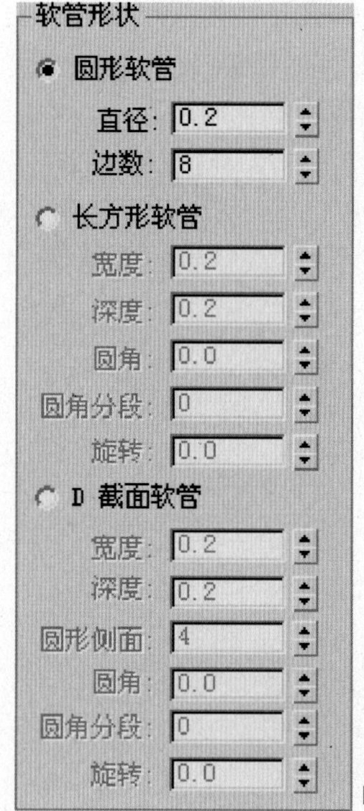


图6-4-72 软管形状组

设置软管横截面的形状，默认设置为【圆形软管】。

【圆形软管】——设置为圆形的横截面。

【直径】——软管端点处的最大宽度。

【边数】——软管的边的数目。边设置为3，表示为三角形的横截面；4表示为正方形的横截面；5表示为五边形的横截面。增大边数，即可获得圆形的横截面。默认设置为8。

【长方形软管】——可指定不同的宽度和深度设置。

【旋转】——软管沿其长轴的方向。默认设置为0。

【D截面软管】——与长方形软管类似，但一个边呈圆形，形成D形状的横截面。

【圆形侧面】——圆形侧面上的分段数目。该值越大，边越平滑。默认设置为4。

【圆角】——将横截面上圆边的两个角倒为圆角的数值。要使圆角可见，【圆角分段】必须设置为1或更大。默认设置为0。

【圆角分段】——每个倒成圆形的角上的分段数目。如果设置为1，则直接斜着剪切角；若设置为更大的值，则可将角倒为圆形。默认设置为0。

【旋转】——软管沿其长轴的方向。默认设置为0。

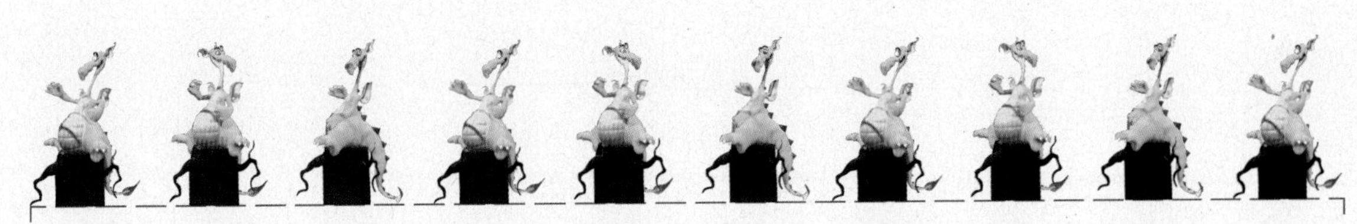

## 小结

学习掌握最基本的建模元素，了解3ds Max全部的几何体模型，可以为进一步建模打好基础。

## 课外作业

1. 使用基本几何体创建各种简单模型。
2. 使用扩展几何体创建各种复杂的模型。

# 第七章 创建图形

本章包括以下学习内容：

**学习目的：**

样条线与NURBS曲线是创建图形中的最原始的功能，利用样条线与NURBS曲线创建图形，能为创建的模型提供更广泛的创造空间。

图形是一个由一条或多条曲线或直线组成的对象。3ds Max提供了下列图形类型：样条线、NURBS曲线。

使用图形

图形是常用作其他对象组件的2D和3D直线，以及直线组。大多数默认的图形，都是由样条线组成。

使用这些样条线图形，可以执行下列操作：

A.生成面片和薄的3D曲面

B.定义放样组件，如路径和图形，并拟合曲线

C.生成旋转曲面

D.生成挤出对象

E.定义运动路径

该程序提供了11种基本样条线图形对象和两种NURBS曲线。因此，可以使用鼠标或通过键盘输入，快速创建这些图形，然后将其组合，以便形成复合图形。

### 创建图形

要访问【图形】创建工具，请转到【创建】面板，然后单击【图形】按钮。此时，标准图形将会显示在类别列表中【样条线】的下方，而【点曲线】和【CV曲线】，会显示在【NURBS曲线】的下方。

**注意：**

添加插件时，该列表中，可能会显示其他图形类别。

【对象类型】卷展栏，包含各种样条线创建按钮。可以将一条或多条这些样条线类型组合成一个图形。

### 从边创建图形

通过网格对象中的选定边，可以创建图形。【编辑几何体】卷展栏，【边】选择层级的【编辑/可编辑网格】对象中，有一个名为【从边创建图形】的按钮。使用该按钮，可以根据选定边，创建样条线图形。同样，对于【可编辑多边形】对象，可以使用【边】选择层级的【创建图形】按钮。

### 可编辑样条线

基本样条线可以转化为可编辑样条线。可编辑样条线包

含各种控件，用于直接操纵自身及其子对象。例如，在【顶点】子对象层级，可以移动顶点，或调整其Bezier控制柄，使用可编辑样条线，可以创建没有基本样条线选项规则，但比其形式更加自由的图形。

**要点：**
将样条线转化为可编辑样条线时，将无法调整其创建参数，或对其设置动画。

### 可渲染图形

通过放样、挤出或其他方法，使用图形创建3D对象时，图形将会成为可渲染的3D对象。但是，可以制作图形渲染，而不必将其转换成3D对象。

渲染图形的基本步骤有三：

**1** 启用图形创建参数的【渲染】卷展栏中的【可渲染】复选框，如图7-1所示。

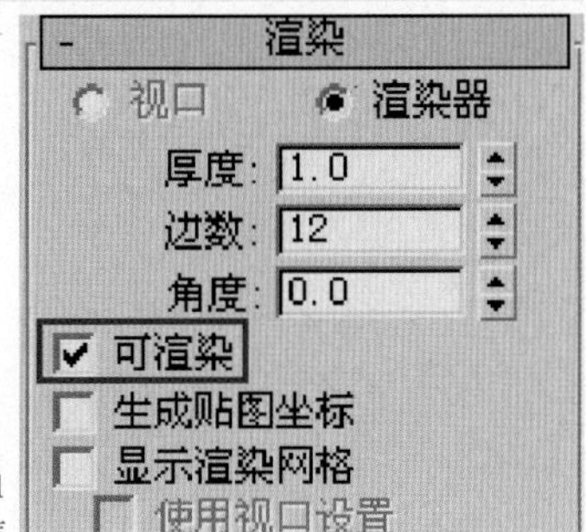


图7-1
启用可渲染复选框

**2** 使用【渲染】卷展栏中的【厚度】微调器，指定样条线的厚度。

**3** 如果计划向样条线分配贴图材质，启用【生成贴图坐标】。

**要点：**
启用【可渲染】时，可以将圆用作横截面来渲染图形。通过在周界附近U向贴图一次，然后沿着长度V向贴图一次生成贴图坐标。

3ds Max可以提高对可渲染图形的控制，包括线框视口在内的视口，可以显示可渲染图形的几何体。此时，图形的渲染参数，显示在各自的卷展栏中。【步数】设置会影响可渲染图形中的横截面数。

**请注意下列事项：**

A.应用将图形转化为网格，如挤出或车削的修改器时，无论【可渲染】复选框的状态如何，该对象都会自动变成可渲染对象；只有需要渲染创建中，未修改的样条线图形时，才需启用【可渲染】复选框。

B.同所有对象一样，图形的层，必须是要渲染的图形所在的层。

C.【对象属性】对话框，也包含【可渲染】复选框。默认情况下，该复选框处于启用状态；为了渲染图形，必须同时启用该复选框和【常规】卷展栏>【可渲染】复选框。

### 将图形设置为平面对象

图形的简单用法是2D裁切或平面对象。如图7-2所示，示例包括地平面、符号文字和裁切布告牌。创建平面对象时，可以对闭合图形应用【编辑网格】修改器，也可以将其转化为可编辑网格对象。

图2-2-2 2D对象

另外，还可以对3D图形，例如，顶点已经垂直离开构建平面不同距离的图形，应用【编辑网格】修改器，以便创建曲线曲面。通常，生成的3D 曲面的面和边，需要进行手动编辑，以便平滑曲面上的隆起部分。

### 挤出和切削图形

创建3D对象时，可以对图形应用修改器。这两种修改器是【挤出】和【切削】修改器。通过向图形添加高度，可以使用【挤出】创建3D对象，如图7-3所示。

图7-3
挤出创建3D对象

通过绕轴旋转图形，可以使用【切削】创建3D对象，如图7-4所示。

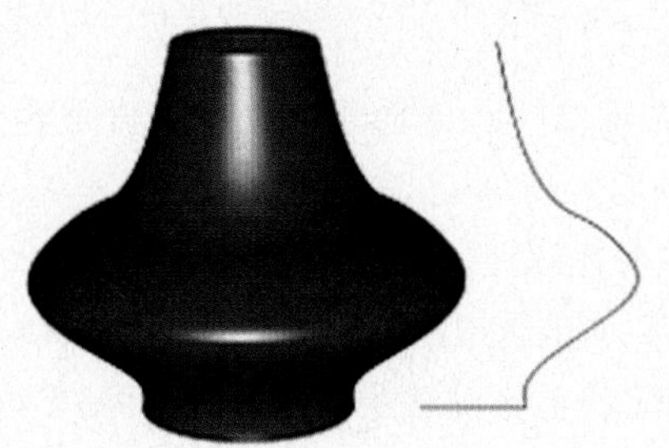

图7-4
切削创建3D对象

**放样图形**

采用特殊方法组合两条或多条样条线时，可以创建放样。图形可以形成放样路径、放样横截面和放样拟合曲线。

**按照动画路径设置图形**

使用各种图形，可以定义动画对象的位置。可以创建图形，然后使用它来定义其他某些对象遵循的路径。

对于图形，控制动画位置所采用的方法可能如下：

A.可以通过路径约束使用图形控制对象运动。

B.使用【运动】面板>【轨迹】>【转化自】功能，可以将图形转化为位置关键点。

## 第一节 图形检查工具

【图形检查】工具，测试样条线和基于NURBS的图形和曲线的自相交，并以图形方式显示相交分段的所有实例。用于生成车削、挤出、放样或其他3D对象的自相交形状，可能会造成渲染错误。

该工具具有【粘滞】性质，因为只要拾取一个用于检查的图形对象，就可以平移/缩放视口，而其将继续显示，所拾取图形中的相交位置。

如果对图形设置动画，则移动时间滑块，将重新检查动画每帧上的图形，从而可以轻松地检查这些变化的图形。

例如：

通过【图形检查】高亮显示的相交点，如图7-1-1所示。

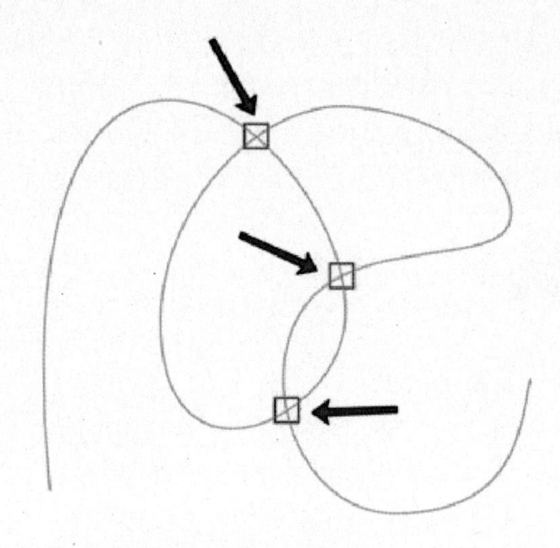

图7-1-1 通过图形检查高亮显示的相交点

选择【工具】面板>【工具】卷展栏>【更多】按钮>【工具】对话框>【图形检查】，开启【图形检查】卷展栏，如图7-1-2所示。

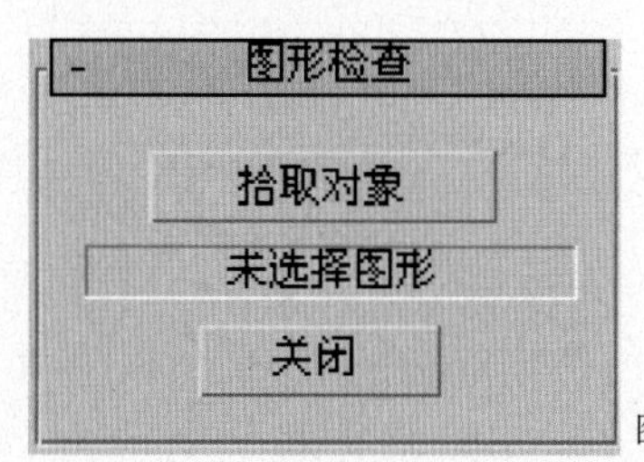


图7-1-2 图形检查卷展栏

【拾取对象】——单击此按钮，然后单击此工具要检查的图形。可以只拾取基于样条线，及基于NURBS的图形和曲线。将用红色框高亮显示，此工具找到的相交点。该按钮下面的文本指出是否出现相交点。

【关闭】——关闭此工具。

## 第二节 样条线

**提示：**

本节将讲解常用于所有样条线对象类型的样条线创建的各方面，包含【常规】卷展栏中的可用参数，对于某个样条线类型特有的参数，请看相对应的样条线类型。

**操作：手动控制开始新图形**

1.在【创建】面板上，禁用【开始新图形】按钮旁边的复选框，如图7-2-1所示。

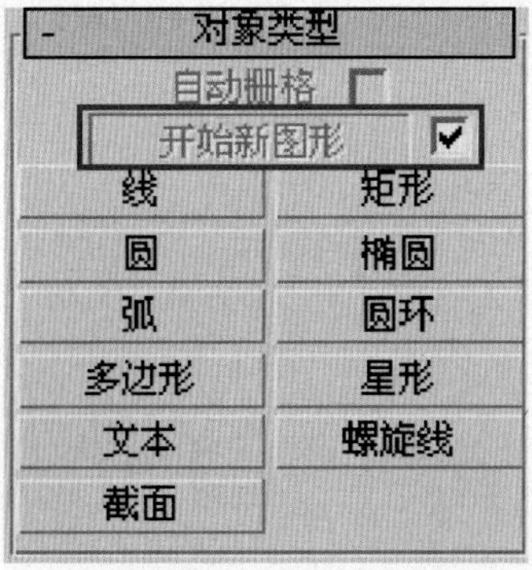

对象类型
自动栅格
开始新图形
线 矩形
圆 椭圆
弧 圆环
多边形 星形
文本 螺旋线
截面

图7-2-1
禁用开始新图形按钮旁边的复选框

2.单击【开始新图形】按钮。

3.开始创建样条线。

**要点：**

每个样条线都添加到复合图形上。也可以说，正在创建的是复合图形，因为所有样条线都保持选定状态。

4.单击【开始新图形】，以完成当前图形，然后准备开始另一个。

**创建图形时，要注意的问题：**

A 创建完图形以后，如果其只包含一条样条线，则可以返回，并更改此图形的参数。

B 不能更改复合图形的参数。例如，通过创建一个圆，然后添加一段圆弧，可以创建复合图形，一旦创建圆弧之后，就不能更改圆的参数。

C 在【开始新图形】复选框，处于禁用状态时，通过选择图形，然后创建样条线，可以将样条线添加到图形。

**操作：使用键盘输入，创建样条线**

1.单击样条线，创建按钮。

2.展开【键盘输入】卷展栏。

3.输入第一个点的X、Y 和Z值。

4.输入其余参数字段的值。

5. 单击【创建】。

【对象类型】卷展栏，如图7-2-2所示。

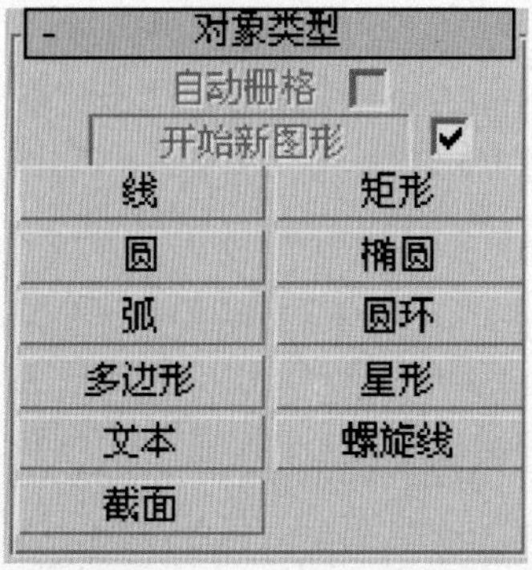

对象类型
自动栅格
开始新图形
线 矩形
圆 椭圆
弧 圆环
多边形 星形
文本 螺旋线
截面

图7-2-2 对象类型卷展栏

【自动栅格】——通过基于单击面的法线生成和激活一个临时构造平面，可以自动创建其他对象表面上的对象。

【开始新图形】——图形可以包含单条样条线，或者其可以是包含多条样条线的复合图形。使用【开始新图形】按钮，以及【对象类型】卷展栏上的复选框，可以控制图形中有多少样条线。【开始新图形】按钮旁边的复选框，决定了何时创建新图形。当复选框处于启用状态时，程序会对创建的每条样条线，都创建一个新图形；当复选框处于禁用状态时，样条线会添加到当前图形上，直到单击【开始新图形】按钮。

【图形选择按钮】——可以指定要创建的图形类型。

图7-2-3 渲染卷展栏

【渲染】卷展栏，如图7-2-3所示。

可以启用和禁用样条线的渲染性，在渲染场景中，指定其厚度，并应用贴图坐标。可以设置渲染参数的动画，例如边数；还可以通过应用【编辑网格】修改器，或转化为可编辑网格，将显示的网格转化为网格对象。如果检查了【使用视口设置】，系统将对该网格转化。使用【视口】设置，否则，将使用【渲染器】设置。这将提供最大的灵活性，并且始终使网格转化显示在视口中。

【视口】——选择此项来设置视口厚度、边数和角度。只有启用【使用视口设置】时，此选项才可用。

【渲染器】——选择此项来设置渲染器厚度、边数和角度。

【厚度】——指定视口或渲染样条线的直径。默认设置为1.0。范围为0.0至100,000,000.0。

**例如：**

样条线分别在厚度1.0和5.0进行渲染，如图7-2-4所示。

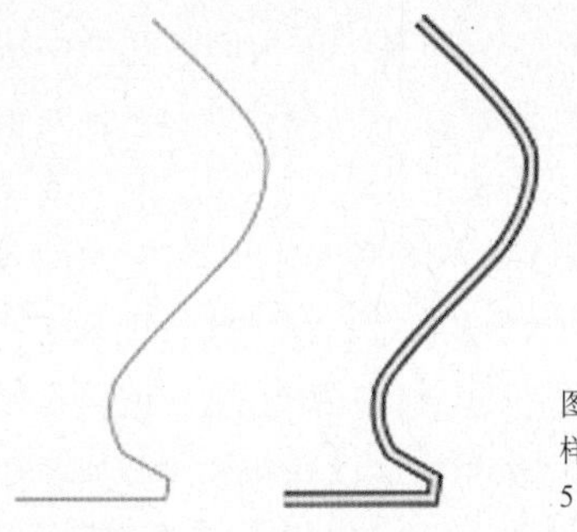
图7-2-4
样条线分别在厚度1.0和5.0进行渲染

【边】——在视口或渲染器中，为样条线网格设置边数。例如，值为4 表示一个方形横截面。

【角度】——调整视口或渲染器中，横截面的旋转位置。例如，如果拥有方形横截面，则可以使用【角度】将【平面】定位为面朝下。

【可渲染】——启用此项后，将使用指定的参数，对图形进行渲染。

【生成贴图坐标】——启用此项可应用贴图坐标。默认设置为禁用状态。

**提示：**

U坐标将围绕样条线的厚度包裹一次，V坐标将沿着样条线的长度，进行一次贴图。平铺是使用材质本身的【平铺】参数所获得的。

【显示渲染网格】——显示样条线生成的网格。

【使用视口设置】——可以为视口设置不同的渲染参数，并显示【视口】设置所生成的网格。只有当启用【显示渲染器网格】时，此选项才可用。

【插值】卷展栏，如图7-2-5所示。

图7-2-5 插值卷展栏

这些设置可以控制样条线的生成。所有样条线曲线划分为近似真实曲线的较小直线。样条线上的每个顶点之间的划分数量称为步长。使用的步长越多，显示的曲线越平滑。

【步长】——样条线步长可以自适应，就是说，启用【自适应】自动设置，或者手动指定。

**要点：**

当【自适应】处于禁用状态时，使用【步长】字段/微调器，可以设置每个顶点之间划分的数目。带有急剧曲线的样条线，需要许多步长才能显得平滑，而平缓曲线，则需要较少的步长。范围为0至100。

【优化】——启用此选项后，可以从样条线的直线线段中，删除不需要的步长。启用【自适应】时，【优化】不可用。默认设置为启用。

【自适应】——禁用此选项后，可允许使用【优化】和【步长】，进行手动插值控制。默认设置为禁用状态。

启用此选项后，自适应设置每个样条线的步长数，以生成平滑曲线。直线线段始终接收0步长。如图7-2-6所示，左侧的优化样条线和右侧的自适应样条线，每个分别产生的线框视图在右侧。

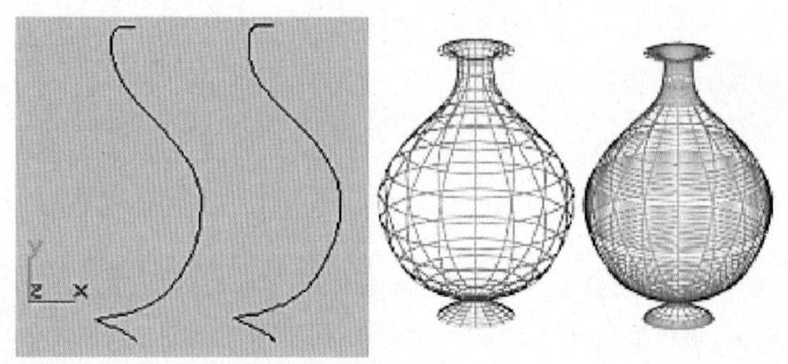
图7-2-6 优化样条线与自适应样条线

**要点：**

样条线手动插值的主要用途，是用于变形或必须精确地控制创建的顶点数的其他操作。

【创建方法】卷展栏，如图7-2-7所示。

图7-2-7 创建方法卷展栏

许多样条线工具，使用【创建方法】卷展栏。在此卷展栏上，可以通过中心点，或者通过对角线来定义样条线。

【边】——第一次按鼠标会在图形的一边或一角定义一个点，然后拖动直径或对角线角点。

【中心】——第一次按鼠标会定义图形中心，然后拖动半径或角点。

**注意：**

文本和星形，没有【创建方法】卷展栏。线形和弧形有独特的【创建方法】卷展栏，这些卷展栏，会在各自的课程中讲解。

### 一、线形样条线

使用【线形】，可创建多个分段组成的自由形式样条线。线形样条线示例，如图7-2-8所示。

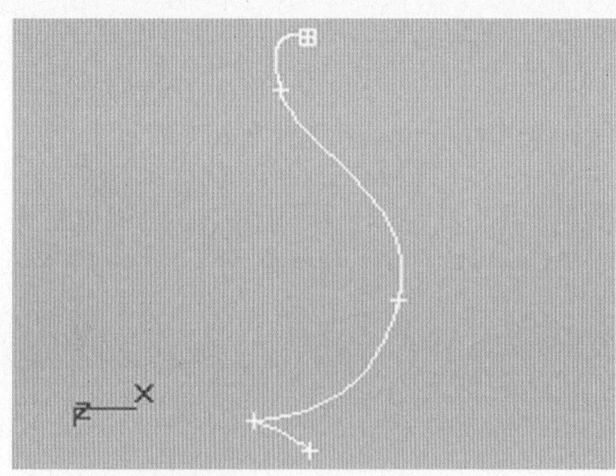

图7–2–8 线形样条线示例

**操作:创建线**

1.转到【创建】面板,然后选择【图形】。

2.在【对象类型】卷展栏上,单击【线】按钮。

3.选择一个创建方法。

4.单击或拖动起始点。

5.单击创建角顶点,拖动创建Bezier顶点。

6.单击或拖动添加的点。

7.单击创建角顶点,拖动创建Bezier顶点。

执行下列操作之一:

A.右键单击可创建一条开口的样条线。

B.单击第一个顶点,并在【是否闭合样条线?】对话框中,单击【是】可创建一个闭合的样条线。

**操作:使用直线和角度捕捉选项创建线**

这两个选项有助于创建常规图形:

A.在用鼠标创建样条线时,按住【Shift】键,可将新的点与前一点之间的增量约束于90度角以内。使用角的默认初始类型设置,然后单击随后所有的点,可创建完全直线的图形。

B.在用鼠标创建样条线时,按住【Ctrl】键,可将新点的增量约束于一个角度,此角度取决于当前【角度捕捉】设置。要设置该角度,请转到【自定义】菜单>【栅格和捕捉设置】,单击【栅格和捕捉设置】对话框中的【选项】选项卡,并改变【角度(度)】字段的值。

每个新线段的角度,都与前一线段相关,因此角度捕捉,仅在放置了前两个样条线顶点,即起始线段后才起作用,在执行此功能时,无需启用角度捕捉。

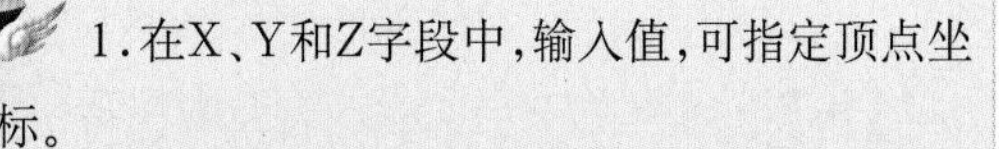

**操作:用键盘创建线**

1.在X、Y和Z字段中,输入值,可指定顶点坐标。

2.单击【添加点】,可将顶点,添加到指定坐标的当前线上。

3.对每个添加顶点重复步骤1和步骤2。

执行下列操作之一:

A.单击【完成】,可创建一条开口的样条线;单击【闭合】,可将当前顶点与初始顶点相连接,并且创建一个闭合的样条线。

B.自动转换为可编辑样条线

为【线形】工具,在【修改】面板上没有携带尺寸参数,所以在将其从【创建】面板,移至【修改】面板时,它会转化为可编辑样条线。当创建线时,【创建】面板会显示原始控件,如【插值】、【渲染】、【创建方法】和【键盘输入】。创建线后,转到【修改】面板,可以立即访问【选择】和【几何体】卷展栏,来编辑顶点或图形的任意部分。

【创建方法】卷展栏,如图7–2–9所示。

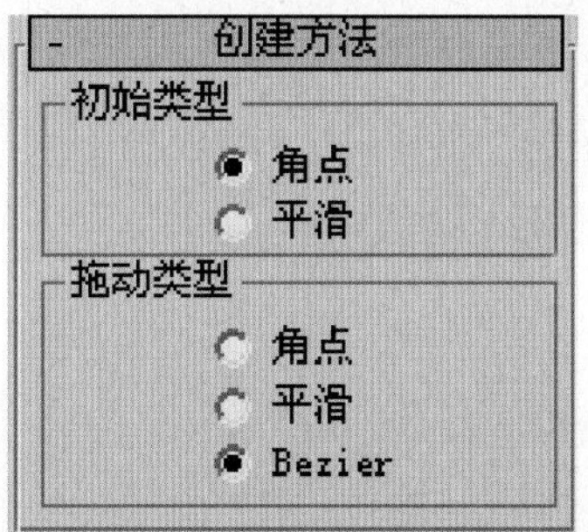


图7–2–9 创建方法卷展栏

【线形】的创建方法选项与其他样条线工具不同。单击或拖动顶点时,选择此选项,可控制创建顶点的类型;在使用这些设置创建线期间,可以预设样条线顶点的默认类型。

【初始类型】组

当单击顶点位置时,设置所创建顶点的类型。

【角】——产生一个尖端。样条线在顶点的任意一边都是线性的。

【平滑】——通过顶点产生一条平滑,不可调整的曲线。由顶点的间距来设置曲率的数量。

【拖动类型】组

当拖动顶点位置时，设置所创建顶点的类型。顶点位于第一次按下鼠标键的光标所在位置。拖动的方向和距离，仅在创建Bezier顶点时产生作用。

【角】——产生一个尖端。样条线在顶点的任意一边都是线性的。

【平滑】——通过顶点产生一条平滑不可调整的曲线。由顶点的间距来设置曲率的数量。

【Bezier】——通过顶点产生一条平滑可调整的曲线。通过在每个顶点，拖动鼠标来设置曲率的值和曲线的方向。

## 二、矩形样条线

使用【矩形】可以创建方形和矩形样条线。矩形的示例，如图7-2-10所示。

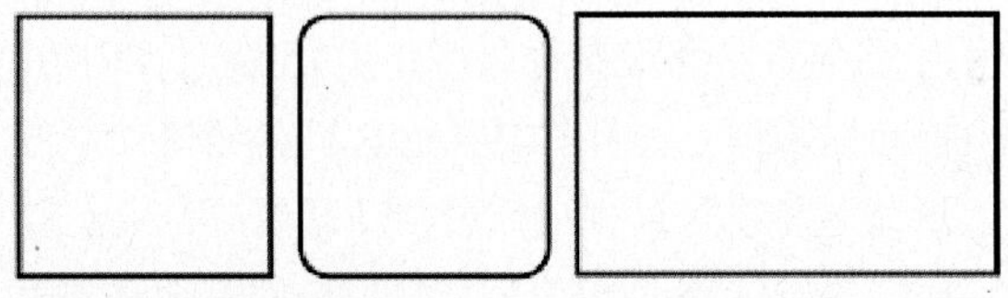

图7-2-10 矩形的示例

**操作：创建矩形**

1. 转到【创建】面板，然后选择【形状】。
2. 单击【矩形】。
3. 选择一个创建方法。
4. 在视口中，拖动以创建矩形。

**技巧：**

可以选择按住【Ctrl】键，同时拖动，以将样条线约束为方形。

【参数】卷展栏，如图7-2-11所示。

图7-2-11 参数卷展栏

创建矩形之后，可以使用以下参数进行更改：

【长度】——指定矩形沿着局部Y轴的大小。

【宽度】——指定矩形沿着局部X轴的大小。

【角半径】——创建圆角。设置为0时，矩形包含90度角。

## 三、圆样条线

使用【圆】来创建由四个顶点组成的闭合圆形样条线。圆样条线示例，如图7-2-12所示。

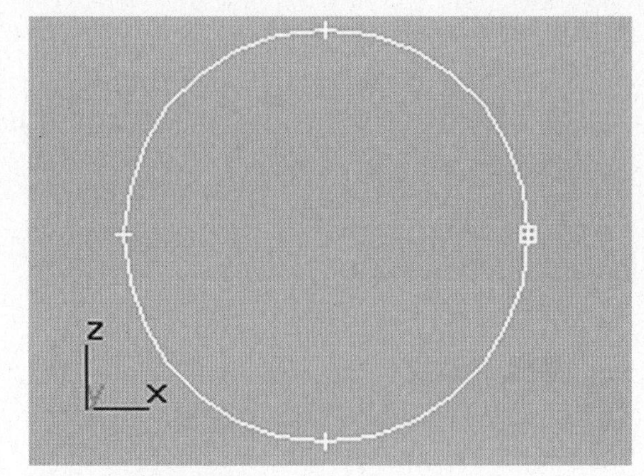


图7-2-12 圆样条线示例

**操作：创建圆形**

1. 转到【创建】面板，然后选择【形状】。
2. 单击【圆】。
3. 选择一个创建方法。
4. 在视口中，拖动以绘制圆。

【参数】卷展栏，如图7-2-13所示。

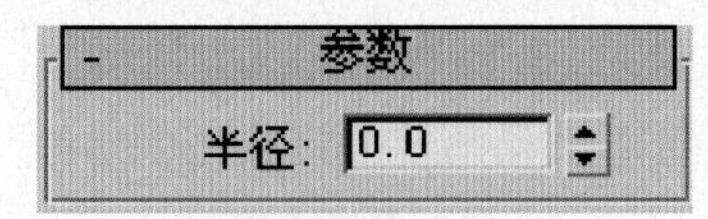


图7-2-13 参数卷展栏

创建圆之后，可以使用以下参数进行更改：

【半径】——指定圆的半径。

## 四、椭圆样条线

使用【椭圆】可以创建椭圆形和圆形样条线。椭圆样条线的示例，如图7-2-14所示。

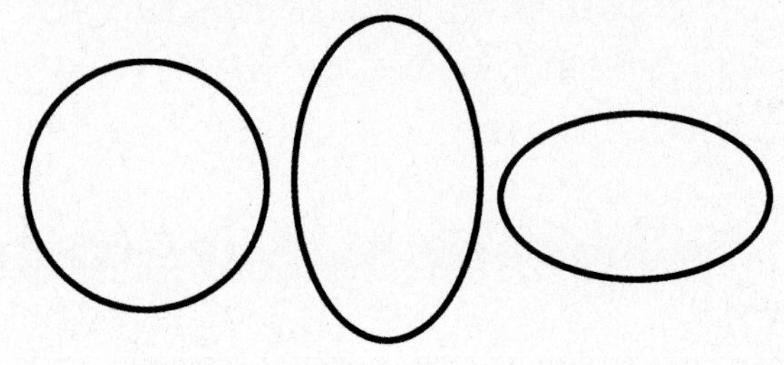

图7-2-14 椭圆样条线的示例

**操作：创建椭圆**

1. 转到【创建】面板，然后选择【形状】。
2. 单击【椭圆】。
3. 选择一个创建方法。
4. 在视口中，拖动以绘制椭圆。

**技巧：**

可以选择按住【Ctrl】键，同时拖动，以将样条线约束为圆。

## 五、弧样条线

使用【弧】来创建由四个顶点组成的打开和闭合圆形弧。

**操作：采用【端点-端点-中央】方法创建弧**

1. 转到【创建】面板，然后选择【形状】。
2. 单击【弧形】。
3. 选择【端点-端点-中央】创建方法。
4. 在视口中拖动，以设置弧的两端。
5. 松开鼠标按钮，然后移动鼠标，并单击以指定两个端点之间弧上的第三个点，如图7-2-15所示。

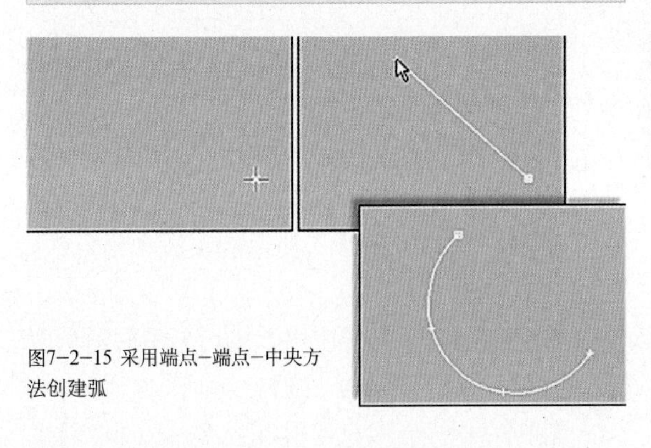

图7-2-15 采用端点-端点-中央方法创建弧

**操作：采用【中间-端点-端点】方法创建弧**

1. 转到【创建】面板，然后选择【形状】。
2. 单击【弧形】。
3. 【中间-端点-端点】创建方法。
4. 按下鼠标按钮，以定义弧的中心。
5. 拖动并释放鼠标按钮，可定义弧的起点。
6. 移动鼠标，并单击以指定弧的其他端，如图7-2-16所示。

【创建方法】卷展栏，如图7-2-17所示。

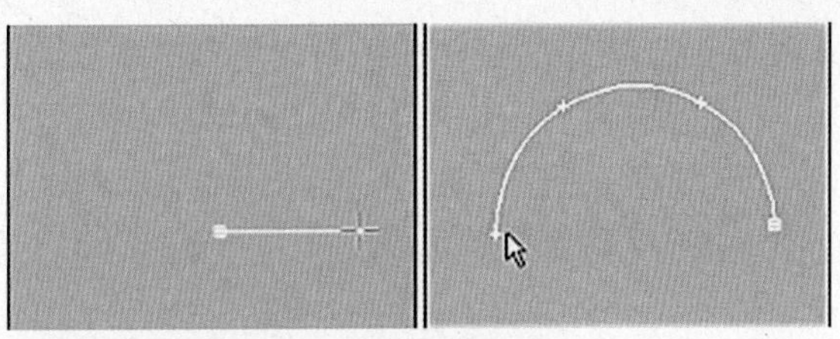

图7-2-16 采用【中间-端点-端点】方法创建弧

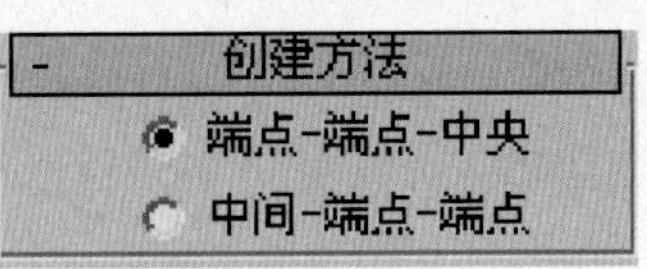


图7-2-17 创建方法卷展栏

这些选项确定在创建弧形时，所涉及的鼠标单击的序列。

【端点-端点-中央】——拖动并松开，以设置弧形的两端点，然后单击，以指定两端点之间的第三个点。

【中间-端点-端点】——按下鼠标按钮，以指定弧形的中心点，拖动并松开，以指定弧形的一个端点，然后单击，以指定弧形的其他端点。

【参数】卷展栏，如图7-2-18所示。

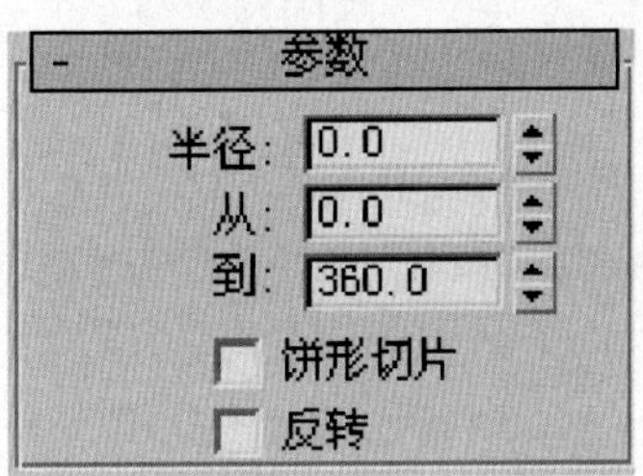


图7-2-18 参数卷展栏

创建弧之后，可以使用以下参数进行更改：

【半径】——指定弧形的半径。

【从】——在从局部正X轴测量角度时，指定起点的位置。

【到】——在从局部正X轴测量角度时，指定端点的位置。

【扇形区】——启用此选项后，以扇形形式创建闭合样条线。起点和端点将中心与直分段连接起来。如图7-2-19所示，是闭合的扇形区弧。

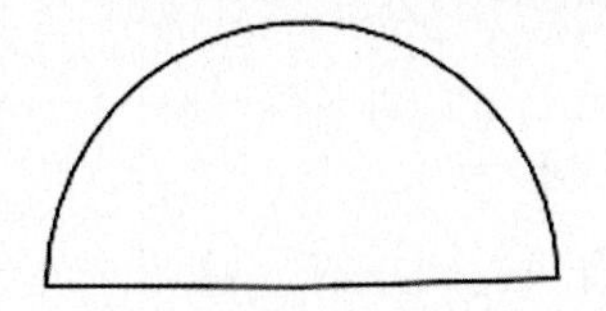

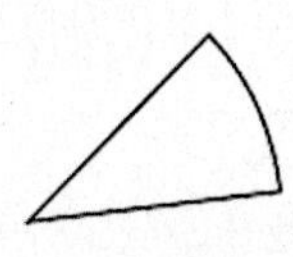

图7-2-19 闭合的扇形区弧

【反转】——启用此选项后，反转弧样条线的方向，并将第一个顶点，放置在打开弧的相反末端。

只要该形状保持原始形状，不是可编辑的样条线，可以通过切换【反转】来切换其方向。如果弧已转化为可编辑的样条线，可以使用【样条线】子对象层级上的【反转】来反转方向。

### 六、圆环样条线

使用【圆环】，可以通过两个同心圆创建封闭的形状，每个圆都由四个顶点组成。圆环的示例，如图7-2-20所示。

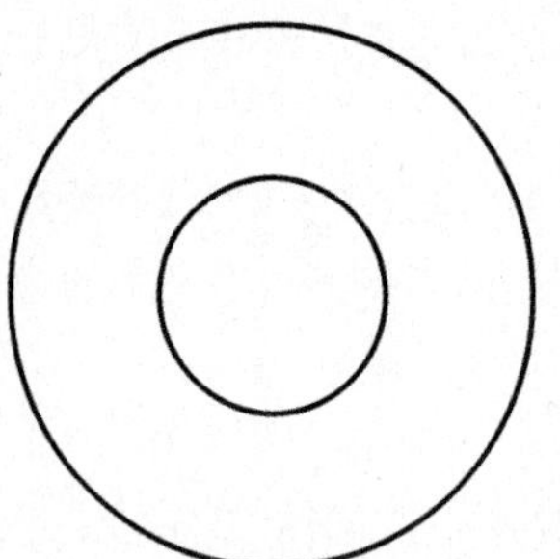

图7-2-20 圆环的示例

**操作：创建圆环**

1.转到【创建】面板，然后选择【形状】。

2.单击【圆环】。

3.选择一个创建方法。

4.拖动并释放鼠标按钮，可定义第一个圆环圆形。

5.移动鼠标，然后单击，可定义第二个同心圆环圆形的半径。

**要点：**

第二个圆形可能比第一个圆形大或小。

【参数】卷展栏，如图7-2-21所示。

图7-2-21 【参数】卷展栏

创建圆环之后，可以使用以下参数进行更改：

【半径1】——设置第一个圆的半径。

【半径2】——设置第二个圆的半径。

### 七、多边形样条线

使用【多边形】，可创建具有任意面数，或顶点数(N)的闭合平面或圆形样条线。多边形的示例，如图7-2-22所示。

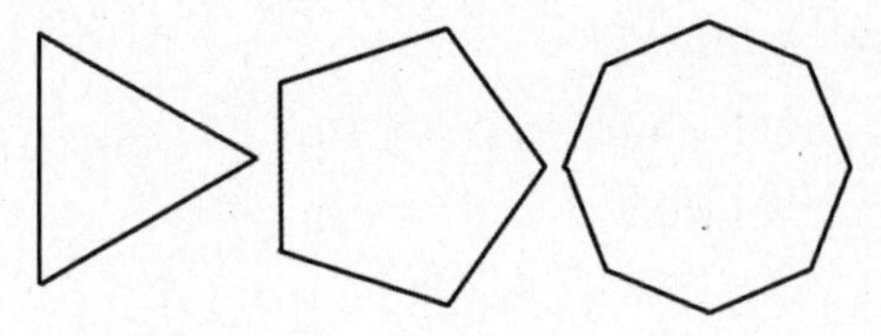

图7-2-22 多边形的示例

**操作：创建多边形**

1.转到【创建】面板，然后选择【形状】。

2.单击【多边形】。

3.选择一个创建方法。

4.在视口中拖动，并释放鼠标按钮，可绘制多边形。

【参数】卷展栏，如图7-2-23所示。

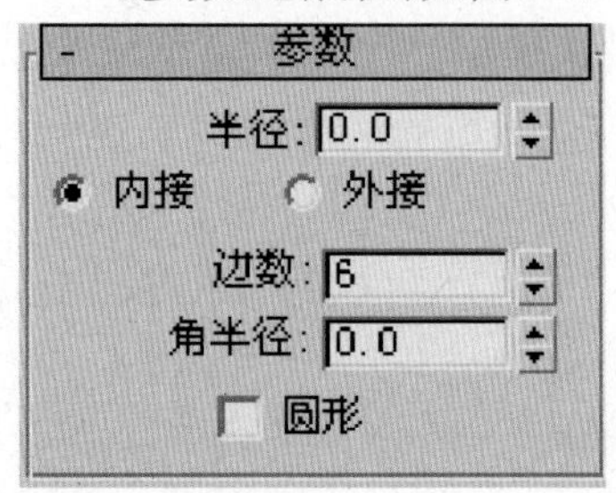


图7-2-23 参数卷展栏

创建【多边形】之后，可以使用以下参数进行更改：

【半径】——指定多边形的半径。可使用以下两种方法之一来指定半径：

A【内接】——从中心到多边形各个角的半径。

B【外接】——从中心到多边形各个面的半径。

【边】——指定多边形使用的面数和顶点数。范围为3至100。

【角半径】——指定应用于多边形角的圆角度数。设置为0，指定标准非圆角。

【圆形】——启用该选项之后，将指定圆形【多边形】。

### 八、星形样条线

使用【星形】，可以创建具有很多点的闭合星形样条线。星形样条线使用两个半径，来设置外点和内谷之间的距离。星形的示例，如图7-2-24所示。

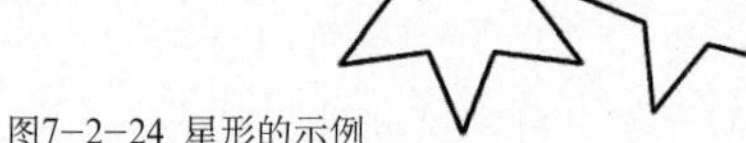

图7-2-24 星形的示例

**操作：创建星形**

1. 转到【创建】面板，然后选择【形状】。
2. 单击【星形】。
3. 拖动并释放鼠标按钮，可定义第一个星形圆形。
4. 移动鼠标，然后单击，可定义第二个星形半径。

【参数】卷展栏，如图7-2-25所示。

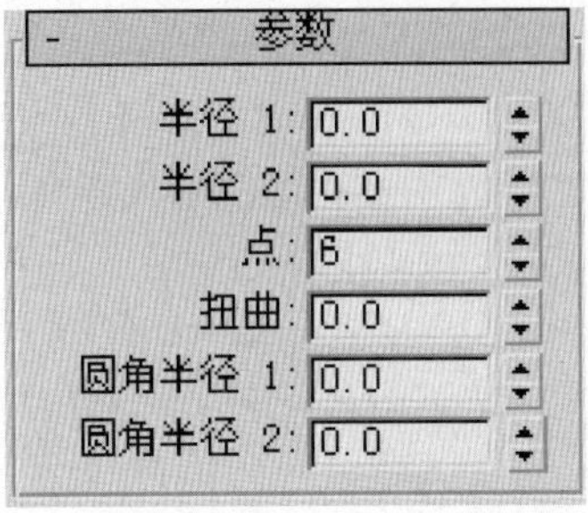

参数
半径 1: 0.0
半径 2: 0.0
点: 6
扭曲: 0.0
圆角半径 1: 0.0
圆角半径 2: 0.0

图7-2-25 参数卷展栏

创建星形之后，可以使用以下参数进行更改：

【半径1】——指定星形内部顶点(内谷)的半径。

【半径2】——指定星形外部顶点(外点)的半径。

【点数】——指定星形上的点数。范围为3至100。

**要点：**
星形所拥有的顶点数，是指定点数的两倍。一半的顶点，位于一个半径上，形成外点，其余的顶点，位于另一个半径上，形成内谷。

【扭曲】——围绕星形中心旋转顶点(外点)。从而将生成锯齿形效果。

【圆角半径1】——圆化星形的内部顶点(内谷)。

【圆角半径2】——圆化星形的外部顶点(外点)。

## 九、文本样条线

使用【文本】来创建文本图形的样条线。文本示例，如图7-2-26所示。

图7-2-26 文本示例

**要点：**
文本可以使用系统中安装的任意Windows字体，或者【类型1 PostScript】字体，它安装在【配置路径】对话框中的【字体】路径，指向的目录中，因为字体只在第一次使用时加载，所以以后在程序中，更改字体路径，没有任何影响。如果程序可以使用字体管理器，则在使用新路径之前，必须重新启动该程序。可以在【创建】面板中编辑文本，或之后在【修改】面板中编辑。

使用文本图形

文本图形将文本保持为可编辑参数。可以随时更改文本，如果文本使用的字体，已从系统中删除，则3ds Max仍然可以正确显示文本图形。然而，要在编辑框中编辑文本字符串，必须选择可用的字体。

场景中的文本只是图形，在图形中每个字母，有时是字母的一部分，都是单独的样条线。可以应用修改器，例如编辑样条线，弯曲和挤出，来编辑【文本】图形，与编辑任意其它图形一样。

**操作：创建文本**

1. 转到【创建】面板，然后选择【图形】。
2. 单击【文本】。
3. 在【文本】框中，输入文本。

**操作：定义插入点**

a. 在视口中单击，可以将文本放置在场景中。

b. 将文本拖动到位置，然后释放鼠标按钮。

**操作：输入特殊的Windows字符**

1. 按住【Alt】键。
2. 在数字小键盘上输入字符的数值。

**要点：**
必须使用数字小键盘，而不是字母键盘上面的数字行；对于某些字符，必须先输入0。例如，0233，要输入加上重音符的e。

3. 释放【Alt】键。

【参数】卷展栏，如图7-2-27所示。

创建文本之后，可以使用以下参数进行更改：

【字体列表】——可以从所有可用字体的列表中进行选择。可用的字体包括：

A. Windows中安装的字体。

B. 【类型1 PostScript】字体，它安装在【配置路径】对话框中的【字体】路径指向的目录中。

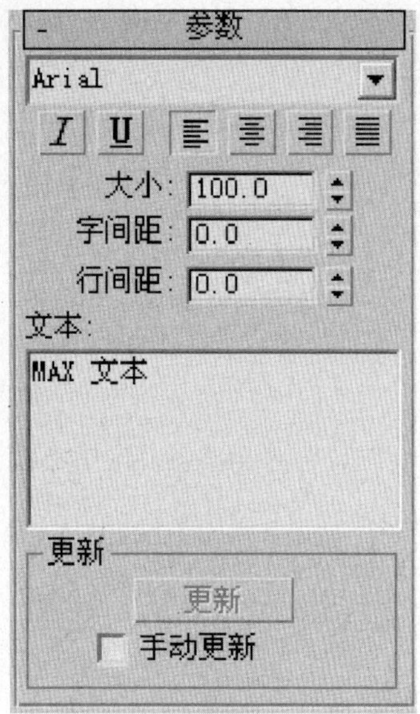

图7-2-27 参数卷展栏

【图斜体按钮】——切换斜体文本。

【图下划线按钮】——切换下划线文本。

【图左侧对齐】——将文本对齐到边界框左侧。

【图居中】——将文本对齐到边界框的中心。

【图右侧对齐】——将文本对齐到边界框右侧。

【图对正】——分隔所有文本行以填充边界框的范围。

**注意:**

四个文本对齐按钮,需要多行文本才能生效,因为它们作用于与边界框相关的文本。如果只有一行文本,则其大小与其边界框的大小相同。

【尺寸】——设置文本高度,其中测量高度的方法,由活动字体定义。第一次输入文本时,默认尺寸是100单位。

【字间距】——调整字间距。

【行间距】——调整行间距。只有图形中包含多行文本时,这才起作用。

【文本编辑框】——可以输入多行文本。在每行文本之后按下【Enter】键,可以开始下一行。

A.初始的默认会话是【MAX文本】。

B.编辑框不支持自动换行。

C.可以从【剪贴板】中剪切和粘贴单行和多行文本。

【更新】组

这些选项,可以选择手动更新选项,用于文本图形太复杂,不能自动更新的情况。

【更新】——更新视口中的文本,来匹配编辑框中的当前设置。仅当【手动更新】处于启用状态时,此按钮才可用。

【手动更新】——启用此选项后,键入编辑框中的文本,未在视口中显示,直到单击【更新】按钮时,才会显示。

## 十、螺旋线样条线

使用【螺旋线】可创建开口平面或3D螺旋形。螺旋线的示例,如图7-2-28所示。

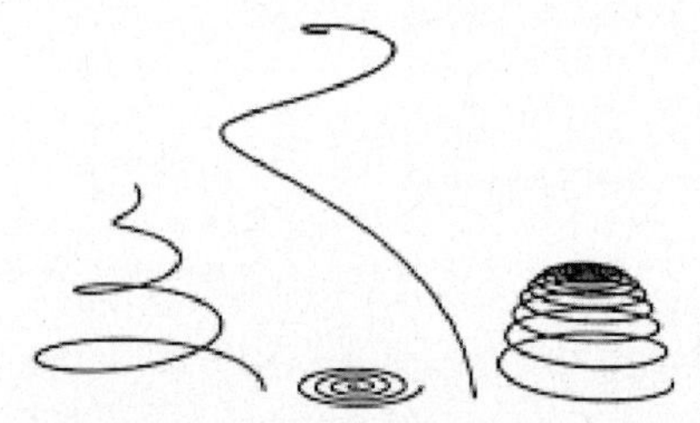
图7-2-28 螺旋线的示例

**操作:创建螺旋线**

1.转到【创建】面板,然后选择【形状】。

2.单击【螺旋线】。

3.选择一个创建方法

4.按鼠标按钮,可定义【螺旋线】起点圆的第一个点。

5.拖动并释放鼠标按钮,可定义【螺旋线】起点圆的第二个点。

6.移动鼠标,然后单击,可定义【螺旋线】的高度。

7.移动鼠标,然后单击,可定义【螺旋线】末端的半径。

【参数】卷展栏,如图7-2-29所示。

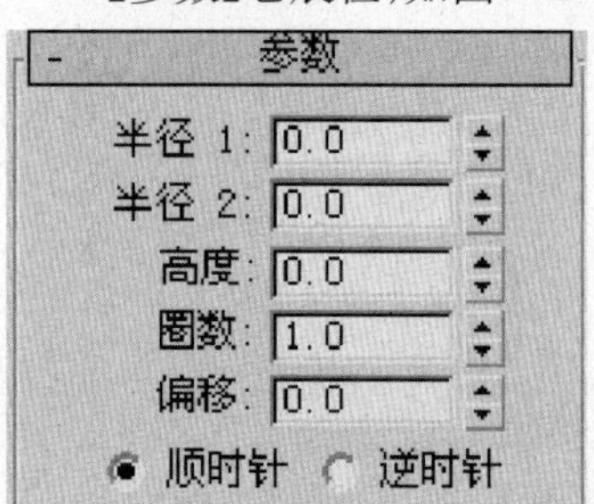

图7-2-29 参数卷展栏

创建螺旋线之后,可以使用以下参数进行更

改：

【半径1】——指定螺旋线起点的半径。

【半径2】——指定螺旋线终点的半径。

【高度】——指定螺旋线的高度。

【圈数】——指定螺旋线起点和终点之间的圈数。

【偏移】——强制在螺旋线的一端累积圈数。高度为0.0 时，偏移的影响不可见。

只随偏移设置变化的螺旋样条线，偏移−1.0，将强制向着螺旋线的起点旋转；偏移0.0，将在端点之间平均分配旋转；偏移1.0，将强制向着螺旋线的终点旋转，如图7−2−30所示，

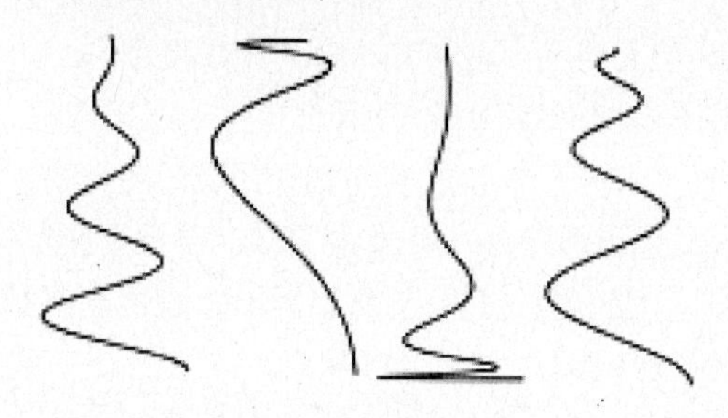

图7−2−30 只随偏移设置变化的螺旋样条线

【顺时针/逆时针】——方向按钮设置螺旋线的旋转是顺时针，还是逆时针。

## 十一、截面样条线

这是一种特殊类型的对象，其可以通过网格对象，基于横截面切片生成其他形状。截面对象显示为相交的矩形，只需将其移动，并旋转，即可通过一个或多个网格对象进行切片，然后单击【生成形状】按钮，即可基于2D相交生成一个形状，红色线条显示基于截面图形的结构，如图7−2−31所示。

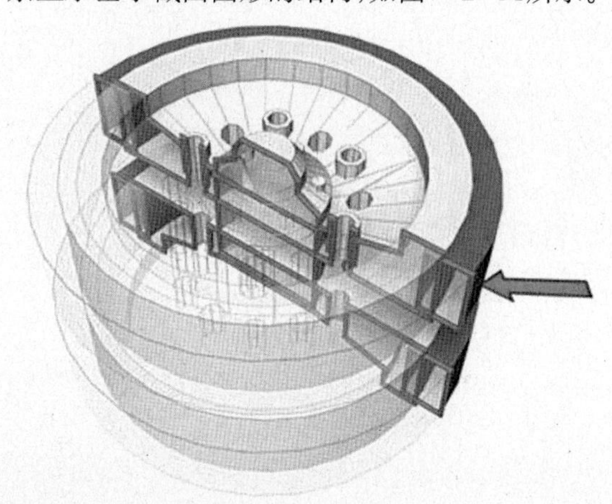

图7−2−31 红色线条显示基于截面图形的结构

**操作：创建并使用截面图形**

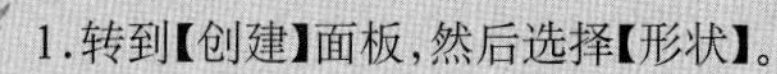

1.转到【创建】面板，然后选择【形状】。

2.单击【截面】。

3.在视口中拖动一个矩形，要在该视口中定向平面。例如，在顶视口中，创建它可将截面对象放置在与XY主栅格平行的位置上。

**要点：**

截面对象显示为一个简单的矩形，交叉线表示其中心。使用默认设置，矩形只用于显示，因为截面对象的效果，将沿着其平面扩展到整个场景范围。

4.移动并旋转截面，以便其平面与场景中的网格对象相交。

**提示：**

黄色线条显示截面平面与对象相交的位置。

5.在【创建】面板上，单击【创建图形】，并在出现的对话框中，输入一个名称，然后单击【确定】。

6.将基于显示的横截面，创建可编辑样条线。

【截面参数】卷展栏，如图7−2−32所示。

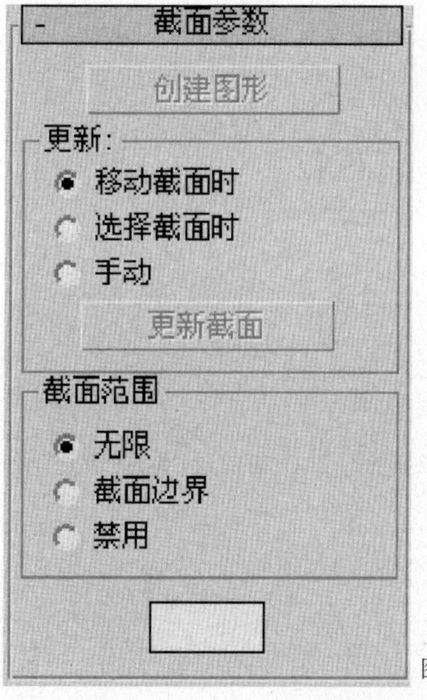


图7−2−32 截面参数卷展栏

【创建图形】——基于当前显示的相交线创建图形。将显示一个对话框，可以在此命名新对当前显示的相交线创建图形。将显示一个对话框，可以在此命名新对象。结果图形是基于场景中，所有相交网格的可编辑样条线，该样条线由曲线段和角顶点组成。

【更新】组

提供指定何时更新相交线的选项。

【移动截面时】——在移动或调整截面图形时更新相交线。

【选择截面时】——在选择截面图形，但是未移动时更新相交线。单击【更新截面】按钮，可更新相交线。

【手动】——在单击【更新截面】按钮时，更新相交线。

【更新截面】——在使用【选择截面时】或【手动】选项时，更新相交点，以便与截面对象的当前位置匹配。

**注意:**

在使用【选择截面时】或【手动】时，可以使生成的横截面，偏移相交几何体的位置。在移动截面对象时，黄色横截面线条，将随之移动，以使几何体位于后面。单击【创建图形】时，将在偏移位置上，以显示的横截面线条生成新图形。

【截面范围】组

选择以下选项之一，可指定截面对象生成的横截面的范围。

【无限】——截面平面在所有方向上都是无限的，从而使横截面位于其平面中的任意网格几何体上。

【截面边界】——只在截面图形边界内，或与其接触的对象中生成横截面。

【禁用】——不显示或生成横截面。禁用【创建图形】按钮。

【色样】——单击此选项，可设置相交的显示颜色。

【截面大小】卷展栏，如图7-2-33所示。

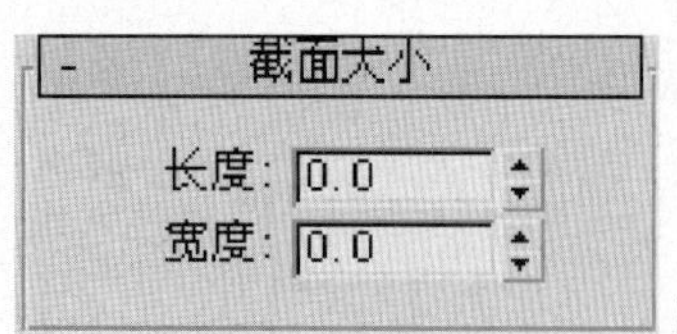


图7-2-33 截面大小卷展栏

提供用于调整显示截面矩形的长度和宽度的微调器。

【长度/宽度】——调整显示截面矩形的长度和宽度。

**注意:**

如果将截面栅格转化为可编辑样条线，则将基于当前横截面，将其转换为一个图形。

## 第三节 可编辑样条线

【可编辑样条线】提供了将对象作为样条线，并以以下三个子对象层级进行操纵的控件：【顶点】、【线段】和【样条线】。

【可编辑样条线】中的功能与编辑样条线修改器中的功能相同。例外情况是，将现有的样条线形状转化为可编辑的样条线时，将不再可以访问创建参数或设置它们的动画。但是，样条线的插值设置（步长设置），仍可以在可编辑样条线中使用。

如果样条线编辑操作（通常是移动线段或顶点）导致了末端顶点重叠，则可以使用【焊接】命令，将重叠的顶点焊接在一起，如果希望两个重叠顶点占据空间中的同一位置，但保留为不同的顶点，则可以使用【熔合】命令。

**注意:**

焊接重叠的顶点，是由端点自动焊接功能控制的。

显示最终结果

如果有几个修改器，在修改器堆栈中的较高位置，并且想要查看在【编辑样条线】修改器或【可编辑样条线】对象中的编辑的结果，可以启用【修改】面板上的【显示最终结果】。

编辑样条线网络时，将可以在【可编辑样条线】对象上，看到修改器的结果。对于在修改器堆叠中的【可编辑样条线】对象上，添加【曲面】修改器的【曲面工具】工具来说，此选项很有用。

**操作:生成可编辑样条线对象**

1. 首先选择形状。

2. 右键单击堆叠，显示中的形状项，然后选择【转化为可编辑样条线】。

3. 在视口中，右键单击对象，并选择【转化为】>【转化为可编辑样条线】。

4. 在【创建】面板上，首先关闭【开始新图形】，创建一个带有两个或更多样条线的形状。由两个或更多样条线构成的任何形，自动就是一个可编辑样条线。

5.将【编辑样条线】修改器应用于形状，然后塌陷堆栈。如果使用【塌陷】工具来塌陷堆栈，请务必选择【输出类型】>【修改器堆栈结果】。

6.导入一个.shp文件。

操作：选择形状子对象

1.在堆栈显示中，展开对象的层级，然后选择一个子对象层级，或单击【选择】卷展栏顶部的某个子对象按钮。

提示：

也可以在视口中，右键单击对象，然后从四元菜单中，选择子对象层级：【工具1】区域>【子对象】> 选择子对象层级。

2.单击某个选择或变换工具，然后使用标准的单击，或区域选择技术选择子对象。

3.由于子对象选择可能比较复杂，因此可以考虑使用以下技术之一，以避免意外地清除子对象选择：

A.使用锁定选择。

B.命名子对象选择。

操作：克隆子对象选择

1.按住【Shift】键，同时变换子对象。

要点：

可以克隆线段和样条线子对象，但不能克隆顶点子对象。

2.要绘制样条线框架，请执行以下操作：

3.选择样条线中的某个线段子对象。

4.在【连接复制】组中的【几何体】卷展栏上，启用【连接】。

5.按住【Shift】键，同时变换所选线段。移动、旋转或缩放时，可以使用变换Gizmo来控制方向。

注意：

启用【连接复制】时，新样条线将绘制在线段，及其克隆线段之间的位置上。

提示：

在选择和移动这些顶点之前，使用【区域选择】或【熔合】，如同使用【横截面】修改器那样，这些顶点不会移动到一起；使用【熔合】可以使顶点保持在一起。

【渲染】卷展栏

例如：

样条线分别在厚度1.0和5.0进行渲染，如图7-3-1所示。

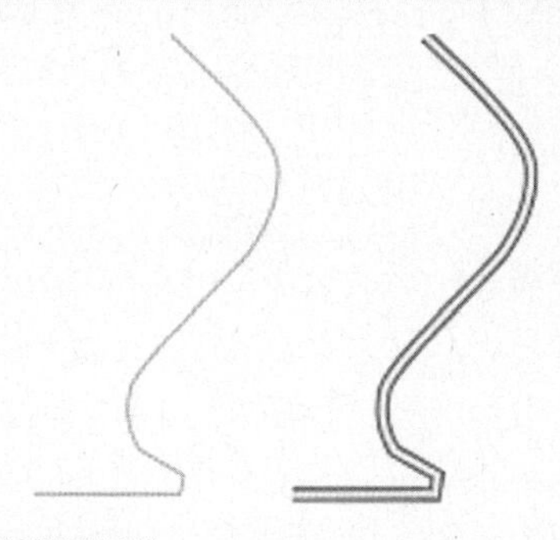

图7-3-1 【插值】卷展栏

例如：

旋转对象中，使用的样条线，分别包含两个步长（左侧）和20个步长（右侧），如图7-3-2所示。

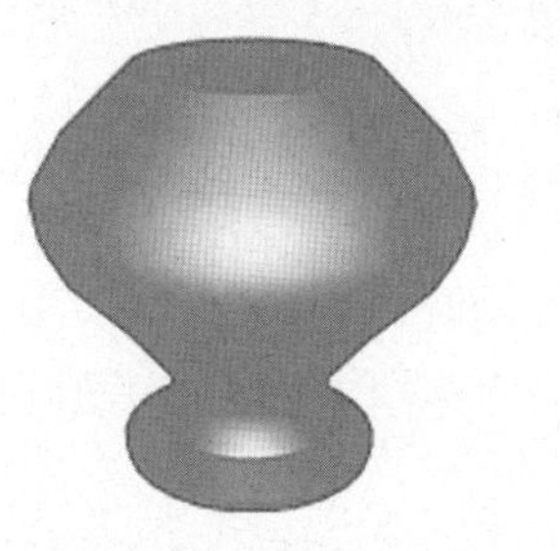
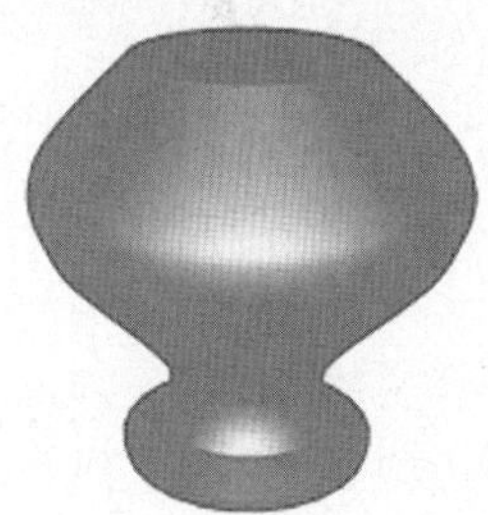

图7-3-2 插值渲染

例如：

【优化】用于在该旋转对象中创建样条线，如图7-3-3所示。

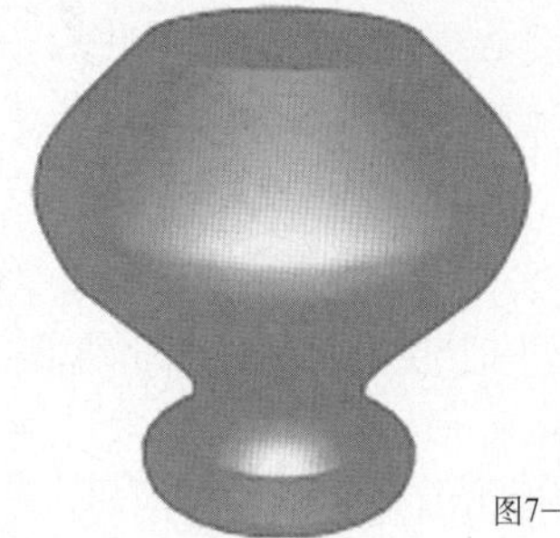

图7-3-3 优化效果

【选择】卷展栏（如图7-3-4所示）

为启用或禁用不同的子对象模式、使用命名的选择和控制柄、显示设置以及所选实体的信息提供控件。

第一次在选择【可编辑样条线】后，访问【修改】

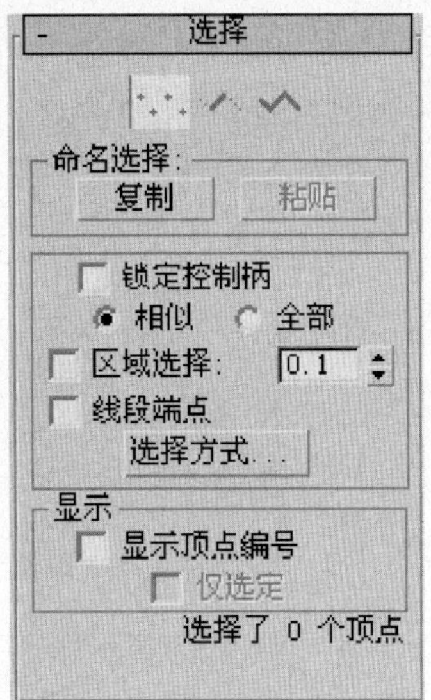


图7-3-4【选择】卷展

面板时，处于【对象】层级，可以访问几个可用功能，如可编辑样条线中所述。通过单击【选择】卷展栏顶部的子菜单按钮，可以切换子对象模式，并访问相关功能。

可以使用【可编辑样条线】对象的形状子对象选择，来处理形状和样条线的某些部分，单击此处某个按钮的效果，与选择【修改器】列表中的子对象类型的效果相同，再次单击此按钮，可以禁用按钮，并返回对象选择层级。

【图顶点】——定义点和曲线切线。

【图线段】——连接顶点。

【图样条线】——是一个或多个相连线段的组合。

【命名选择】组

【复制】——将命名选择放置到复制缓冲区。

【粘贴】——从复制缓冲区中粘贴命名选择。

【锁定控制柄】——通常，每次只能变换一个顶点的切线控制柄，即使选择了多个顶点。使用【锁定控制柄】控件，可以同时变换多个Bezier和Bezier角点控制柄。

【相似】——拖动传入向量的控制柄时，所选顶点的所有传入向量，将同时移动。同样，移动某个顶点上的传出切线控制柄，将移动所有所选顶点的传出切线控制柄。

【所有】——移动的任何控制柄，将影响选择中的所有控制柄，无论它们是否已断开。处理单个Bezier角点顶点，并且想要移动两个控制柄时，可以使用此选项。

技巧：

按住【Shift】键，并单击控制柄，可以【断开】切线，并独立地移动每个控制柄。要断开切线，必须选择【相似】选项。

【区域选择】——允许自动选择，所单击顶点的特定半径中的所有顶点。在顶点子对象层级，启用【区域选择】，然后使用【区域选择】复选框右侧的微调器设置半径。移动已经使用【连接复制】或【横截面】按钮，创建的顶点时，可以使用此按钮。

【线段端点】——通过单击线段选择顶点。在顶点子对象中，启用并选择接近要选择的顶点的线段。如果有大量重叠的顶点，并且想要选择特定线段上的顶点时，可以使用此选项。经过线段时，光标会变成十字形状，通过按住【Ctrl】键，可以将所需对象添加到选择内容。

【选择方式】——选择所选样条线或线段上的顶点。首先在子对象样条线或线段中，选择一个样条线或线段，然后启用顶点子对象，单击【选择方式】，然后选择【样条线】或【线段】。将选择所选样条线，或线段上的所有顶点。然后可以编辑这些顶点。

【显示】组

【显示顶点编号】——启用后，程序将在任何子对象层级的所选样条线的顶点旁边，显示顶点编号。

【仅限所选】——启用后，仅在所选顶点旁边，显示顶点编号。

选择信息

【选择】卷展栏底部是一个文本显示，提供有关当前选择的信息。如果选择了0个，或更多子对象，文本将显示所选对象的编号。

在【顶点】和【线段】子对象层级，如果选择了一个子对象，文本将提供当前样条线与当前对象有关，以及当前所选子对象的标识编号。每个样条线对象，包含样条线编号1；如果它包含多个样条线，将顺序地从小到大，对随后的样条线进行编号。

如果在样条线子对象层级，选择了一个样条线，第一行将显示所选样条线的标识编号，以及它是打开还是关闭的，第二行显示它包含的顶点的数量；如果选择了多个样条线，所选样条线的数量，将显示在第一行，所包含顶点的总数量，显示在第二行。

＊可编辑样条线（对象）

在可编辑样条线对象层级，即没有子对象层级处于活动状态时，可用的功能，也可以在所有子对象层级使用，并且在各个层级的作用方式完全相同。

【几何体】卷展栏

【新顶点类型】组，如图7－3－5所示。

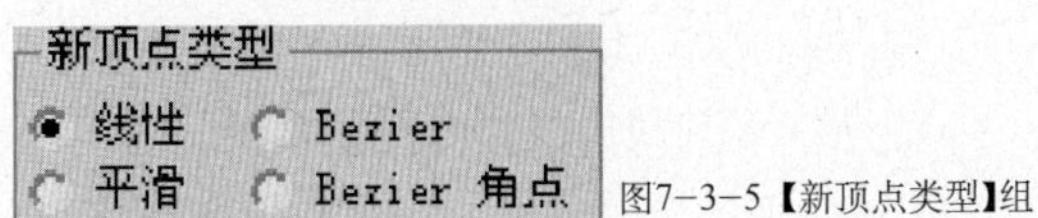


图7－3－5【新顶点类型】组

使用此组中的单选按钮，可以确定使用【Shift】键，复制线段或样条线时，创建的新顶点的切线。这些按钮对使用【创建线】按钮创建的顶点的切线没有影响。

【线性】——启用此选项时，新顶点将具有线性切线。

【平滑】——启用此选项时，新顶点将具有平滑切线。

【Bezier】——启用此选项时，新顶点将具有Bezier切线。

【Bezier角点】——启用此选项时，新顶点将具有Bezier角点切线。

【创建线】——将更多样条线添加到所选样条线。

**要点：**

这些线是独立的样条线子对象，创建它们的方式与创建线形样条线的方式相同，要退出线的创建，请右键单击，或单击以禁用【创建线】。

【断开】——在选定的一个或多个顶点拆分样条线。

【附加】——允许将场景中的另一个样条线，附加到所选样条线。

**要点：**

选择一个或多个顶点，然后单击【断开】，以创建拆分。对于每上一个样条线，目前有两个叠加的不相连顶点，允许曾经联接的线段端点，向相互远离的方向移动。

**要点：**

单击要附加到当前选定的样条线对象的对象，要附加到的对象，也必须是样条线。例如，如图7－3－6所示，独立的样条线（左）和附加的样条线（右）。

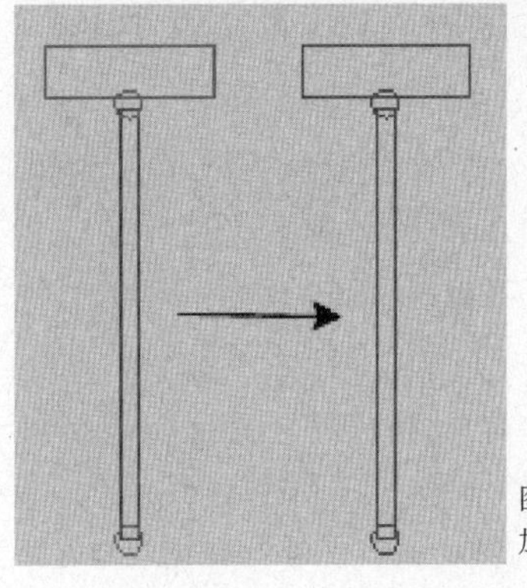

图7－3－6 独立的样条线和附加的样条线

附加对象时，两个对象的材质，可以采用下列方式进行组合：

A．如果正在附加的对象尚未分配到材质，将会继承与其连接的对象的材质。

B．同样，如果要附加到的对象没有材质，将继承要附加的对象的材质。

C．如果两个对象都有材质，生成的新材质是包含输入材质的【多维/子对象】材质。此时，将会显示一个对话框，其中提供了三种组合对象材质和材质ID的方法。

附加的形状将丢失它们作为独立形状时的标识，并且带有以下结果：

A．附加的形状将丢失对其创建参数的所有访问。例如，一旦将某个圆，附加到某个正方形后，便无法返回，并更改圆的半径参数。

B．附加的形状的修改器堆栈将塌陷。

C．应用于附加形状的任何编辑、修改器和动画，将在当前帧冻结。

【重定向】——启用后，旋转附加的样条线，使它的创建局部坐标系，与所选样条线的创建局部坐标系对齐。

【附加多个】——单击此按钮，可以显示【附加多个】对话框，该框包含场景中的所有其他形状的列表。选择要附加到当前可编辑样条线的形状，然后单击【确定】。

【横截面】——在横截面形状外面创建样条线框架。

单击【横截面】，选择一个形状，然后选择第二个形状，将创建连接这两个形状的样条线，继续单击形状将其添加到框架；此功能与【横截面】修改器相似，但可以在此确定横截面的顺序；可以通过在【新顶点类型】组中选择【线性】、【Bezier】、【Bezier角点】或【平滑】，来定义样条线框架切线。

【连接】——如果不希望新线连接到现有线的端点，则禁用此选项。如果启用【多边形连接】，在创建线时，如果第一次鼠标单击，经过了形状中的某个现有端点，新创建的线将附加到该端点。此行为一般是我们不希望发生的，特别是在创建要在【曲面】工具中使用的样条线网络时。

【端点自动焊接】组，如图7-3-7所示。

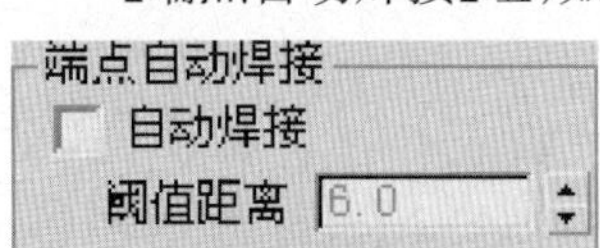

图7-3-7 端点自动焊接组

【自动焊接】——启用【自动焊接】后，会自动焊接在与同一样条线的另一个端点的阈值距离内，放置和移动的端点顶点。此功能可以在对象层级和所有子对象层级使用。

【阈值距离】——一个近似设置，用于控制在自动焊接顶点之前，顶点可以与另一个顶点接近的程度。默认设置为6.0。

【插入】——插入一个或多个顶点，以创建其他线段。

单击线段中的任意某处，可以插入顶点，并将顶点附加到鼠标，然后可以选择性地移动鼠标，并单击以放置新顶点，继续移动鼠标，然后单击，以添加新顶点；单击一次可以插入一个角点顶点，而拖动则可以创建一个Bezier（平滑）顶点。

右键单击，以完成操作，并释放鼠标按键。此时，仍处于【插入】模式，可以开始在其他线段中插入顶点。否则，再次右键单击，或单击【插入】，将退出【插入】模式。

＊可编辑样条线（顶点）

在【可编辑样条线（顶点）】层级时，可以使用标准方法选择一个和多个顶点并移动它们。如果顶点属于【Bezier】或【Bezier角点】类型，还可以移动和旋转控制柄，进而影响在顶点联接的任何线段的形状；可以使用切线复制/粘贴操作，在顶点之间复制和粘贴控制柄；可以使用四元菜单，重置控制柄，或在不同类型之间切换；选择顶点后，四元菜单中，始终有切线类型可用，不必将光标直接放在视口中的相应对象之上。

**操作：设置顶点类型**

1. 右键单击选择中的任意顶点。

2. 从快捷菜单中，选择一个类型。在一个图形中，每个顶点，可能属于下面四种类型之一：

【平滑】：创建平滑连续曲线的不可调整的顶点。平滑顶点处的曲率，是由相邻顶点的间距决定的。

【角点】：创建锐角转角的不可调整的顶点。

【Bezier】：带有锁定连续切线控制柄的不可调解的顶点，用于创建平滑曲线。顶点处的曲率，由切线控制柄的方向和量级确定。

【Bezier角点】：带有不连续的切线控制柄的不可调整的顶点，用于创建锐角转角。线段离开转角时的曲率，是由切线控制柄的方向和量级设置的。

**例如：**

如图7-3-8所示，平滑顶点（左）和角点顶点（右）。

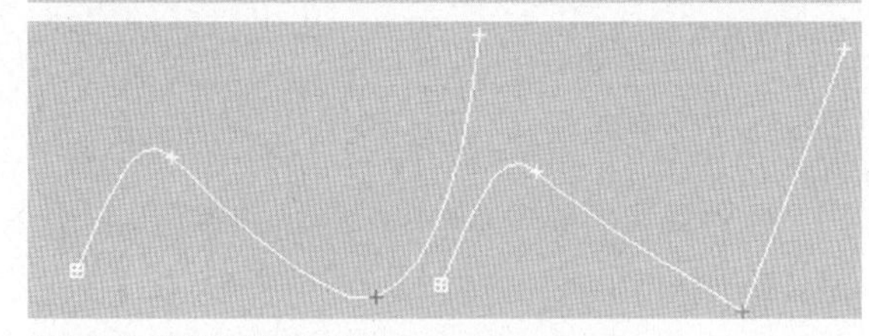

图7-3-8 平滑顶点和角点顶点

**例如：**

如图7-3-9所示，Bezier顶点（左）和Bezier角点顶点（右）。

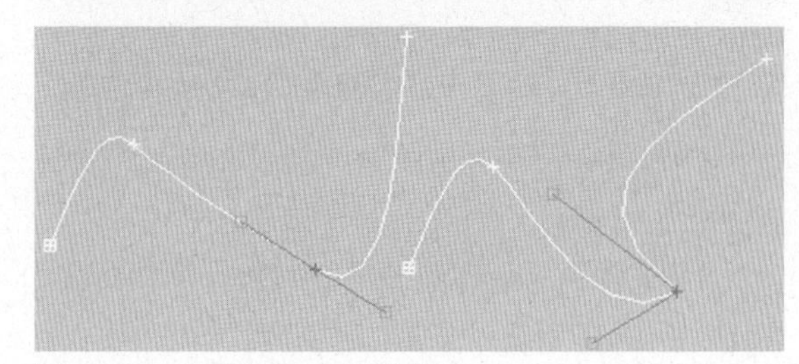

图7-3-9 Bezier顶点和Bezier角点顶点

**操作：复制和粘贴顶点切线控制柄**

1. 启用【顶点选择】，然后选择作为复制来源的顶点。

2.在【几何体】卷展栏上，向下滚动到【切线】组，然后单击【复制】。

3.将光标移至视口中的顶点上面。光标将变成复制光标。单击要复制的控制柄。

4.在【几何体】卷展栏上，向下滚动到【切线】组，然后单击【粘贴】。

5.将光标移至视口中的顶点上面，光标将变成粘贴光标，单击要粘贴到的控制柄。

**提示：**

视口中的顶点切线将相应更改。

**操作：重置顶点控制柄切线**

重置顶点控制柄切线，以重新绘制控制柄：

1.选择有问题的顶点。

2.右键单击，并选择【重置切线】。

**提示：**

控制柄很容易缩的非常小，并与顶点重叠，这样会使选择和编辑控制柄的操作变的很困难。

**提示：**

已经完成的任何顶点控制柄编辑将被丢弃，并重置控制柄。

【优化】组，如图7-3-10所示。

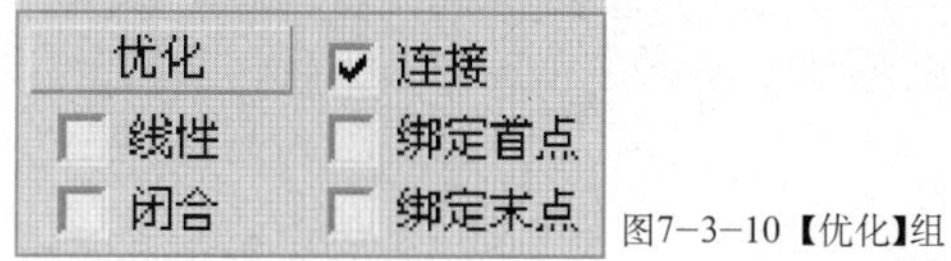

图7-3-10 【优化】组

【优化】组包括许多可与【曲面】修改器一起使用，以生成样条线网络的功能。

【优化】——允许添加顶点，而不更改样条线的曲率值。单击【优化】，然后选择每次单击时，要添加顶点的任意数量的样条线线段，鼠标光标经过合格的线段时，会变为一个【连接】符号。要完成顶点的添加，请再次单击【优化】，或在视口中右键单击。

还可以在【优化】操作过程中，单击现有的顶点，此时，3ds Max显示一个对话框，询问是否要优化或仅连接到顶点。如果选择【仅连接】，3ds Max将不会创建顶点：它只是连接到现有的顶点。

取决于要优化的线段端点上的顶点类型，【优化】操作创建的顶点类型会有不同。

A.如果边界顶点都是【平滑】类型，【优化】操作将创建一个【平滑】类型的顶点。

B.如果边界顶点都是【角点】类型，【优化】操作将创建一个【角点】类型的顶点。

C.如果某个边界顶点是【角点】或【Bezier角点】，【优化】操作将创建【Bezier角点】类型的顶点。

E.否则，操作将创建【Bezier类型】的顶点。

【连接】——启用时，通过连接新顶点，创建一个新的样条线子对象。使用【优化】添加顶点完成后，【连接】会为每个新顶点，创建一个单独的副本，然后将所有副本与一个新样条线相连。

**要点：**

要使【连接】起作用，必须在单击【优化】之前启用【连接】。

在启用【连接】之后、开始优化进程之前，启用以下选项的任何组合：

A.【线性】——启用后，通过使用【角点】顶点，使新样条直线中的所有线段成为线性。禁用【线性】时，用于创建新样条线的顶点，是【平滑】类型的顶点。

B.【绑定首点】——导致将优化操作中，创建的第一个顶点，绑定到所选线段的中心。

C.【闭合】——启用后，连接新样条线中的第一个和最后一个顶点，创建一个闭合样条线。如果禁用【关闭】，【连接】将始终创建一个开口样条线。

D.【绑定末点】——导致将优化操作中，创建的最后一个顶点，绑定到所选线段的中心。

【端点焊接】组，如图7-3-11所示。

图7-3-11 【端点焊接】组

【焊接】——将两个端点顶点或同一样条线中的两个相邻顶点，转化为一个顶点。

**要点：**

移近两个端点顶点或两个相邻顶点，选择两个顶点，然后单击【焊接】。如果这两个顶点，在由

第二部分 技能教学

【焊接阈值】微调器设置的单位距离内，将转化为一个顶点。可以焊接选择的一组顶点，只要每对顶点在阈值范围内。

【连接】——连接两个端点顶点，以生成一个线性线段，而无论端点顶点的切线值是多少。

**要点：**

单击【连接】按钮，将鼠标光标移过某个端点顶点，直到光标变成一个十字形，然后从一个端点顶点，拖动到另一个端点顶点。

【插入】——插入一个或多个顶点，以创建其他线段。

**要点：**

单击线段中的任意某处，可以插入顶点，并将鼠标附加到样条线，然后可以选择性地移动鼠标，并单击以放置新顶点，继续移动鼠标，然后单击，以添加新顶点；单击一次，可以插入一个角点顶点，而拖动，则可以创建一个Bezier（平滑）顶点。右键单击以完成操作并释放鼠标按键。此时，仍处于【插入】模式，可以开始在其他线段中插入顶点。否则，再次右键单击，或单击【插入】，将退出【插入】模式。

【设为首顶点】——指定所选形状中的哪个顶点，是第一个顶点。

**要点：**

样条线的第一个顶点，指定为四周带有小框的顶点。选择要更改的当前已编辑的形状中每个样条线上的顶点，然后单击【设为首顶点】按钮；在开口样条线中，第一个顶点，必须是还没有成为第一个顶点的端点；在闭合样条线中，它可以是还没有成为第一个顶点的任何点；单击【设为首顶点】按钮，将设置第一个顶点。

样条线上的第一个顶点有特殊重要性，下表定义了如何使用第一个顶点，如图7-3-12所示。

| 使用的形状 | 第一个顶点的含义 |
|---|---|
| 放样路径 | 路径的开始。 级别 0。 |
| 放样形状 | 最初的蒙皮对齐。 |
| 路径约束 | 运动路径的开始。 路径中的 0% 位置。 |
| 轨迹 | 第一个位置关键点。 |

图7-3-12 如何使用第一个顶点

【熔合】——将所有选定顶点，移至它们的平均中心位置。

**要点：**

生成样条线网络，以供【曲面】修改器使用时，可以使用【熔合】功能使顶点重叠。

**注意：**

【熔合】不会联接顶点，它只是将它们移至同一位置。如图7-3-13所示，三个所选顶点（左），熔合的顶点（右）。

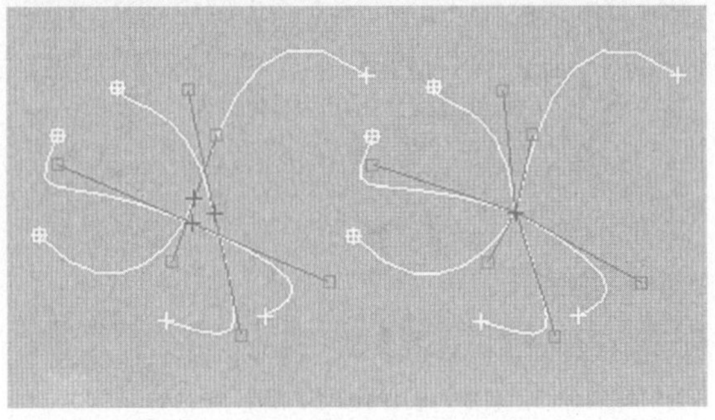

图7-3-13 熔合顶点

【循环】——选择连续的重叠顶点。

选择两个或更多在3D空间中，处于同一位置的顶点中的一个，然后重复单击，直到选中了想要的顶点。生成样条线网络以供【曲面】修改器使用时，可以使用【循环】，从样条线相交处的一组重叠顶点中，选择某个特定顶点。

**提示：**

观察【选择】卷展栏，底部显示的信息，可以查看选择了哪个顶点。

【相交】——在属于同一个样条线对象的两个样条线的相交处添加顶点。

**要点：**

单击【相交】，然后单击两个样条线之间的相交点。如果样条线之间的距离，在由【相交阈值】微调器设置的距离内，单击的顶点，将添加到两个样条线上。可以通过单击其他样条线相交点，继续使用【相交】。要完成此操作，请在活动视口中，右键单击或再次单击【相交】按钮。生成样条线网络，以供【曲面】修改器使用时，可以使用【相交】功能，在样条线相交处创建顶点。

**注意：**

【相交】不会联接两个样条线，而只是在它们的相交处添加顶点。

【圆角】——允许在线段会合的地方设置圆角，添加新的控制点。

**要点：**

通过拖动顶点，可以交互地应用此效果，也可以使用【圆角】微调器，通过使用数字来应用此效果。单击【圆角】按钮，然后在活动对象中拖动顶点，拖动时，【圆角】微调器，将相应地更新，以指示当前的圆角量。

如图7-3-14所示，原始矩形(左)、应用【圆角】之后(右上方)和应用【切角】之后(右下方)。

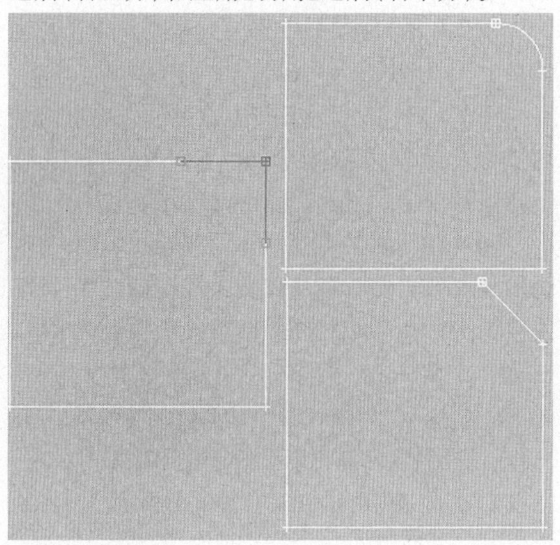

图7-3-14 圆角与切角

如果拖动一个或多个所选顶点，所有选定顶点将以同样的方式设置圆角。如果拖动某个未选定的顶点，则首先取消选择任何已选定的顶点；可以通过在其他顶点上拖动，来继续使用【圆角】。要完成此操作，请在活动视口中，右键单击或再次单击【圆角】按钮。

【圆角】会创建一个新的线段，此线段将与原始顶点的两个线段上的新点连接在一起。这些新点，沿两条线段上的离原始顶点的距离，都是准确的圆角量距离。新圆角线段是使用某个邻近线段，随机拾取的材质ID创建的。

例如：

如果设置矩形某个角的圆角，将使用沿着指向该角的两个线段上移动的两个顶点，来替换一个角点顶点，并且在该角创建一个新的圆角线段。

**注意：**

与【圆角/切角】修改器不同，可以将【圆角】功能，应用于任意类型的顶点，而不仅仅是【角点】和【Bezier角点】顶点，同样，相邻线段不必是线性的。

【圆角量】——调整此微调器，可以将圆角效果应用于所选顶点。

【切角】——允许使用【切角】功能，设置形状角部的倒角。可以通过拖动顶点交互式地或者要点：通过使用【切角】微调器，数字应用此效果。单击【切角】按钮，然后在活动对象中拖动顶点，【切角】微调器更新显示拖动的切角量。

如果拖动一个或多个所选顶点，所有选定顶点，将以同样的方式设置切角；如果拖动某个未选定的顶点，则首先取消选择任何已选定的顶点。可以通过在其他顶点上拖动，来继续使用【切角】。要完成此操作，请在活动视口中，右键单击或再次单击【切角】按钮。

【切角】操作会【切除】所选顶点，创建一个新线段，此线段将与原始顶点的两条线段上的新点，连接在一起。这些新点，沿两条线段上的离原始顶点的距离，都是准确的切角量距离。新切角线段是使用某个邻近线段，随机拾取的材质ID创建的。例如，如果设置矩形某个角的切角，将使用沿着指向该角的两个线段上移动的两个顶点，来替换一个角点顶点，并且在该角创建一条新线段。

**注意：**

与【圆角/切角】修改器不同，可以将【切角】功能，应用于任意类型的顶点，而不仅仅是【角点】和【Bezier角点】顶点，同样，相邻线段不必是线性的。

【切角量】——调整此微调器，可以将切角效果应用于所选顶点。

图7-3-15 切线组

【切线】组，如图7-3-15所示。

使用此组中的工具，可以将一个顶点的控制柄，复制并粘贴到另一个顶点。

【复制】——启用此按钮，然后选择一个控制柄。此操作将把所选控制柄切线复制到缓冲区。

【粘贴】——启用此按钮，然后单击一个控制柄。此操作将把控制柄切线粘贴到所选顶点。

【粘贴长度】——启用此按钮后，还会复制控制柄长度。如果禁用此按钮，则只考虑控制柄角度，而不改变控制柄长度。

【隐藏】和【绑定】组，如图7-3-16所示。

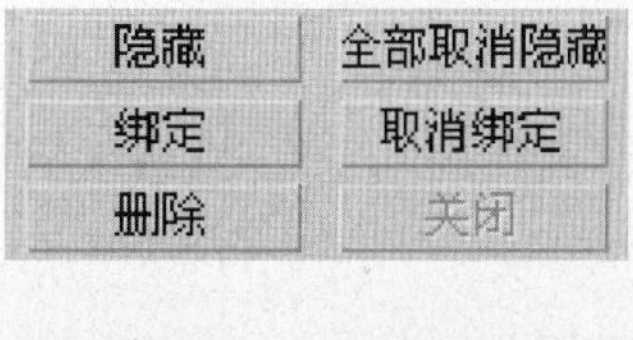

隐藏 全部取消隐藏
绑定 取消绑定
删除 关闭

图7-3-16 隐藏和绑定组

【隐藏】——隐藏所选顶点和任何相连的线段。选择一个或多个顶点，然后单击【隐藏】。

【全部取消隐藏】——显示任意隐藏的子对象。

【绑定】——允许创建绑定顶点。

**要点：**

单击【绑定】，然后从当前选择中的任何顶点，拖动到当前选择中的任何线段，但与该顶点相连的线段除外。拖动之前，当光标在合格的顶点上时，会变成一个十字形光标；在拖动过程中，会出现一条连接顶点和当前鼠标位置的虚线，当鼠标光标经过合格的线段时，会变成一个【连接】符号，在合格线段上释放鼠标按钮时，顶点会跳至该线段的中心，并绑定到该中心。生成样条线网络，以供【曲面】修改器使用时，可以使用【绑定】功能连接样条线。

【取消绑定】——允许断开绑定顶点与所附加线段的连接。选择一个或多个绑定顶点，然后单击【取消绑定】按钮。

【删除】——删除所选的一个或多个顶点，以及与每个要删除的顶点相连的那条线段。

【显示】组，如图7–3–17所示。

显示:
显示选定线段

图7–3–17 【显示】组

【显示选定线段】——启用后，顶点子对象层级的任何所选线段，将高亮显示为红色。禁用后，仅高亮显示线段子对象层级的所选线段。

**技巧：**

相互比较复杂曲线时，此功能有用。

＊可编辑样条线（线段）

线段是样条线曲线的一部分，在两个顶点之间。在【可编辑样条线（线段）】层级，可以选择一条或多条线段，并使用标准方法移动、旋转、缩放或克隆它（们）。

**操作：要更改线段属性**

1.选择一个可编辑样条线线段，然后右键单击该线段。

2.在【四元】菜单的【工具1】区域中，选择【直线】或【曲线】

3.根据线段末端顶点类型的不同，更改线段属性的效果也不同

A.【角点】顶点始终生成直线线段，而无论线段属性如何。

B.【平滑】顶点可以支持直线或曲线线段属性。

C.【Bezier】和【Bezier角点】顶点，仅将它们的切线控制柄，应用于曲线线段。切线控制柄被直线线段忽略。

D.与直线线段相关的切线控制柄，在控制柄的末尾显示一个X。仍可以变换控制柄，但在将该线段转化为曲线线段之前，这种变换没有影响。

**技巧：**

如果在变换控制柄时有问题，可以显示轴约束工具栏，并在那里更改变换轴。

【几何体】卷展栏，如图7–3–18所示。

图7–3–18 几何体卷展栏

【删除】——删除当前形状中任何选定的线段。选定线段和被删除的线段，如图7–3–19所示。

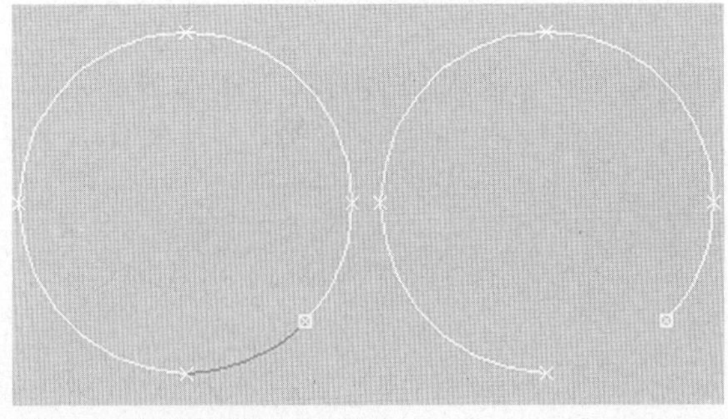

图7–3–19 选定线段和被删除的线段

【拆分】——通过添加由微调器，指定的顶点数来细分所选线段。

**要点：**

选择一个或多个线段，设置【拆分】微调器，然后单击【拆分】。每个所选线段将被【拆分】微调器中，指定的顶点数拆分。顶点之间的距离，取决于线段的相对曲率，曲率越高的区域得到越多的顶点。选定线段和被拆分的线段，如图7–3–20所示。

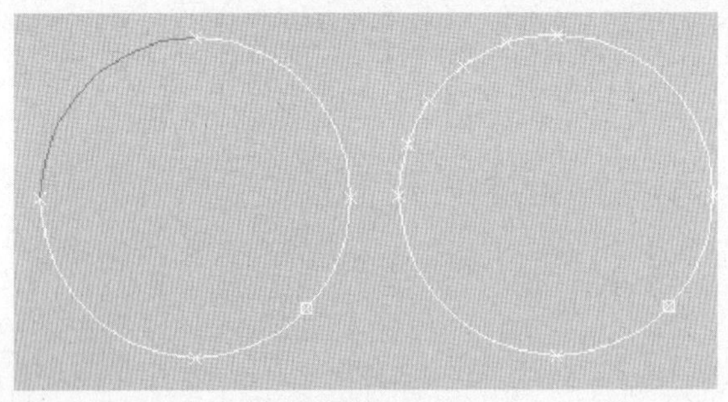

图7-3-20 选定线段和被拆分的线段

【分离】——允许选择不同样条线中的几个线段，然后拆分（或复制）它们，以构成一个新图形。源样条线和分离样条线，如图7-3-21所示。

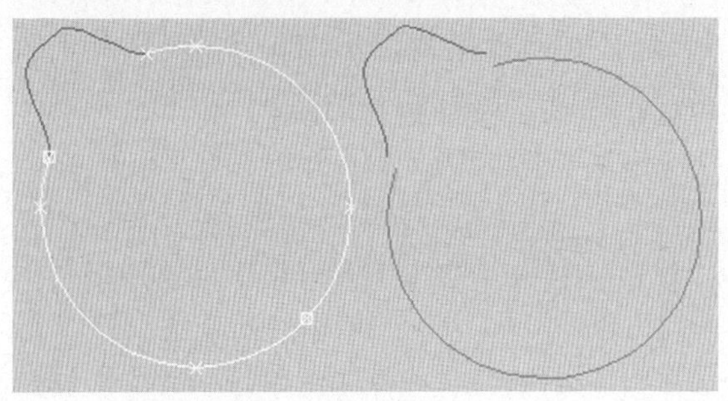

图7-3-21 源样条线和分离样条线

【分离】有以下三个可用选项：

A.【同一图形】——相同图形。启用后，将禁用【重定向】，并且【分离】操作，将使分离的线段，保留为原形状的一部分，而不是生成一个新形状；如果还启用了【复制】，则可以结束在同一位置，进行的线段的分离副本。

B.【重定向】——分离的线段复制源对象，创建局部坐标系的位置和方向。此时，将会移动和旋转新的分离对象，以便对局部坐标系进行定位，并使其与当前活动栅格的原点对齐。

C.【复制】——复制分离线段，而不是移动它。

【曲面属性】卷展栏，如图7-3-22所示。

图7-3-22 曲面属性卷展栏

【材质】组

可以将不同的材质ID应用于样条线线段。然后可以将【多维/子对象】材质，指定给此类样条线，样条线可渲染时，或者用于旋转或挤出时，这些对象会显示。

要点：

放样、旋转或挤出时，请务必要启用【生成材质ID】和【使用图形ID】。

【设置ID】——允许将特殊材质ID编号，指定个给所选线段，用于【多维/子对象】材质和其他应用程序。使用微调器或用键盘输入数字。可用的ID总数是65，535。

【选择ID】——根据相邻ID字段中指定的材质ID，来选择线段或样条线。键入或使用该微调器指定ID，然后单击【选择ID】按钮。

【按名称选择】——如果向对象指定了【多维/子对象】材质，此下拉列表将显子材质的名称。

要点：

单击下拉箭头，然后从列表中选择材质。将选定指定了该材质的线段或样条线。如果没有为某个形状，指定【多维/子对象】材质，名称列表将不可用。同样，如果选择了多个应用了【编辑样条线】修改器的形状，名称列表也被禁用。

【清除选定内容】——启用后，选择新ID或材质名称，将强制取消选择任何以前已经选定的线段或样条线。禁用后，将累积选定内容，因此新选择的ID或材质名称，将添加到以前选定的线段或样条线集合中。默认设置为启用。

＊可编辑样条线（样条线）

在【可编辑样条线（样条线）】层级，可以选择一个样条线对象中的一个或多个样条线，并使用标准方法移动、旋转和缩放它（们）。

操作：更改样条线属性

1.通过右键单击样条线，并从四元菜单的【工具1】区域中，选择【直线】或【曲线】，将样条线的属性从【直线】更改为【曲线】。

2.更改样条线属性，还会更改样条线中，所有顶点的属性：

A.选择【直线】将把顶点转化为角点。

B.选择【曲线】将把顶点转化为Bezier。

【几何体】卷展栏，如图7-3-23所示。

图7-3-23 几何体卷展栏

【反转】——反转所选样条线的方向。

**要点：**
如果样条线是开口的，第一个顶点，将切换为该样条线的另一端。反转样条线方向的目的，通常是为了反转在顶点选择层级，使用【插入】工具的效果。源样条线和反转样条线，如图7-3-24所示。

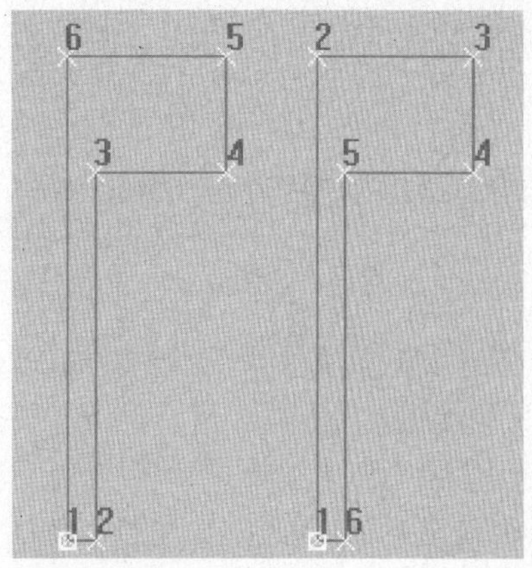


图7-3-24 源样条线和反转样条线

【轮廓】——制作样条线的副本，所有侧边上的距离偏移量，由【轮廓宽度】微调器指定。

**要点：**
选择一个或多个样条线，然后使用微调器动态地调整轮廓位置，或单击【轮廓】，然后拖动样条线。如果样条线是开口的，生成的样条线及其轮廓，将生成一个闭合的样条线。源样条线和轮廓样条线，如图7-3-25所示。

**注意：**
通常，如果是使用微调器，则必须在使用【轮廓】之前，选择样条线。但是，如果样条线对象，仅包含一个样条线，则描绘轮廓的过程会自动选择它。

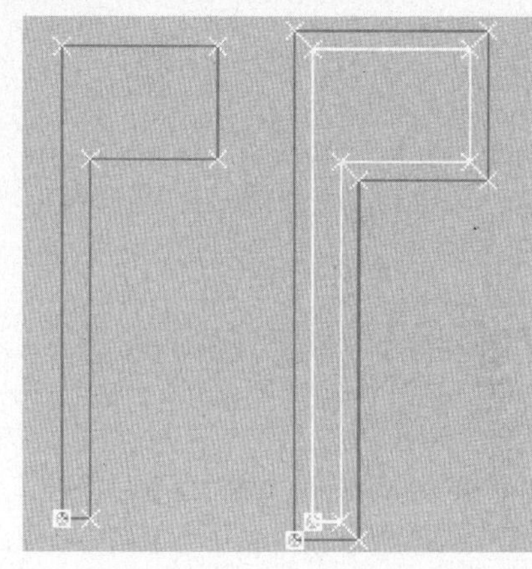

图7-3-25 源样条线和轮廓样条线

【中心】——如果禁用，原始样条线将保持静止，而仅仅一侧的轮廓偏移到【轮廓宽度】指定的距离。如果启用了【中心】，原始样条线和轮廓，将从一个不可见的中心线，向外移动由【轮廓宽度】指定的距离。

【布尔】——通过执行更改选择的第一个样条线，并删除第二个样条线的2D布尔操作，将两个闭合多边形组合在一起。选择第一个样条线，单击【布尔】按钮和需要的操作，然后选择第二个样条线。

**要点：**
2D布尔只能在同一平面中的2D样条线上使用。

有三种布尔操作：

A.【并集】——将两个重叠样条线组合成一个样条线，在该样条线中，重叠的部分被删除，保留两个样条线，不重叠的部分，构成一个样条线。

B.【差集】——从第一个样条线中，减去与第二个样条线重叠的部分，并删除第二个样条线中剩余的部分。

C.【相交】——仅保留两个样条线的重叠部分，删除两者的不重叠部分。

如图7-3-26所示，分别为：原始样条线（左）、布尔并集、布尔差集和布尔相交。

【镜像】——沿长、宽或对角方向镜像样条线。首先单击以激活要镜像的方向，然后单击【镜像】。

A.【复制】——选择后，在镜像样条线时复制，而不是移动样条线。

B.【以轴为中心】——启用后，以样条线对象的轴点，为中心镜像样条线。禁用后，以它的几何体中心，为中心镜像样条线。

图7-3-26
三种布尔操作

**要点：**
要执行修剪，需要将样条线相交，单击要移除的样条线部分，将在两个方向，以及长度方向搜索样条线，直到找到相交样条线，并一直删除到相交位置；如果截面在两个点相交，将删除直到两个相交位置的整个截面；如果截面在一端开口，并在另一端相交，将删除直到相交位置和开口端的整个截面；如果截面未相交，或者如果样条线是闭合的，并且只找到了一个相交点，则不会发生任何操作。

如图7-3-27所示，镜像的样条线。

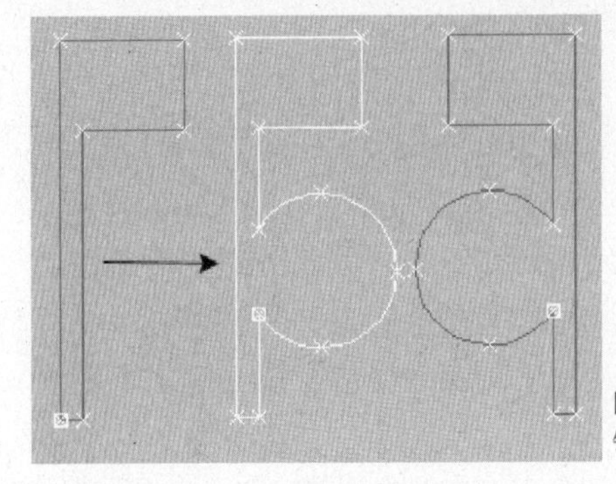

图7-3-27
镜像的样条线

修剪——使用【修剪】，可以清理形状中的重叠部分，使端点接合在一个点上。

【扩展】——使用【扩展】，可以清理形状中的开口部分，使端点接合在一个点上。

要进行扩展，需要开口样条线，样条线最接近所拾取的点的一端进行扩展，直到到达相交样条线；如果没有相交样条线，则不进行任何处理；弯曲样条线以与样条线端点相切的方向进行扩展；如果样条线的端点，正好在边界，即相交样条线上，则会寻找更远的相交点。

【无限边界】——为了计算相交，启用此选项，将开口样条线视为无穷长。例如，此选项可允许相对于实际并不相交的另一条直线的扩展长度，来修剪一个线性样条线。

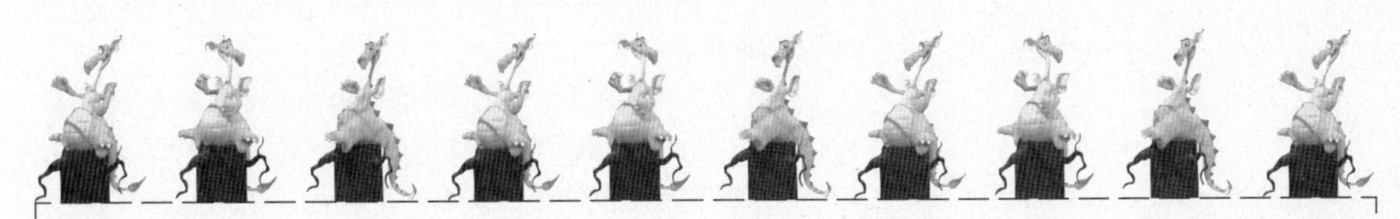

## 小结

掌握样条曲线与NURBS曲线是建模中必不可少的制作手段，这些图形的创建，提供了更多更强的创作扩展性。

## 课外作业

1. 利用样条曲线创建图形。
2. 利用NURBS曲线创建图形。
3. 利用文字图形创建中文和英文文字。

# 第八章 曲面建模

本章包括以下学习内容：

**学习目的：**

曲面建模比几何体（参数）建模具有更多的自由形式。尽管可以从【创建】面板中，创建【面片】和【NURBS】基本体，但更多情况下，使用【四元】菜单或修改器堆栈控件时，开始使用曲面建模，以将参数模型【塌陷】为可编辑曲面的一些形式。如果执行此操作，可以使用各种工具来制作曲面图形，通过编辑曲面对象的子对象来使用多个曲面建模。

## 细分曲面

分曲面是在保持对象常规图形时，已划分为多个面的曲面。执行细分，以将更多细节添加到对象或将其滑出来。

可以通过修改器应用于对象来创建细分曲面。支持两种细分曲面：

1.【HSDS】修改器提供层次细分曲面。

2.【网格平滑】修改器提供平滑。

这些修改器与完成模型工具的工作方式是最好的。

使用可编辑多边形曲面的【细分曲面】卷展栏，可以在不使用修改器的情况下，将细分曲面添加到此对象类型。

## 【软选择】卷展栏

【软选择】卷展栏控件，允许部分地选择显式选择邻接处中的子对象。这将会使显式选择的行为，就像被磁场包围了一样。在对子对象选择进行变换时，在场中被部分选定的子对象，就会平滑的进行绘制，这种效果随着距离，或部分选择的【强度】而衰减。

这种衰减在视口中，表现为选择周围的颜色渐变，它与标准彩色光谱的第一部分相一致，ROYGB（红、橙、黄、绿、蓝）。红色子对象是显式选择的子对象，具有最高值的软选择子对象为红橙色，它们与红色子对象有着相同的选择值，并以相同的方式对操纵作出响应，橙色子对象的选择值稍低一些，对操纵的响应不如红色和红橙顶点强烈，黄橙子对象的选择值更低，然后是黄色、绿黄等等，蓝色子对象实际上是未选择，并不会对操纵作出响应，除了邻近软选择子对象需要的以外，如图8−1所示。

通常，可以通过设置参数，然后选择子对象，来按程序地指定软选择。3ds Max7新增的功能，是明确的在多边形对象上

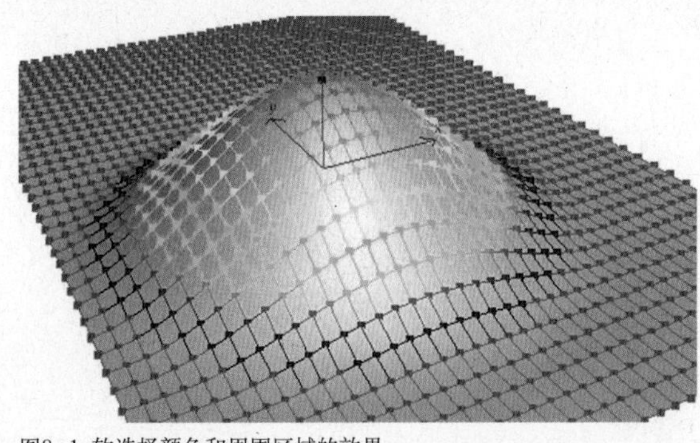
图8-1 软选择颜色和周围区域的效果

【绘制】软选择。默认情况下，软选择区域是球形的，而不考虑几何体结构，或者可以使用【边距离】选项，将选择限制到连续面的顶点上。

如果子对象被传到了修改器堆栈上，并且【使用软选择】处于启动状态，变形对象的修改器结果，就会受【软选择】参数值的影响，诸如【弯曲】和【变换】等。

这个对话框中的控件，可以修改【软选择】参数，所有的子对象层级，都共享了相同的【软选择】参数值，【软选择】可用于NURBS、网格、多边形、面片和样条线对象。

### 【软选择】卷展栏

【使用软选择】——在可编辑对象或【编辑】修改器内影响【移动】、【旋转】和【缩放】功能的操作，如果变形修改器在子对象选择上进行操作，那么也会影响应用到对象上的变形修改器的操作，后者也可以应用到【选择】修改器。启用该选项后，软件将样条线曲线变形，应用到进行变化的选择周围的未选定子对象上，要产生效果，必须在变换或修改选择之前，启用该复选框。

【边距离】——启用该选项后，将软选择限制到指定的面数，该选择在进行选择的区域和软选择的最大范围之间。影响区域根据【边距离】空间，沿着曲面进行测量，而不是真实空间。

在仅要选择几何体的连续部分时，此选项比较有用。例如，鸟的翅膀折回到它的身体，用【软选择】选择翅膀尖端，会影响到身体顶点。但是如果启用了【边距离】，将该数值设置成要影响翅膀的距离(用边数)，然后将【衰减】设置成一个合适的值。

【影响背面】——启用该选项后，那些法线方向与选定子对象平均法线方向相反的、取消选择的面就会受到软选择的影响。在顶点和边的情况下，这将应用到它们所依附的面的法线上。如果要操纵细对象的面，诸如细长方体，但又不想影响该对象其他侧的面，可以禁用【影响背面】。

**注意：**

在编辑样条线时，【影响背面】不可用。

【衰减】——用以定义影响区域的距离，它是用当前单位表示的从中心到球体的边的距离。使用较高的衰减设置以获得更平缓的倾斜，这取决于几何体的比例。默认设置为20。

**要点：**

用【衰减】设置指定的区域，在视口中用图形的方式进行了描述，所采用的图形方式与顶点和/或边，或者用可编辑的多边形和面片，也可以是面的颜色渐变相类似。渐变的范围为从选择颜色(通常是红色)到未选择的子对象颜色(通常是蓝色)。另外，在更改【衰减】设置时，渐变就会实时地进行更新。

**注意：**

如果启用了边距离，【边距离】设置就限制了最大的衰减量。

【收缩】——沿着垂直轴升高或降低曲线的最高点。设置区域的相对【指向】，当该值为负，就会产生一个坑而不是一个点；当设置成0时，收缩就会在该轴上产生平滑的变换。默认值为0。

【膨胀】——沿着垂直轴展开和收缩曲线。设置区域的相对“饱满”。它受【收缩】的限制，用以设置【膨胀】的固定开始点。【收缩】设为0，并且【膨胀】设为1.0，将会产生最为平滑的凸起。负的【膨胀】值，会将曲线的底部移到曲面以下，在区域的地基周围创建了“谷地”。默认值为0。

【软选择曲线】——以图形的方式显示【软选择】，将是如何进行工作的。可以用一条曲线设置来试验，然后撤消，再以相同的选择用另一个设置来试验。

【着色面切换】——显示颜色渐变，它与软选择范围内面上的软选择权重相对应。只有在编辑面片和多边形对象时才可用。

如果禁用了可编辑多边形，或可编辑面片对

象的顶点颜色显示属性，单击【着色面切换】按钮将会启用【软选择颜色】着色，如果对象已经有了活动的【顶点颜色】设置，按【着色面切换】，将会覆盖上一个设置，并将它更改成【软选择颜色】。

**注意：**

如果不想更改顶点颜色着色属性，可以使用【撤消】命令。

【锁定软选择】——锁定软选择，以防止对按程序的选择进行更改。

使用【绘制软选择】会自动启用【锁定软选择】。如果在使用【绘制软选择】后，禁用了它，绘制的软选择就会丢失，可以用【撤消】来还原。

【绘制软选择】组

【绘制软选择】可以通过在选择上拖动鼠标，来明确地指定软选择。【绘制软选择】功能在子对象层级上，可以为【可编辑多边形】对象所用，也可以为应用了【编辑多边形】，或【多边形选择】修改器的对象所用，可以在以下三种绘制模式中使用：【绘制】、【还原】和【模糊】。

【绘制】——可以在使用当前设置的活动对象上绘制软选择。在对象曲面上拖动鼠标光标，以绘制选择。

【模糊】——可以通过绘制来软化现有绘制软选择的轮廓。

【还原】——可以通过绘制在使用当前设置的活动对象上还原软选择。在对象曲面上拖动鼠标光标，以还原选择。

**要点：**

【还原】仅会影响绘制的软选择，而不会影响正常意义上的软选择。同样，【还原】仅使用【笔刷大小】和【笔刷强度】设置，而不是【选择值】设置。

【选择值】——绘制的或还原的软选择的最大相对选择。笔刷半径内周围顶点的值，会朝着0衰减。默认设置为1.0 。

【笔刷大小】——用以绘制选择的圆形笔刷的半径。

【笔刷强度】——绘制软选择将绘制的子对象设置成最大值的速率。高的【强度】值，可以快速的达到完全值，而低的【强度】值，需要重复的应用，才可以达到完全值。

【笔刷选项】——打开【绘制选项】对话框，该对话框中，可以设置笔刷的相关属性。

塌陷工具

可以使用【塌陷】工具，将一个或多个选中对象的堆栈操作，合并到可编辑面片或堆栈结果中，并可同时对它们执行布尔操作。

**重要信息：**

不可以使用【塌陷】工具撤销操作结果，在使用它之前，保存一个工作文件的副本或使用暂存。

**提示：**

也可从【修改器堆栈右键单击】菜单中，塌陷对象堆栈，并用【四元】菜单中的【变换】菜单，将选中对象转化为编辑曲面，这些更改是不可撤销的。

**操作：将对象堆栈塌陷到可编辑网格中**

1.在【工具】面板上，单击【塌陷】按钮。

2.选择要塌陷的一个或多个对象。

3.单击【塌陷选定项】按钮。

这将删除修改器堆栈中的所有修改器，并将对象变为可编辑网格。

**操作：将对象堆栈塌陷到可编辑曲面，而不是网格中**

1.在【工具】面板上，单击【塌陷】按钮。

2.在【塌陷】卷展栏中，将【输出类型】设置为【修改器堆栈结果】。

3.选择要塌陷的一个或多个对象。

4.应用想要输出最终曲面类型的修改器，例如，转化为多边形或转化为面片。

5.单击【塌陷选定项】按钮。

这将删除修改器堆栈中的所有修改器，并将对象变为由修改器指定的可编辑曲面。

**操作：从其他对象中减去多个对象**

【布尔】复合对象限制同时合并多个对象。使用【塌陷】工具，可以同时对几个对象执行【布尔】操作。

1.为达到程序的意图，将具有形状的对象从主中减去。创建并排列主，且从中将对象减去。例如，可能在不同位置有几个长方体穿透球体（主），减去它们可以在球体上获得长方体形状裁切。

2.选中主,然后选择要从中减去的对象。

3.在塌陷前选中的第一个对象,是将其他对象从中减去的对象。

4.在【工具】面板上,单击【塌陷】按钮。

5.根据需要,在【塌陷】卷展栏中,将【输出类型】设置为【网格】。

6.在【塌陷为】组中,选择【单个对象】。

7.启用【布尔】,然后选择【差集】。

8.单击【塌陷选定项】按钮。

所有在主(第一个对象)后选中的对象,将从主中减去。

**【塌陷】卷展栏**

**【选定对象】组**

显示当前选定对象的名称。如果选定多个对象,则显示【数目】选定对象。

【塌陷选定项】——塌陷选定对象。这个方法的塌陷,取决于在此按钮下,进行的选项设置。

**【输出类型】组**

指定由塌陷产生对象的类型。

【修改器堆栈结果】——如果塌陷了对象堆栈,那么生成相同的对象。在大多数情况下,当使用【栅格】选项时,生成一个栅格对象。然而,如果对象具有【编辑面片】修改器,这将使堆栈产生一个面片,此结果将是一个面片对象,而不是栅格对象。正如使用【编辑样条】修改器的对象形状,变为可编辑样条线。使用此选项时,【塌陷为】选项不可用,且所有选中对象仍是独立对象。

【栅格】——在塌陷之前,所有选中对象变为可编辑栅格,而不考虑它的类型。

**【塌陷为】组**

指定如何合并选中对象。仅当选择【栅格】后,此选项可用。

【多个对象】——塌陷每一选中叠对象,但仍保持每一对象独立。启用此选项后,将禁用【布尔】选项。

【单个对象】——塌陷所有选中对象,为一个可编辑网格对象。

【布尔】——对选中对象执行【布尔】操作。在【布尔】计算过程中,将显示一个具有【取消】按钮的进度条。如果任一对象【布尔】操作失败,跳过此对象,继续执行【塌陷】操作。此结果不是【布尔】复合对象,而是单个可编辑网格对象。通过以下选项指定【布尔类型】。

【并集】——合并几个对象,删除相交几何体。

【相交】——删除所有相交几何体。

【差集】——保持选中的第一个对象,并从中减去以后选中的对象。例如,从长方体中减去几个圆柱体。单击以选择框,按住【Ctrl】键,并区域选择圆柱体。

【关闭】——退出【塌陷】工具。

## 第一节 可编辑面片曲面

【可编辑面片】提供了各种控件,不仅可以将对象作为面片对象进行操纵,而且可以在下面五个子对象层级进行操纵:顶点、控制柄、边、面片和元素。

【可编辑面片】对象与【编辑面片】修改器的基本功能相同。因为使用这些对象时需要的处理和内存较少,所以,建议尽可能使用【可编辑面片】对象,而不要使用【可编辑面片】修改器。

将某个对象转化为【可编辑面片】形式,或应用【可编辑面片】修改器时,3ds Max可以将该对象的几何体,转化为单个Bezier面片的集合,其中,每个面片由顶点和边的框架,以及曲面组成。

A.控制点的框架和连接切线可以定义该曲面。变换该框架的组件是重要的面片建模方法,此时,框架不会显示在扫描线渲染中。

B.曲面是Bezier面片曲面,其形状由顶点和边共同控制。曲面是可渲染的对象几何体。

在该软件的版本3之前,某些面片对象包含与曲面独立的晶格。这与下面的情况不再相同:控制框架完全与曲面相符,以便于直观地显示面片建模的结果。

【曲面】修改器的输出是面片曲面。如果是样条线建模,且使用【曲面】修改器,从样条线框架生成面片曲面,可以使用【编辑面片】修改器,执行进一步的建模操作。

该对象采用面片结构,且一直处于原始位置。

### 操作:在子对象层级进行操作

1.在【修改器堆栈】显示中,选中某个选择层级:【元素】、【面片】、【边】或【顶点】。

2.选择要编辑的子对象几何体。

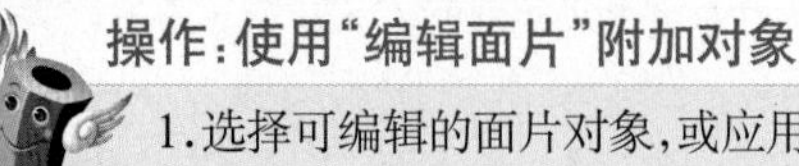

### 操作:使用"编辑面片"附加对象

1.选择可编辑的面片对象,或应用【编辑面片】修改器的对象。

2.在【修改】面板>【几何体】卷展栏>【拓朴】组中,单击【附加】。

3.根据需要禁用【重定向】。

4.选择要附加的对象。

此时,附加的对象属于可编辑的面片对象。原始对象的【细化】设置,也会影响附加的对象。

此时,将会附加和移动对象,使其与面片对象

### 操作:附加和重定向某个对象

附加对象前启用【重定向】。

对齐。附加对象的枢轴与【可编辑面片】对象的枢轴相匹配。

如果选择不重定向分离的曲面,则该曲面将

### 操作:分离面片曲面

1.在【面片】子对象层级进行选择。

2.如果要重定向分离的曲面,请启用【重定向】。

3.单击【分离】。将会显示【分离】对话框。

4.命名分离的曲面。

保持原位。取消选择该曲面,然后为其分配不同的颜色。

如果选择不重定向复制的对象,则该对象将

### 操作:复制面片曲面

1.在【面片】子对象层级进行选择。

2.在【几何体】卷展栏>【拓朴】组中,启用【复制】。

3.如果要重定向复制的曲面,请启用【重定向】。

4.单击【分离】。将会显示【分离】对话框。

5.命名面片副本。

保持原位。

细分选定的边,每条新边,都位于全新的较小

### 操作:删除面片

1.在【面片】子对象层级进行选择。

2.单击【删除】。面片将消失。

### 操作:细分面片

1.在【面片】子对象层级进行选择。

2.启用【传播】,以保持曲面的连续性。

3.单击【细分】。

4.细分选定的面片,以便增加面片数。

5.可以重复该步骤进行多次细分。每次细分时,都会增加面片数,此时,面片越变越小。如图8-1-1所示,是为细分曲面建立模型的示例。

图8-1-1 细分曲面建立模型的示例

### 操作:细分边

1.在【边】子对象层级,选择一条边。

2.单条边,可以通过其坐标轴,或该边中心处的变换Gizmo加以指定。对于多条边,轴图标位于选择集的中心。

3.或者,启用【传播】,以保持曲面的连续性。

4.单击【细分】。

面片的边界上。

新面片,已添加至曲面。

### 操作:添加面片

1.在【边】子对象层级,选择开放边,单个面片范围内的边,因此不能与其他面片共享。

2.单击【添加三角形】或【添加四边形】。

此时,将会取消对内部边及其顶点的锁定。如

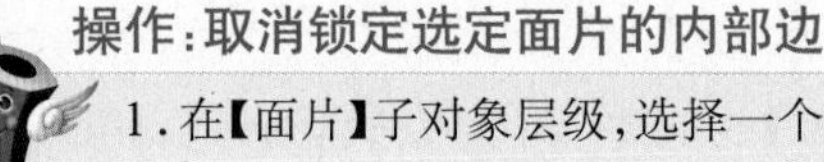

### 操作:取消锁定选定面片的内部边

1.在【面片】子对象层级,选择一个或多个面片。

2.右键单击该选择,然后从弹出菜单中,选择【手动内部】。

3.复选标记从【自动内部】(默认值)移动到【手动内部】。

果现在变换面片,则内部边将处于静止状态,要变换内部顶点,请参见下面的操作。

焊接时,锚面片保持固定,而其他面片将会发生移动,以便于进行焊接。

**操作:变换内部顶点**

1.在【面片】子对象层级,选择一个或多个面片。

2.右键单击该选择,然后从弹出菜单中,选择【手动内部】。

3.复选标记从【自动内部】移动到【手动内部】。

4.切换到【控制柄】层级。内部顶点显示为黄色方框。

5.变换选定面片的内部顶点。

**操作:设置面片的锚**

默认情况下,在焊接过程中,面片的几何体将会移动到公共中心。可以设置一个面片的锚,使其他面片在焊接时,可以移动到其所在的位置处。

1.在【面片】层级,开始焊接之前,选择要设置锚的面片。

2.返回到【顶点】层级,然后焊接相关的顶点。

### 【选择】卷展栏

**操作:创建新元素**

1.按住【Shift】,并拖动一个或多个面片。

2.按住【Shift】,并挤出一个或多个面片。

3.按住【Shift】,并挤出一个或多个边。

4.按住【Shift】,并拖动某个元素。

【选择】卷展栏提供了各种按钮,用于选择子对象层级和使用命名的选择,以及显示和过滤器设置,还显示了与选定实体有关的信息。

【可编辑面片】包含五个子对象编辑层:顶点、控制柄、边、面片和元素。在每个层级所做的选择,将会在视口中显示为面片对象的组件。每个层级都保留自身的子对象选择,返回到某个层级时,选择将会重新显示。

单击此处的按钮和在【修改器堆栈】卷展栏中,单击子对象类型的作用是相同的。重新单击该按钮,将其禁用,然后返回到对象选择层级。

【曲面顶点】——用于选择面片对象中的顶点控制点,及其向量控制柄。在该层级,可以对顶点执行焊接和删除操作。

默认情况下,变换Gizmo或三轴架,将会显示在选定顶点的几何中心,但是,如果启用【Gizmo】首选项>【允许多个Gizmo】,Gizmo或三轴架,将会显示在选定的所有顶点上。向量控制柄显示为围绕选定顶点的小型绿色方框,另外,对于某些对象,还可以看到用黄色方框表示的内部顶点。

【控制柄】——用于选择与每个顶点有关的向量控制柄。位于该层级时,可以对控制柄进行操纵,而无需对顶点进行处理。

变换Gizmo或三轴架,将会显示在选定控制柄的几何中心。在该层级,向量控制柄显示为围绕所有顶点的小型绿色方框,另外,对于某些对象,还可以看到用黄色方框表示的内部顶点。

【曲边】——选择面片对象的边界边。在该层级时,可以细分边,还可以向开放的边添加新的面片。

变换Gizmo或三轴架,显示在单个选定边的中心。对于多条选定的边,相关的图标位于选择中心。

【曲面片】——选择整个面片。在该层级,可以分离或删除面片,还可以细分其曲面。细分面片时,其曲面将会分裂成较小的面片,其中,每个面片有自己的顶点和边。

【曲元素】——选择和编辑整个元素。元素的面是连续的。

**提示:**

可以高亮显示着色显示中的选定面片,方法是启用【视口属性】对话框中的【着色选定面】。右键单击视口名称,然后在弹出菜单中选择【配置】,以便显示【视口属性】对话框。另外,还可以使用默认的键盘快捷键【F2】切换该功能。

### 【命名选择】组

这些功能可以与命名的子对象选择集结合使用。要创建命名的子对象选择,请进行相关的选择,然后在该工具栏的【命名选择集】字段中,输入所需的名称。

【复制】——将命名子对象选择置于复制缓冲区。单击该按钮之后，从显示的【复制命名选择】对话框中，选择命名的子对象选择。

【粘贴】——从复制缓冲区中，粘贴命名的子对象选择。

使用【复制】和【粘贴】，可以在不同对象之间复制子对象选择。

**【过滤器】组**

这两个复选框，只能在【顶点】子对象层级使用。使用这两个复选框，可以选择和变换顶点和/或向量(顶点上的控制柄)。禁用某个复选框时，不能选择相应的元素类型。这样，如果禁用【顶点】，可以对向量进行操纵，而不会意外地移动顶点。

**提示：**

为了仅仅便于编辑向量，请使用【控制柄】子对象层级。不能同时禁用这两个复选框，禁用其中一个复选框时，另外一个复选框将不可用，此时，可以对与启用的复选框对应的元素进行操纵，但不能将其禁用。

【顶点】——启用时，可以选择和移动顶点。

【向量】——启用时，可以选择和移动向量。

【锁定控制柄】——只能影响【角点】顶点。将切线向量锁定在一起，以便于移动一个向量时，其他向量会随之移动。只有在【顶点】子对象层级时，才能使用该选项。

【按顶点】——单击某个顶点时，将会选中使用该顶点的所有控制柄、边或面片，具体情况视当前的子对象层级而定。只有处于【控制柄】、【边】和【面片】子对象层级时，才能使用该选项。

**提示：**

该选项也可以与【区域选择】结合使用。

【忽略背面】——启用时，选定子对象只会选择视口中，显示其法线的那些子对象。禁用时(默认情况)，无论法线方向如何，选择对象包括所有的子对象。如果只需选择一个可视面片，可以对复杂面片模型使用该选项。

**要点：**

【显示】面板中的【背面消隐】设置的状态，不影响子对象选择。这样，如果【忽略背面】已禁用，仍然可以选择子对象，即使看不到它们。

【收缩】——通过取消选择最外部的子对象，缩小子对象的选择区域。如果无法再减小选择区域的大小，将会取消选择其余的子对象。如果处于【控制柄】子对象层级，则不能使用该选项。

【扩大】——朝所有可用方向外侧扩展选择区域。如果处于【控制柄】子对象层级，则不能使用该选项。

【环】——通过选择与选定边平行的所有边来扩展边选择。只有在【边】子对象层级时，才能使用该选项。

【循环】——尽可能扩大选择区域，使其与选定的边对齐。只有在【边】子对象层级时，才能使用该选项。

【选择开放边】——选择只由一个面片使用的所有边。只有在【边】子对象层级时，才能使用该选项。

**技巧：**

可以使用该选项解决曲面问题，此时，将会高亮显示开放的边。

选择信息——【选择】卷展栏的底部，是提供与当前选择有关的信息的文本显示。如果选中多个子对象，或未选中任何子对象，该文本将会提供选定的子对象数目和类型。如果选择了一个子对象，该文本给出选定项目的标识编号和类型。

**【几何体】和【曲面属性】卷展栏**

【几何体】卷展栏提供了各种功能，用于编辑面片对象及其子对象。使用【曲面属性】控件，可以修改对象的渲染特性。

## 一、可编辑面片（对象）

在可编辑面片对象级别可用的功能，即未选择子对象级别时。还可适用于所有子对象级别，并且在每个级别的工作方式完全相同。

**【几何体】卷展栏**

**【细分】组——在此级别不可用。**

**【拓扑】组**

【附加】——将对象附加到当前选定的面片对象。单击想要附加到当前选定面片对象的对象。如果附加非面片对象，则该对象将转化为面片对象。

附加对象时，两个对象的材质，可以采用下列方式进行组合：

A.如果正在附加的对象尚未分配到材质，将会继承与其连接的对象的材质。

B.同样，如果要附加到的对象没有材质，将继承要附加的对象的材质。

C.如果两个对象都有材质，生成的新材质是包含输入材质的【多维/子对象】材质。此时，将会显示一个对话框，其中提供了三种组合对象材质和材质ID的方法。

【附加】在所有子对象模式中，都保持活动状态，但是其始终应用于对象，如图8-1-2所示。

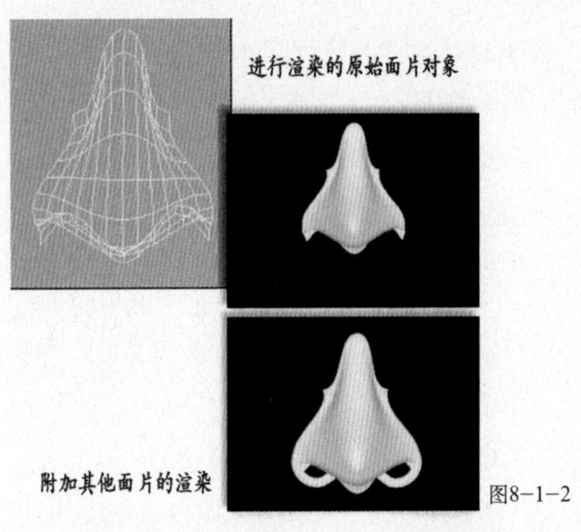

图8-1-2 附加

【重定向】——重定向附加的对象，以使其创建局部坐标系，与选定面片对象的创建局部坐标系对齐。

【全部取消隐藏】——还原任何隐藏子对象使之可见。

**【曲面】组**

【视图步数】——控制面片模型曲面的栅格分辨率，如在视口中描述的一样。范围为0至100。默认值为5。

【渲染步数】——控制渲染时面片模型曲面的栅格分辨率。范围为0至100。默认值为5。如图8-1-3所示。

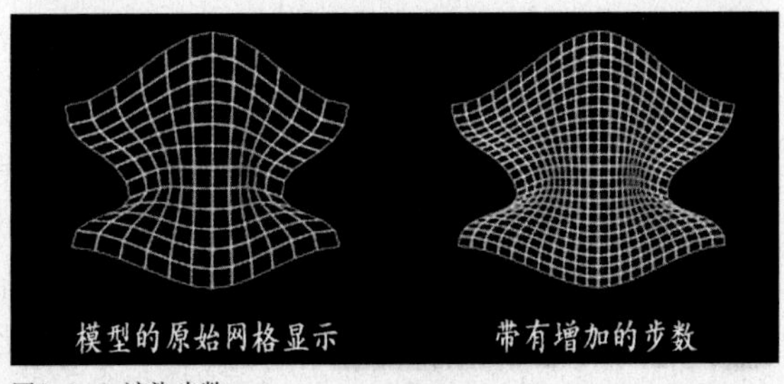

图8-1-3 渲染步数

【显示内部边】——在线框视图中显示面片对象的内部边。禁用时，只能显示对象的轮廓。启用时，可以简化显示，从而加快反馈速度。

【使用真面片法线】——决定该软件平滑面片之间边缘的方式。默认设置为禁用。

禁用该复选框时，该软件将会通过面片对象，在渲染前转化成的网格对象的平滑组计算曲面的法线。这些法线并不准确，特别是在【视图/渲染步数】设置不高的情况下，更是如此。启用该复选框时，该软件将会直接通过面片曲面计算真面片法线，因此，可以生成更为精确的着色效果。

**【杂项】组**

【面片平滑】——调整所有切线控制柄，以平滑面片对象的曲面。

【切线平滑】可以根据面片对象的几何体，将控制柄设置为绝对位置，重复的应用不起任何作用。

**【曲面属性】卷展栏**

【曲面属性】卷展栏上的【松弛网格】控件，通过将顶点移动靠近或远离其相邻顶点更改外观曲面张力。当顶点朝平均中点移动时，典型的结果是对象变得更平滑，更小一些。可以在具有锐角转角和边的对象上，看到最显著的效果。

【松弛】——启用渲染的松弛功能。

【松弛视口】——启用视口的松弛功能。

【松驰值】——将顶点移动的距离，设置为一个顶点，及其相邻顶点的平均位置之间距离的百分比。范围为-1.0至1.0。默认值为0.5。

【迭代次数】——设置重复【松弛】的次数。每次迭代，都将基于上一个迭代的结果，重新计算平均顶点位置。默认设置为1。

【固定边界点】——打开面片边缘上的顶点不松弛。默认设置为启用。

【保留外部角】——保留距离对象中心最远的顶点的原始位置。

## 二、可编辑面片（顶点）

在【可编辑面片(顶点)】层级，可以选择一个和多个顶点，然后使用标准方法对其进行移动。另外，还可以移动和旋转向量控制柄，从而影响与顶点连接的所有面片的形状。

### 操作:变换顶点或向量

1.在【面片(顶点)】层级,启用【选择】卷展栏>【过滤器】组>【顶点】,然后选择要变换的面片对象中的顶点。此时,将会同时显示顶点及其向量。

2.启用其中一个过滤器,使其他过滤器处于活动状态,然后选择变换。

3.移动到选择集中的顶点或向量上时,将会显示变换光标。可以在过滤器之间切换,以便有选择地变换组件。

### 操作:切换顶点类型

1.右键单击面片顶点。

2.从四元菜单的命令中进行选择。【工具1】区域(左上方),包括面片顶点特有的两个点:

a.共面:如果将面片控制点的属性设置为共面,效果就象对该点的传出向量的控制柄执行锁定一样。移动附加到共面顶点的控制柄时,会使相对的向量调整自身的位置,以便保持共面曲面。该选项是默认选项,可以在面片之间提供平滑变换。

b.角点:如果将面片控制点的属性设置为角点,将会取消对传出向量的锁定,以便可以在面片曲面中,创建不连续的间断点。

### 操作:将顶点类型从【共面】切换为【角点】

1.移动【共面】顶点的控制柄时,按住【Shift】键。此时,该顶点类型,将会切换为【角点】。

2.如果启用【锁定控制柄】(默认值),按住【Shift】键,并单击【断开】控制柄,使其独立移动。

3.如果启用【锁定控制柄】,控制柄将在共面关系中,保持锁定状态,但是,顶点仍然切换为【角点】。禁用【锁定控制柄】时,可以单独移动控制柄。

4.右键单击该顶点,然后从【四元】菜单中选择【角点】。

### 操作:删除顶点

1.在【面片(顶点)】层级,选择某个顶点。

2.单击【删除】。

此时,将会删除该顶点和共享该控制点的所有面片,如图8-1-4所示。

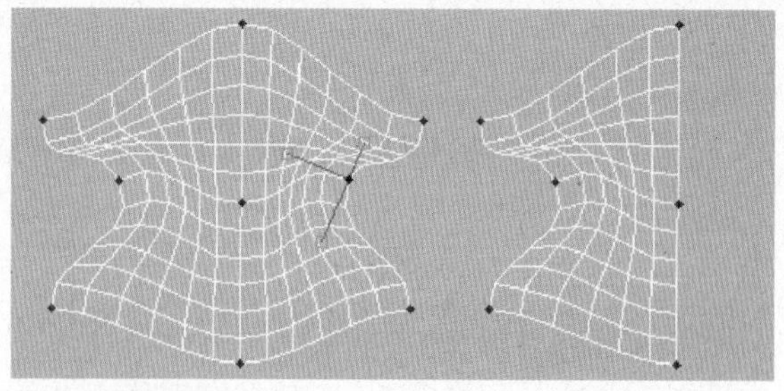

图8-1-4 删除顶点

### 操作:焊接顶点

1.在【面片(顶点)】层级,选择不同面片中的两个有效顶点。

2.对【焊接阈值】进行设置,使其至少等于选定顶点之间的距离。

3.单击【选定内容】。

两个顶点一起移动并连接,如图8-1-5所示。

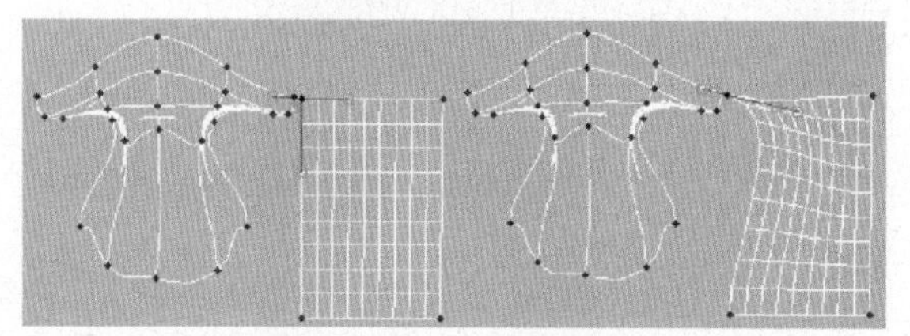

图8-1-5 焊接顶点

### 操作:变换内部顶点

使用默认程序时,只能选择面片外边或边界上的顶点和向量,该默认值是【自动内部】。在某些情况下,可能需要移动内部顶点。例如,可能需要调整面片的曲率,而不必对该面片进行细分。

在【面片】层级,可以根据面片更改默认值,方法是右键单击某个面片,然后从快捷键菜单中,选择【手动内部】,以便选择和变换各个内部顶点,这些顶点在视口中,显示为黄色的方格。

**警告:**

如果将某个面片恢复为默认值,所做的更改,因使用【手动内部】而丢失。

**注意:**

某些对象转换为面片对象时,可以自动设置为【手动内部】,在这些情况下,转到【顶点】子对象层级时,可以显示所有的内部顶点。

### 【几何体】卷展栏

激活【顶点】子对象层级时,【修改】面板中的

【几何体】卷展栏包含下列选项。

**【细分】组**

【绑定】——用于在两个顶点数不同的面片之间，创建无缝无间距的连接。这两个面片必须属于同一个对象，因此，不需要先选中该顶点，单击【绑定】，然后拖动一条从基于边的顶点(不是角顶点)到要绑定的边的直线，此时，如果光标在合法的边上，将会转变成白色的十字形状，如图8-1-6所示。

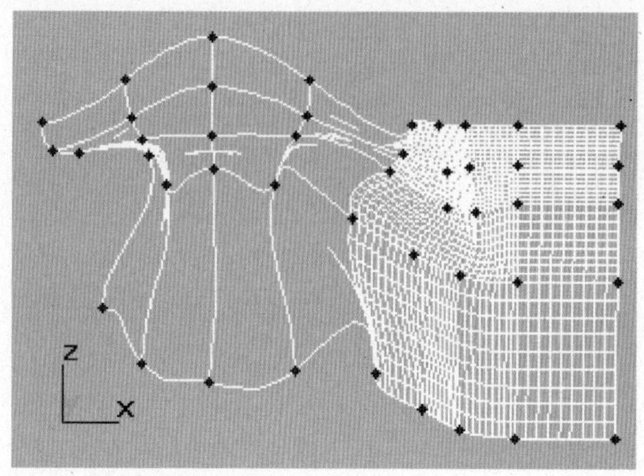


图8-1-6 绑定面片边

要退出【绑定】模式，请重新单击【绑定】，或者在活动视口中右键单击。

**要点：**

将两个面片的边与边相连时，首先尽可能多地排列顶点对，然后使用【焊接】对其进行连接，此后，使用【绑定】连接其余的顶点，绑定顶点不能直接进行操纵，即便其控制柄可以这样做。

**注意：**

连接面片对象和其他面片分辨率，如头部和颈部，而无需在低分辨率对象中，创建其他面片时，【绑定】是很有用的。

【取消绑定】——断开通过【绑定】连接到面片的顶点。选择该顶点，然后单击【取消绑定】。

**【焊接】组**

【选定】——焊接【焊接阈值】微调器指定的公差范围内的选定顶点。选择要在两个不同面片之间焊接的顶点，然后将该微调器设置有足够的距离，并单击【选定】。

【目标】——启用后，从一个顶点拖动到另外一个顶点，以便将这些顶点焊接在一起，拖动的顶点可以融合为目标顶点。使用【目标】按钮右侧的像素微调器，可以设置鼠标光标与目标顶点之间的最大屏幕像素距离。

**【切线】组**

使用这些控件，可以在同一个对象的控制柄之间，或在应用相同【编辑面片】修改器距离的不同对象上，复制方向或有选择地复制长度。该工具不支持将一个面片对象的控制柄复制到另外一个面片对象，也不支持在样条线和面片对象之间进行复制。

【复制】——将面片控制柄的变换，设置复制到复制缓冲区。

单击【复制】时，该软件将会显示选定对象中的所有控制柄。鼠标光标位于控制柄的端点上时，其图像将会更改为下面显示的形状。单击控制柄的端点，将其方向和长度复制到粘贴缓冲区。另外，还将退出【复制】模式。

【粘贴】——将方向信息从复制缓冲区粘贴到顶点控制柄。如果启用【粘贴长度】，则还要粘贴复制控制柄的长度。

单击【粘贴】时，该软件将会显示选定对象中的所有控制柄。鼠标光标位于控制柄的端点上时，其图像将会更改为下面显示的形状。单击控制柄端点，将相关的信息从缓冲区粘贴到控制柄。可以连续单击其他控制柄的端点，以便重复粘贴所需的信息。要退出【粘贴】模式，请在视口中右键单击或单击【粘贴】按钮。

【粘贴长度】——如果启用该选项，并且使用【粘贴】功能，则将复制最初复制的控制柄的长度及其方向。禁用时，只能粘贴其方向。

**【曲面属性】卷展栏**

**【编辑顶点颜色】组**

使用这些控件，可以分配颜色、照明颜色(着色)和选定顶点的Alpha(透明)值。

【颜色】——单击色样可更改选定顶点的颜色。

【照明】——单击色样可以更改选定顶点的照明颜色。使用该选项，可以更改阴影颜色，而不会更改顶点颜色。

【Alpha】——用于向选定的顶点分配Alpha(透明)值。微调器值是百分比值0是完全透明，100是完全不透明。

**【顶点选择方式】组**

颜色和照明单选按钮——这些按钮用于确定是否按照顶点颜色值，或顶点照明值选择顶点。

【色样】——在可以指定要匹配的颜色时，显示【颜色选择器】。

【选择】——选择的所有顶点应该满足如下条件：这些顶点的颜色值，或者照明值要么匹配色样，要么在RGB微调器指定的范围内，要满足哪个条件取决于选择哪个单选按钮。

【范围】——指定颜色匹配的范围。顶点颜色的所有三种RGB值，或照明值必须符合【按顶点颜色选择】的【色样】中指定的颜色，或介于【范围】微调器指定的最小值和最大值之间。默认设置为10。

## 三、可编辑面片（控制柄）

【可编辑面片】中的【控制柄】子对象层级，提供对顶点控制柄或向量的直接访问，而无需通过顶点子对象层级。仍然可以在【顶点】子对象层级访问控制柄，但是控制柄级别提供了增强的功能，如下所示：

（1）为操作的变换和应用选择多个控制柄的能力，如为它们选择【面片平滑】。

（2）操纵控制柄时使用变换Gizmo。

（3）消除可能不利的变换顶点。

（4）支持控制柄的命名选择集。

（5）复制和粘贴控制柄。

（6）使用对齐工具来对齐控制柄。

**提示：**

其他的卷展栏与【可编辑面片】的【顶点】相同，不再重述。

## 四、可编辑面片（边）

边指的是面片对象上在两个相邻顶点间的部分。在【可编辑面片（边）】层级，可以选择单个或者多个分段，并使用标准方法移动、旋转和缩放它们。也可以按住【Shift】键，并拖动边，以创建新的面片。在边挤出期间，按住【Shift】键，将创建新元素。

**操作：解锁内部边**

移动面片的外部边，或者边界边时，相邻内部边通常处于锁定状态，这样它们就可以与边界边同时移动，因为这样做提供沿面片的均匀变换，所以经常是有用的。该默认值是【自动内部】。

在【面片】层级，右键单击面片，并从【四元】菜单左上角的【工具1】中，选择【手动内部】而丢失。

**警告：**

如果将某个面片恢复为默认值，所做的更改，因使用【手动内部】而丢失。

【选择开放边】——选择只由一个面片使用的所有边。可以使用该选项，解决曲面的问题；打开高亮显示的边。

【断开】——分割边。如果需要为常规建模操作分割边，请使用该功能。选择一个或者多个边，然后单击【断开】。打破后移动相邻顶点的控制柄，可以创建面片中的缝隙。

**【挤出和倒角】组**

【挤出】——单击该按钮，然后拖动任何边，可以交互式将其挤出。执行该操作时，按住【Shift】键，以便创建新的元素。

（1）鼠标光标位于选定边上时，将会更改为【挤出】光标。

（2）选定多个边时，如果拖动任何一个边，将会均匀地挤出所有的选定边。

（3）在【挤出】按钮处于活动状态时，可以依次拖动其他边，使其挤出。再次单击【挤出】，或者右键单击，可以结束操作。

【法线】——如果将【法线】设置为【组】，将会沿着每组连续面片的平均法线，执行挤出操作；如果挤出多个这样的组，则每个组将会沿着自身的平均法线方向移动；如果将【法线】设置为【局部】（默认值），将会沿着每个选定边的法线，执行挤出操作。

## 五、可编辑面片（面片）

面片是面片对象的一个区域，由三个或四个围绕的边和顶点定义。

纹理贴图面片：在曲线空间中的插补。

此时，面片可以在曲线空间内映射，即为面片生成简化的纹理贴图。为此，将不会扭曲复杂面片对象中的平面贴图。在【面片】子对象层级，右键单击时弹出的【四元】菜单，在【工具1】区域中，有一个名为【线性贴图】的参数，如果禁用【线性贴图】，纹理将会插补到曲线空间，且运行方式必定与映射到网格对象的纹理非常相似。

使用以前的方法时，面片贴图插补在结点之间，因为每个面片在UV空间内，呈线性关系，所以，非常适用于程序贴图，但不太适用于位贴图。

例如：

如图8-1-7所示，复杂的面片不再使位图发生变形。

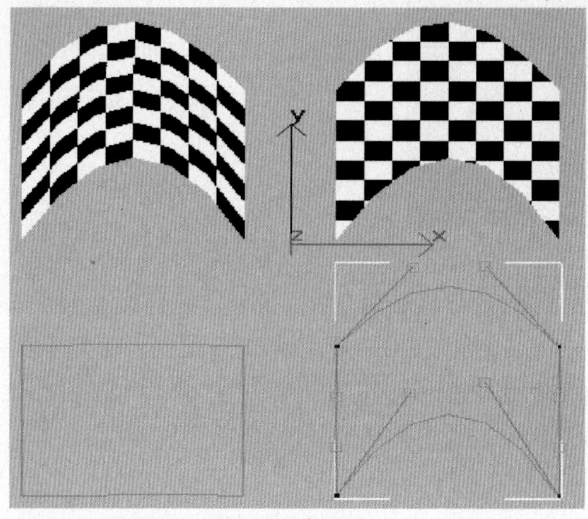

图8-1-7 复杂的面片不再使位图发生变形

最左侧的两个面片显示了【线性】面片贴图。左上方的面片是使用平面贴图的面片，而左下方的面片显示的是它在UVW空间的表示。右侧的面片是在UVW空间投射中，使用向量时的曲线投射。

请注意，右下方表示UVW空间，另外，请注意控制柄和结对UVW空间的形状所起的作用。

简而言之，禁用【线性】选项，以便获得期望的平面贴图。启用【线性贴图】选项时，可以向下兼容。

要点：

目前，【展开UVW】修改器，支持新的平面曲线贴图。样条线控制柄可以在【展开UVW】修改器的【编辑】对话框中，进行插补。

### 六、可编辑面片（元素）

想要选择并使用元素中的所有连续面时，请使用【元素】子对象层级。在【Shift+克隆】和【Shift+挤出面片】时，必须是【元素】子对象层级，因为这样做可以创建单独的元素。

例如：

如果选择面片，并按住【Shift】键，然后将面片移动到新位置，将从原始的面片中创建出独立的新元素。这也适用于挤出，如果在挤出时，按住【Shift】键，将创建新元素。

注意：

在某些情况下，移动面片元素，将导致各个部分的移动量不同，这种情况一般发生在对象设置为【手动内部】时。

例如：

将球体基本体转换为可编辑面片对象时，这种情况就会发生。要修正此问题，先选择元素，然后右键单击它显示【四元】菜单，在【工具1】四元菜单中，选择【自动内部】。

## 第二节 面片栅格

可以在栅格表格：【四边形面片和三角形面片】中创建两种面片表面。面片栅格以平面对象开始，但通过使用【编辑面片】修改器，或将栅格的修改器堆栈塌陷到【修改】面板的【可编辑面片】中，可以在任意3D曲面中修改。

【面片栅格】为自定义曲面和对象提供方便的【构建材质】，或为将面片曲面添加到现有的面片对象中提供该材质。

可以使用各种修改器，如【柔体】和【变形】修改器等，来设置【面片】对象的曲面的动画。使用【可编辑面片】修改器，来设置控制顶点和面片曲面的切线控制柄的动画。

### 曲面工具

【曲面】修改器的输出是【面片】对象。面片对象将灵活的替代方法，提供给网格和 NURBS建模和动画，如图8-2-1所示。

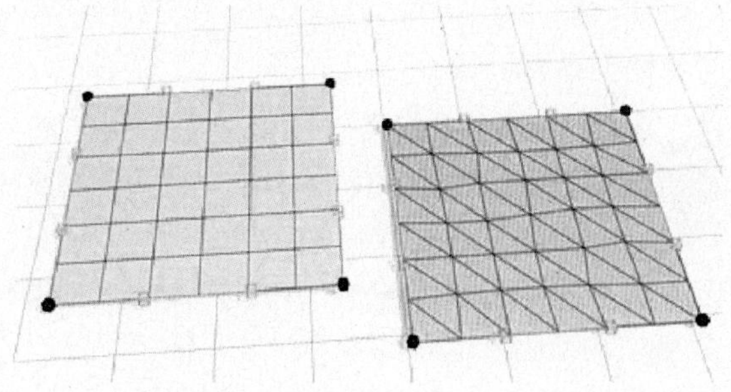

图8-2-1 四边形面片和三角形面片

### 可编辑面片

可以将基本面片栅格转化为可编辑面片对象。可编辑面片具有各种控件，使用这些控件可以直接控制该面片和其子对象。例如，在【顶点】子对象层级上，可以移动顶点或调整它们的Bezier控制柄。使用【可编辑面片】可以创建比基本、矩形面片更不规则、更具有自由形式的曲面。在将面片转化为可编辑面片时，将会损失调整或设置其创建参数动画的能力。

**操作：创建面片栅格**

1.在【创建】面板>【几何体】>【面片栅格】>【对象类型】卷展栏上，单击【四边形面片】或【三角形面片】。

2.在任何视口中拖动以创建面片。

【自动栅格】——使用曲面法线作为平面来创建面片。单击面片类型，然后单击，并在视口中的面上拖动光标。

## 一、四边形面片

四边形面片创建带有默认36个可见的矩形面的平面栅格。隐藏线为整个72个面的每个面划分为两个三角形面，如图8-2-2所示。

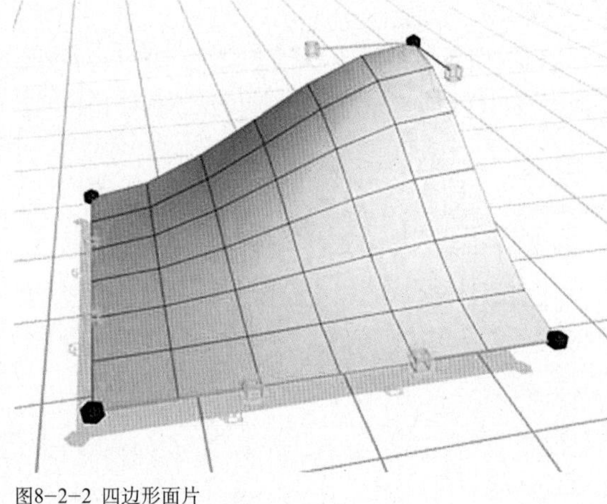

图8-2-2 四边形面片

**操作：创建面片栅格**

1.在【创建】面板>【几何体】>【面片栅格】>【对象类型】卷展栏上，单击【四边形面片】。

2.在任何视口中拖动，以定义面片的长度和宽度。

**操作：编辑【四边形面片】**

1.选择【四边形面片】。

2.在【修改】面板上，右键单击堆栈视图中【四边形面片】，然后选择【可编辑面片】。该【四边形面片】塌陷为一个【可编辑面片】。

3.在【可编辑面片选择】卷展栏上，单击【顶点】。

4.在任何视口中，选择面片对象上的顶点，然后移动该顶点，以更改曲面拓扑。

5.可是使用【可编辑面片】修改器，来设置顶点和矢量的动画。

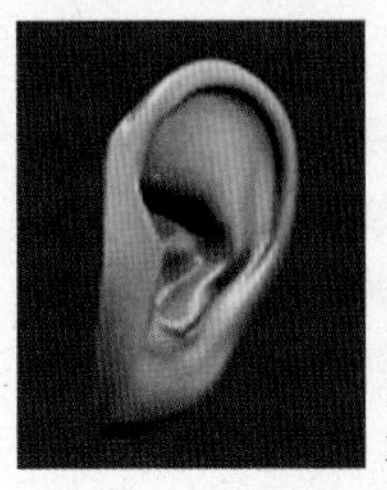

图8-2-3 通过添加面片和编辑面片顶点来创建耳朵

在子对象【边】层级上，可以沿着任何边添加面片，从单个面片开始创建复杂的面片模型，如图8-2-3所示。

## 二、三角形面片

三角形面片将创建具有72个三角形面的平面栅格，该面数保留72个，不必考虑其大小，当增加栅格大小时，面会变大，以填充该区域，如图8-2-4所示。

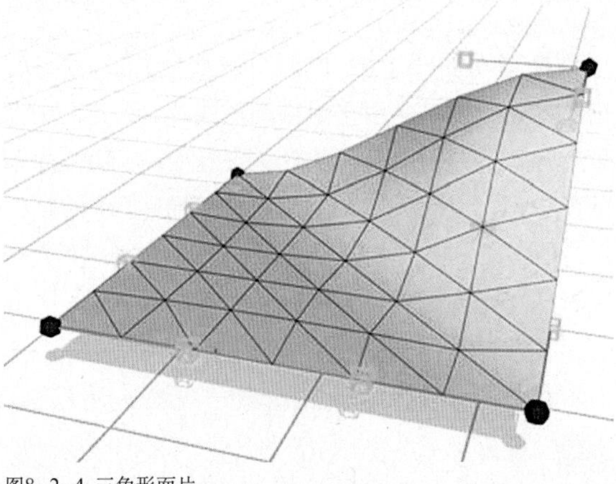

图8-2-4 三角形面片

**操作：创建三角形面片**

1.在【创建】面板>【几何体】>【面片栅格】>【对象类型】卷展栏上，单击【三角形面片】。

2.在任何视口中拖动，以创建该面片。

**操作：编辑【三角形面片】**

1.选择【三角形面片】。

2.在【修改】面板上，右键单击堆栈视图中【三角形面片】，然后选择【可编辑面片】。该【三角形面片】塌陷为一个【可编辑面片】。

3.在【可编辑面片选择】卷展栏中，单击【顶点】。

4.在任何视口中，选择面片对象上的顶点，然后移动该顶点，以更改曲面拓扑。

5.可以使用【可编辑面片】修改器，来设置顶点和矢量的动画。

## 第三节 网格曲面

可编辑网格不是状态修改器。不过，像【编辑网格】修改器一样，在三种子对象层级上，像操纵普通对象那样，它提供由三角面组成的网格对象的操纵控制：顶点、边和面。可以将 3ds Max中的大多数对象，转化为可编辑网格，但是对于开口样条线对象，只有顶点可用，因为在被转化为网格时，开放样条线没有面和边。

在无可编辑网格的对象上，例如，在基本对象上，要选择子对象，以便将堆栈向上传递给修改器，请使用【网格选择】修改器。

一旦用【可编辑网格】做了选择，就有如下这些选项：

A.使用【编辑几何体】卷展栏提供的选项修改此选择。

B.与任何对象一样，可以变换或对选定内容执行【Shift+克隆】操作。

C.将此选择传递到堆栈中后面的修改器。可以对此选择，应用一个或者多个标准修改器。

D.使用【曲面属性】卷展栏上的选项，改变所选网格组件的曲面特性。

**提示：**

因为【编辑网格】修改器的功能，几乎与【可编辑网格对象】修改器的功能完全相同，所以【可编辑网格】课程中讲解的功能，也适用于应用【编辑网格】的对象，除非特别指出需要注意。【可编辑多边形】与【可编辑网格】相似，但是可以使用四边或者更多边的多边形，并且提供更多的功能。

**注意：**

在活动视口中，单击右键，就可以退出大多数【可编辑网格】命令模式，例如，【挤出】。

**操作：生成可编辑网格对象**

首先选择某个对象，然后执行下列操作之一：

a.右键单击对象，并在变换区域中，从【转化为】子菜单中，选择【可编辑网格】。

b.使用折叠工具。

c.将修改器应用到参数对象，这些参数对象，将对象变为堆栈中的网格对象，然后塌陷堆栈。例如，可以应用【网格选择】修改器。

d.导入无参数对象，例如，3DS文件中的对象。

将对象转化为可编辑网格的操作，会移除所有的参数控件，包括创建参数。例如，可以不再增加长方体的分段数，对圆形基本体，执行切片处理或更改圆柱体的边数。应用于对象的任何修改器也遭到塌陷，转化后，留在堆栈中唯一的项是【可编辑网格】。

**操作：保持对象的创建参数**

就像上面操作中的那样，可以将现有的对象转化为可编辑网格，可编辑网格使用【可编辑网格】，替换堆栈中的创建参数，此时，创建参数不再可以进行访问或设置动画。

如果想保持创建参数，可以使用以下修改器：【编辑网格】修改器、【网格选择】修改器、【删除网格】修改器、【细化】修改器、【面挤出】修改器、【影响区域】修改器。

### 【选择】卷展栏

【选择】卷展栏提供启用或者禁用，不同子对象层级的按钮，它们的名字是选择和控制柄、显示设置和关于选定条目的信息。

当使用选定的可编辑网格，第一次访问【修改】面板时，处于【对象】层级，可以访问可编辑网格(对象)中，讲解的几个可用的功能。单击【选择】卷展栏顶部的按钮，可以切换不同的子对象层级，并访问相关功能。

单击此处的按钮与在【修改器堆栈】显示中，选择子对象类型效果相同。重新单击该按钮，将其禁用，然后返回到【对象】选择层级。【选择】卷展栏也可以显示和缩放顶点，或者面法线。

【顶点】——启用用于选择光标下的顶点的【顶点】子对象层级，选择区域时，可以选择该区域内的顶点。

【边】——启用【边】子对象层级，这样可以选择光标下的面，或者多边形的边，区域选择是在区域中，选择多个边。在【边】子对象层级，选定的隐

藏边显示为虚线，可以做更精确的选择。

【面】——启用【面】子对象层级，这样可以选择光标下的三角面，区域选择是在区域中，选择多个三角面。如果选定的面有隐藏边，并且着色选定面处于关闭状态，边显示为虚线。

【多边形】——启用【多边形】子对象层级，这样可以选择光标下的所有共面的面，由【平面阈值】微调器中的值定义。通常，多边形是在可视线边中看到的区域。选择区域时，可以选择该区域中的多个多边形。

【元素】——启用【元素】子对象层级，这样可以选择对象中所有的相邻面。选择区域时，可以选择多个元素。

【按顶点】——当处于启用状态时，单击顶点，将选中任何当前层级中，使用此顶点的子对象，也可以使用【区域选择】。

**注意：**

当【按顶点】处于启用状态时，可以只通过单击顶点，或者按区域选择子对象。

【忽略可见边】——当选择了【多边形】面选择模式时，该功能将启用。当【忽略可见边】处于禁用状态（默认情况）时，单击一个面，无论【平面阈值】微调器的设置如何，选择不会超出可见边。当该功能处于启用状态时，面选择将忽略可见边，使用【平面阈值】设置作为指导。

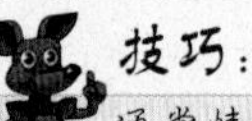

**技巧：**

通常情况下，如果想选择【面】（共面面集合），将【平面阈值】设置为1.0；另一方面，如果想选择曲线曲面，那么根据曲率量增加该值。

【平面阈值】——指定阈值的值，该值决定对于【多边形】面选择来说，哪些面是共面。

【显示法线】——当处于启用状态时，程序在视口中显示法线。法线显示为蓝线，在【边】模式中，显示法线不可用。

【比例】——【显示】处于启用状态时，指定视口中显示的法线大小。

## 一、使用网格子对象

### 选择和变换

在选择和变换子对象几何体时，可以使用以下标准技术：

（1）单击任何顶点、边或面/多边形/元素将其选中。

（2）按住【Ctrl】键，通过单击，可增加或减少选择。

（3）按住【Alt】键，通过单击，或通过【窗口/交叉选择】，可减少选择。

（4）在对象之外开始选择，可启动一个【区域选择】。区域选择过程中，按住【Ctrl】可增加选择。

（5）进行子对象选择之后，可以使用【空格键】，锁定正在处理的选择。

### 使用子对象选择

使用可编辑网格、或编辑网格修改器、或网格选择修改器，可以存储三种单独的子对象选择：每个选择层级（顶点、面和边）对应一个选择。这些选择集，将与文件一同保存。使用子对象选择，拥有以下选择：

（1）选择一个选择集，可将堆栈上的几何体，传递到其他修改器，一次只能激活一个选择集。

（2）随时更改为其他选择集之一。

（3）将【命名选择集】用于要重用的子对象几何体。

**例如：**

在对头进行建模时，可能对前额、鼻子和下颚拥有许多不同的顶点选择。这样的选择可能难以重新创建，因此在重做特定区域时，使用命名集，可以轻松访问原始选择。

### 克隆子对象几何体

在进行顶点或面选择时，使用【Shift+变换】，可显示【克隆部分网格】对话框。从而可以决定是要【克隆到对象】还是要【克隆到元素】。单击所需的选项，可以选择为克隆的对象指定一个新名称，然后单击【确定】。

A 如果选择【克隆到对象】，则克隆的副本，将成为普通网格对象，完全与原始对象分离。在【克隆到对象】单选按钮右侧的字段中，为新对象指定名称。

B 如果选择【克隆到元素】，则将在新位置克隆选择，并且该选择保留一部分原始对象。

### 设置子对象几何体的动画

使用可编辑网格时，可以直接变换子对象选择选择，并设置其动画。实际上，选择的操作方式与其他任何对象类似。

## 二、可编辑网格（对象）

子对象层级不处于活动状态时，可以使用【可编辑网格(对象)】功能，另外，这些功能适用于所有的子对象层级，且在每个层级上的用法相同。

**【编辑几何体】卷展栏**

【附加】——将场景中的另一个对象附加到选定的网格。可以附加任何类型的对象，包括样条线、片面对象和NURBS曲面。附加非网格对象时，该对象会转化成网格，单击要附加到当前选定网格对象中的对象。

附加对象时，两个对象的材质，可以采用下列方式进行组合：

A.如果正在附加的对象，尚未分配到材质，将会继承与其连接的对象的材质，如图8-3-1所示。

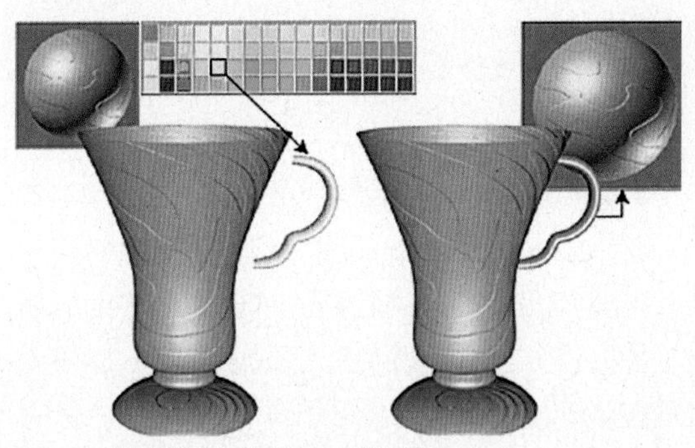

图8-3-1 将会继承与其连接的对象的材质

B.同样，如果附加到的对象没有材质，也会继承与其连接的对象的材质。

C.如果两个对象都有材质，生成的新材质是包含输入材质的【多维/子对象】材质，此时，将会显示一个对话框，其中提供了三种组合对象材质和材质ID的方法，如图8-3-2所示。

【附加】可以在所有子对象层级保持活动状态，但始终适用于对象。

【附加列表】——用于将场景中的其他对象附加到选定网格。单击以显示【选择对象】对话框，可以在其中选择要附加的多个对象。

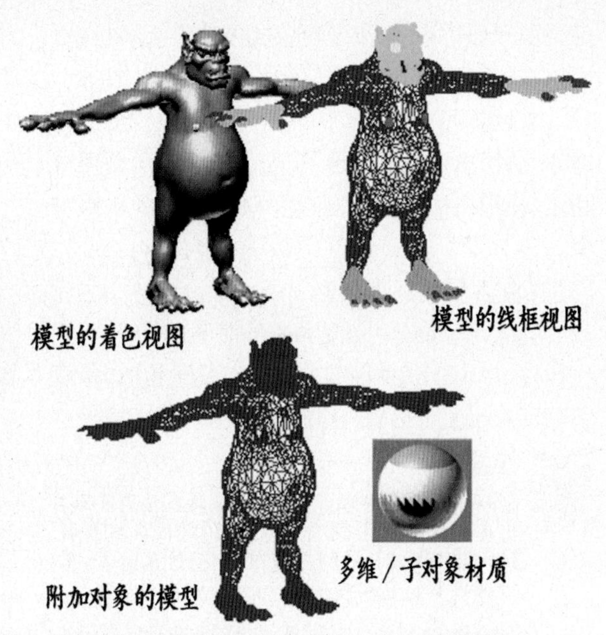


图8-3-2 生成的新材质是包含输入材质的【多维/子对象】材质

**【炸开】组**

【炸开】——根据边的角度，将当前对象炸开到多个元素或对象中。该功能在【对象】模式，以及所有子对象层级中可用，【顶点】和【边】除外。

角度阈值微调器，位于【炸开】按钮的右边，可以指定面与面之间的角度，在这个角度之下炸开将不发生。例如，长方体的所有面彼此成90度角，如果将微调器设为90度或更高，炸开长方体不会有任何变化，但是，如果设置值小于90，所有的边将会变成单独的对象或元素。

【炸开为对象/元素】——指定炸开后的面是否变为单独对象或当前对象的单独元素。

【移除孤立顶点】——无论当前选择如何，删除对象中所有的孤立顶点。

【视图对齐】——将选定对象中的所有顶点与活动视口平面对齐。如果激活子对象层级，该功能只影响选定的顶点或属于选定子对象的顶点。

如果是正交视口，使用【视图对齐】与对齐构建网格(主网格处于活动状态时)一样。与【透视】视口对齐时，包括【摄影机】和【灯光】视图，将会对顶点进行重定向，使其与某个平面对齐。其中，该平面与摄影机的查看平面平行。该平面与距离顶点的平均位置最近的查看方向垂直。

【栅格对齐】——将选定对象中的所有顶点与当

前视图平面对齐。如果子对象层级处于活动状态，则该功能只适用于选定的子对象。

该功能可以使选定的顶点与当前的构造平面对齐。启用主栅格的情况下，当前平面由活动视口指定。使用栅格对象时，当前平面是活动的栅格对象。

【曲面属性】卷展栏

指定用于细分可编辑网格的曲面近似设置。这些控件与NURBS曲面的曲面近似设置相似。将位移贴图应用于可编辑网格时，可以使用这些控件。

**注意：**

【曲面属性】卷展栏，只对可编辑网格对象可用，它不出现在应用了【可编辑网格】修改器对象的【修改】面板中。对于【可编辑网格】修改对象，可以使用置换近似修改器 以获得相同的效果。

【细分置换】——启用此选项后，将面进行细分使其精确地位移网格，使用在【细分预设】和【细分方法】组对话框中，指定的方法和设置。禁用此选项后，移动现有顶点对网格进行位移，如同位移修改器使用的方法。默认设置为禁用。

【分割网格】——影响位移网格对象的接缝，也影响纹理贴图。启用时，在将网格进行位移前，将网格分割为单独的面，这有助于保持纹理贴图。禁用此选项后，网格不进行分割，使用内部方法指定纹理贴图。默认设置为启用。

**要点：**

由于存在着建筑方面的局限性，该参数需要采用位移贴图的使用方法。启用【分割网格】通常是一种较为理想的方法。但是，使用该选项时，可能会使面，完全独立的对象(如长方体，甚至球体)产生问题。长方体的边向外发生位移时，可能会分离，使其间产生间距。如果没有禁用【分割网格】，球体可能会沿着纵向边(可以在【顶】视图中，创建的球体后部找到)分割。然而，当【分割网格】禁用时纹理贴图的工作无法预测，因此可能需要添加位移网格修改器，并对网格做快照，然后应用【UVW贴图】修改器，重新指定贴图坐标给位移快照网格。

【细分预设】组和【细分方法】组

这两个组中的控件，指定启用了【细分置换】选项后，如何应用位移贴图。它们与用于NURBS曲面的【曲面近似】控件相同。

三、可编辑网格（顶点）

顶点是空间中的点：它们定义面的结构。当移动或编辑顶点时，它们形成的面也会受影响。顶点也可以独立存在，这些孤立顶点，可以用来构建面，但在渲染时，它们是不可见的。

在【可编辑网格(顶点)】子对象层级上，可以选择单个或者多个顶点，并使用标准方法移动它们。

**操作：按颜色选择顶点**

1.在【曲面属性】卷展栏上，单击【现有色样】，然后在【颜色选择器】中指定想要的顶点颜色。

2.在【RGB范围】微调器中指定范围。这可以选择与指定颜色相近，但不完全匹配的顶点。

3.单击【选择】按钮。

4.选中所有匹配此颜色，或者在RGB范围内的顶点。

5.可以通过按住【Ctrl】键，并按下【选择】按钮，来添加到此选择，还可以通过按住【Alt】键，从选择中删除。

**要点：**

首先选择想要匹配的顶点，然后拖动【编辑色样】的副本到【现有色样】，再单击【选择】按钮，就可以选择颜色相同的所有顶点。如果想要完全匹配，请确保首先将【RGB 范围】微调器设置为0。

【编辑几何体】卷展栏

【创建】——用于添加顶点到单个选定网格对象。选择对象并单击【创建】后，单击空间中的任何位置，都会将自由浮动的顶点添加到对象，新顶点放置在活动构造平面上。

【删除】——删除选定的顶点和任何附加面。

【分离】——将选定顶点和所有附加面，分离为单独的对象或者元素。使用【作为克隆对象分离】，可以复制面，但不能将其移动。系统提示输入新对象的名称。将分离面移动到新的位置处时，将会在原始对象中留下一个孔洞。

【断开】——为每一个附加到选定顶点的面，创建新的顶点，可以移动面角，使之互相远离它们曾经在原始顶点连接起来的地方，如果顶点是孤立的，或者只有一个面使用，则顶点将不受影响。

【切角】组

【切角】控件可以使用切角功能对对象角进行

倒角。可以交互式地(通过拖动顶点)或者在数字上(通过使用【切角】微调器)应用此效果。

【切角】——单击该按钮,然后拖动活动对象中的顶点。拖动时,【切角】微调器将相应地更新,以指示当前的切角量。

如果拖动一个或多个所选顶点,所有选定顶点将以同样的方式设置切角。如果拖动某个未选定的顶点,则首先取消选择任何已选定的顶点。

顶点【切角】切除选定顶点,在所有通向原始顶点的可见边上,创建与新点连接的新面。这些新点正好是从原始顶点,沿每一个边到新点的【切角量】距离。新切角面是用其中一个邻近面(随意拾取)的材质ID和作为所有邻近平滑组的相交平滑组创建的。

**例如:**

如果设置长方体一角的切角,则沿三条通向该角的可见边移动的三个顶点,将替换单独角的顶点。该软件重新排列相邻的面,并将其拆分以使用这三个新顶点,并在该角创建新的三角形。

切角量——调整此微调器,可以将切角效果应用于所选顶点。

**【切割和切片】组**

【切片】功能在【顶点】子对象层级可用。然而,【切割】在【顶点】层级不可用。

**【焊接】组**

【选定项】——焊接【焊接阈值】微调器指定的公差范围内的选定顶点。所有线段都会与产生的单个顶点连接。

【目标项】——进入焊接模式,可以选择顶点并将它们移来移去。移动时,光标照常变为【移动】光标,但是将光标定位在未选择顶点上时,它就变为【+】的样子,在该点释放鼠标,以便将所有选定顶点,焊接到目标顶点,选定顶点下落到该目标顶点上。

【目标】按钮右侧的像素微调器,设置鼠标光标与目标顶点之间的最大距离,以屏幕像素为单位。

【移除孤立顶点】——删除对象中的所有孤立顶点,无论当前选择的对象是谁。

【视图对齐】——将选定顶点对齐到活动视口的平面。如果是正交视口,其效果与对齐构建栅格(主栅格处于活动状态时)一样。

当对齐到透视视口(包括摄影机和灯光视图)上时,软件重定向顶点,以便将它们对齐到平行于摄影机视图平面的平面。【透视】视口已经暗示了摄影机平面,在这些情况下,除发生旋转之外,选定的顶点不会进行转换。

【栅格对齐】——将选定顶点对齐到当前的构造平面。在主栅格的情况下,当前平面由活动视口指定。使用栅格对象时,当前平面是活动的栅格对象。

【平面化】——使所有选中的顶点共面。平面的法线是指所有附加在选定对象上的面的平均曲面法线。

【塌陷】——将选定顶点塌陷为平均顶点。

**【曲面属性】卷展栏**

这些控件用于设置顶点的权重和颜色。

【权重】——显示并可以更改NURMS操作的顶点权重。

**【编辑顶点颜色】组**

使用这些控件,可以分配颜色、照明颜色(着色)和选定顶点的Alpha(透明)值。

【颜色】——单击色样可更改选定顶点的颜色。

【照明】——单击色样可以更改选定顶点的照明颜色。这可以更改顶点的照明,而不用更改顶点的颜色。

【Alpha】——用于向选定的顶点,分配Alpha值。微调器值是百分比值,0是完全透明,100是完全不透明。

**【顶点选择方式】组**

【颜色/照明】——这些【单选】按钮,用于选择一种方式,按照顶点颜色值选择,还是按照顶点照明值选择。设置所需的选项,并单击【选择】。

【色样】——显示当前要匹配的颜色。单击以打开【颜色选择器】,在其中可以指定不同的颜色。

【选择】——选择的所有顶点应该满足如下条件:这些顶点的颜色值,或者照明值要么匹配色样,要么在RGB微调器指定的范围内,要满足哪个条件,取决于选择哪个单选按钮。

【范围】——指定颜色匹配的范围。顶点颜色或者照明颜色中所有三个RGB值,必须匹配【按顶点颜色选择】中【色样】指定的颜色，或者在一个范围之内，这个范围由显示颜色加上和减去【范围】值决定。默认设置为10。

例如：

如果已选择【颜色】，并设置色样为中灰色(R=G=B=128)，使用的默认【范围】值为10,10,10，然后单击【选择】按钮，选择将顶点的RGB颜色值，设置在118,118,118到138,138,138之间。

## 四、可编辑网格（边）

边是一条线，可见或不可见。组成面的边并连接两个顶点，两个面可以共享一条边。在【可编辑网格(边)】子对象层级上，可以选择一个或多个边，然后使用标准方法对其进行变换。

操作：从一条或多条边创建形状

1.选择要组成图形的边。

2.在【编辑几何体】卷展栏上，单击【从边创建图形】。

3.在出现的【创建图形】对话框上，根据需要进行修改。

4.输入曲线名称或保持默认设置。

5.选择【平滑】或【线性】作为【图形类型】。

6.启用【忽略隐藏边】从计算中排除隐藏边，或者禁用此功能。

7.单击【确定】。

产生的图形由一条或多条样条线组成，它们的顶点与选定边的顶点重合。【平滑】选项，用平滑值生成顶点，而【线性】选项，产生具有角顶点的线性样条线。

区域选择边时，将高亮显示所有选中的边，包括隐藏边，隐藏边以虚线显示。默认情况下，【创建图形】函数忽略隐藏边，即便它们处于选中状态。如果想在计算中包含隐藏边，请禁用【忽略隐藏边】选项。

如果选定边不连续或存在分支，生成的图形将包含多条样条线。当【创建图形】函数遇到边上的【Y】型分支时，它将任意决定由哪条边产生哪条样条线。如果需要控制这种情况，请选择那些仅会产生单一样条线的边，然后重复执行【创建图形】来产生正确数量的图形。最后，在【可编辑样条线】中使用【附着】将各个图形组合成一个图形。

如图8-3-3所示，选择【边】并移除不需要的【边】的操作。

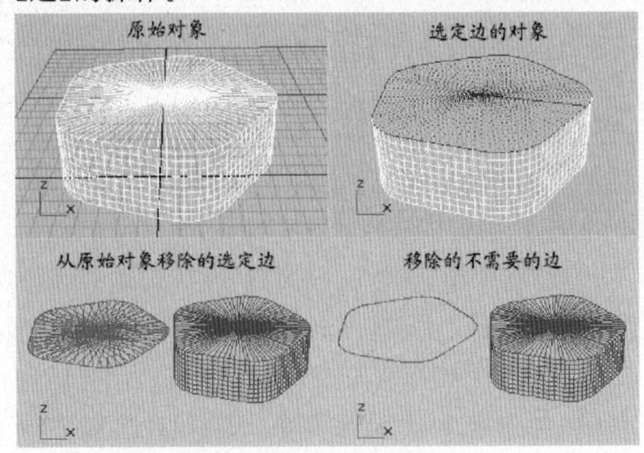

图8-3-3 选择【边】并移除不需要的【边】的操作

### 【编辑几何体】卷展栏

【拆分】——将一条边分割为两条边，每条边的中间出现一个新顶点。单击【分割】，然后选择要分割的边，每条边在单击的地方进行分割，可以顺序单击任意多个要分割的边，要停止分割，请再次单击【分割】或单击右键。

【改向】——在边的范围内旋转边。3ds Max中的所有网格对象，都由三角形面组成，但是默认情况下，大多数多边形被描述为四边形，其中有一条隐藏的边，将每个四边形分割为两个三角形。【改向】可以更改隐藏边(或其他边)的方向，因此当直接或间接地使用修改器变换子对象时，能够影响图形的变化方式。

### 【曲面属性】卷展栏

这些控件影响边的可见性。不可见边(也称为构建线)出现在视口中，当禁用【仅显示边】或在【边】的子对象层级上进行编辑时，出现在【显示】命令面板中。当使用线框材质渲染对象时，边的可见性非常重要。

【可见】——使选中的边可见。

【不可见】——使选定的边不可见，使它们不会显示在【仅显示边】模式中。

### 【自动边】组

【自动边】——根据共享边的面之间的夹角，来确定边的可见性面之间的角度，由该选项右边的【阈值】微调器设置。

单击【自动边】可以产生以下三种效果之一，

这取决于激活了哪个单选按钮:【设置】意味着让不可见边可见;【清除】意味着让可见边不可见。

【设置和清除边可见性】——根据【阈值】设定更改所有选定边的可见性。

【设置】——当边超过了【阈值】设定时,使原先可见的边变为不可见,但不清除任何边。

【清除】——当边小于【阈值】设定时,使原先不可见的边可见,不让其他任何边可见。

## 五、可编辑网格(面/多边形/元素)

面可能是最小的网格对象,即由三个顶点组成的三角形,面可以提供可渲染的对象曲面。虽然顶点可以在空间中作为孤立点存在,但是没有顶点,面就不能存在。

在【可编辑网格(面)】层级,可以选择一个和多个面,然后使用标准方法对其进行变换,这一点对于【多边形】和【元素】子对象层级同样适用。

## 六、【附加选项】对话框

当【附加】两个或更多已经指定了材质的对象时,会出现【附加选项】对话框。该对话框提供了合并两个对象中的子材质和材质ID的三种方法。

【匹配材质ID到材质】——修改【附加】对象的材质ID数目,使得它们不大于指定到这些对象上的子材质的数目。

例如:

如果只为一个长方体指定了两个子材质,并且将该长方体附加到另一个对象上,那么长方体就只有两个材质ID,而不是在创建时所指定的六个。

【匹配材质到材质ID】——通过调整所获得的【多维/子对象】材质的子材质数目,来保持附加对象的原始ID指定不变。

例如:

如果附加两个长方体,它们都只指定了一个材质,但是它们的默认指定为6个材质ID,这样就产生了含有12个子对象的【多维/子对象】材质,其中六个含有一个长方体材质的实例,六个含有另一个长方体材质的实例。当有必要在几何体中保持原始材质ID指定不变时,可以使用该选项。

技巧:

如果想使得实例子材质唯一,那么在【轨迹视图】中将其选中,然后单击【轨迹视图】工具栏上的【使唯一】按钮。使用【材质编辑器】中的【使唯一】按钮,也可以每次一个的使这些材质唯一。

不修改材质ID或材质——不调整所得子对象材质的子材质数目。

请注意,如果一个对象上的材质ID数目,大于其【多维/子对象】材质的子材质数目,那么在附加后,所得到的面材质指定可能会不一样。

【精简材质ID】——影响【匹配材质ID到材质】选项。启用该选项后,在对象上不使用的复制子材质或子材质,将从【附加】操作所得到的【多维/子对象】材质上被移除。默认设置为启用。

技巧:

1.大多数情况下,保持选中【精简材质ID】的同时,使用第一个选项,即【匹配材质ID到材质】,这样可以保持对象出现的同时,额外的子材质或ID最少。

2.当需要保持原始材质ID指定时,可以使用第二个选项,即【匹配材质到材质ID】。

3.尽量避免使用第三个选项,除非需要为了与以前的项目兼容,而重复3ds Max版本1 附加。

4.保持选中【精简材质ID】选项,除非想将未指定的子材质,保留以便以后的指定。

5.在执行【附加】前先执行【编辑】菜单>【暂存】。

## 七、剪切与切片

可用【剪切与切片】组中的工具来分割边与面,来创建新的顶点、边和面。可在任一子对象层级上将可编辑网格对象切片,【剪切】工具可用在除【顶点】子对象层级之外的每一子对象层级上。

**操作:使用【剪切】创建一个新面**

1.将几何体转化为【可编辑网格】。

2.在【修改】面板上,选中对象【边】或【面】、【多边形】、【元素】子对象层级。

3.在【选择】卷展栏上,启用【忽略背面】。

4.在【编辑几何体】卷展栏的【剪切与切片】组中,单击【剪切】按钮。

5.单击要细分的第一个边,然后将光标移向第二个边。当光标移过边时,光标变为加号,并在原始点与单击边的光标当前位置之间画一虚线。

6.单击第二个边。此边可摆放在任意位置,可

切除想要切除的任意多个面，将显示一个新边。此时，一条虚线与鼠标光标连接起来，其起点是单击的最后一个点。

7. 继续单击要剪切的边。要从不同的点开始工作，右键单击，然后选择新的起始点，要结束剪切，右键单击两次。

**技巧：**

伴随【剪切】，可使用捕捉；要等分边，请将【捕捉】设置为中点；要在顶点上，开始或结束剪切，请设置捕捉为顶点或终点。

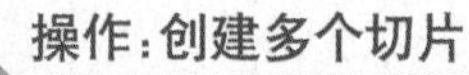


1. 选择可编辑网格对象。

2. 在【修改】面板上，选中对象【边】或【面】、【多边形】、【元素】子对象层级。

3. 选择一个或多个子对象。切片仅影响选中的子对象。

4. 在【剪切与切片】组框中，单击【切片平面】按钮。

5. 在想要第一个切片的位置，摆放和旋转【切片平面】Gizmo。

6. 单击【切片】按钮。将此对象切片。

7. 如果需要，将【切片平面】移动到第二个位置，并再次单击【切片】按钮。

8. 再单击【切片平面】按钮来禁用它，并查看切片结果。

9. 为更好的理解产生结果，在【显示】面板中，禁用【仅边】。

**要点：**

当使用【剪切】工具添加新边时，应当在非透视视口，例如【用户】视口、【前】视口中执行此操作。如果在透视视口中，使用【剪切】，可以查找到创建的边跳动或位置不正确。使用正交视口，会使剪切在单击位置显示出来。

【优化端点】——启用此选项后，由附加顶点切分剪切末端的相邻面，以便曲面保持连续性。禁用【优化端点】后，曲面在新顶点与相邻面相交处焊接起来。鉴于此原因，使【优化端点】保持启用状态是一个好主意，除非确保不需要创建额外顶点。【优化端点】仅影响【剪切】，而不影响【切片】。

## 第四节 多边形曲面

### 一、可编辑多边形曲面

可编辑多边形是一种可编辑对象，它包含下面五个子对象层级：顶点、边、边界、多边形和元素。其用法与可编辑网格对象的用法相同。【可编辑多边形】有各种控件，可以在不同的子对象层级，将对象作为多边形网格进行操纵，但是，与三角形面不同的是，多边形对象的面，是包含任意数目顶点的多边形。

【可编辑多边形】提供了下列选项：

A. 与任何对象一样，可以变换或对选定内容执行【Shift+克隆】操作。

B. 使用【编辑】卷展栏中，提供的选项修改选定内容或对象。

C. 将子对象选择传递给堆栈中更高级别的修改器，可对选择应用一个或多个标准修改器。

D. 使用【细分曲面】卷展栏中的选项改变曲面特性。

**提示：**

通过在活动视口中右键单击，可以退出大多数【可编辑多边形】命令模式，如【挤出】。

**可编辑多边形工作流**

【可编辑多边形】用户界面中的特有子对象功能，可以在各自的卷展栏中找到，因此，【编辑几何体】卷展栏，包含可以在大多数子对象层级和对象层级使用的功能。

另外，【设置】按钮附带了很多命令，命令的使用方法包括下面两种：

A. 在通过单击命令按钮激活的【直接操纵】模式下，可以直接在视口中，操纵子对象来应用该命令，例如，【挤出】就是这样。

**提示：**

某些按钮（如【细化】），可以立即对网格进行操作，而无需执行视口操纵。

B.【交互式操纵】模式非常适于试验。单击该命令的【设置】按钮，可以激活该模式。此后，将会打开一个非模式设置对话框，处于预览模式，此时，可以设置参数，还可以在视口中立刻查看结果，然后，可以单击【确定】接受结果，或单击【取消】拒绝结果。也可以使用此模式，对一行中的多个不同子对象，选择应用相同或不同的设置，或者更改设置，单击【应用】，然后使用不同选择重复操作。

**重要信息：**

单击【应用】时，设置将被【烘焙】至选定内容中，然后再作为预览，应用到该选定内容，如果此后单击【确定】退出，将会应用该设置两次。如果打算只应用一次，首次单击【确定】即可，或单击【应用】，然后单击【取消】。

**警告：**

不能在【交互式操纵】模式下，实施更改设置动画。

### 操作：生成可编辑多边形对象

首先选择某个对象，然后执行下列操作之一：

A．如果没有对该对象应用修改器，请在【修改】面板的修改器堆栈显示中右键单击，然后从弹出菜单的【转换为】列表中，选择【可编辑多边形】。

B．右键单击所需的对象，然后从【转化为】子菜单的【转化为可编辑多边形】中进行选择，该子菜单位于【四元】菜单的【变换】区域内。

C．对参数对象应用可以将该对象转变成堆栈显示中的多边形对象的修改器，然后塌陷堆栈。例如，可以应用【转化为多边形】修改器。要塌陷堆栈，请使用【塌陷】工具，然后将【输出类型】设置为【修改器堆栈结果】，或者右键单击该对象的修改器堆栈，然后选择【塌陷全部】。

将对象转化成【可编辑多边形】格式时，将会删除所有的参数控件，包括创建参数。例如，可以不再增加长方体的分段数、对圆形基本体，执行切片处理或更改圆柱体的边数。应用于某个对象的任何修改器，同样可以合并到网格中，转化后，留在堆栈中唯一的项是【可编辑多边形】。

### 操作：保持对象的创建参数

如前面的步骤所述，如果将现有的对象转化成可编辑多边形，3ds Max将会使用【可编辑多边形】替换堆栈中的创建参数，此时，创建参数不再可以进行访问或设置动画，如果要保持创建参数，可以使用【转化为多边形】修改器。

### 【选择】卷展栏

【顶点】——启用用于选择光标下的顶点的【顶点】子对象层级，选择区域时，可以选择该区域内的顶点。

【边】——启用用于选择光标下的多边形的【边】子对象层级，选择区域时，可以选择该区域内的边。

【边界】——启用【边界】子对象层级，使用该层级，可以选择为网格中的孔洞，设置边界的边序列。边界始终由面只位于其中一边的边组成，且始终是完整的环。

**例如：**

长方体没有边界，但茶壶对象包含下面一组边界，它们位于：壶盖、壶身、壶嘴各有一个边框，而手柄有两个边框。如果创建圆柱体，然后删除一个端点，围绕该端点的那条边将会形成一个边界。

当【边框】子对象层级处于活动状态时，不能选择边框中的边，单击边界上的单个边时，将会选中整个边界。对边界执行封口操作时，既可以使用【可编辑多边形】，也可以应用【补洞】修改器。另外，还可以使用连接复合对象，连接对象之间的边界。

【多边形】——启用可以选择光标下的多边形的【多边形】子对象层级，区域选择会选择该区域中的多个多边形。

【元素】—— 启用【元素】子对象层级，从中选择对象中的所有连续多边形，区域选择用于选择多个元素。

【按顶点】——启用时，只有通过选择所用的顶点，才能选择子对象。单击顶点时，将选择使用该选定顶点的所有子对象。

【忽略背面】——启用后，选择子对象将只影响朝向您的那些对象；禁用（默认值）时，无论可见性或面向方向如何，都可以选择鼠标光标下的任何子对象；如果光标下的子对象不止一个，请反复单击在其中循环切换；同样，如果禁用【忽略背面】，区域选择会包含所有子对象，而无需考虑它们的朝向。

**注意：**

【显示】面板中的【背面消隐】设置的状态，不影响子对象选择，这样，如果【忽略背面】已禁用，仍然可以选择子对象，即使看不到它们。

【按角度】——启用并选择某个多边形时，该软件也可以根据复选框右侧的角度设置，选择邻近的多边形，该值可以确定要选择的邻近多边形之间的最大角度，仅在【多边形】子对象层级可用。

如果单击长方体的一个侧面，且角度值小于90.0，则仅选择该侧面，因为所有侧面相互成90 度角，但如果角度值为90.0或更大，将选择所有长方体的所有侧面。使用该功能，可以加快连续区域的选择速度，其中，这些区域由彼此间角度相同的多边形组成，通过单击一次任何角度值，可以选择共面的多边形。

【收缩】——通过取消选择最外部的子对象缩小子对象的选择区域。如果无法再减小选择区域的大小，将会取消选择其余的子对象。

【扩大】—— 朝所有可用方向外侧扩展选择区域。对于此功能，边框被认为是边选择。

使用【收缩】和【增长】，可从当前选择的边中，添加或移除相邻元素，该选项适用于任何子对象层级，如图8-4-1所示。

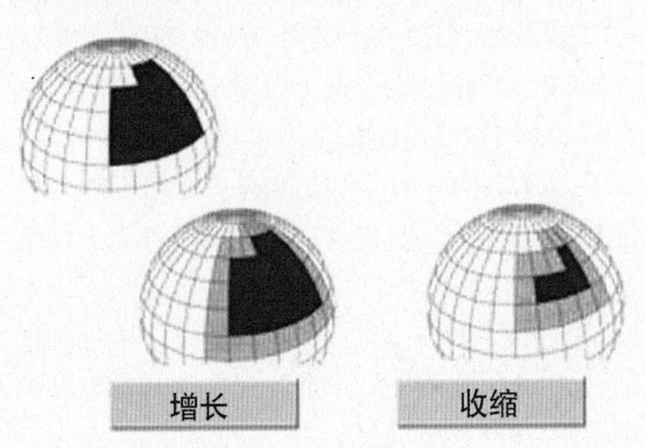


图8-4-1 【收缩】和【增长】

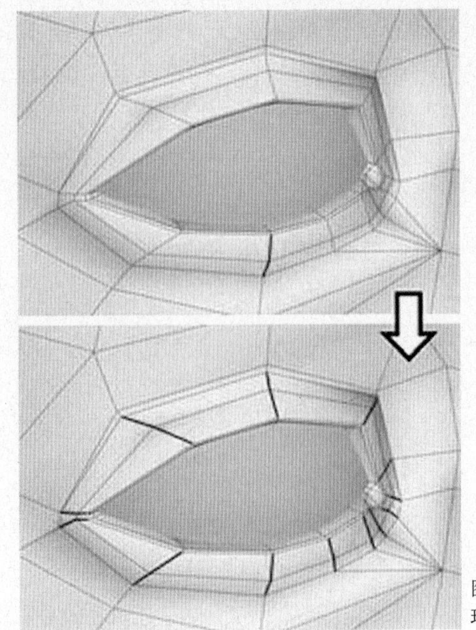

图8-4-2 环

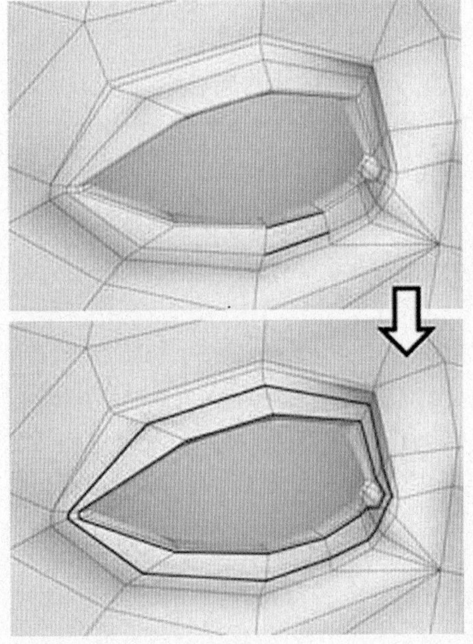

图8-4-3 循环

【环】——通过选择与选定边平行的所有边，来扩展边选择，环仅适用于边和边界选择。选择环时，可以向选定内容中，添加与以前选定的边并行的所有边，如图8-4-2所示。

【循环】——尽可能扩大选择区域，使其与选定的边对齐。循环仅适用于边和边界选择，且只能通过四路交点进行传播。通过添加与以前选定的边对齐的所有边，选定的环可以扩展当前边的选择范围，如图8-4-3所示。

**选择信息**

【选择】卷展栏底部是一个文本显示，提供有关当前选择的信息。如果选定的子对象为0或不止一个，该文本将会提供选定的数目和类型。如果选择了一个子对象，该文本给出选定项目的标识编号和类型。

**【细分曲面】卷展栏**

将细分应用于采用网格平滑格式的对象，以便可以对分辨率较低的【框架】网格进行操作，同时查看更为平滑的细分结果。该卷展栏，既可以在所有子对象层级使用，也可以在对象层级使用，因此，会影响整个对象。

【使用NURMS细分】——通过NURMS方法应用平滑。NURMS在【可编辑多边形】和【网格平滑】中的区别在于，后者可以有权控制顶点，而前者不能。使用【显示】和【渲染】组中的【迭代次数】控件，可以对平滑角度进行控制。

**注意：**

只有启用【使用NURMS细分】时，该卷展栏中的其余控件才生效。

【平滑结果】——对所有的多边形应用相同的平滑组。

【等值线显示】——启用时，该软件只显示等值线：平滑前对象的原始边。使用该选项的优点在于，显示不会显得杂乱无章。禁用该选项时，该软件将会显示使用【NURMS细分】添加的所有面，因此，【迭代次数】设置越高，生成的行数越多。默认设置为启用。如图8-4-4所示，禁用【等值线显示】和启用【等值线显示】的平滑长方体。

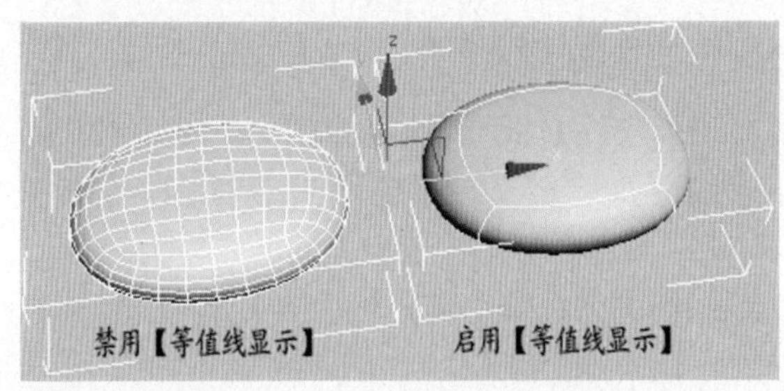


图8-4-4 禁用【等值线显示】和启用【等值线显示】的平滑长方体

**要点：**

对【可编辑多边形】对象应用修改器时，将会取消【等值线显示】选项的效果，线框显示会转为显示对象中的所有多边形，但是，使用【网格平滑】修改器，并非总会出现上述情况。大多数变形和贴图修改器，可以保持等值线显示，但是其他修改器，如选择修改器（【体积选择】除外）和【转化为】修改器，可以使内边显示。

**【显示】组**

【迭代次数】——设置平滑多边形对象时所用的迭代次数。每个迭代次数都会使用上一个迭代次数生成的顶点生成所有多边形。范围为0至10。

禁用【渲染】组中的【迭代次数】复选框时，该设置不仅可以在视口中，控制迭代次数，也可以在渲染时控制迭代次数；启用该复选框时，该设置只能在视口中，控制迭代次数。

**警告：**

增加迭代次数时要格外谨慎。对每个迭代次数而言，对象中的顶点和多边形数（和计算时间），可以增加为原来的四倍。即便对相当复杂的对象应用四个迭代次数，可能也需要很长的计算时间，此时，可以按【Esc】停止计算，然后还原为以前的迭代次数设置。

【平滑度】—— 在添加多边形之前确定锐角的平滑度以将其平滑。如果值为0.0，将不会创建任何多边形；如果值为1.0，将会向所有顶点中添加多边形，即便位于同一个平面，也是如此。

禁用【渲染】组中的【平滑度】复选框时，该设置不仅可以在视口中，控制平滑度，也可以在渲染时，控制平滑度；启用该复选框时，该设置只能在视口中，控制平滑度。

**【渲染】组**

渲染时，将不同数目的平滑迭代次数和/或不同的【平滑度】值，应用于对象。

**要点：**

建立模型时，请使用较少的迭代次数和/或较低的【平滑度】值，渲染时，请使用较高的值，这便于在视口中，快速使用分辨率较低的对象，同时生成要渲染的较为平滑的对象。

【迭代次数】——用于选择不同的平滑迭代次数，以便在渲染时应用于对象。启用【迭代次数】，然后使用右侧的微调器，设置迭代次数。

【平滑度】——用于选择不同的【平滑度】值，以便在渲染时应用于对象。启用【平滑度】，然后，使用右侧的微调器，设置平滑度值。

**【分隔方式】组**

【平滑组】——防止在面间的边处，创建新的多边形。其中，这些面至少共享一个平滑组。

【材质】——防止为不共享【材质ID】面间的边，创建新多边形。

**【更新选项】组**

如果平滑对象的复杂度，对于自动更新太高，请设置手动或渲染时的更新选项。

请注意，还可以选择【渲染】组下方的【迭代次数】，以便设置较高的平滑度，使其只在渲染时应用。

【始终】——更改任意【平滑网格】设置时，自动更新对象。

【渲染时】——只在渲染时更新对象的视口显示。

【手动】——启用手动更新。选定手动更新时，单击【更新】按钮之前，更改的任何设置都不会生效。

【更新】——更新视口中的对象，使其与当前的【网格平滑】设置相符。只有选中【渲染】或【手动】时，才能使用该选项。

**【细分置换】卷展栏**

指定曲面近似设置，用于细分可编辑的多边形。这些控件的工作方式与NURBS曲面的曲面近似设置相同。对可编辑多边形应用位移贴图时，可以使用这些控件。

**要点：**

这些设置与其中的【细分曲面】设置不同，虽然后者可以应用于与网格相同的修改器堆栈层级。使用该网格进行渲染时，细分置换始终应用于该堆栈的顶部，因此，对使用曲面细分的对象，应用的【对称】修改器，会影响细分的网格，但不会影响只使用细分置换的对象。

【细分置换】——启用时，可以使用在【细分预设】和【细分方法】组框中，指定的方法和设置，将相关的多边形精确地细分为多边形对象。禁用时，如果移动现有的顶点，方法同【位移】修改器，多边形将会发生位移。默认设置为禁用状态。

【分割网格】——影响位移多边形对象的接合口，也会影响纹理贴图。启用时，会将多边形对象分割为各个多边形，然后使其发生位移，这有助于保留纹理贴图；禁用时，会对多边形进行分割，还会使用内部方法分配纹理贴图。默认设置为启用。

**技巧：**

由于存在着建筑方面的局限性，该参数需要采用位移贴图的使用方法。启用【分割网格】通常是一种较为理想的方法。但是，使用该选项时，可能会使面，完全独立的对象产生问题，如长方体，甚至球体。长方体的边向外发生位移时，可能会分离，使其间产生间距；如果没有禁用【分割网格】，球体可能会沿着纵向边分割，可以在【顶】视图中，创建的球体后部找到；但是，禁用【分割网格】时，纹理贴图将会工作异常，因此，可能需要添加【位移网格】修改器，然后制作该多边形的快照。然后，应用【UVW贴图】修改器，再向位移快照多边形，重新分配贴图坐标。

## 二、可编辑多边形（对象）

子对象层级不处于活动状态时，可以使用【可编辑多边形(对象)】功能。另外，这些功能适用于所有的子对象层级，且在每种模式下的用法相同，下列注意事项除外：使用【选择】卷展栏，或修改器堆栈访问不同的子对象层级。

**【编辑几何体】卷展栏**

重复上一个——重复最近使用的命令。

**注意：**

【重复上一个】不会重复执行所有操作。例如，它不重复变换，要确定单击按钮时，准备重复使用的命令，请查看该按钮的工具提示。如果没有显示工具提示，单击时不会起任何作用。

【约束】——可以使用现有的几何体约束子对象的变换。使用下拉列表，可以选择约束类型：

【无】：无约束。

【边】：约束顶点到边界的变换。

【面】：约束顶点到曲面的变换。

**注意：**

可以在【对象】层级对其进行设置，但是，其用法主要与子对象层级相关，【约束】设置，继续适用于所有子对象层级。

【创建】——用于从孤立顶点和边界顶点创建多边形。对象的所有顶点，都高亮显示。连续单击三个，或更多现有顶点，可定义新多边形的形状。如果光标在可以合法属于多边形的顶点上，将会更改为十字形状。要完成多边形的创建，请双击最后一个顶点。另外，可以第二次单击新多边形的任何一个顶点，以完成该多边形的创建；还可以在【多边形】和【元素】子对象层级，创建新多边形。通过按住【Shift】键，并在空空间中执行单击操作，可以在这种模式下添加顶点，此时，这些顶点，将被合并到正在创建的多边形中。在任何视口中，都可以开始创建多边形，但是后续的所有单击操作，必须在同一个视口中执行。

**技巧：**

为了获得最佳的结果，请按照逆时针(首选)或顺时针顺序，依次单击顶点。如果使用顺时针顺序，新多边形将会背离您。因此，如果没有启用【强制双面】或使用两面材质，该多边形将无法显示。

【网格平滑】——使用当前设置平滑对象。此命令使用细分功能，它与【网格平滑】修改器中的【NURMS细分】类似，但是与【NURMS细分】不同的是，它立即将平滑应用到控制网格的选定区域上。

【网格平滑设置】——打开用于指定平滑应用方式的【网格平滑选择】对话框。

【细化】——根据细化设置细分对象中的所有多边形。增加局部网格密度和建立模型时，可以使用细化功能。可以对选择的任何多边形进行细分。两种细化方法包括：【边】和【面】。

细化设置——打开用于指定平滑应用方式的【细化选择】对话框。

【平面化】——强制对象中的所有顶点共面。该平面的法线是顶点的平均曲面法线。

**提示：**

【平面化】的一种应用是，制作对象的平面。通常，需要使用连续的选择集。如果选择集包括对象各个部分中的顶点，仍然可以使这些顶点平面化，但是该几何体其余部分的扭曲效果除外。

【X/Y/Z】——平面化对象中的所有顶点，并使该平面与对象局部坐标系中的相应平面对齐。例如，使用的平面是与按钮轴相垂直的平面，因此，单击【X】按钮时，可以使该对象与局部 YZ轴对齐。

【视图对齐】——使对象中的所有顶点与活动视口所在的平面对齐。如果子对象模式处于活动状态，则该功能只能影响选定的顶点，或那些属于选定子对象的顶点。如果是正交视口，使用【视图对齐】与对齐构建网格(主网格处于活动状态时)一样。与【透视】视口(包括【摄影机】和【灯光】视图)对齐时，将会对顶点进行重定向，使其与某个平面对齐。其中，该平面与摄影机的查看平面平行。该平面与距离顶点的平均位置最近的查看方向垂直。

【栅格对齐】——使选定对象中的所有顶点与活动视图所在的平面对齐。如果子对象模式处于活动状态，则该功能只适用于选定的子对象。该功能可以使选定的顶点，与当前的构建平面对齐。启用主栅格的情况下，当前平面由活动视口指定，使用栅格对象时，当前平面是活动的栅格对象。

【松弛】——使用【松弛】对话框设置，可以将【松弛】功能应用于当前的选定内容。【松弛】可以规格化网格空间，方法是朝着邻近对象的平均位置移动每个顶点，其工作方式与【松弛】修改器相同。

**注意：**

在对象层级，可以将【松弛】应用于整个对象，在任何子对象层级，只能将【松弛】应用于当前的选择。

【松弛设置】——打开用于指定【松弛】功能应用方式的【松弛】对话框。

【完全交互】——切换【快速切片】和【切割】工具的反馈层级，以及所有的设置对话框。启用时(默认情况)，如果使用鼠标操纵工具，或更改数值设置，将会一直显示最终的结果。使用【切割】和【快速切片】时，如果禁用【完全交互】，则单击之前，只会显示橡皮筋线。同样，如果使用相应对话框中的数值设置，只有在更改设置后，释放鼠标按钮时，才能显示最终的结果。

【完全交互】的状态不会影响使用键盘对数值设置的更改。无论启用该选项，还是禁用该选项，只有通过按【Tab】或【Enter】键，或者在对话框中单击其他控件，退出该字段时，该设置才能生效。

### 三、可编辑多边形（顶点）

顶点是空间中的点：它们定义组成多边形的其他子对象的结构。当移动或编辑顶点时，它们形成的几何体，也会受影响。顶点也可以独立存在，这些孤立顶点，可以用来构建其他几何体，但在渲染时，它们是不可见的。在【可编辑多边形(顶点)】子对象层级上，可以选择单个或多个顶点，并且使用标准方法移动它们。

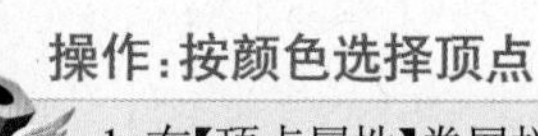

**操作：按颜色选择顶点**

1.在【顶点属性】卷展栏中>【按组选择顶点】，单击色样，然后在颜色选择器中，指定需要的顶点颜色。

2.在【RGB范围】微调器中，指定范围。这可以选择与指定颜色相近，但不完全匹配的顶点。

3.单击【选择】按钮。

选中所有匹配此颜色或者在RGB范围内的顶点。可以通过按住【Ctrl】键，并按下【选择】按钮，来添加到此选择，还可以通过按住【Alt】键，从选择中删除。

**提示：**

首先选择想要匹配的顶点，然后拖动【编辑色样】的副本到【现有色样】，再单击【选择】按钮，就可以选择颜色相同的所有顶点。如果想要完全匹配，请确保首先将【RGB 范围】微调器设置为0。

**【编辑顶点】卷展栏**

此卷展栏包含了用于编辑顶点的命令。

**技巧：**

要删除顶点，请选中它们，然后按下【Delete】键，这会在网格中创建一个或多个洞，要删除顶点而不创建孔洞，请使用【移除】。

【移除】——删除选定顶点，并组合使用这些顶点的多边形。键盘快捷键是【Backspace】，如图8-4-5所示。

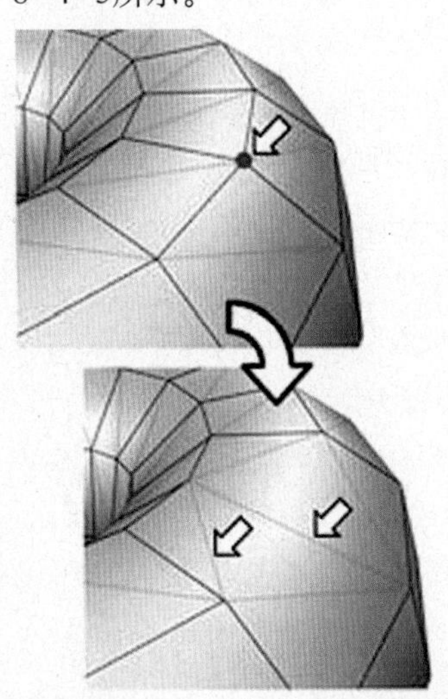

图8-4-5 移除

移除一个或多个顶点将删除它们，然后对网格使用重复三角算法，使表面保持完整。如果使用【Delete】键，那么依赖于那些顶点的多边形，也会被删除，这样就在网格中创建了一个洞。

**警告：**

使用【移除】可能导致网格形状变化，并生成非平面的多边形。

【断开】——在与选定顶点相连的每个多边形上，都创建一个新顶点，这可以使多边形的转角相互分开，使它们不再相连于原来的顶点上。如果顶点是孤立的或者只有一个多边形使用，则顶点将不受影响。

【挤出】——可以手动挤出顶点，方法是在视口中直接操作，单击此按钮，然后垂直拖动到任何顶点上，就可以挤出此顶点。

挤出顶点时，它会沿法线方向移动，并且创建新的多边形，形成挤出的面，将顶点与对象相连。挤出对象的面的数目，与原来使用挤出顶点的多边形数目一样。

**操作：顶点挤出**

1.如果鼠标光标位于选定顶点上，将会更改为【挤出】光标。

2.垂直拖动时，可以指定挤出的范围，水平拖动时，可以设置基本多边形的大小。

3.选定多个顶点时，拖动任何一个，也会同样地挤出所有选定顶点。

4.当【挤出】按钮处于活动状态时，可以轮流拖动其它顶点，以挤出它们，再次单击【挤出】，或在活动视口中右键单击，以便结束操作，如图8-4-6所示。

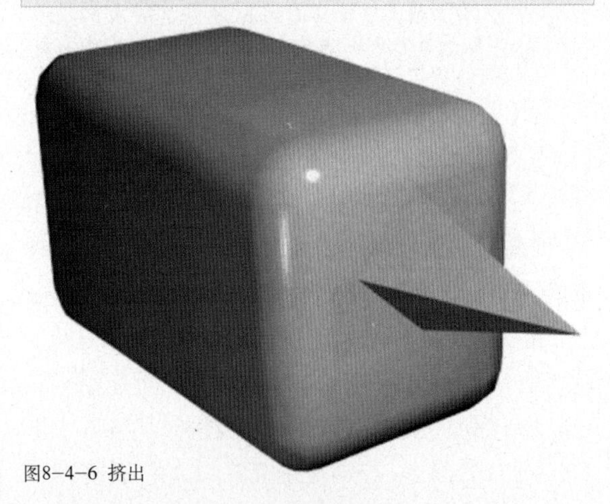

图8-4-6 挤出

【挤出设置】——打开【挤出顶点】对话框，它可以通过交互式操纵来进行挤出。

如果在执行手动挤出后，单击该按钮，当前选定对象和预览对象上执行的挤出相同，此时，将会打开该对话框，其中【挤出高度】值，被设置为最后一次挤出时的高度值。

【焊接】——对【焊接】对话框中，指定的公差范围之内连续的，选中的顶点，进行合并。所有边都会与产生的单个顶点连接。

**技巧：**

如果几何体区域有很多接近的顶点，那么它最适合用焊接来进行自动简化。

【焊接设置】——打开【焊接】对话框，它可以指定焊接阈值。

【切角】——单击此按钮，然后在活动对象中拖动顶点。要用数字切角顶点，请单击【切角设置】按钮，然后使用【切角量】值。

如果切角多个选定顶点，那么它们都会被同样地切角。如果拖动某个未选定的顶点，则首先取消选择任何已选定的顶点，所有连向原来顶点的边上，都会产生一个新顶点，每个切角的顶点，都会被一个新面有效替换，这个新面会连接所有的新顶点，这些新点正好是从原始顶点，沿每一个边到新点的【切角量】距离。新切角面是用其中一个邻近面(随意拾取)的材质ID，和作为所有邻近平滑组的相交平滑组创建的。

例如：

如果切角了正方体的一个角，那么外角顶点，就会被三角面替换，三角面的顶点处，在连向原来外角的三条边上，外侧面被重新整理和分割，来使用这三个新顶点，并且在角上创建出了一个新三角形。

【目标焊接】——可以选择一个顶点，并将它焊接到目标顶点。当光标处在顶点之上时，它会变成【+】光标，单击并移动鼠标，会出现一条虚线，虚线的一端是顶点，另一端是箭头光标。将光标放在其他附近的顶点之上，当再出现【+】光标时，单击鼠标，此时，第一个顶点，将会移动到第二个顶点的位置，从而将这两个顶点焊接在一起。

【连接】——在选中的顶点对之间创建新的边，如图8-4-7所示。

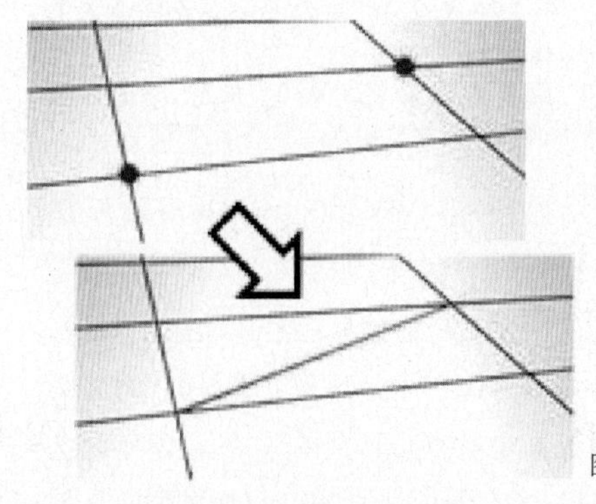

图8-4-7 连接

连接不会让新的边交叉。因此，如果选择了四边形的所有四个顶点，然后单击【连接】，那么只有两个顶点会连接起来，在这种情况下，要用新的边连接所有四个顶点，请使用【切割】。

【移除孤立顶点】——将不属于任何多边形的所有顶点删除。

移除未使用的贴图顶点——某些建模操作会留下未使用的(孤立)贴图顶点，它们会显示在【展开UVW】编辑器中，但是不能用于贴图，可以使用这一按钮，来自动删除这些贴图顶点。

【权重】——设置选定顶点的权重。供NURMS细分选项和【网格平滑】修改器使用。增加顶点权重，效果是将平滑时的结果向顶点拉。

【保持ＵＶ】——启用此选项后，可以编辑顶点，而不影响对象的UV贴图。可选择是否保持对象的任意贴图通道。默认设置为禁用状态。

如果不启用【保持ＵＶ】，对象的几何体与其UV贴图之间，始终存在直接对应关系。如果为一个对象贴图，然后移动了顶点，那么不管需要与否，纹理都会随着子对象移动；如果启用【保持UV】，可执行少数编辑任务，而不更改贴图，如图8-4-8所示。

图8-4-8 保持UV

技巧：

要得到【保持UV】的最好功效，请对有限顶点编辑使用它。例如，在边或面约束内移动顶点时，通常没有困难。另外，最好一次执行较大移动，而不是多次执行较小移动，因为多次小移动会使贴图扭曲，但是，如果需要在保持贴图时，执行广泛的几何体编辑操作，请使用【通道信息】工具。

【塌陷】——选定的连续顶点组进行塌陷，这会将它们焊接为选择中心的单个顶点。

【分离】——选定顶点和所有附加的多边形，与多边形对象分离，以便创建单独的对象或元素。使用【作为克隆对象分离】选项，可以复制多边形，但不能将其移动。系统提示输入新对象的名称，将分离的多边形，移动到新的位置处时，将会在原始对象中留下一个孔洞。

**【切割和切片】组**

使用这些类似小刀的工具，可以沿着平面(切片)或在特定区域(切割)内细分多边形网格。

【切片平面】——切片平面创建Gizmo，可以定位和旋转它，来指定切片位置。另外，还可以启用【切片】和【重置平面】按钮。如果捕捉处于禁用状态，那么在转换切片平面时，可以看见切片预览。要执行切片操作，请单击【切片】按钮。

【分割】——启用时，通过【切片】和【切割】操作，可以在划分边的位置处的点，创建两个顶点集，这样，便可轻松地删除要创建孔洞的新多边形，还可以将新多边形，作为单独的元素设置动画。

【切片】——在切片平面位置处执行切片操作。只有启用【切片平面】时，才能使用该选项。此工具切片多边形的方式，与切片修改器的【操作于：多边形】模式相同。

【重置平面】——将【切片】平面恢复到默认位置和方向。只有启用【切片平面】时，才能使用该选项。

【迅速切片】——可以将对象快速切片，而不操纵Gizmo。进行选择，并单击【迅速切片】，然后在切片的起点处，单击一次，再在其终点处单击一次。激活命令时，可以继续对选定内容，执行切片操作。要停止切片操作，请在视口中右键单击，或者重新单击【迅速切片】，将其关闭。

**注意：**

在【顶点】子对象层级，【迅速切片】会影响整个对象，要只对特定的多边形执行切片操作，请在【多边形】子对象层级，对选定的多边形，使用【迅速切片】。

【切割】——用于创建边。单击起点，并移动鼠标光标，然后再单击，再移动和单击，以便创建新的连接边，右键单击一次，退出当前切割操作，然后可以开始新的切割，或者再次右键单击，退出【切割】模式。

可以使用顶点、边和多边形作为切割端点。鼠标光标外观会更改，来指出它指向的是哪种类型的子对象。

**【顶点属性】卷展栏**

**【编辑顶点颜色】组**

使用这些控件，可以指定颜色，以及选定顶点的发光颜色（着色）。

【颜色】——单击色样，可更改选定顶点的颜色。

【照明】——单击色样，可以更改选定顶点的照明颜色。使用该选项，可以更改照明颜色，而不会更改顶点颜色。

【Alpha】——可以对选中的顶点，设置特定的Alpha值。这些Alpha值，保存在管道中，可以与顶点颜色联合使用，来提供全部RGBA数据，用作输出。

**【顶点选择方式】组**

【颜色/照明】——决定了是按顶点颜色值，还是按顶点照明值选择顶点。

【色样】——显示颜色选择器，用它可以指定要匹配的颜色。

【选择】——选择的所有顶点应该满足如下条件：这些顶点的颜色值，或者照明值要么匹配色样，要么在RGB微调器指定的范围内，要满足哪个条件，取决于选择哪个单选按钮。

【范围】——指定颜色匹配的范围。顶点颜色的所有三种RGB值或照明值，必须符合【按顶点颜色选择】的【色样】中指定的颜色，或介于【范围】微调器指定的最小值和最大值之间。默认设置为10。

## 四、可编辑多边形（边）

边是连接两个顶点的直线，它可以形成多边形的边。边不能由两个以上多边形共享，另外，两个多边形的法线应相邻，如果不相邻，应卷起共享顶点的两条边。在【可编辑多边形边】子对象层级，可以选择一个和多个边，然后使用标准方法，对其进行变换。

**注意：**

除边之外，每个多边形，都拥有一条或多条内部对角线，用于确定该软件对多边形的三角化处理方式。对角线不能直接操纵，但是，可以使用旋转和编辑三角剖分功能，进行位置更改。

**操作：使用更新的【切割】和全新的【旋转】功能**

3ds Max7的功能方便旋转边，其更新的【切割】功能，可以大大简化自定义建模流程，特别是，如果此时将新多边形切割成现有的几何体，将会最大程度地减少额外可视边的数目。通常不添加或添加一条边时，更是如此，使用【切割】之后，使用新的【旋转】功能并单击，可以调整任何一条对角线。

1.在【透视】视口中，添加【平面】对象。该对象可以通过【创建】面板>【标准基本体】>【对象类型】卷展栏获得。

默认情况下，【平面】对象可以分成16个多边形。如果【透视】视口中，不显示多边形，请按【F4】激活【边面】视图模式，如图8-4-9所示。

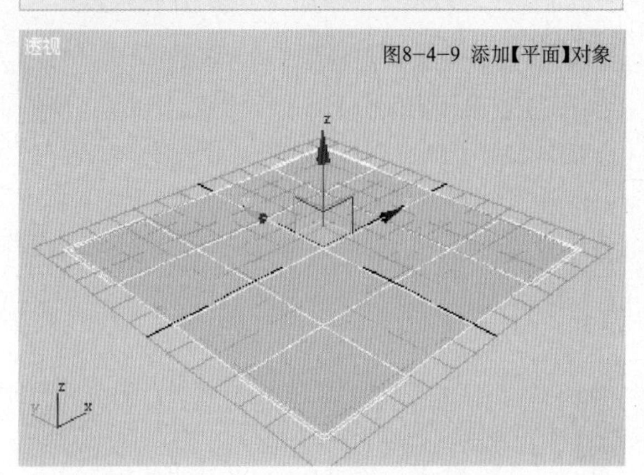

图8-4-9 添加【平面】对象

2.将【平面】对象转化为【可编辑多边形】格式。如果不知道如何使用，请继续执行该步操作；否则，转化后跳到下一步。

要转化对象，请在【透视】视口中，右键单击一次，以退出【创建】模式。此时，将会选中该对象。在【透视】视口中，再右键单击一次，然后在【变换】区域的底部，选择【转化为】>【转化为可编辑多边形】，或者应用【编辑多边形】修改器，如图8-4-10所示。

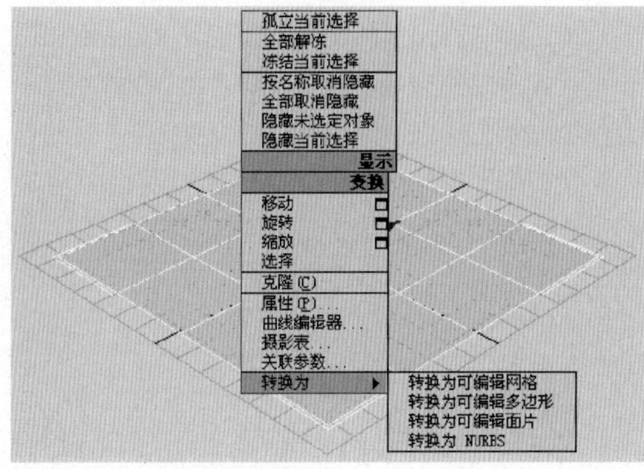

图8-4-10 转化为可编辑多边形

此时，该对象便成为可编辑多边形，而命令面板切换为【修改】面板。

3.【切割】选择不仅可以在对象层级使用，而且可以在每个子对象层级使用。在【编辑几何体】卷展栏中，找到【切割】按钮，然后对其进行单击。

4.在【透视】视口中，将鼠标光标放在角点多边形的中心，如距离最近的位置，并单击一下，然后绕着视口移动鼠标光标，如图8-4-11所示。

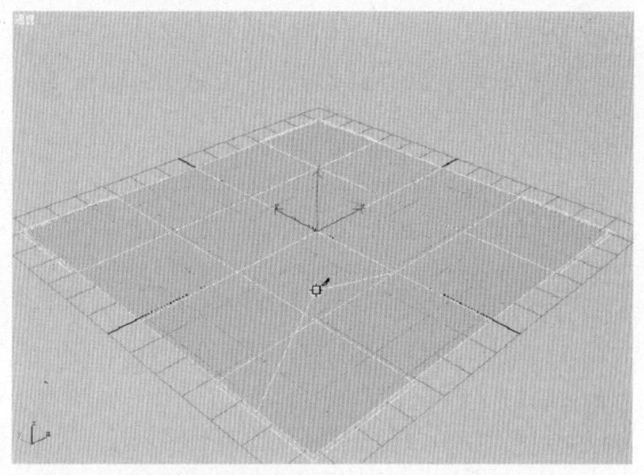
图8-4-11 绕着视口移动鼠标光标

此时，将会显示二到三条直线，它们将随着鼠标光标的移动而移动，一条直线连接鼠标光标和原始单击位置，它可以指示单击鼠标按钮时，下一次切割出现的位置，另外一条直线连接多边形的角点，该连接随着鼠标光标的位置更改而更改。另外，如果光标不在边或顶点(外观随时更改，视具体情况而定)上，将会显示第三条直线，用于连接鼠标光标和另外一个顶点。这说明了全新的【切割】功能的一个方面，在早期版本中，首先需要在连接多边形两个角点的【切割】操作中进行单击。

5.继续采用矩形方式切割，单击其他多边形中心一次，单击起点多次以完成，然后右键单击退出【切割】模式，如图8-4-12所示。

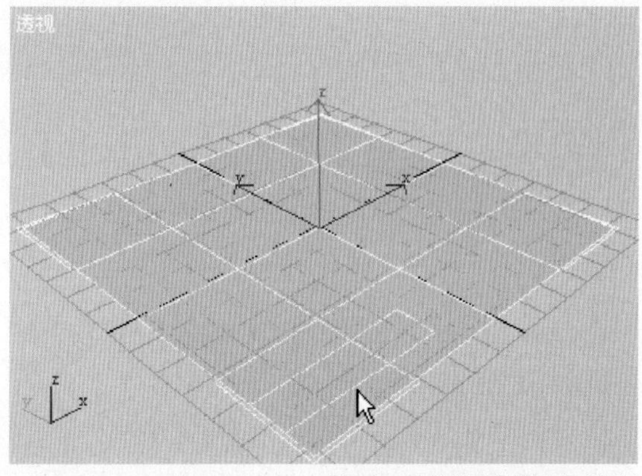

图8-4-12 继续采用矩形方式切割

结果是通过四个多边形的矩形，而不是连接可视边的任何矩形。在早期版本中，存在八条可视的连接边：有两条边位于每个原始多边形中。请注意，选中创建的所有边，以便可以执行进一步的变换或编辑。

6. 将矩形切割成单个多边形的中心，如图8-4-13所示。

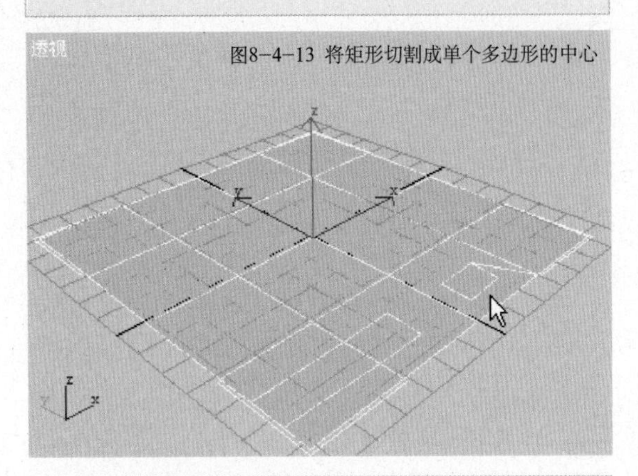
图8-4-13 将矩形切割成单个多边形的中心

在这种情况下，将会得到一条其他可视边，而不是七个，如早期版本中所述。该边可以将新多边形的角点，与原始多边形的角点相连。此时，不会选中这条新边，但会选中明确创建的边。连接其他角点的是很多对角线，它们可以对多边形进行全面三角剖分处理，使用全新的【转变】功能，可以通过单击对每个多边形进行操纵。

7.转到【边】子对象层级，然后在【编辑边】卷展栏中，单击【旋转】，如图8-4-14所示。

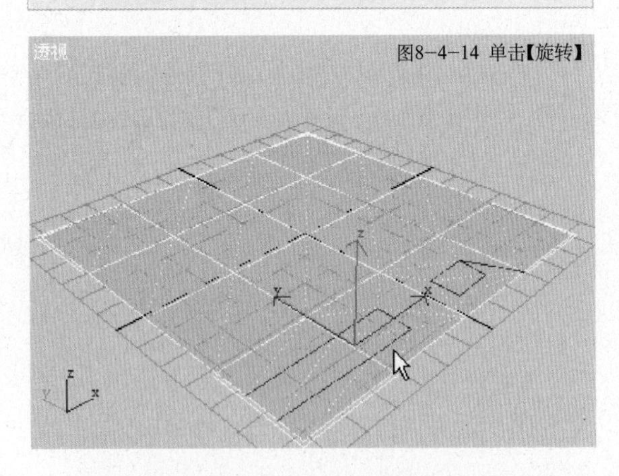
图8-4-14 单击【旋转】

此时，所有对角线都将显示为虚线。其中，这些对角线包括从【切割】操作中，创建的对角线。

8.单击某条对角线，将其进行转变，然后再单击该对角线，使其恢复为原始状态，如图8-4-15所示。

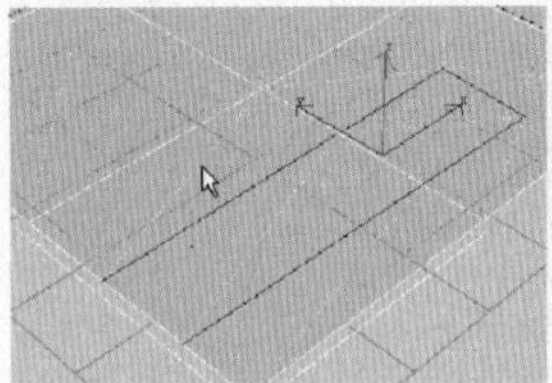
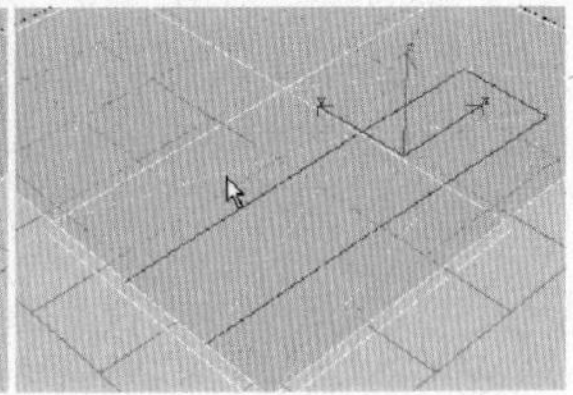
图8-4-15 在【旋转】模式下，单击对角线（虚线）一次，以便将其转变

如果其他任何对角线或边的位置未发生更改，则每条对角线只有两个不同的可用位置。将该选项与【编辑三角剖分】工具作比较，使用后者时，只有单击两个顶点时，才能更改对角线的位置。

这个简单的演示说明了，为了建模和设置动画对多边形网格进行手动细分时，使用3ds Max7中的【切割】和【旋转】工具，可以节约大量的时间。

### 操作：从一条或多条边创建形状

1.选择要组成图形的边。

2.在【编辑边】卷展栏中，单击【利用所选内容创建图形】。

3.在出现的【创建图形】对话框上，根据需要进行修改。

4.输入曲线名称或保持默认设置。

5.选择【平滑】或【线性】作为图形类型。

6.单击【确定】。

产生的图形由一条或多条样条线组成，它们的顶点与选定边的顶点重合。【平滑】选项用平滑值生成顶点，而【线性】选项，产生具有角顶点的线性样条线。如果选定边不连续或存在分支，生成的图形将包含多条样条线。当【创建图形】函数遇到边上的【Y】型分支时，它将任意决定由哪条边产生哪条样条线。如果需要对此进行控制，只选择那些生成一条样条线的边，然后反复执行【创建形状】操作，以便生成数目正确的样条线。最后。使用【可编辑样条线】中的【附加】，将多个图形组合为一个图形。

利用所选内容创建图形——选择一个或多个边后，请单击该按钮，以便通过选定的边创建样条线形状。此时，将会显示【创建样条线】对话框，用于命名形状，并将其设置为【平滑】或【线性】，新形状的枢轴位于多边形对象的中心，如图8-4-16所示。

【折缝】——指定对选定边或边执行的折缝操作量。供NURMS细分选项和【网格平滑】修改器使

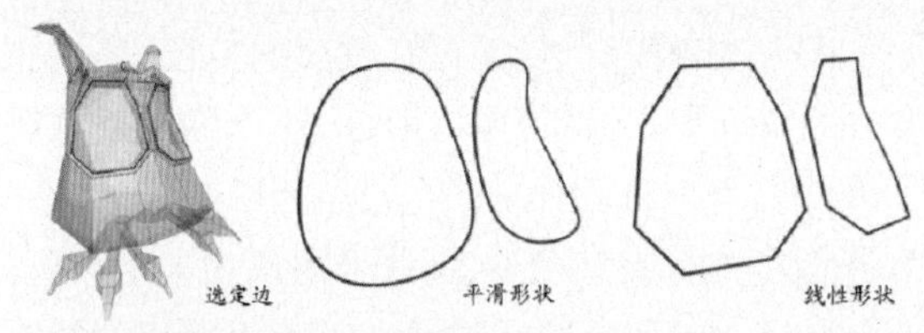


图8-4-16 利用所选内容创建图形

用。如果设置值不高，该边相对平滑；如果设置值较高，折缝会逐渐可视；如果设置为最高值1.0，则很难对边，执行折缝操作。

【编辑三角剖分】——用于修改绘制内边或对角线时多边形细分为三角形的方式。

在【编辑三角剖分】模式下，可以查看视口中的当前三角剖分，还可以通过单击相同多边形中的两个顶点，对其进行更改。要手动编辑三角剖分，请启用该按钮，将显示隐藏的边。单击多边形的一个顶点，会出现附着在光标上的橡皮筋线，单击不相邻顶点，可为多边形创建新的三角剖分，如图8-4-17所示。

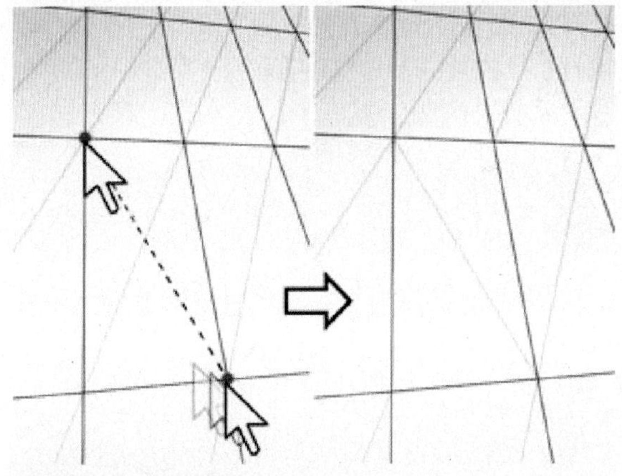

图8-4-17 编辑三角剖分

技巧：

要更轻松地编辑三角剖分，请改为使用【旋转】命令。

【旋转】——用于通过单击对角线，修改多边形细分为三角形的方式。激活【旋转】时，对角线可以在线框和边面视图中显示为虚线。在【旋转】模式下，单击对角线可更改其位置。要退出【旋转】模式，请在视口中右键单击，或再次单击【旋转】按钮。

在指定时间，每条对角线只有两个可用的位置。因此，连续单击某条对角线两次时，即可将其恢复到原始的位置处。但通过更改临近对角线的位置，会为对角线提供另一个不同位置。

## 五、可编辑多边形（边界）

边界是网格的线性部分，通常可以描述为孔洞的边缘。它通常是多边形仅位于一面时的边序列。例如，长方体没有边界，但茶壶对象包含若干个边界，它们位于：壶盖、壶身、壶嘴各有一个边框，而手柄有两个边框。如果创建圆柱体，然后删除末端多边形，相邻的一行边会形成边界。在【可编辑多边形边界】子对象层级，可以选择一个和多个边界，然后使用标准方法对其进行变换。

**操作：在选定边界处，创建靠近曲面的多边形**

1.在【边界】子对象层级，选择任何一个开放的边界。

此时，将会选择连续开放边的整个封闭环，其中，这些开放边，可以组成选定的边界。

2.单击【封口】。

【桥】——使用多边形的【桥】连接对象的两个边界。在【直接操纵】模式，即无需打开【桥设置】对话框下，使用【桥】的方法有两种：

A.选择对象的平均边界数，然后单击【桥】。此时，将会使用当前的【桥】设置，立刻在每对选定边界之间创建桥，然后取消激活【桥】按钮。

B.如果不存在符合要求的选择，即两个或多个选定边界，单击【桥】时，会激活该按钮，处于【桥】模式下。首先单击边界边，然后移动鼠标，此时将会显示一条连接鼠标光标和单击边的橡皮筋线，单击其他边界上的第二条边，使这两条边相连，此时，使用当前【桥】设置时，会立即创建桥，【桥】按钮始终处于活动状态，以便用于连接多对边界，要退出【桥】模式，右键单击活动视口，或者单击【桥】按钮。

**注意：**

使用【桥】时，始终可以在边界对之间建立直线连接。要沿着某种轮廓建立桥连接，请在创建桥后，根据需要应用建模工具。例如，桥接两个边界，然后使用混合。

【桥设置】——打开可以通过交互式操纵，连接选定边界的【桥】对话框。

## 六、可编辑多边形（多边形／元素）

多边形是通过曲面连接的三条或多条边的封闭序列。多边形提供了可渲染的可编辑多边形对象曲面。在【可编辑多边形】子对象层级，可以选择一个或多个多边形，还可以使用标准方法对其进行变换，这一点对于【元素】子对象层级同样适用。

**注意：**

【可编辑多边形】用户界面改进了工作流，可供从中选择所需的编辑方法。

### 【编辑多边形／元素】卷展栏

【轮廓】——用于增加或减小每组连续的选定多边形的外边。执行挤出或倒角操作后，通常可以使用【轮廓】调整挤出面的大小，它不会缩放多边形，只会更改外边的大小。例如，如图8-4-18所示，请注意，内部多边形的大小保持不变。

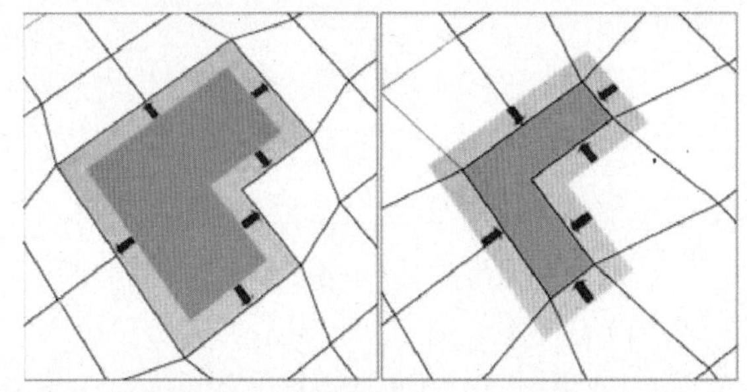

图8-4-18 内部多边形的大小保持不变

单击【轮廓设置】按钮，可以打开【轮廓选定面】对话框，可以根据数值设置执行轮廓操作，如图8-4-19所示。

图8-4-19 根据数值设置执行轮廓操作

【插入】——执行没有高度的倒角操作，即在选定多边形的平面内执行该操作。单击此按钮，然后垂直拖动任何多边形，以便将其插入。【插入】可以在选定的一个或多个多边形上使用，同【轮廓】一样，只有外部边受到影响，如图8-4-20所示。

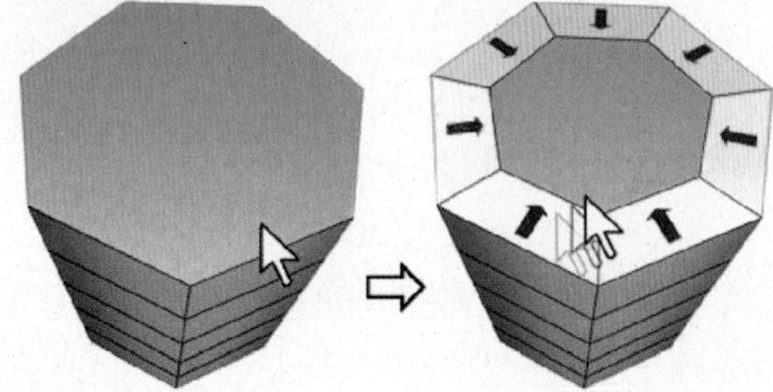

图8-4-20 插入

【从边旋转】——通过在视口中，直接操纵执行手动旋转操作。选择多边形，并单击该按钮，然后沿着垂直方向拖动任何边，以便旋转选定多边形。如果鼠标光标在某条边上，将会更改为十字形状。旋转边不必是选择的一部分，它可以是网格的任何一条边，另外，选择不必连续，如图8-4-21所示。

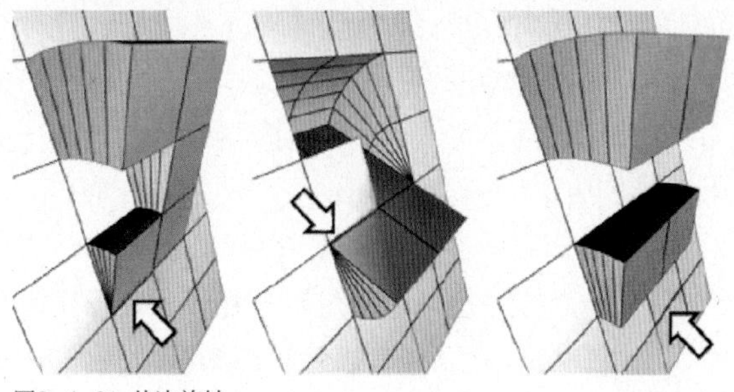

图8-4-21 从边旋转

旋转多边形时，这些多边形将会绕着某条边旋转，然后创建形成旋转边的新多边形，从而将选择与对象相连，这是基本的挤出加旋转效果。例外情况是，如果旋转边，属于选定多边形，将不会对边执行挤出操作。【从边旋转】的手动版本，只适用于现有多边形选择。

**技巧：**

启用【忽略背面】，以免无意中绕着背面边旋转。

【沿样条线挤出】——沿样条线挤出当前的选定内容。

**例如：**

如图8-4-22所示，可以挤出单个面或连续面或非连续面。挤出2，使用【锥化曲线】和【扭曲】；挤出3，使用【锥化量】；每个挤出有不同的曲线旋转。

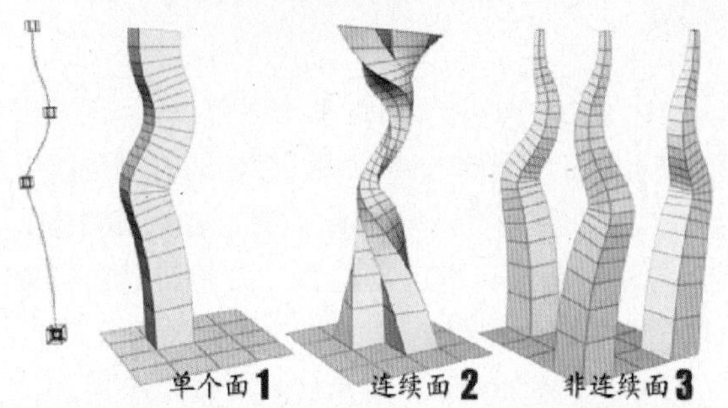


图8-4-22 沿样条线挤出

执行所需的选择，并单击该按钮，然后选择场景中的样条线。使用样条线的当前方向，可以沿该样条线挤出选定内容，就好像该样条线的起点，被移动每个多边形或组的中心一样。

【重复三角算法】——允许软件对当前选定的多边形，执行最佳的三角剖分操作。使用【重复三角算法】，可以尝试优化选定多边形细分为三角形的方式，如图8-4-23所示。

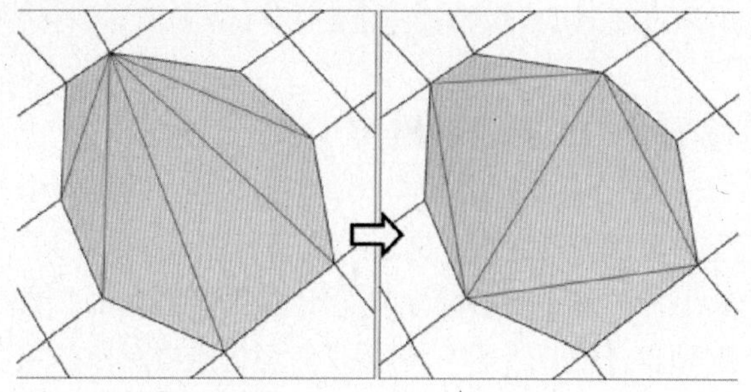

图8-4-23 重复三角算法

## 七、【绘制变形】卷展栏

【绘制变形】可以推、拉，或者在对象曲面上，拖动鼠标光标来影响顶点。在对象层级上，【绘制变形】可以影响选定对象中的所有顶点，在子对象层级上，它仅会影响选定顶点(或属于选定子对象的顶点)以及识别软选择。默认情况下，变形会发生在每个顶点的法线方向。3ds Max继续将顶点的原始法线，用作变形的方向，但对于更动态的建模过程，可以使用更改的法线方向，或甚至沿着指定轴进行变形。

**注意：**

【绘制变形】不可以设置动画。

**操作：将变形绘制到网格对象上**

1.将【编辑多边形】修改器应用到对象上，或将对象转换为可编辑多边形格式。【绘制变形】使用现有的几何体，所以对于所要的变形，对象应当有足够的网格解决方案。

2.执行下列任一操作：

a.变形对象上的任何区域，保持在对象层级上，或在没有选择子对象时，在子对象层级上进行工作。

b.仅变形对象上的特定区域，转到子对象层级，然后在要变形的区域选择子对象。

3.在【绘制变形】卷展栏上，单击【推/拉】。

4.将【推/拉】值，设置成负值，以将对象曲面向内推，或设成正值以将曲面向外拉。该值的绝对值越大，产生的效果就越大。

5.设置【笔刷大小】和【笔刷强度】。

6.将鼠标光标移到要变形的曲面上。在移动鼠标时，【笔刷】就会动态的重定向，以显示当前光标下的网格部分的法线方向，选择【变形法线】，可以将变形曲面的法线方向，用作推/拉方向。

7.按下鼠标按键，并拖动鼠标来变形曲面。如果在同一个点上重复的进行绘制，而没有松开鼠标的按键，那么效果就会累积起来，一直到【推/拉值】的最大设置。

### 【绘制变形】卷展栏

【绘制变形】有三种操作模式：【推/拉】、【松弛】和【复原】。一次只能激活一个模式，剩余的设置，用以控制处于活动状态的变形模式的效果。

对于任何模式，选择该模式，必要的话更改设置，然后在对象上拖动光标，以绘制变形。在对象上的任何区域绘制变形，保持在对象层级上，或在没有选择子对象时，在子对象层级上进行工作，仅变形对象上的特定区域，转到子对象层级，然后在要变形的区域选择子对象。

【推/拉】——将顶点移入对象曲面内(推)或移出曲面外(拉)。推拉的方向和范围由【推/拉值】设置所确定。

**技巧：**

要在绘制时反转【推/拉】方向，可以按住【Alt】键。

**要点：**

【推/拉】支持随软选择子对象的选择值，而衰退的有效力量中的软选择。

【松弛】——将每个顶点移到由它的邻近顶点平均位置，所计算出来的位置上，来规格化顶点之间的距离。【松弛】使用与【松弛】修改器相同的方法。使用【松弛】可以将靠得太近的顶点推开，或将离得太远的顶点拉近。

【复原】——通过绘制可以逐渐【擦除】或反转【推/拉】或【松弛】的效果。仅影响从最近的【提交】操作开始变形的顶点，如果没有顶点可以复原，【复原】按钮就不可用。

技巧：

在【推/拉】模式或【松弛】模式中，绘制变形时，可以按住【Ctrl】键，以暂时切换到【复原】模式。

**【推/拉方向】组**

此设置用以指定对顶点的推或拉，是根据曲面法线、原始法线或变形法线进行，还是沿着指定轴进行。默认设置为【原始法线】。用【原始法线】绘制变形，通常会沿着源曲面的垂直方向来移动顶点，使用【变形法线】会在初始变形之后，向外移动顶点，从而产生吹动效果。

【原始法线】——选择此项后，对顶点的推或拉，会使顶点以它变形之前的法线方向进行移动。重复应用【绘制变形】总是将每个顶点，以它最初移动时的相同方向进行移动。

【变形法线】——选择此项后，对顶点的推或拉，会使顶点以它现在的法线方向进行移动，也就是说，在变形之后的法线。

【变换轴X/Y/Z】——选择此项后，对顶点的推或拉，会使顶点沿着指定的轴进行移动，并使用当前的参考坐标系。

【推/拉值】——确定单个推/拉操作应用的方向和最大范围。正值将顶点【拉】出对象曲面，而负值将顶点【推】入曲面。默认为10.0。

要点：

单个的应用是指，不松开鼠标按键，进行绘制，即在同一个区域上拖动一次或多次。在进行绘制时，可以使用【Alt】键，在具有相同值的推和拉之间进行切换。例如，如果拉的值为8.5，按住【Alt】键，可以开始值为-8.5的推操作。

【笔刷大小】——设置圆形笔刷的半径。只有笔刷圆之内的顶点，才可以变形。默认设置为20.0。

技巧：

要交互式的更改笔刷的半径，可以松开鼠标按键，按住【Shift+Ctrl+鼠标左键】，然后拖动鼠标。当使用这个方法时，卷展栏上的【大小】值不会更新，这与3ds Max中所有其他的绘制界面的功能一样，诸如【蒙皮】>【绘制权重】和【顶点绘制】。

【笔刷强度】——设置笔刷应用【推/拉】值的速率。低的【强度】值应用效果的速率要比高的【强度】值来得慢。范围为0.0至1.0。默认设置为1.0。

【笔刷选项】——单击此按钮以打开【绘制选项】对话框，在该对话框中，可以设置各种笔刷相关的参数。

【提交】——使变形的更改永久化，将它们【烘焙】到对象几何体中。在使用【提交】后，就不可以将【复原】应用到更改上。

【取消】——取消自最初应用【绘制变形】以来的所有更改，或取消最近的【提交】操作。

## 第五节 低多边形建模工具

对于不太复杂的场景和动画而言，使用两个工具可以帮助管理多边形计数。【多边形计数器】工具监控场景中的面数，这样可以帮助管理允许面数的预算。【细节级别工具】用于管理场景中对象的复杂程度。例如，使用【细节级别】可以在对象与摄影机有一定距离时，将复杂对象显示为简单几何体。

使用【工具】面板，打开一个低多边形工具，并使其激活。

### 一、多边形计数器工具

如果不考虑只使用场景中的小面数，则使用【多边形计数器】工具。当按上述指定的路径执行操作时，将显示【多边形计数器】对话框，可以为选定的对象和场景中的所有对象设置预算面。

**【多边形计数器】对话框**

【多边形计数器】对话框，将显示当前场景中的面数，以及当前选择集中的面数，使用该对话框上的微调器，可以设置这两个值的预算。接近或超出分配的预算时，条形图将从绿色变为黄色，最后为红色，如图8-5-1所示。

图8-5-1【多边形计数器】对话框

**操作：使用【多边形计数器】**

1.在【工具】面板>【工具】卷展栏上，单击【更多】按钮，然后选择【多边形计数器】。

2.选择是否计数三角形或多边形。

3.在【所有对象】上设置微调器，可以为整个场景创建多边形预算。

4.选择任何单个对象，然后为各个对象设置多边形预算。

5.当超出限制时，图形线将以红色显示其一端。

【选定对象/所有对象】——显示两个数目和彩色条指示器，用来显示场景中选定对象的面数和场景中所有对象的面数。【多边形计数器】包含面数中，任何闭合样条线图形，以及所有网格对象。

【预算】——显示可以进行预算的面数。

【当前】——在选定对象或场景中当前显示面数。

【三角形数/多边形数】——用于选择【多边形计数器】是否计数所有的三角形，或只计数多变形。例如，如果已将长方体转化为【可编辑多边形】格式，则【多边形计数器】将显示包含12个三角形的长方体，只包含6个多边形。

【关闭】——关闭多边形计数器。

## 二、细节级别工具

【细节级别】工具可以用于构建对象，此对象可以基于渲染图像大小，改变几何复杂性或者细节级别。可以创建几个相同对象的版本，每个版本都具有不同的细节级别，将它们组成一组，然后运行【细节级别】工具，此工具可以自动创建像【可见性】轨迹一样的特殊的LOD控制器，然后LOD控制器在组中，将对象隐藏和取消隐藏，具体情况取决于渲染场景的大小。

此工具的主要目的，是在渲染复杂对象，以及在视口中操纵对象时节省时间，因为一部分渲染速度直接和在场景中渲染的面数有关，所以使用【细节级别】工具，可以在对象减少其明显大小时，减少渲染面的数量。另外，可以使用这一工具，来为视口中更复杂的对象显示简单的替代对象，因为不为在视口中隐藏的对象计算堆栈，可以使用该工具来提高视口操纵速度，来用简单的替代对象替代复杂的堆栈对象。

**操作：为【细节级别】工具设置对象**

1.创建两个或多个除了复杂性以外，都相同的对象。

**注意：**

最好指定材质和贴图坐标，以及当对象仍分离时的所有修改器。

2.选定所有对象，然后使用【对齐】工具，将公共中心的所有对象居中。

3.将对象分组。

4.选择【细节级别】工具。

5.选定分组的对象后，单击【创建新集】按钮。在【细节级别】列表中，以复杂程度为顺序，显示了组内对象的名称，当其他对象不可见时，视口中只显示组内最不复杂的对象。

6.当要对象在渲染场景中转换其显示时，可以使用【细节级别】卷展栏中的控件来调整。

**操作：访问对象堆栈**

1.选定【细节级别】对象，然后再选择【组】菜单>【打开】。

2.在【细节级别】工具中，从列表窗口选择所要访问的对象，然后启用【在视口中显示】，或者双击列表窗口中的对象名称。

3.在视口中选择对象。

4.打开【修改】面板来访问此对象的参数。

5.完成后，选择【组】菜单>【关闭】。

**操作：在组中指定材质**

1.选定分组的对象。

2.在【细节级别】工具中，使用【在视口中显示】，来显示将材质指定给分组的对象。

3.将材质从【材质编辑器】，或者【浏览器】中拖动到视口对象上。

4.在【指定材质】警报中，选择【指定给对象】，然后单击【确定】。

**要点：**

确保选择【指定给对象】，如果选择默认的【指定给选择】，则将组中所有对象指定为同一材质。

**操作:拆除【细节级别】对象**

如果在【轨迹视图】中查看【细节级别】对象,将只会看到在当前视口中,显示的子对象轨迹,要在【轨迹视图】中查看所有的子对象,需要禁用【可见对象】。

要拆除分组的【细节级别】对象,并将其子对象还原为独立状态,请遵循以下步骤:

1 打开【轨迹视图】中的【过滤器】对话框,然后关闭在【只显示】组框中的【可见对象】。

2 在【细节级别】对象中,所有子对象的轨迹现在均可见。

3 打开每个子对象的层次,然后选择每个【可见性】轨迹。

4 在【轨迹视图】工具栏上,单击【删除控制器】按钮。

5 如果还要移除组,可以选择分组对象,然后选择【组】菜单中的【分解】。

**【细节级别集】组**

可以创建一个新集,并从当前集中添加或移除对象。

【创建新集】——在当前选择的组对象基础上,创建新的【细节级别】集。

【添加到集】——将对象添加到【细节级别】集。必须首先将想要添加的对象,连接到组对象上。要把对象添加到集,可以使用【对齐】,将对象和组对象一起居中。选择所要添加的对象,然后在【组】菜单中,选择【连接】,再单击组对象,最后,单击【添加到集】按钮,然后单击所要添加的对象。

【从集中移除】——在当前集移除列表窗口中,高亮显示的对象。请注意对象,然后会在视口中变得可见,但仍是组的一部分。要从组中移除对象,选择【组】菜单>【打开】,选择所要移除的对象,再选择【组】菜单>【分离】,再次选择组对象,并选择【组】菜单>【关闭】。

**【图像输出大小】组**

【宽度/高度】——每次进入【细节级别】工具时,将该区域微调器的【宽度】和【高度】设置为当前渲染输出大小。使用微调器,可以更改为任何分辨率,如果选择【目标图像】选项的百分比,可以更改【目标图像大小】,也可以更改阈值。

【重置为当前值】——将两个微调器重置为当前渲染输出大小。

【列表窗口】——按复杂性列出组中的所有对象,复杂性最小的将在表格顶端。每个对象名称左边的数字是阈值,它表明了渲染场景中显示的对象的大小。数字可以是一种或几种类型的单位、像素或者目标图像的百分比,可以在【阈值单位】组中设置单位类型。

【在视口中显示】——在视口中显示高亮显示在列表窗口中的对象。在视口中只随时显示组中一个对象。默认情况下,显示最不复杂的对象,但可以通过在列表中高亮显示,并选择此选项来查看其他对象,双击列表中的对象名称,可以执行同样的功能。

**【阈值单位】组**

组框中的选项,可以用于在两种类型的阈值单位中进行选择,在这两种选项中切换不会改变其效果,它改变了设置阈值的方法。

【像素】——通过指定图像像素最大大小(斜向测量)来决定阈值。当设置传输阈值时使用此选项,要使用绝对值而不是相对值。

【目标图像的%】——基于相对于渲染输出大小的图像大小(斜向测量)百分比设置阈值。

**【阈值】组**

【最小大小/最大大小】——在对象被复杂程度较低的对象代替前,设置该对象的最小大小,在对象被复杂程度较高的对象代替前,设置该对象的最大大小。值会根据当前【阈值单位】的类型改变。默认阈值被初始化,以便最复杂对象的图像输出大小是100%,使用算法设置其余的阈值,该算法基于每个对象面的比。假定所有的面尺寸相同,然后拾取阈值,这样可以使这些面显示在屏幕上时大小保持恒定。通常,这将提供所需平滑变换的类型,但是可以自定义阈值。阈值在对象之间交互关联,例如,改变一个对象的最小大小，将会改变下一个对象的最大大小。

【全部重置】——使用如上所述的算法，为表中所有对象重置阈值。

**要点：**

当在渲染场景中，显示复杂几何体时，可以使用【细节级别】工具来创建对象，这个对象显示视口中简单的几何体。创建分组的【细节级别】对象，该对象只包含两个对象，即复杂对象和简单对象。选择列表窗口中简单的对象，在【阈值】中，设置【最小大小】和【最大大小】为0，这将在视口中显示简单对象，但是不管其明显大小，复杂对象将始终显示在渲染场景中。

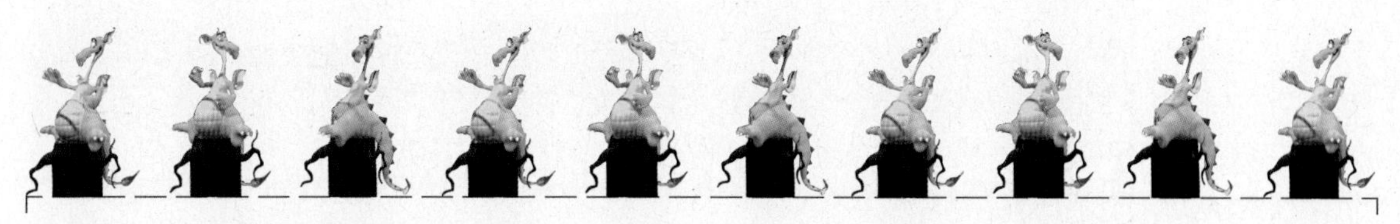

## 小结

曲面建模比几何体建模更具有灵活性和扩展性，也是建模形式中一个常用的制作手段，为此，必须熟练掌握其方法。

## 课外作业

使用曲面建模，如卡通人物等等。

# 第九章 创建副本和阵列

本章包括以下学习内容：

## 学习目的：

学习此两项功能，便于在建模的繁杂制作中快捷制作相同物体，加快制作速度。

使用3ds Max可以在变换操作期间，快速创建一个或多个选定对象的多个版本。通过移动、旋转或缩放选定对象时，按下【Shift】键，可以完成此操作。例如，从圆柱的阵列创建的门廊，如图9-1所示。

复制对象的通用术语为【克隆】。本节将讲解可用于克隆对象的所有方法和选择，除了变换方法之外，该工具包含以下方法：

（1）阵列可以同时设置三种尺寸的所有三种变换。在2D或3D空间中的线性和圆形阵列效果更精确。

（2）镜像围绕一个或多个轴产生【反射】克隆。如果不使用克隆镜像对象，结果为几何体的一个【翻转】，可选择一个新位置。

（3）快照基于动画路径，同样可以间隔时间或距离创建克隆。

（4）间隔工具沿着一条样条线，或两个点定义的路径，基于当前选择分布对象。

图9-1 从圆柱的阵列创建的门廊

# 第一节【副本】、【实例】和【参考】的概述

要复制对象，请使用下面三种方法之一，对于所有三种方法，原始对象和克隆对象在几何体层级是相同的，这些方法的区别在于处理修改器，例如，【混合】或【扭曲】时，所采用的方式，对象可以是其他对象的副本。

【副本】方法：创建一个与原始对象完全无关的克隆对象。修改一个对象时，不会对另外一个对象产生影响。

【实例】方法：创建原始对象的完全可交互克隆对象。修改实例对象与修改原始对象相同。

【参考】方法：克隆对象时，创建与原始对象有关的克隆对象。参考对象之前更改，对该对象应用的修改器的参数时，将会更改这两个对象，但是，新修改器可以应用于参考对象之一，因此，它只会影响该修改器修改的对象。

根据创建克隆对象时使用的方法，克隆对象可以称作【副本】、【实例】或【参考】。

下面重点谈论了如何使用这些方法。

## 一、副本

【副本】是最常见的克隆对象。复制对象时，将会创建新的独立主对象和删除新的命名对象的数据流。该副本将会在复制时，复制原始对象的所有数据，它与原始对象之间没有关系。

如果为基本头部形状建模，且需要创建一组不同的角色，可能需要在开始设计新角色时，制作基本头部形状的副本，然后，可能需要为不同的鼻子、嘴和其他特征点建模。

复制通过【文件链接管理器】活动链接的对象时，该软件会自动将副本，转化为可编辑网格对象，如果选定内容包含实例化其他对象的几个对象，则生成的副本，也会实例化相同的对象。

## 二、实例

【实例】不仅在几何体中相同，而且在其他用法上相同。实例化对象时，将会根据单个主对象生成多个命名对象，每个命名对象实例，拥有自身的变换组、空间扭曲绑定和对象属性。但是，它与其他实例共享对象修改器和主对象。实例的数据流正好在计算对象修改器之后出现分支。

例如：

通过应用或调整修改器更改一个实例之后，所有其它的实例也会随之改变。

在3ds Max中，实例源自同一个主对象。【在场景后面】执行的操作是，将单个修改器应用于单个主对象。在视口中，显示为多个对象的是定义相同的多个实例。

如果要创建一群游动的鱼，开始时可以制作单条鱼的多个实例副本，然后，通过将【涟漪】修改器应用到鱼群中的任何一条鱼，来设置游动运动动画，这样，整群鱼都会以完全相同的动作进行游动。

不建议创建活动链接对象的实例。如果删除链接文件中的实例化对象，可能会产生可靠性问题。

## 三、参考

【参考】对象基于原始对象，就象实例一样，但是它们还可以拥有自身特有的修改器。同实例对象一样，参考对象至少可以共享同一个主对象和一些对象修改器(可能的话)。

参考对象的数据流，正好在对象修改器之后出现分支，但是此后，会对每个参考对象特有的第二组对象修改器进行计算。创建参考对象时，3ds Max将会在所有克隆对象修改器堆栈的顶部，显示一条灰线，即导出对象线。在该直线下方，所做的任何修改，都会传递到其他参考对象以及原始对象。在该直线上方添加的新修改器，不会传递到其他参考对象，对原始对象，如在创建参数中，所做的更改，会传递到其参考对象，这种效果十分有用，因为在保持影响所有参考对象的原始对象的同时，参考对象可以显示自身的各种特性。

所有的共享修改器，位于导出对象直线的下方，且显示为粗体。选定参考对象特有的所有修改器，位于导出对象直线的下方，且不显示为粗体。原始对象没有导出对象直线：其创建参数和修改器都会进行共享，且对该对象所做的全部更改，都会影响所有参考对象。

更改命名对象参考的修改器，或对其应用修改器的结果，取决于在修改器堆栈中，应用该修改器的位置。如果在修改器堆栈的顶部应用修改器，则只会影响选定的命名对象；如果在灰线下方应用修改器，将会影响该直线上方的所有参考分支对象；如果在修改器堆栈的底部应用修改器，将会影响从主对象生成的所有参考对象。

不建议创建活动链接对象的参考对象。如果删除链接文件中的参考对象，可能会产生可靠性问题。

例如：

如果为头部建模，可能需要保持角色的家族相似性，那么就可以在原对象上，对基本特征进行建模，然后在每个参考上指定模型。有时，如果需要查看角色的头部是否象【克隆头部】，可能需要对原始头部应用【锥化】修改器，且让其他所有角色显示相同的特征点。可以向原始角色，提供非常尖角的头部，然后对某些参考角色，应用单独的【锥化】修改器，以便减少面向法线的点。对于游动的鱼，可能需要根据一条原始鱼，选择将鱼群中的所有鱼作为参考对象，因此，可以通过原始鱼控制游动运动，还可以为鱼群中的各条鱼添加修改器，使其游动不一。

## 第二节 克隆对象

### 一、克隆对象的方法

3ds Max提供了几种复制或重复对象的方法，【克隆】是此过程的一般术语，这些方法可以用来克隆任意选择集。

***共有的功能**

虽然每个方法在克隆对象时，都有单独的用处和优点，但是这些克隆方法，在工作方式上，却有很多相似点：

(1) 克隆时，可以应用变换。创建新对象时，可以【移动】、【旋转】或【缩放】。

(2) 变换相对于当前坐标系统，坐标轴约束和变换中心。

(3) 克隆创建新对象时，可以选择使它们成为【副本】、【实例】和【参考】。

下列项目中的每一项随后在本节中讲解。

***【Shift+克隆】**

可以在变换对象时将其克隆，此过程称为【Shift+克隆】：使用鼠标变换选定对象时，可以采用按住【Shift】键的方法。此方法快捷通用，可能是复制对象时最为常用的方法，如图9-2-1所示。

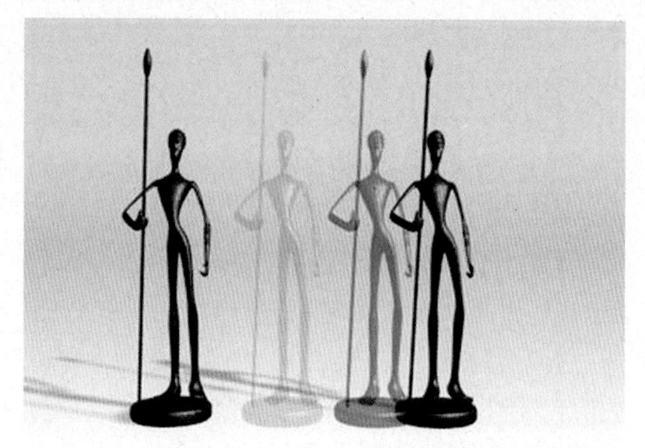

图9-2-1【Shift+克隆】

使用捕捉设置可获得精确的结果；设置变换中心和变换轴的方式，会决定克隆对象的排列；根据设置不同，可以创建线性和径向的阵列。

***快照**

【快照】会随时间克隆动画对象，可在任一帧上创建单个克隆，或沿动画路径为多个克隆设置间隔。间隔是均匀时间间隔，也可以是均匀的距离。例如，使用沿路径设置了动画的圆锥形冰淇淋杯，【快照】可以创建一摞圆锥体，如图9-2-2所示。

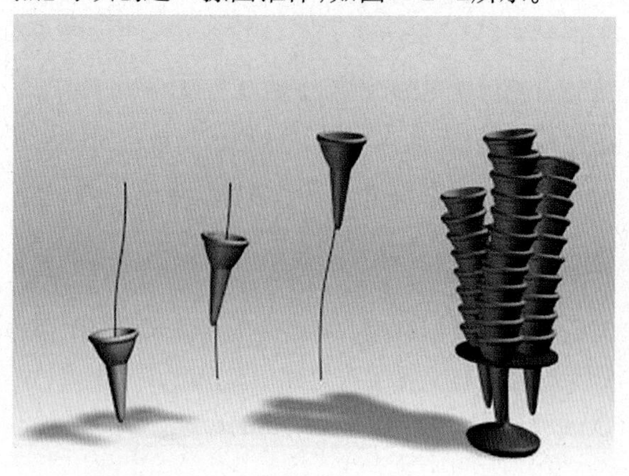

图9-2-2【快照】可以创建一摞圆锥体

***阵列**

【阵列】能创建重复的设计元素：例如，观览车的吊篮，螺旋梯的梯级，或者城墙的城垛。阵列可以给出所有三个变换和在所有三个维度上的精确控制，包括沿着一个或多个轴缩放的能力，就是因为变换和维度的组合，再与不同的中心结合，才给出了一个工具的如此多选项。例如，螺旋梯是围绕公共中心的【移动】和【旋转】的组合。另外一个使用【移动】和【旋转】的阵列，可能产生一个链的联锁链接，如图9-2-3所示。

图9-2-3 一维阵列镜像

【镜像】会在任意轴的组合周围，产生对称的复制。还有一个【不克隆】的选项，来进行镜像操作，但并不复制，效果是将对象翻转或移动到新方向，如图9-2-4所示。

图9-2-4 【镜像】

镜像具有交互式对话框，更改设置时，可以在活动视口中看到效果，换句话说，会看到镜像显示的预览。还有一个【镜像】修改器，给出了镜像效果的参数控制。

**＊间隔工具**

【间隔工具】沿着路径进行分布，该路径由样条线或成对的点定义。通过拾取样条线，或两个点并设置许多参数，可以定义路径。也可以指定确定对象之间间隔的方式，以及对象的相交点是否与样条线的切线对齐。例如，【间隔工具】沿着弯曲的街道两侧分布花瓶，如图9-2-5所示。

图9-2-5 【间隔工具】沿着弯曲的街道两侧分布花瓶

**＊克隆并对齐工具**

使用【克隆并对齐】工具，可以基于当前选择，将源对象分布到到目标对象的第二选择上。例如，可以使用【克隆并对齐】，同时填充配备了相同家具布置的几个房间。同样，如果导入含有代表会议室中椅子的2D符号的CAD文件，那么可以使用【克隆并对齐】，来以3D椅子对象替换该符号。

## 二、【克隆选项】对话框

使用【克隆】来创建选定对象，或一组对象的一个【副本】、【实例】或【参考】；使用【编辑】【菜单上的【克隆】命令，来创建单个副本；通过在变换选择时，按住【Shift】键，可以克隆多个副本。

**操作：在不变换对象的情况下克隆对象**

1. 选择一个对象或一组对象。
2. 从【编辑】菜单中，选择【克隆】命令。
3. 打开【克隆选项】对话框。

**注意：**

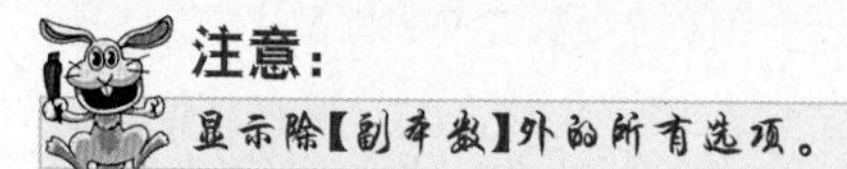


4. 更改设置或接受默认值，然后单击【确定】。
5. 每个新克隆的对象与原始对象占用的空间相同，按名称选择克隆，可移动或修改克隆。

**操作：克隆和变换对象**

1. 在主工具栏上，单击【移动】、【旋转】或【缩放】按钮。

2.选择一个对象、多个对象、组或子对象。

3.按住【Shift】键,并拖动选定对象。

4.当拖动选择时,将创建、选定和变换该克隆,原始对象将取消选择,并且不受变换影响。

5.释放鼠标按钮后,将显示【克隆选项】对话框。

6.更改设置或接受默认值,然后单击【确定】。

【对象】组

【复制】——将选定对象的副本,放置到指定位置。

【实例】——将选定对象的实例,放置到指定位置。

【参考】——将选定对象的参考,放置到指定位置。

【控制器】组

用于选择以复制和实例化原始对象的子对象的变换控制器。仅当克隆的选定对象,包含两个或多个层次链接的对象时,该选项才可用。当克隆非链接的对象时,只复制变换控制器。另外,当克隆链接的对象时,只复制最高级别克隆对象的变换控制器。该选项仅用于克隆层次顶部下面级别对象的变换控制器。

【复制】——复制克隆对象的变换控制器。

【实例】——实例化克隆层次顶级下面的克隆对象的变换控制器。使用实例化的变换控制器,可以更改一组链接子对象的变换动画,并且使更改自动影响任何克隆集。

这样就可以使用单个动画设置,同等设置所有克隆的动画。例如,考虑包含三个名为"躯干"、"大腿"和"小腿"对象的场景。这些对象是链接的层次,因此,"躯干"是"大腿"的父对象,并且"大腿"是"小腿"的父对象。假设选择所有三个对象,然后克隆它们,并选择【克隆选项】>【控制器】>【实例】。因此,如果变换"大腿"或"小腿"对象,则在其他层次中的相应对象,和任何子对象也同样变换,但是,如果变换"躯干"对象,则其他层次不受影响。

【副本数】——指定要创建对象的副本数。仅当使用【Shift+克隆】对象时,该选项才可用。

使用【Shift+克隆】生成多个副本,对每个添加的副本连续应用变换。如果【Shift+移动】对象,并指定两个副本,则第二个副本与第一个副本偏移的距离,与第一个副本与原始对象偏移的距离相同。对于【旋转】,则创建旋转对象的两个副本,第二个副本比第一个副本旋转两倍远。对于【缩放】,则创建缩放对象的两个副本,第二个副本与第一个副本的缩放百分比,和第一个副本与原始对象的缩放百分比相同。

【名称】——显示克隆对象的名称。

可以使用该字段更改名称,其他副本使用相同名称后面加一个两位数的数字,该数字从01开始,并对于每个副本加1。因此,例如,如果【Shift+移动】对象,然后指定名称"building"和两个副本,第一个副本将命名为"building"第二个副本将命名为"building01"。

三、使用【Shift+克隆】

【Shift+克隆】是在3ds Max中,复制对象的主要方式。可以在以下任何标准变换操作过程中,按住【Shift】键,同时拖动:【移动】、【旋转】或【缩放】。

操作:针对对象执行【Shift+克隆】

1.在主工具栏上,单击【移动】、【旋转】或【缩放】按钮。

2.选择一个变换坐标系和约束。每个变换都带有其自己的设置,为了避免意外,请始终先单击变换按钮,然后再设置变换坐标系和约束。

注意:

还可以使用【变换Gizmo】来设置轴约束。

3.选择要克隆的一个对象或一组对象。选择可以是单个对象、多个对象、一个组或子对象选择。

4.按下【Shift】键,并拖动选择以应用变换。拖动时,将创建并选择克隆,现在对象已变换,原始对象将不再选定,并且不受变换影响。

5.释放鼠标按钮后,将出现【克隆选项】对话框。更改该对话框中的设置,或接受默认值,然后单击【确定】。

【Shift+克隆】对于所选择的任何变换,使用【克隆选项】对话框。

*对【Shift+克隆】设置动画

可以对任何【Shift+克隆】操作设置动画。

**＊无变换克隆**

使用【Shift+克隆】克隆对象，需要通过对它们【移动】、【旋转】或【缩放】同时进行变换。在一些情况下，可能希望不以任何方式变换对象，将其克隆。【编辑】菜单的【克隆】命令，您提供了这个选项，使用该命令，可以一次只创建一个克隆。

**操作：在不变换的情况下克隆对象**

1.选择要克隆的一个对象或多个对象。

2.选择【编辑】菜单>【克隆】。将显示【克隆选项】对话框，该对话框与【Shift+克隆】所使用的对话框相同，不同之处在于其没有【副本数】设置。使用【克隆】命令，只创建一个副本。

3.更改该对话框中的设置或接受默认值，然后单击【确定】。

**提示：**

克隆的对象与原始对象占用的空间完全相同，并且在克隆完成后处于选中状态。使用按名称选择，可选择原始对象，或重新选中克隆。

## 四、使用【Shift+移动】进行克隆

在移动对象时对其进行克隆，即快捷又轻松，它将生成两个或多个对象的线性阵列。例如，使用【Shift+移动】从不同的位置创建克隆，如图9-2-6所示。

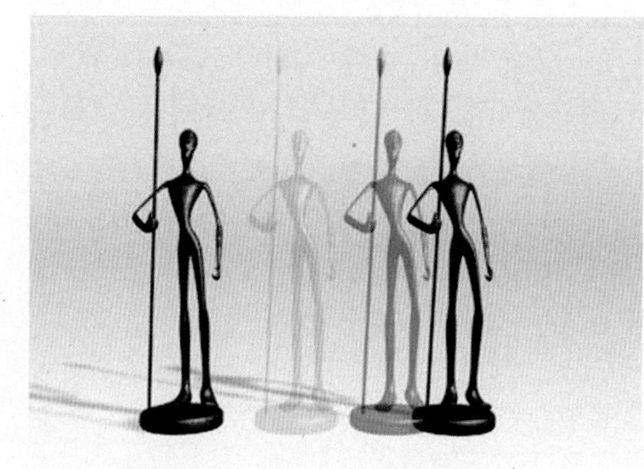

图9-2-6 使用【Shift+移动】从不同的位置创建克隆

**操作：使用【Shift+移动】进行克隆**

1.单击主工具栏上的【移动】按钮。

2.选择坐标系和轴约束。

3.选择要克隆的对象。

4.按住【Shift】键，然后拖动，可以背离原始移动选择的克隆。

5.选择【克隆选项】对话框上，要制作的副本数，然后使它们成为【副本】、【实例】或【参考】。

**＊有关使用【Shift+移动】创建的阵列**

由【Shift+移动】生成的多个克隆，将形成具有这些角色的均等空间线性阵列：

A.阵列线穿过克隆中心，从原始中心运行。

B.每个相邻的副本之间的距离，与原始和第一个克隆之间的距离相同。

C.在移动选择对象时，使用捕捉可以使阵列更精确。

【Shift+移动】阵列的示例是支柱围栏。从单个支柱，可生成长的围栏轨迹。可以沿着主栅格的主轴，来对围栏进行阵列，然后组合支柱，旋转这些支柱到特定角度，并将它们移动到位置。

也可以使用【Shift+移动】制作三维阵列。主要选择是轴的组合，以在构造平面之外进行移动。例如，构建楼梯，可以创建形成顶阶的长方体，然后使用【Shift+移动】来将其复制到斜向下，可以使用阵列来创建向下飞行的动作。

## 五、使用【Shift+旋转】进行克隆

当旋转对象生成各种效果时，克隆这些对象，具体情况取决于设置变换的方式。例如，使用【Shift+旋转】从不同的方向创建克隆，如图9-2-7所示。

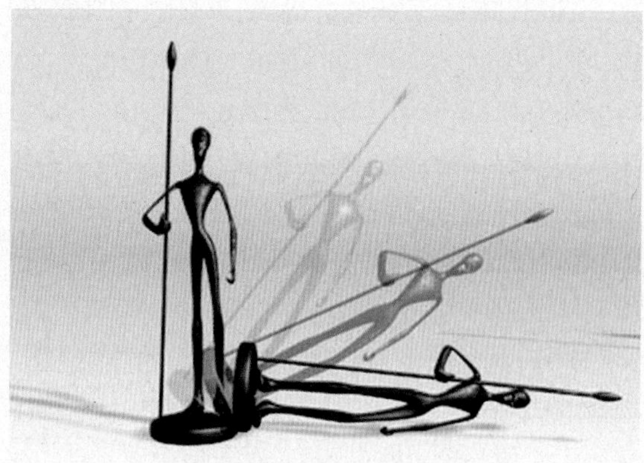

图9-2-7 使用【Shift+旋转】从不同的方向创建克隆

**操作：使用【Shift+旋转】进行克隆**

1.单击主工具栏上的【旋转】按钮。

2.选择坐标系、变换中心和轴约束。

3.选择要克隆的对象。

4.按住【Shift】键，然后拖动可旋转选择对象。

5.选择【克隆选项】对话框上，要制作的副本数，然后选择使它们成为【副本】、【实例】还是【参考】。

＊变换设置的效果

所在变换中心的位置，将确定使用【Shift+旋转】时3ds Max定位克隆的方式。

A.对于所有设置，活动轴或视口坐标系的轴约束旋转的方向。

B.每个克隆按相同的量，从以前的克隆进行旋转，该量与从原始克隆旋转的第一个克隆的量相同。

＊位于中心的局部轴

对象的默认轴点，通常位于其中心或底部。当使用【Shift+旋转】围绕对象的默认轴点进行旋转时，该克隆将均匀重叠，因为每个克隆以相同的量旋转。使用局部轴设置的多个对象也是如此，这是因为每个对象，都使用其自身的局部中心。

圆形对象，如球体或圆柱体的克隆，可以正确覆盖在原始克隆上。要查看这些克隆，可能需要将它们移离原始克隆。

使用角度捕捉设置，可以将圆均匀分割，可以从简单对象，生成复杂的对称对象。例如，可以围绕一个轴克隆四面体，然后沿着其他轴克隆新设置，以生成面状星形。

＊远处的局部轴

将局部轴与原始轴分隔时，克隆将创建像车轮一样的排列。中心靠近一端的克隆的长形状，如花瓣或刀片，可以创建花或螺旋桨。

可以移动局部轴，到对象的任何距离处，创建大的圆形阵列，因为直接设置动画限制在局部轴上，因此设置圆形阵列的动画是关键技术。

＊选择中心

对于单个或多个对象，选择中心是围绕整个选择的边界框的几何中心。克隆围绕此中心排列，从而形成像车轮一样的阵列。对于单个对象，此中心通常不同于其局部中心，但效果与基于局部轴的效果相似。

＊坐标中心

使用坐标中心，【Shift+旋转】可以生成任意大小的圆形阵列。围绕主栅格、屏幕中心或选择的坐标系进行旋转。当采用此方法创建克隆时，不能直接设置该过程的动画。

## 六、使用【Shift+缩放】进行克隆

在缩放对象时，对其进行克隆，可生成各种嵌套对象和阵列，具体情况取决于选择的中心。例如，使用【Shift+缩放】创建不同大小的克隆，如图9-2-8所示。

图9-2-8 使用【Shift+缩放】创建不同大小的克隆

**操作：使用【Shift+缩放】进行克隆**

1.单击主工具栏上的【缩放】按钮。

2.选择坐标系、轴约束和变换中心。

3.选择要克隆的对象。

4.按住【Shift】键，然后拖动，以缩放选择对象。

5.使用【克隆选项】对话框，来选择要制作的克隆数，然后使它们成为【副本】、【实例】或【参考】。

＊变换设置的效果

变换设置通过使用【Shift+缩放】来确定3ds Max分布选择对象克隆的方式。在所有缩放操作中，变换中心作为缩放中心：

A.当克隆对象减少大小时，这些对象将朝向变换中心收缩。

B.当克隆对象增加大小时，这些对象将背离变换中心展开。

克隆对象之间的距离像克隆本身一样进行缩放，该缩放是基于原始克隆到第一个克隆的初始距离进行的，相对于变换中心的空间成比例增加或减少。

＊嵌套副本

当选择中心，用做单个对象的变换中心时，缩放将围绕此中心对称出现，从而生成嵌套副本。

A．当朝向中心进行缩放时，创建越来越小的副本。

B．在其他方向上，由增加较大的副本来围绕原始对象。

有可能有各种变化，具体情况取决于缩放和轴限制的类型。例如，通过使用挤压和在Z轴上向内进行克隆，可以将扁平长方体缩放为一个渐进的呈阶梯状四棱锥。

**＊偏移中心**

对于【Shift+缩放】，除了局部轴的任何中心，都具有创建渐进缩放对象的阵列的效果。另外，对象朝向中心向下缩放大小，同时远离中心增加大小，但是，特定的缩放选项和轴约束限制此效果，下一节会对此进行讲解。

**＊轴约束**

非均匀缩放不受轴约束，这样可以使用变换Gizmo来设置，副本始终从当前坐标系的中心，由向内或向外排列。对于【非均匀缩放】和【挤压】，缩放只在沿着轴，或使用限制轴设置的轴时才出现。

**要点：**

【限制到...】按钮，也称做【轴约束】按钮，在【轴约束】工具栏上可用，默认情况下，处于禁用状态。通过右键单击工具栏的空白区域，并从【自定义显示】右键单击菜单中，选择【轴约束】来切换此工具栏的显示。

## 七、对【Shift+旋转】和【Shift+缩放】设置动画

当【自动关键点】按钮处于启用状态时，变换中心默认为局部轴，且工具栏上的【使用中心】弹出按钮不可用。如果选择了其他中心之一和激活的【自动关键点】，则该中心返回局部轴，这意味着不能使用【Shift+旋转】和【Shift+缩放】，直接围绕非局部轴中心设置动画。例如，不能采用此方法，围绕公共的中心，以弧形或圆形来创建克隆。

**＊使用非局部中心**

**操作：使用从克隆对象分隔的中心**

1．使用虚拟对象。

2．偏移局部轴。

3．更改默认动画中心。

**＊将虚拟对象用做中心**

在本操作中，将虚拟对象的三轴架，用作旋转或缩放的中心。

**操作：将虚拟对象用做中心**

1．在旋转或缩放的中心内，创建虚拟对象。

2．使用 ，将要克隆的对象，链接到虚拟对象，这将成为父对象。

3．选择虚拟和对象，然后使用【Shift+旋转】或【Shift+缩放】变换这些对象。

a．对于【Shift+旋转】，虚拟中心将成为轴。

b．对于【Shift+缩放】，虚拟和选定对象将朝向虚拟中心一起缩放。

**＊偏移局部轴**

在本操作中，将对象的轴移至旋转或缩放的中心，此操作与使用虚拟对象的操作非常相似。

**操作：偏移局部轴**

1．选择要移动其轴的对象。

2．在【层次】命令面板上，选择【轴】，然后启用【仅影响轴】。

3．将原始对象的局部轴移至场景中的其他位置。

4．在【层次】面板中，再次单击【仅影响轴】，以将其禁用。

5．现在围绕偏移中心对【Shift+旋转】或【Shift+缩放】设置动画，这将使用局部中心的默认设置。

**要点：**

移动局部轴，可以负面影响链接和反向运动学，如果可能，考虑更改默认轴，而不是移动局部轴。

**操作：在设置动画时更改默认轴**

在本操作中，设置3ds Max以允许围绕【使用中心】卷展栏上的任意中心，设置变换的动画。

1．选择【自定义】菜单>【首选项】，然后单击【首选项】对话框的【动画】选项卡。

2．在【动画】组中，禁用【动画期间使用局部坐标中心】。

这将更改默认设置，并且使所有变换中心选项在设置动画时可用。现在，可以围绕选择对象或变换坐标中心，以及局部轴设置动画。

**注意:**

更改默认设置,将在旋转和变换时,设置视口中看到的旋转动画,这可能不是想要的效果。

### 八、使用快照随时间克隆对象

使用【快照】工具,可以沿着其动画路径克隆一个对象,可以在任一帧处,创建单个克隆,也可以在选定帧数的间隔处,创建多个克隆。例如,使用沿着路径,创建的汽车模型,【快照】创建碰撞的图像,如图9-2-9所示。

图9-2-9 【快照】创建碰撞的图像

【快照】也可以克隆粒子系统的粒子。【快照】按时间均匀地为克隆设置间隔。【轨迹视图】中的【调整】,可用于沿路径替代均匀地为克隆设置间隔。

与其他克隆技术一样,【快照】可创建【副本】、【实例】或【参考】,也可以选择网格选项。

要使用【快照】克隆对象,该对象必须设置了动画。可以从路径上的任意帧处,使用【快照】。【自动关键点】对【快照】没有任何影响,因为【快照】创建静态克隆,而非动画。

这是通用步骤:

**操作:使用【快照】克隆对象**

1.选择带有动画路径或粒子系统的对象。动画是由应用变换、控制器或任意效果组合产生。

2.在【阵列】弹出按钮上单击【快照】,或选择【工具】菜单>【快照】,以显示【快照】对话框。

**提示:**

【阵列】弹出按钮位于【附加】工具栏上,该按钮默认情况下,处于禁用状态。通过右键单击主工具栏的空白区域,并从【自定义显示】右键单击菜单中,选择【轴约束】来切换此工具栏的显示。

3.设置对话框中的参数,然后单击【确定】。

## 第三节 阵列对象

【阵列】是专门用于克隆、精确变换,和定位很多组对象的一个或多个空间维度的工具。对于三种变换(移动、旋转和缩放)的每一种,可以为每个阵列中的对象,指定参数或将该阵列作为整体,为其指定参数。使用【阵列】可以获得的很多效果,是使用【Shift+克隆】技术无法获得的。如图9-3-1所示,是一维阵列。

图9-3-1 一维阵列

*** 创建阵列**

**操作:创建阵列**

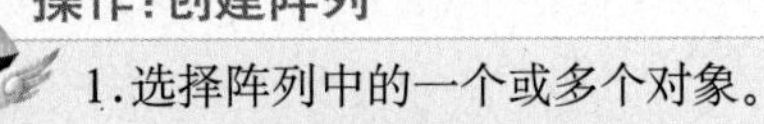

1.选择阵列中的一个或多个对象。

2.选择坐标系和变换中心。

3.在【阵列】弹出按钮上,单击【阵列】,或从【工具】菜单中,选择【阵列】。将显示【阵列】对话框。

4.在该对话框上,设置阵列参数,然后单击【确定】。

*** 阵列设置的重用**

通常应将【阵列】创建作为一个迭代过程。对话框设置不是迭代的,因此只有创建阵列之后,才能获得反馈。通过修订当前设置,并重复阵列,可以开发满足需求的解决方案。

创建阵列,并检查其结果之后,使用【编辑】菜单>【撤消创建阵列】或【Ctrl+Z】,可以撤消阵列,这样将使原始选择集位于原位。

*** 重复阵列**

当创建阵列时,对象选择将移动到阵列中,最后一个副本或副本集。通过简单重复当前设置,可以创建一个无缝，且连续的原始阵列。会话期间，3ds Max保留当前阵列的所有对话框设置。只在当前会话期间，才保存阵列设置，但并不与文件一起保存，退出 3ds Max之前，确保已完成阵列。

**常规注意事项：**

当创建阵列时，切记以下几点：

1 阵列与坐标系和变换中心的当前视口设置有关。

2 不应用轴约束，因为【阵列】可以指定沿所有轴的变换。

3 可以为阵列创建设置动画。通过更改默认的【动画】首选项设置，可以激活所有变换中心按钮，可以围绕选择或坐标中心，或局部轴直接设置动画。

4 要生成层次链接的对象阵列，请在单击【阵列】之前，选择层次中的所有对象。

## 一、使用【阵列】对话框

【阵列】对话框，提供了两个主要控制区域，用于设置下面两个重要参数：【阵列变换】和【阵列维度】。可以按照任何顺序设置参数，但是，实际上，开始时使用【阵列变换】是很有用的，因为这样可以为大型阵列创建基本构建块，如【阵列维度】定义所述。

### * 阵列变换

该区域列出了活动坐标系和变换中心，它正是设置定义第一行阵列的变换所在的位置，此时，可以确定各个元素的距离、旋转或缩放以及所沿的轴，然后，以其他维数重复该行阵列，以便完成阵列。

### * 移动、旋转和缩放变换

可以沿着当前坐标系的三个轴之一设置【移动】、【旋转】和【缩放】参数。

A.【移动】可以用当前单位设置。使用负值时，可以在该轴的负方向创建阵列。

B.【旋转】用度数设置。使用负值时，可以沿着绕该轴的顺时针方向创建阵列。

C.【缩放】用百分比设置。100% 是实际大小，设置值小于100 时，将减小大小；设置值高于100时，将会增加大小。

### * 增量和总计

对于每种变换，都可以选择是否对阵列中，每个新建的元素或整个阵列连续应用变换。例如，如果将【增量】> X >【移动到120.0】和【阵列维度】> 1D >【计数】设置为 3，则结果是三个对象的阵列，其中每个对象的变换中心相距120.0个单位，但是，如果设置【总数】> X >【移动到120.0】，则对于总长为120.0个单位的阵列，三个元素的间隔是40.0个单位。

单击变换标签任意一侧的箭头，以便从【增量】或【总计】中做以选择。对于每种变换，可以在【增量】和【总计】之间切换；对一边设置值时，另一边将不可用，但是，不可用的值将会更新，以显示等价的设置。

【增量】——该边上设置的参数，可以应用于阵列中的各个对象。下面举例说明：

如果【增量移动X】设置为25，则表示沿着X轴阵列对象中心的间隔是25个单位；如果【增量旋转Z】设置为30，则表示阵列中每个对象，沿着Z轴向前旋转了30度角。在完成的阵列中，每个对象都发生了旋转，均偏离原来位置30度角。

【总计】——该边上设置的参数，可以应用于阵列中的总距、度数或百分比缩放。下面举例说明：

如果【总计移动X】设置为25，则表示沿着X轴第一个，和最后一个阵列对象中心之间的总距离是25个单位；如果【总计旋转Z】设置为30，则表示阵列中均匀分布的所有对象，沿着Z轴总共旋转了30度角。

### * 阵列维度

使用【阵列维度】控件，可以确定阵列中，使用的维数和维数之间的间隔。

【计数】——每一维的对象、行或层数。

【1D】—— 一维阵列可以形成3D空间中的一行对象，如一行列。1D计数是一行中的对象数，这些对象的间隔，是在【阵列变换】区域中定义的。

【2D】——两维阵列可以按照两维方式，形成对象的层，如棋盘上的方框行。2D计数是阵列中的行数，如图9-3-2所示。

【3D】——三维阵列可以在3D空间中，形成多层对象，如整齐堆放的长方体。3D计数是阵列中的层数，如图9-3-3所示。

### * 增量行偏移

选择2D或3D阵列时，这些参数才可用，这些参

图9-3-2 1D计数为7且2D计数为4的两维阵列

图9-3-3 1D计数为10、2D计数为6且3D计数为3的三维阵列

数是当前坐标系中，任意三个轴方向的距离。如果对2D或3D设置【计数】值，但未设置行偏移，将会使用重叠对象创建阵列。因此，必须至少指定一个偏移距离，以防这种情况的发生。

如果阵列中似乎缺少某些对象，可能是已经在阵列其他对象的正上方，创建了这些对象。要确定是否发生这种情况，请使用【按名称选择】，以便查看场景中对象的完整列表。如果对象不在其他对象的顶部，且不需要这种效果，请单击【Ctrl+Z】撤消阵列，然后重试。

## 二、创建线性阵列

线性阵列是沿着一个或多个轴的一系列克隆。线性阵列可以是任意对象，从一排树或车到一个楼梯、一列支柱式围栏或一段长链。任何场景所需要的重复对象或图形，都可以看作线性阵列，如图9-3-4所示。

### * 创建简单线性阵列

图9-3-4 线性阵列的例子

最简单的2D线性阵列，是基于沿着单个轴移动单个对象实现的，这些是在【阵列】对话框中，做出的基本选择。

**操作：在【阵列变换】组中，进行以下选择**

1. 在知道对象之间的间距的位置，使用增量移动设置。

2. 当知道阵列要占据的总体空间或体积时，使用总计移动设置。

3. 对于这两类阵列的任一种，输入一个轴的值。使另一种类型的阵列，以其默认值变换。

**操作：在【阵列维度】组中，进行以下选择**

1. 选择1D。

2. 输入阵列中的对象数目的【数目】值。【阵列中的总数】字段，会更新以显示当前在阵列中指定的对象总数。

3. 单击【确定】，可沿着选定轴创建一个线性阵列，其中对象数目由【数目】指定。

### * 2D 和 3D 线性阵列

2D和3D阵列与1D阵列，具有相同的【阵列变换】组设置，移开附加维数的【增量行偏移】设置除外。

(1) 设置2D或3D，并输入【数目】值。

**技巧：**

如果设置3D，那么2D值也可用。【数目】值默认设置都为1，这与1D具有同样的效果。将2D和3D【数目】值设置为大于1，可产生更复杂的阵列。

（2）将2D和3D的至少一个【增量行偏移】设置，设置为非零值。否则，在1D行和新克隆间，将没有间隔。

技巧：

可以实现多种线性阵列，体验一下沿着所有三个轴移动，并在2D和3D中改变行偏移。

**＊在线性阵列中使用旋转**

通过应用指定轴的【旋转】值，可以在线性阵列中旋转元素。向线性阵列中添加旋转时，变换中心的选择就变得很重要。例如，带有关于其Y轴旋转元素的线性阵列，如图9-3-5所示。

图9-3-5 带有关于其Y轴旋转元素的线性阵列

**＊在线性阵列中使用缩放**

应用【缩放】因子后，3ds Max从前一副本开始缩放每个副本，阵列中的对象逐步变小或变大，如图9-3-6所示。

图9-3-6 使用渐进缩放的线性阵列

**＊在嵌套阵列中缩放和移动**

只使用【缩放】设置和对象的局部轴生成嵌套阵列，如俄罗斯玩偶，就像使用【Shift+从局部轴缩放】时所操作的一样。但是，使用【阵列】工具，还可以添加移动。这意味着可以创建逐渐变大或变小的副本，并同时将它们形成阵列。

**＊使用均匀缩放**

默认情况下，所有轴都可用于缩放。如果启用【均匀】，那么只有【缩放X】字段，处于活动状态，而Y和Z字段都不可用，X值应用为阵列对象所有轴上的均匀缩放。

## 三、创建圆形和螺旋形阵列

创建圆形和螺旋形阵列，通常涉及沿着一到两个轴，并围绕着公共中心移动、缩放和旋转副本的操作组合。产生的效果会有很大差别，包括从车轮门轴上螺栓的均匀放射性，排列直到螺旋形楼梯的复杂几何体，可以使用这些技术建造许多圆形图案的模型。

**＊使用公共中心**

圆形和螺旋形阵列，都需要阵列对象的公共中心。公共中心可以是世界中心、自定义栅格对象的中心，或是对象组本身的中心，也可以移动单个对象的轴点，并将它们作为公共中心使用。

**＊圆形阵列**

圆形阵列类似于线性阵列，但是基于围绕着公共中心旋转，而不是沿着某条轴移动，如图9-3-7所示。

图9-3-7 圆形阵列

下列步骤使对象在主栅格的XY平面上排列

成圆形，其中以Z轴为中心。

**操作：创建一个圆形阵列**

1.在主工具栏上，选择变换中心作为阵列的中心。在这种情况下，选择【使用变换坐标中心】，以便使栅格中心成为阵列中心。

2.选择一个对象，并将其放置在距栅格中心一定距离的位置上。这一距离就是完成圆形的半径。

3.从【阵列】弹出按钮或【工具】菜单上，选择【阵列】，可显示【阵列】对话框。

4.在【阵列】对话框上的【总计旋转Z】字段中输入360。这是对阵列的完全旋转，旋转完整的一圈，要创建部分圆，输入较小的值。

5.选择【1D】并输入一个【数目】值(可以是任意数值)，然后单击【确定】。

3ds Max在指定的总计旋转角度内，阵列该数目的克隆。

**＊螺旋形阵列**

最简单的螺旋形阵列，是旋转圆形阵列的同时，将其沿着中心轴移动，这会形成同样的圆形，但是现在圆形不断上升；如果Z轴是中心轴，那么输入【增量移动Z】的值，然后在形成圆的同时，每个克隆以该量向上移动，如图9-3-8所示。

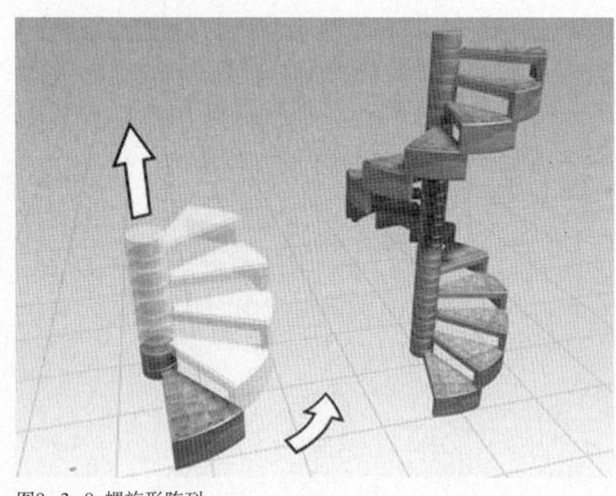

图9-3-8 螺旋形阵列

**＊在螺旋形阵列中旋转**

在螺旋形阵列中，旋转的方向由螺旋形的方向决定：向上或向下旋转的方式。

A.对于逆时针螺旋输入正向旋转。

B.对于顺时针螺旋输入负向旋转。

**＊重新设置阵列方向**

默认情况下，当将每个对象复制到阵列时，对象围绕其自己的中心旋转，以跟随围绕公共中心的主旋转，这由【重新定向】选项控制。

要使对象旋转时，保持其原始方向不变，请禁用【重新定向】。实际上，对象保持与原始对象【面向相同的方向】。

## 第四节 镜像对象

【镜像工具】使用一个对话框，来创建选定对象的镜像克隆，或在不创建克隆的情况下，镜像对象的方向。在提交到操作之前，可以预览设置的效果。

以下是镜像对象的一般步骤。

1 首先选择对象。

2 在主工具栏上，单击【镜像】按钮，或选择【工具】菜单>【镜像】。将显示【镜像】对话框，标题栏指出当前正在使用的坐标系。

**＊镜像阵列**

通过连续使用【镜像】和【阵列】，可以将它们结合使用。将镜像整个阵列，或在创建阵列之前，设置镜像的对象。

**＊设置镜像动画**

如果在启用【自动关键点】时，使用【镜像】，则可以在对象移到某个位置时发生变换。例如，镜像到轴另一侧的圆柱体，将显示为平面，并且自身将重新整形。实际上，对象的缩放顺序是从100%到0%再到-100%，除非对镜像操作设置动画，否则此效果不可见。

**＊镜像修改器**

【镜像】修改器为在修改器堆栈中，镜像对象或子对象选择提供了参数化方法。可以将【镜像】修改器应用于任何类型的几何体，通过设置修改器Gizmo的动画，可以对镜像效果设置动画。

## 第五节 使用【间隔工具】

【间隔工具】沿着一条样条线，或两个点定义的路径，基于当前选择分布对象。分布的对象可以是当前选定对象的副本、实例或参考。通过拾取样条线或两个点，并设置许多参数，可以定义路径，也可以指定确定对象之间间隔的方式，以及对象的相交点是否与样条线的切线对齐。

**操作：沿路径分布对象**

1. 选择一个或多个要分布的对象。

2. 从【阵列】弹出按钮，或【工具】菜单，选择【间隔】工具。

3. 在【间隔工具】对话框中，单击【拾取路径】或【拾取点】来指定路径。

4. 如果单击【拾取路径】，请从场景中，选择要用作路径的样条线。

5. 如果单击【拾取点】，请单击一个起点和一个终点，以定义一条样条线作为路径。使用完【间隔工具】后，3ds Max会删除此样条线。

6. 从【参数】组底部的下拉列表中，选择一个间隔选项。可用于【计数】、【间隔】、【始端偏移】和【末端偏移】的参数，取决于所选择的间隔选项。

7. 通过输入【计数】值或通过使用微调器，可以指定要分布的对象数量。

8. 根据所选择的间隔选项，调整间隔和偏移。

9. 在【前后关系】组中，执行以下操作之一：

a. 边——指定通过各对象边界框的相对边确定间隔。

b. 中心——指定通过各对象边界框的中心确定间隔。

10. 要将分布对象的相交点与样条线的切线对齐，请启用【跟随】。

11. 在【对象类型】组中，选择要输出的对象类型（复制、实例或参考），或单击【应用】。

## 小结

复制与陈列复制是制作中最常用的辅助功能，能辅助和简便制作中的重复过程，熟练掌握后能快速提高制作速度。

## 课外作业

建模一些相同的模型，并陈列出圆形、弧形、矩阵等布局。

# 第十章 精度和绘制辅助对象

本章包括以下学习内容:

学习目的:

3ds max提供用于控制3D空间中,对象的定位和对齐的工具,使用这些工具,可以执行以下操作:

A.从最常用的真实测量系统中,选择显示单位,或进行自定义。

B.将主栅格用作构造平面,或使用栅格对象,定位自定义构造平面。

C.选择不同的选项用栅格、点和法线对齐对象。

D.当在场景中构建和移动几何体时,使用无模式对话框上的 3D 对象捕捉。栅格点和线位于很多捕捉选项中。

E.工作中使用【辅助对象】,在该类别中的栅格对象和用于定位和测量的对象。

## 第一节 精度的工具

程序中一组相互关联的工具可以精确控制场景中对象的缩放、放置和移动。对于那些以真实的测量单位构建的精确模型来说,这些是特别重要的工具。

### 一、基本工具

精度的工具分为以下几组:

【单位】——定义不同的测量系统。除了通用单位以外,也可以选择小数,或分数形式的英尺和英寸。公制单位范围为从毫米到公里,也可以定义其他单位。

【栅格】——包括主栅格和特殊栅格对象。两种类型的栅格,都可以作为构造平面。该软件使用活动栅格的方向和位置构造对象。当主栅格固定在世界空间中时,可以旋转栅格对象,并将其放置在场景中的任何位置,并且使其与其他对象和曲面对齐,也可以赋予每个栅格对象其自己的间距,并且将任何栅格,显示为专门的视口。

【对象对齐】——使对象与另一个对象的位置、方向或法线相匹配,或与空间中的点相匹配。

【对象捕捉】——确保创建和重新排列对象时精确放置。

使用键盘快捷键，可以随着工作的进行更改对象捕捉，也可以将捕捉设置为查找栅格线和交点，角度捕捉设置旋转的增量，百分比捕捉设置缩放的增量。

【辅助对象】——就像名称暗示的那样，提供有用的援助。这些是同一类别中，作为栅格对象的专门工具。卷尺对象以当前单位测量距离，量角器对象测量角度，栅格对象定义构造平面，点对象标记3D空间中特定的点。

### 二、工具协同工作的方式

工具本身可以建立使用和交互的常规顺序，尽管总是按照需要更改设置，而无需遵循顺序。

A.选择测量单位。默认为通用单位，对于多数用途足够了。

B.基于测量单位设置栅格间距，即最小方形的大小。主栅格和栅格对象，可以拥有自己的间距，独立于栅格间距。

C.移动并将栅格对象，对齐到有用的方向。

D.按照工作中的需要，设置或改变捕捉设置。

E.将其他辅助对象，如，点和卷尺，用作部分精确处理。

F.工作时，可以更改设置（包括测量单位），而不会损失任何精度。

## 第二节 使用单位

单位是连接3ds Max的三维世界与物理世界的关键。从【单位设置】对话框中，可以定义要使用的单位。

### 一、更改显示单位

当更改显示单位时，3ds Max显示以设置的新单位进行的测量，所有尺寸以新单位显示。 实际上，正在使用新的"测量棒"。在该过程中没有更改对象，就像在物理世界中一样，场景中的对象，保持其绝对大小，而不考虑测量的方式。

**＊输入条目**

当输入任何尺寸时，3ds Max总是假设输入的数，以当前单位表示，也可以输入一系列数字，3ds Max然后将其总和，转换为当前单位。

1.此处是一些示例，假设当前单位为厘米：

（1）当输入尺寸为1'（1 US英尺），它将转换为30.48厘米。

（2）如果输入一系列数字，如14 286175（由空格分隔），则该序列总计为475.0厘米。

（3）如果输入1' 1（1 US英尺和1厘米），将其转换，并且总和为31.48 厘米。

2.当使用美国标准作为显示单位比例时，可以选择英尺或英寸，作为默认的输入条目，如果选择英尺，并输入12，则结果为12' 0"。但是，如果输入1' 2，则该软件将第二个数字识别为英寸，产生的结果为 1' 2"。在任何单位系统中，可以输入分数。例如，假设使用美国标准，将英尺作为默认单位：

（1）如果输入18/3"，则结果为6'0"。

（2）如果输入18/3"，则结果为0'6"。

可以在不同的系统中指定单位，并且在闲置状态时将其转换。例如，如果输入18/3厘米，则结果为0' 2.362"。

### 二、了解系统单位

3ds Max以自己内在的系统单位记录所有测量。无论使用哪种显示单位，为了存储和计算，将测量存储为绝对单位。定义默认的系统单位为1.000英寸，只要系统单位为1英寸，就可以自由共享模型，并随时更改单位，而对于基本几何体无效。除了在很少的环境中，将永远不需要更改该默认比例，这意味着可以将创建的模型，与场景中正确比例的任何标准单位合并。

可以在【系统单位设置】对话框上，更改系统单位设置，该对话框位于【单位设置】对话框中，只有场景的尺寸很小（小于1英寸）或很大，才推荐更改系统单位。如果确实需要更改系统单位，在创建或导入几何体前，进行更改，不要在现有场景中，更改系统单位。

## 第三节 使用栅格

栅格是与图纸相类似的的二维线组，不同的是可以根据工作的需要，调整栅格的空间和其它特性。例如，一个栅格建立了小船的倾斜度，另一个建

立了大船的倾斜度，如图10-3-1所示。

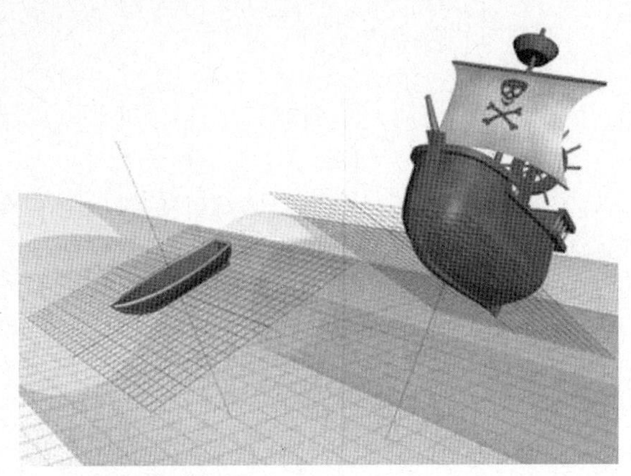

图10-3-1 使用栅格

栅格有以下基本用途：

A.作为可视化空间、比例和距离的辅助对象。

B.作为在场景中，创建和对齐对象的构造平面。

C.作为使用捕捉功能，对齐对象的参考系统。

**主栅格和栅格对象**

3ds Max提供两种类型的栅格：主栅格和栅格对象，另外，还包括【自动栅格】功能，即创建栅格对象的自动方式。

【主栅格】——主栅格由沿世界坐标系X、Y和Z轴的三个平面定义。这些轴中的每个轴穿过世界坐标系的原点(0,0,0)。主栅格被固定；它不能被移动或旋转。

A.默认情况下，启动3ds Max时，主栅格可见，但可以禁用其显示。

B.通过在栅格视图出现的视口中绘制，可以将主栅格的任何视图，用作构造平面。

【栅格对象】——栅格对象是一种辅助对象，当需要建立局部参考栅格，或是在主栅格之外的区域构造平面时，可以创建它。

可以在场景中，创建任意数量的栅格对象，但是在同一时刻，只能有一个处于活动状态。处于活动状态时，栅格对象将在所有的视口中，取代主栅格。每个栅格对象具有自己的一组XY、YZ和ZX平面，可以自由移动和旋转栅格对象，将它们放在空间中的任何角度，或是粘贴到对象和曲面上。可以改变视口，以显示活动栅格对象的平面视图，或顶部视图。栅格对象如同其他对象一样，可以进行命名和保存，或是使用一次后将其删除。

【自动栅格】——该功能可以随时创建远离其他对象曲面的新对象和栅格对象。

## 第四节 使用主栅格

主栅格提供易于使用的构造平面，极像使用树桩和细绳标记的分层的建筑场地。当在视口中创建对象时，将新对象放置在该视口的主栅格平面上。要使用主栅格有效地进行构造，通常需要将默认设置更改为，即将到来的工作，类似于移动树桩和细绳，以匹配自己的场地计划。例如，使用主栅格定位房子，如图10-4-1所示。

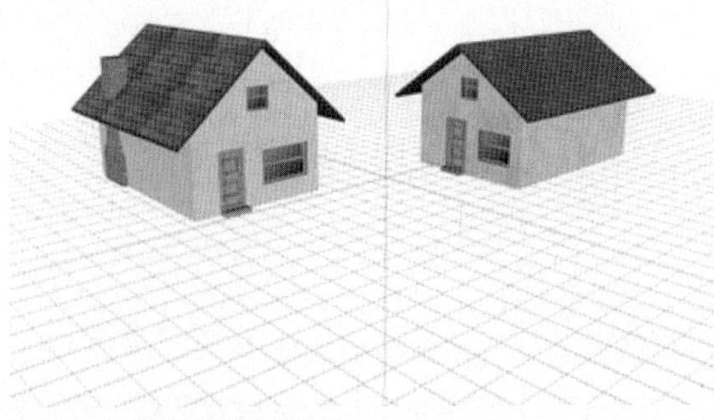

图10-4-1 使用主栅格定位房子

### 一、更改主栅格设置

主栅格是一个单独的系统，其三个平面对于栅格间距，和主线细分使用相同的设置。从【栅格和捕捉设置】对话框的单个面板中，可以更改这些设置。

**操作：访问【主栅格】面板**

1.选择【自定义】菜单>【栅格和捕捉设置】，然后单击【主栅格】选项卡。

2.右键单击任何捕捉按钮，然后单击【主栅格】选项卡。

### 二、设置栅格间距

栅格间距是以当前单位表示的栅格，最小方形的大小。基本的想法是选择相应的测量单位的栅格间距，然后对于多个单位选择较大的间距。

**例如：**

如果将单位设置为厘米，可能使栅格间距等于1.000(1个单位或1 厘米)。

＊设置主栅格细分

主栅格显示更暗或“主”线，以标记栅格方形的组，可以使用这些设置，来表示较大的测量单位。

例如：

如果使用的栅格间距为1 厘米，则可能使用的值为10，以便主栅格细分代表1厘米。

＊设置颜色和强度

为了提高栅格的可见性，可以更改主栅格的强度或颜色。选择【自定义】菜单>【自定义用户界面】>【颜色】面板。

## 第五节 使用栅格对象

使用栅格对象可以绕过主栅格，并且使用单独定义的栅格，创建并放置对象，也可以用作任意多栅格对象，每个对象使用自己的栅格，设置作为自定义构造平面。栅格对象是2D参数化对象，用于调整总体大小和栅格间距，可以在世界空间中，调整这些对象的方向，使其与特定曲面或对象相匹配，如图10-5-1所示。

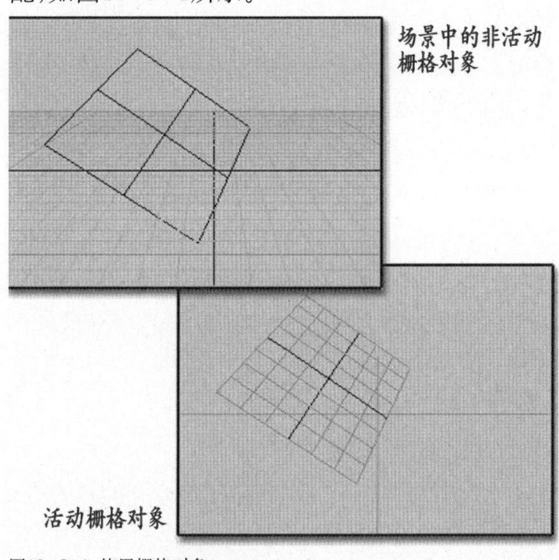


图10-5-1 使用栅格对象

**操作：激活栅格对象**

1.创建栅格对象。

2.选择【视图】>【栅格】>【激活栅格对象】。

**操作：取消激活栅格对象**

1.选择并激活另一个栅格对象。

2.选择【视图】>【栅格】>【激活主栅格】。

3.删除栅格对象。

**创建和修改栅格对象**

可以在【创建】面板>【辅助对象】类别中，查找栅格对象。创建对象时，也可以创建一个临时的【自动栅格】栅格对象，该对象与单击点处的现有对象表面相切。要执行此操作，请启用【对象类型】卷展栏中的【自动栅格】复选框，通过按住【Alt】键后，再单击可以保存该栅格。

当创建栅格对象时，命名该对象，并与场景一同保存，可以随时删除他们。与在3ds Max中创建的其他对象一样，将标准栅格对象，放置在当前视口的栅格上。默认情况下，这是主栅格的平面，但也可以是其他激活的栅格对象。

## 第六节 查看栅格对象

激活的栅格对象在3D空间中，创建一个真实的平面。无论激活的栅格对象在屏幕上显示的多么小，其平面实际上为无限大，就好像它是主栅格的平面。但是，可以用不同的方式查看指定的栅格对象。

### 一、设置显示平面

在【修改】面板上，可以调整选定或激活的栅格对象的可见平面。

**操作：设置显示平面**

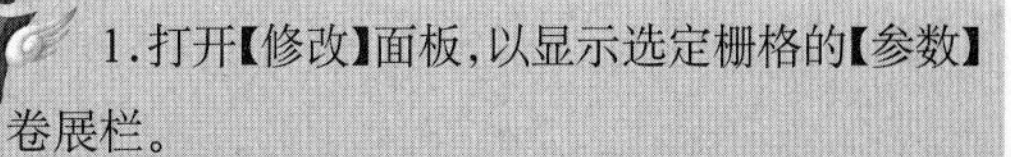

1.打开【修改】面板，以显示选定栅格的【参数】卷展栏。

2.在【显示】组中，选择三个平面中的任何一个：XY、YZ或ZX。

始终基于栅格的局部轴，在世界空间中旋转栅格，以显示相应的平面。可以移动或旋转栅格，设置其显示平面之前或之后。

### 二、设置栅格视图

可以将任何视口中的视图，设置为正交视图和显示视图。

**操作：设置栅格视图**

1.激活栅格对象。

2.右键单击视口标签，并选择【视图】>【栅格】，以显示可能视图的菜单。

3.选择【前】、【后】、【顶】、【底】、【右】、【左】或

【显示平面】。【显示平面】对应于在【参数】卷展栏(XY、YZ或ZX)上的当前设置。

此时，视口显示栅格的该视图。可以将不同的视口，设置为栅格的不同视图。总是在视图的正交栅格上创建，即使旋转视图的角度，也就是可以设置方便的视图，并仍然构建在选定的平面上。

### 三、取消激活栅格对象

可以使用以下任何一种方法取消激活栅格对象：

A.选择并激活另一个栅格对象。

B.选择【视图】>【栅格】>【激活主栅格】。

C.删除栅格对象。

当取消激活栅格对象时，龃龉该栅格的任何视口，切换到相应的正交视图。例如，栅格(前)视口成为【前】视口。栅格(显示平面)视口总是切换为【顶】视图，而不考虑当前显示的平面。

## 第七节 自动栅格

通过基于单击的面的法线，生成和激活一个临时构造平面，使用【自动栅格】可以自动创建、合并，或导入其他对象表面上的对象，这是创建对象而不是构建对象，然后作为单独的步骤对齐时，建立对象堆栈的更便捷的方法。例如，如图10–7–1所示，【自动栅格】用于定位第一个顶部上的第二个块。

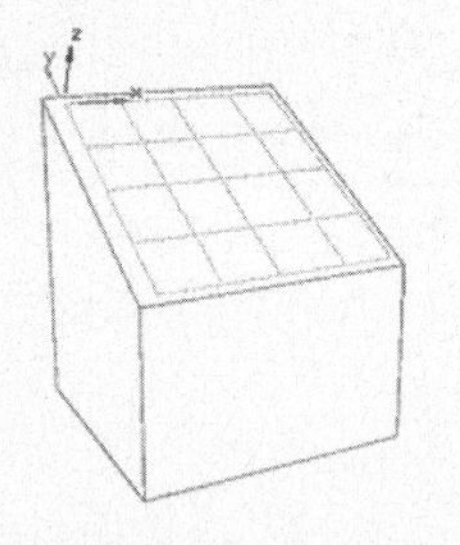

图10–7–1 【自动栅格】用于定位第一个顶部上的第二个块

**注意：**

如果参数化对象的【参数】卷展栏中的【平滑】复选框，处于启用状态，则构造平面与暗指曲面的平滑状态的曲面相切，而不是曲面的实际面。

**操作：使用一个临时的构造栅格，创建与另一个对象对齐的框**

1.创建或加载包含要与新框对齐的对象的场景。

2.在【创建】面板>【标准基本体】>【对象类型】卷展栏上，单击【长方体】。

3.启用【自动栅格】。

4.将光标移动到对象上，使其指向要创建的框。该光标包括X、Y、Z三角轴，有助于定位新对象，当移动到对象上时，光标对齐曲面法线的Z轴。

5.当方向为想要的方向时，单击并使用标准的“拖动”>“释放”>“移动”>“单击”的方法，将在指定的曲面上创建框。单击后，创建一个临时的自动栅格，并且新创建的对象与该栅格对齐。

**要点：**

要创建一个永久的栅格，则在生成对象之前按下【Alt】键，栅格将仍然显示在视口中。栅格被激活，并且3ds Max禁用【自动栅格】，该方法只适用于当创建要求多次单击的对象时的第一个单击。如果没有绘制样条线，栅格将不与每个单击一起移动，因此，例如，如果要创建一个直线形状，该直线捕捉到球体的面，则启用【栅格和捕捉设置】对话框中的【面】。

**【对象类型】卷展栏**

自动栅格——只有早选择一个对象按钮(如长方体)之后，【自动栅格】才可用。当启用【自动栅格】后，光标包含一个三角轴，以帮助定位栅格。单击之前，并且当将光标放置在可见网格的对象上时，光标跳到该曲面上最近的点，三角轴的X和Y轴使一个平面，与对象曲面相切，形成一个隐式的构造栅格，并且Z轴与平面垂直。创建对象后，3ds Max将其放置在临时构造的栅格上，创建对象时，如果光标不在其他对象上，则3ds Max将对象放置在当前活动栅格上。

## 第八节 对齐对象

可以对齐由一个或多个对象组成的选择，称为源，带有一个目标对象，该功能有很多用法。为了更精确，重要的是使用栅格对齐，可以创建一个新的栅格对象，并且创建后，手动或使用【自动栅格】功能，在创建期间自动使其与现有对象对齐；相反，可以将对象移动到场景中任何位置的栅格上。

**例如：**

按对象边界框的中心、底部或顶部对齐对象，如图10–8–1所示。

图10-8-1 按对象边界框的中心、底部或顶部对齐对象

## 一、源对象和目标对象

对齐涉及两个实体：一个是源对象或选择集，它是过程开始的位置；另一个是目标对象，它是选择过程结束的位置。

【源对象】——要移动使其与另一个对象对齐的对象。选择一个或多个对象来开始对齐过程。

【目标对象】——用于定义对齐的对象。在对齐过程期间，选择目标对象，不可以预先选定。选择源后，选择【工具】菜单>【对齐】，或单击主工具栏上的【对齐】按钮，然后选择目标对象。下一步，出现【对齐】对话框。

## 二、设置坐标系统

对齐的效果取决于当前的参考坐标系，如【视图坐标系】、【世界坐标系】或【局部坐标系】。开始对齐之前，应决定要使用哪个系统。

参考坐标系——确定用于位置对齐的轴和最大和最小位置边界框的大小。

**操作：使用活动栅格轴对齐对象**

从工具栏上的列表中，选择【栅格】作为参考坐标系。

**操作：使用对象自己的轴对齐两个对象**

选择【局部】作为参考坐标系之后，两个对象之间严格对齐。对象边界框，确定最大和最小位置。提醒在对齐过程期间，在【对齐选择】对话框中的【对齐位置】标签后面的圆括号中，是当前参考坐标系。

## 三、对齐对象的基本知识

对齐控件位于一个对话框上。当进行设置时，被对齐的对象，立即移动到新位置，这样可以进行实验，直到获得想要的结果，可以使用任何顺序进行设置。可以一步一步地工作，例如，在决定最终方向之前，应用位置选择，可以随时取消，使场景返回其原始状态，也可以取消任何对齐，并再次开始。

## 四、对齐多个对象

当选择对齐的多个对象时，对它们应用相同的设置，但是，每个源对象上的效果可能不同。实际上，使用相同的设置，同时对齐单独的对象。要将对象的集合，作为单个单位对齐，选择对象，并将其组为一组，现在相对轴和整个组的边界框进行对齐。

将多个对象与箭头对象对齐，即以不同的校正调整每张照片，如图10-8-2所示。

图10-8-2 以不同的校正调整每张照片

## 五、子对象对齐

可以对任何可变换的选择使用【对齐】，三角轴成为对齐的源。可以通过在单击【对齐】之前，访问对象的子对象级别，完成该操作。

## 六、对齐法线

3ds Max可以对齐任何两个对象之间的法线。如果是网格对象，则对齐发生在单个面之间，因为每个面有其自己的法线。例如，对齐螺栓的前面法线与集合上的面法线，如图10-8-3所示。

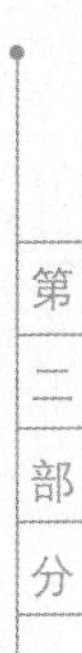


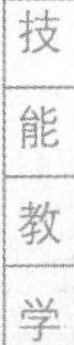

图10-8-3 对齐螺栓的前面法线与集合上的面法线

图10-9-1 使用标准捕捉

## 七、对齐法线的基础知识

开始之前，选择一个视图，可以看到要对齐的两个对象，如有必要，可以在选择第一个法线之后导航视图，要清晰地看到面法线，可以在线框视口中执行操作。

## 八、其他对齐选项

主工具栏上的【对齐】弹出按钮，拥有提供特定的对齐的其他按钮。

【对齐摄影机】——使用视口中心的法线和摄影机轴上的法线，使摄影机视口，面向选定的面法线。

【对齐到视图】——使对象或子对象选择的局部轴，面向当前视口。当在【法线对齐】对话框上时，对话框上的选项为交互的。

【放置高光】——使面法线指向一个灯光。

# 第九节 设置标准捕捉

使用标准捕捉，可以控制创建、移动、旋转和缩放对象。从主工具栏上的按钮，可以访问程序中的捕捉功能。在包含四个面板的无模式对话框【栅格和捕捉设置】上，可以进行大多数捕捉设置，可以将该对话框移动到屏幕的任何方便的位置，并且随着工作的进行，可以启用和禁用选项，对于每个新会话将面板重设置为默认值。如图10-9-1所示。

也可以在捕捉工具栏中进行常用的捕捉设置。

捕捉设置存储在3dsMax.ini文件，而不是Max文件中，这意味着从会话，到会话捕捉设置的状态，将保持不变，而无需修改 Maxstart.Max文件。

【栅格和捕捉设置】对话框和【捕捉】工具栏

最常用的栅格和对象捕捉，显示在【栅格和捕捉设置】对话框上。这是使用这些捕捉的常规顺序：

(1) 通过单击主工具栏上的【3D捕捉】按钮，启用捕捉，然后右键单击该按钮，以显示【栅格和捕捉设置】对话框。标准捕捉为默认设置，该对话框也包含NURBS捕捉选项。也可以在捕捉工具栏中，进行常用的捕捉设置。

(2) 默认情况下，只有【栅格点】捕捉处于活动状态。启用其他捕捉类型，以激活它们。当创建或移动对象时，现在这些捕捉在3D空间的任何位置都有效，并且不受当前变换坐标系的影响。当移动光标时，每种捕捉类型标记为不同的图标，显示在【捕捉】面板上，当前图标表示下一个捕捉的类型和位置。栅格点和栅格线次于其他捕捉类型。例如，如果【栅格点】和【顶点】，都处于活动状态，该软件首先捕捉到顶点，相当于关闭了栅格点。

(3) 按需要启用和禁用捕捉，最容易的方法是按【S】键。

### 捕捉覆盖

【捕捉覆盖】略过当前选定的捕捉。使用键盘和鼠标组合，或键盘快捷键，为下一次单击定义新的捕捉，一次可以覆盖处于闲置状态下的一个捕捉。

例如：

当在栅格点之间创建样条线时，可能需要捕捉到对象的顶点或中点。

这是通用步骤：

(1) 当使用预设捕捉来创建或移动对象时，按下【Shift】，并进行右键单击。这样将弹出一个包含三个区域的右键单击菜单，可以使用该菜单，覆盖当前捕捉设置。

**注意：**

访问覆盖菜单之前，可以开始进行创建或变换处理，这通常意味着当进行【Shift+右键单击】时，将按下左侧按钮。

(2) 从【捕捉覆盖】四元菜单中，选择要使用的捕捉类型，光标切换为该类型。

(3) 进行捕捉。捕捉之后，当前设置的捕捉，将随后起作用。

另外，使用【捕捉覆盖】四元菜单，可以重新使用上一次使用的覆盖，按名称列出，并且提供【无】的选项。【无】在下一次单击时，完全禁用捕捉。【捕捉】四元菜单，也包含一个【选项】四元菜单，可以在当前变换约束内，进行捕捉切换，默认设置为禁用状态，并且可以捕捉到冻结的对象，默认设置为禁用状态。

## 第十节 设置捕捉选项

从【栅格和捕捉设置】对话框的【选项】选项卡中，可以访问很多捕捉功能。在主工具栏上右键单击任何捕捉按钮，可显示【栅格和捕捉设置】对话框，或选择【自定义】菜单>【栅格和捕捉设置】，然后单击【选项】选项卡，如图10-10-1所示。

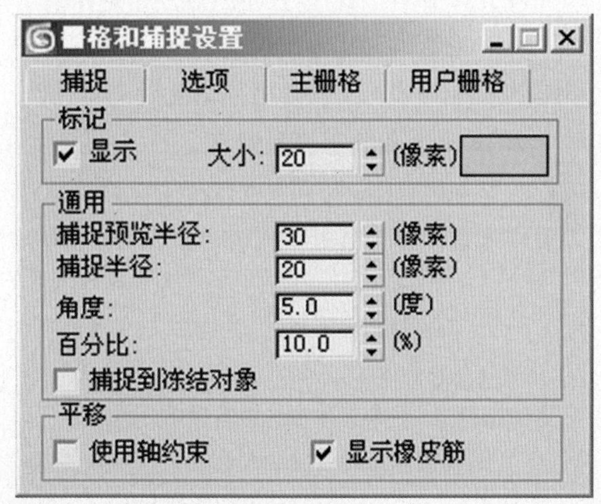


图10-10-1【栅格和捕捉设置】对话框

### 一、显示和常规设置

【标记设置】——确定捕捉光标的颜色和大小。要不显示捕捉光标，请禁用【显示】。

【捕捉半径设置】——确定在预览捕捉或捕捉实际发生之前，光标与捕捉点的接近程度。这些是全局设置，影响所有捕捉交互，在光标活动点周围的【搜索区域】中，以像素为单位进行测量。

【捕捉到冻结对象】——通常，如果对象被冻结，则不能进行捕捉，使用该选项，则可以捕捉冻结的对象。

### 二、角度和百分比捕捉的设置

以下【选项】设置针对两个捕捉按钮，这两个按钮为标准捕捉的独立操作。

【角度】(度)——以度数为单位的全局设置，确定程序中多数功能的旋转角度，包括标准【旋转】变换。随着旋转对象(或对象组)，对象以设置的增量围绕指定轴旋转。

角度捕捉也影响以下方面：

A.摇移/环游摄影机控件

B.视野和侧滚摄影机设置

C.【聚光区】和【衰减区】灯光角度

【百分比】——设置缩放操作期间的百分比增量。

**＊使用捕捉进行旋转和缩放**

使用捕捉进行旋转和缩放的效果，取决于是启用还是禁用【自动关键点】按钮。

【禁用自动关键点】——围绕捕捉点发生旋转和缩放。例如，使用【顶点】捕捉，可以围绕其角旋转一个框。

【启用自动关键点】——当【角度】和【百分比】捕捉，仍然处于活动状态时，禁用捕捉切换，围绕对象的轴点，进行旋转和缩放。

### 三、平移选项

默认情况下，禁用使用轴约束选项。【轴约束】工具栏(例如，XY)上的当前设置无效，启用该选项，可以将捕捉与轴约束结合使用。

【平移】组也可以在捕捉操作期间，切换开始和结束点之间，橡皮筋线的显示。

## 四、微调器捕捉的设置

可以在【首选项】对话框的【常规】面板上，设置微调器捕捉。右键单击主工具栏上的【微调器捕捉】按钮，以显示该面板。

【微调器捕捉】——设置微调器字段的数字增量。如果正在使用的通用单位为1英寸，设置为12，将重置对象大小，每次单击增加一英尺，或向球体添加12分段。

相同的设置应用于所有微调器字段，由于微调器捕捉是一个切换，当需要时，可以容易启用，并且在其他时间使用默认设置，当拖动微调器时，仅一次单击，微调器捕捉无效。

# 第十一节 测量距离

3ds Max提供几个用于测量场景的各个方面的选项。卷尺辅助对象、量角器辅助对象和指南针辅助对象，分别测量距离、角度和方向。【测量】工具有一个浮动框，用于显示任何选定对象的各种测量。使用【测量距离】工具，可以快速测量两个点之间的距离。

## 一、用于测量的辅助对象

### *卷尺辅助对象

通过在3D空间中的两点之间拖动，就像使用一个物理的卷尺进行测量，可以创建一个卷尺辅助对象，然后在【参数】卷展栏上读取长度。如果启用【指定长度】，则长度字段，将允许以当前单位输入一个值，这样就像锁定卷尺测量一个固定长度，可以定位卷尺对象，并且可以捕捉其末端。如图10-11-1所示，该四棱锥图标，就是卷尺辅助对象，立方体为辅助对象的目标。

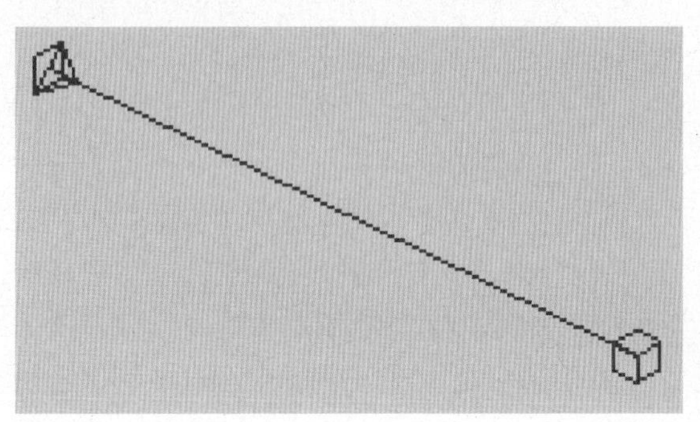

图10-11-1 卷尺辅助对象

**要点：**

要显示长度和角度设置，请只选择卷尺辅助对象（四棱锥图标）；要移动整个卷尺包括其目标（立方体图标），请选择连接的线。

两组【世界空间角】提供对三个世界轴(X，Y，Z)和三个世界平面(XY，YZ，ZX)的当前读数。

**技巧：**

当进行精确测量时，使用捕捉将卷尺对象的末端，强制到精确位置，是非常有帮助的，如果没有特定点要捕捉，则可以使用虚拟，或点辅助对象来设置点。

**操作：使用捕捉用卷尺辅助对象进行测量**

1.定位场景中的点，到可以捕捉的点，将使测量更精确。如果像这样的点不存在，则在测量的极端处，创建点对象。

2.从【捕捉切换】弹出按钮中，选择【3D】。

3.右键单击【捕捉切换】按钮，以显示【栅格和捕捉设置】对话框。在【捕捉】选项卡上，将捕捉类型设置为将用于测量的类型。例如，如果要使用点对象进行测量，则选中【轴】选项，以便可以捕捉到对象轴点的点。

4.关闭对话框。

5.在【创建】面板中，单击【辅助对象】按钮，然后单击【卷尺】。将光标移动到第一个测量点上，直到出现捕捉光标，然后单击，并拖动到另一个测量点。

6.读取【参数【卷展栏上的卷尺长度。

## 二、量角器

量角器辅助对象，测量两个对象和量角器对象之间的角度，与使用卷尺辅助对象一样，点对象和捕捉工具，可以用来使角度的测量更精确。

**操作：使用量角器测量角度**

1.在【创建】面板中，单击【辅助对象】按钮，然后单击【量角器】。在视口中单击，以放置量角器对象。

2. 在【参数】卷展栏上，单击【拾取对象1】，并选择场景中的对象。选定对象的名称，会出现在拾取按钮上方，一条线连接量角器和对象的中心。

3.单击【拾取对象2】，并拾取第二个对象。量角器和两个对象之间的角度，出现在卷展栏上。

4. 要在观察【角度】读数的同时，移动其中一个对象，请启用【修改器堆栈】卷展栏中的【锁定堆栈】按钮，这样便将堆栈缩定到量角器的【参数】卷展栏。

### * 指南针

指南针辅助对象为场景建立方向。通过一个单击创建该对象，并且进行拖动，以定义半径，通常在【透视】或【顶】视图中。在其参数卷展栏上，可以调整罗盘的外观半径，与所有对象一样，该对象仅用于参考，并且不进行渲染。

## 三、【测量】工具

【测量】工具提供选定对象或图形的测量。

**操作：使用【测量】工具**

1. 在【工具】面板上，单击【测量】，以显示【测量】卷展栏。

2. 选择任何图形或对象，并且读取测量值。如果选择多个对象，将显示测量的总和。

3. 单击【新建浮动框】，以显示一个带有所有相同信息的无模式【测量】对话框。

4. 当创建样条线时，使用【测量】对话框，以显示样条线的长度，与直线或圆一样。

## 四、【测量距离】工具

【测量距离】工具快速计算两个点之间的距离。

迷你侦听器中，返回一个距离，状态栏中也显示其他信息，以及沿X、Y和Z坐标的详细距离。

**操作：测量两点之间的距离**

1. 选择【工具】菜单>【测量距离】。

2. 在想要开始测量的视口中单击。

3. 在要测量到的视口中单击。

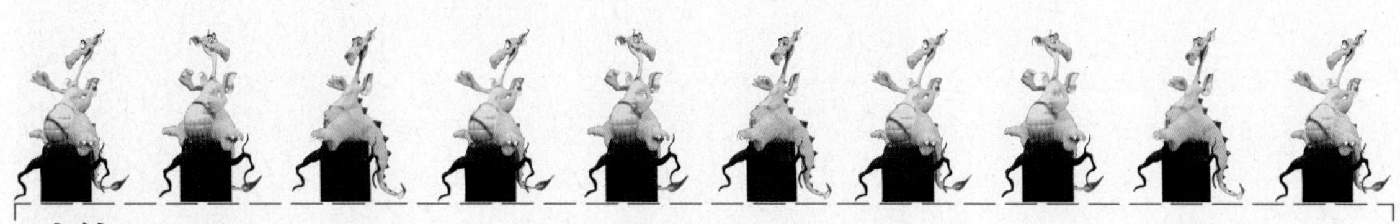

## 小结

这一章节，主要讲解如何应用各种辅助工具创建模型，这也是学习3ds Max的基础训练，没有掌握造型中的基本要领，将无法学习更深层次的三维动画。

## 课外作业

1. 使用各种几何体创作造型。
2. 利用一个基本的几何体，通过曲面建模。
3. 熟练掌握各种辅助制作技术。

# 第三部分 创作教学

## 创作教学导读



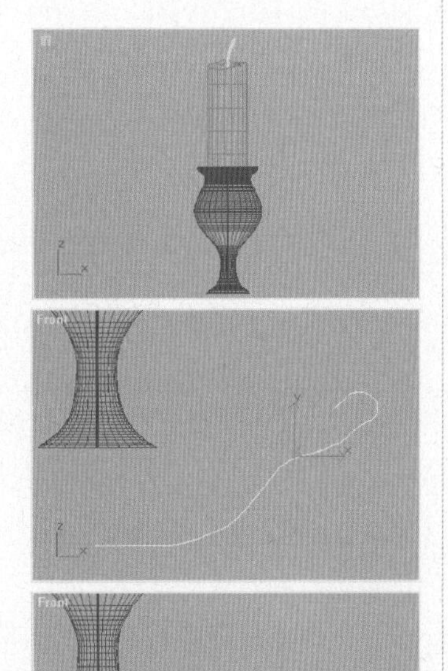

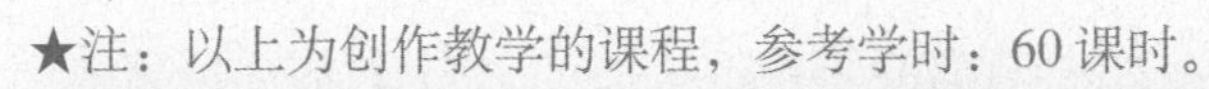

★注：以上为创作教学的课程，参考学时：60 课时。

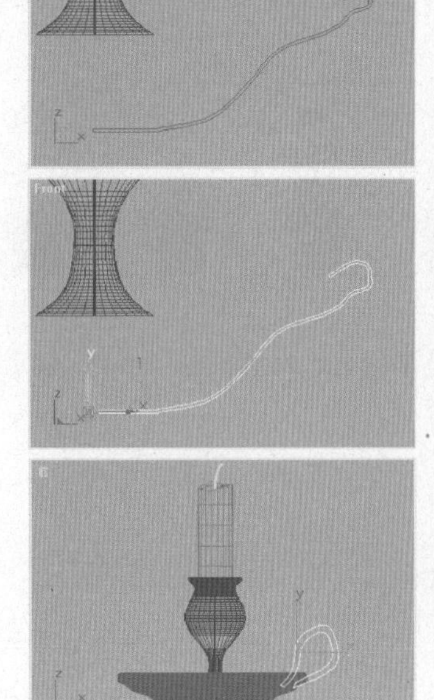

# 第十一章 多边形建模

本章包括以下学习内容：



学习目的：

三维制作中的第一步是建立物体的模型。在3ds Max中建模的方法有很多，总结起来有多边形建模、样条建模、网格建模、面片建模、表面建模、放样建模、非均匀有理B样条曲面建模。虽然有如此多的建模分类，但是在制作中都是相辅相成的。模型的建立是整个制作中的关键，也是三维制作中最为基础的操作。

## 第一节 建模磁盘

1 在创建命令面板中，依次单击→→标准基本体→长方体按钮，在前视图中，制作一个任意大小的立方体。

2 在修改命令面板中的参数卷展栏，设置立方体的参数为长度为50.0、宽度为50.0、高度为5.0。

3 依次单击→→标准基本体→长方体按钮，在前视图中制作另一个立方体，位于原来立方体的上半部分，设置参数为长度为18.0、宽度为26.0、高度为1.0。依次单击缩放所有视图工具按钮，便于观察制作视窗中的所有物体。

4 单击选择对象工具按钮，选择第二个小立方体，然后单击对齐工具按钮，拾取第一个大立方体，在弹出对齐当前选择对话框中，选择X轴，设置当前对象和目标对象为中心对齐，单击确定按钮关闭对齐当前选择对话框，如图11-1-1所示。

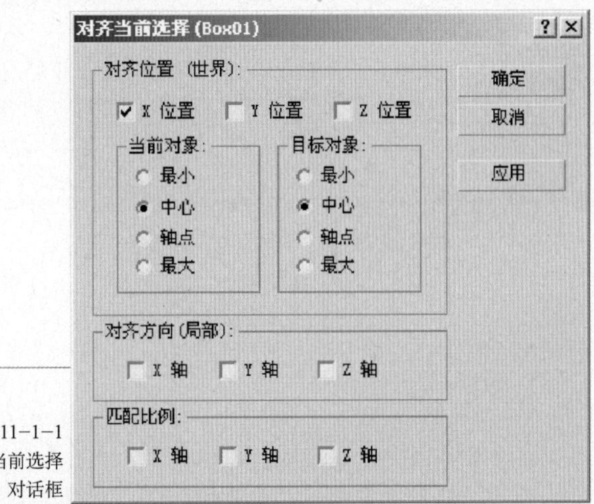


图11-1-1 对齐当前选择对话框

图11-1 磁盘

**5** 单击 工具按钮，再次拾取第一个大立方体，在对齐选择对话框选择Y轴，设置当前对象和目标对象为最小对齐，单击确定按钮关闭对齐当前选择对话框。

**6** 在顶视图中，单击 选择并移动工具按钮，将鼠标移动至物体转换Y轴上，使Y轴变成黄色，锁定Y轴，将小立方体向上移动一点点，如图11-1-2所示。

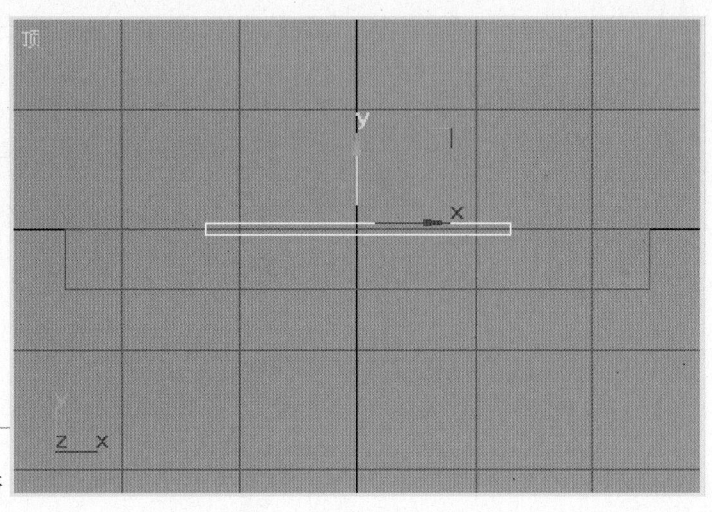

图11-1-2 向上移动小立方体

**7** 在透视图中，单击 弧形旋转工具按钮，水平旋转视图约180度，直到看到小立方体。

**8** 选择大立方体，依次单击 → → 复合对象 → 布尔 按钮，在拾取布尔运算卷展栏中，单击 拾取操作对象 B 按钮，然后在视图中拾取小立方体进行布尔运算，如图11-1-3所示。

图11-1-3 布尔运算参数设置

**要点：**
3DS MAX的默认值就是差集(A-B)，值得注意的是，在布尔运算中的差集算法，是用得最多的一种，但是要切记使用大物体减小物体。

**9** 单击 按钮,在修改命令面板下部的名称栏里,将这个布尔物体更名为“磁盘”,如图11-1-4所示。

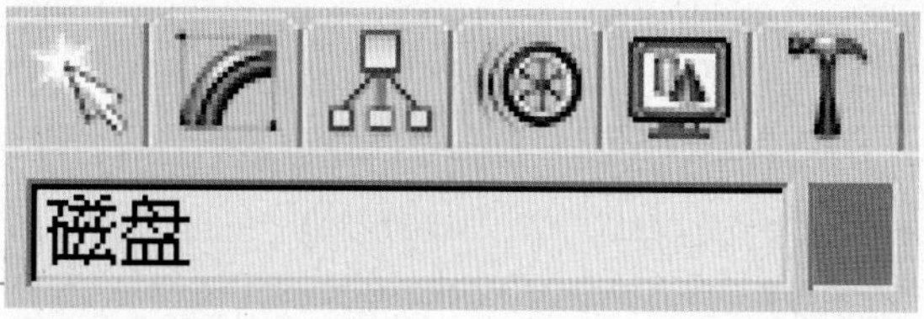

磁盘

图11-1-4 名称栏更名为“磁盘”

**技巧:**
将建模物体分类取名,是一个良好的工作习惯,有利于以后更复杂的选取工作。同时也便于工作组合作时,他人能看懂你的物体分类,这样能更高效地进行制作。

**10** 依次单击 → → 标准基本体 → 长方体 按钮,在前视图中制作出一个立方体,取名为“卡子”。在参数卷展栏中,设置长度为17.0,宽度为25.0,高度为0.20。

**11** 单击 工具按钮,在视图中选择“卡子”,单击 工具按钮,拾取“磁盘”,在弹出对齐当前对话框,选择X轴和Y轴,设置当前对象和目标对象为最小对齐,单击确定按钮关闭对齐当前对话框。

**12** 单击 工具按钮,再次拾取“磁盘”,在对齐当前对话框选择Y轴,设置当前对象和目标对象为最小对齐,单击确定按钮关闭对齐当前对话框。

**要点:**
对齐工具,是在制作中常常用到的工具。它既精确又快捷,而手动移动去对齐,又慢又不准确,建议尽可能使用对齐工具来对齐物体。

**13** 依次单击 → → 标准基本体 → 长方体 按钮,在前视图中制作一个立方体,其参数设置长度为10.0、宽度为5.0、高度为5.0。单击 工具按钮,移动调整“卡子”的位置,上、下、左、右都留一些距离。

**注意:**
要立方体超出“卡子”的厚度,这样才能剪通“卡子”,这是为下一步布尔运算做准备。

**14** 选择“卡子”,依次单击 → → 复合对象 → 布尔 按钮,在拾取布尔卷展栏中,单击3.1.8-c按钮,然后,拾取立方体进行布尔运算。

**15** 依次单击 → → 标准基本体 → 长方体 按钮,在前视图中制作一个立方体,其参数设置长度为24.0、宽度为35.0、高度为0.5。

**16** 单击 工具按钮,并同时按着键盘上的【Shift】键,移动鼠标复制一个相同的立方体,将复制的立方体更名为“字贴”。

**17** 在前视图中,单击 工具按钮,将立方体和“字贴”移动到“卡子”上半部。在顶视图中,单独将立方体在Y轴方向上移出“磁盘”外一点。

**18** 再选择“磁盘”,依次单击 → → 标准基本体 → 长方体 按钮,在拾取布尔卷展栏中,单击 拾取操作对象 B 按钮,然后,拾取立方体进行布尔运算。最后将“字贴”移动到这个槽中。

**19** 依次单击 → → 标准基本体 → 长方体 按钮,在前视图中制作一个立方体,其参数设置为长度为2.5、宽度为2.5、高度为10.0。

**20** 单击 工具按钮,并同时按着键盘上的【Shift】键,锁定X轴,移动鼠标复制一个立方体,将这两个立方体分别放置在左上角和右上角。

**20** 选择“磁盘”，依次单击 → → 复合对象 → 布尔 按钮，在拾取布尔卷展栏中，单击 拾取操作对象 B 按钮，然后，分别拾取两个立方体进行布尔运算。最终看到的“磁盘”效果，如图11-1-5所示。

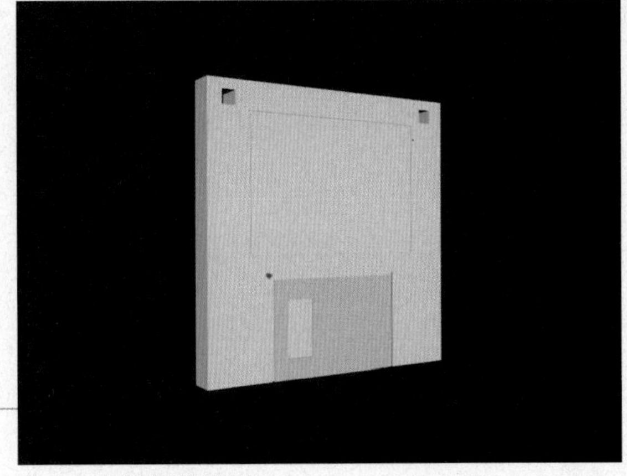

图11-1-5 “磁盘”模型效果

## 第二节 建模小细节

**1** 依次选择【编辑】→【全选】菜单命令，然后依次选择【群组】→【成组】菜单命令，在其弹出的组对话框里，取名为“磁盘”，单击确定按钮关闭组对话框。

**2** 依次单击 → → 标准基本体 → 球体 按钮，在前视图中制作出一个球体，在参数卷展栏中设置半径为10.0、分断为32.0。

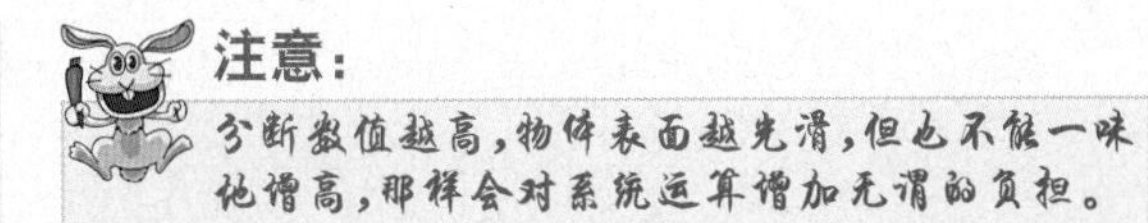

注意：

分断数值越高，物体表面越光滑，但也不能一味地增高，那样会对系统运算增加无谓的负担。

**3** 右击 选择并非均匀缩放工具按钮，在弹出缩放变形输入对话框中，设置偏移的X轴为60，如图11-2-1所示，最后关闭缩放变形输入对话框。

图11-2-1 缩放变形输入对话框

要点：

使用对话框输入的方式来缩放物体的大小，是非常准确快捷的方法，特别是在要求比较准确的建模时常常用到。

**4** 再次右击 工具按钮，在缩放变形输入对话框中，设置偏移的Z轴为60，关闭缩放变形输入对话框对话框，然后取名为“眼睛”。

**5** 单击 工具按钮，并同时按着键盘上的【Shift】键，锁定X轴，移动鼠标复制一个“眼睛”，将复制的“眼睛”更名为“眼球”。

**6** 右击 工具按钮，在弹出缩放变形输入对话框中，设置偏移为50%，如图11-2-2所示，最后关闭对话框。

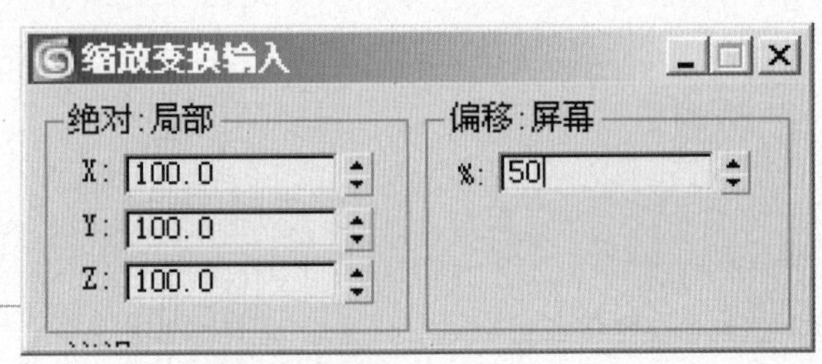


图11-2-2 缩放变形输入对话框

**7** 调整移动“眼球”位置，让其突出一些，然后，同时选择“眼睛”和“眼球”，依次选择【组】→【成组】菜单命令，在其弹出的对话框里，将组取名为“眼睛”，单击确定按钮关闭组对话框。

**8** 再单击 选择并旋转工具按钮，选择“眼睛”，锁定Z轴，在前视图中，沿顺时针旋转“眼睛”，如图11-2-3所示。

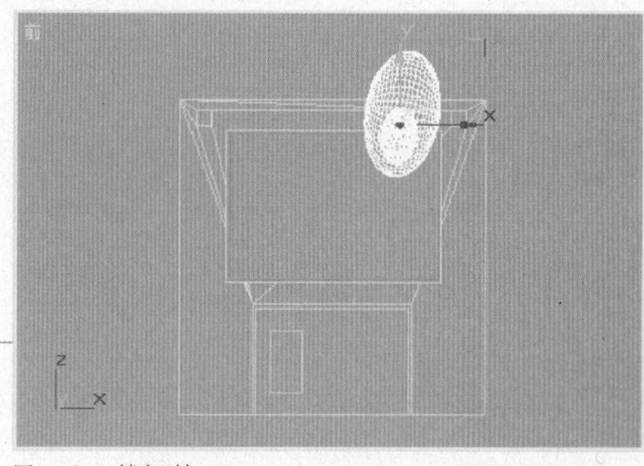
图11-2-3 锁定Z轴

技巧：

将鼠标放在Y轴和X轴相交处，Z轴变为黄色即是锁定Z轴。

**9** 在前视图中，单击 镜像工具按钮，在弹出的镜像对话框中，设置镜像轴为X轴，克隆当前选择为实例，单击确定按钮关闭镜像对话框，如图11-2-4所示。

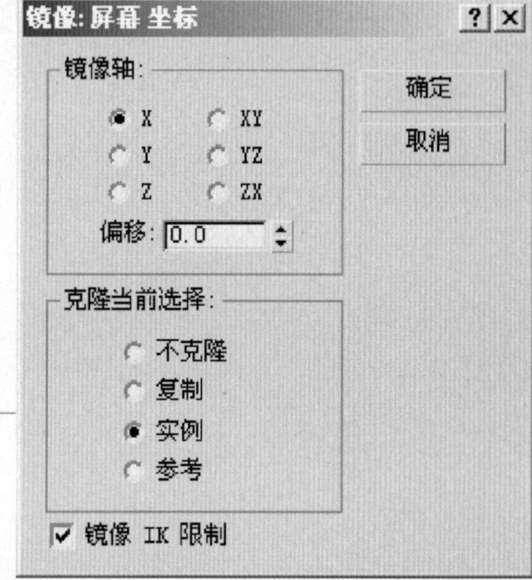

图11-2-4 镜像对话框

技巧：

实例复制的优势在于，改动其任意的物体，被实例复制的物体也随之改动。相同的两个造型，使用实例复制尤其重要，省事又省力。

**10** 再单击 工具按钮，在前视图中，锁定X轴向左移动，再移动调整好两个“眼睛”的位置，如图11-2-5所示。

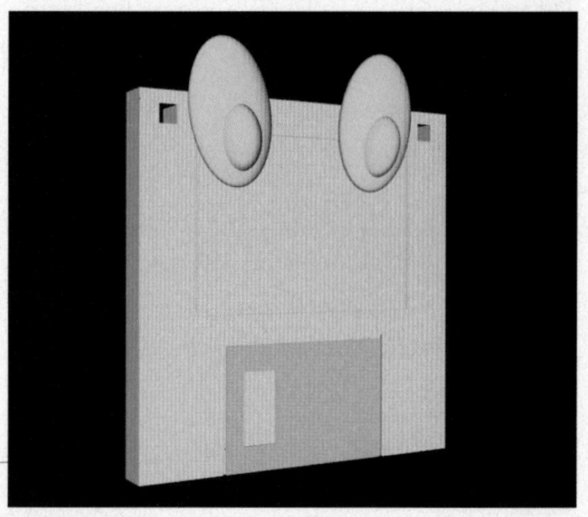
图11-2-5 “眼睛”的位置

**11**

依次单击 →  图形→ 样条线 → 线 按钮，在前视图中制作线条造型，如图11-2-6所示。

图11-2-6 曲线造型

**12**

分别将线条造型取名为"上嘴唇"和"下嘴唇"。分别选择后，进入 命令面板中，分别为"上嘴唇"和"下嘴唇"，增加一个挤出修改命令，"上嘴唇"和"下嘴唇"参数卷展栏中的设置相同，设置数量为15，如图11-2-7所示。

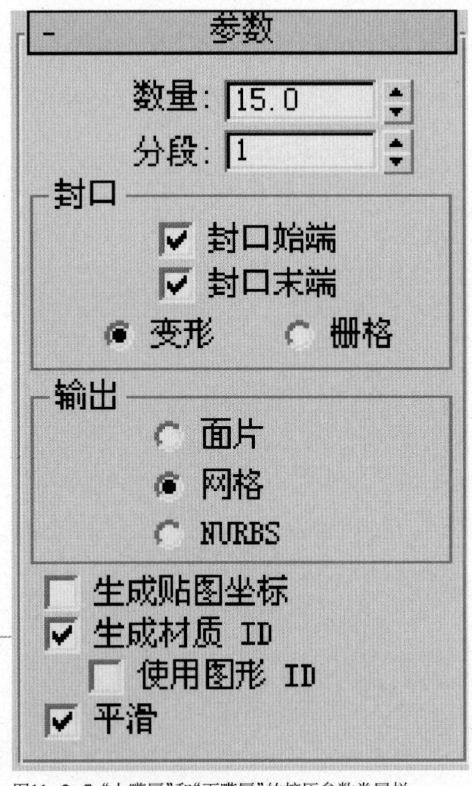

图11-2-7 "上嘴唇"和"下嘴唇"的挤压参数卷展栏

**要点：**
数量的多少决定物体的厚度或高度。数量小为低，数量大为高。

**13**

选择"下嘴唇"，进入 命令面板中，为"下嘴唇"增加一个FFD 4×4×4修改命令，在堆栈栏里单击FFD 4×4×4级，FFD 4×4×4字样会变成黄色，这表明进入FFD 4×4×4次物体编辑状态，可以对其FFD 4×4×4控制点进行操作了，堆栈栏的显示状态如图11-2-8所示。

图11-2-8 堆栈栏的显示状态

**要点：**
只要增加过的修改命令，都会在堆栈栏一级一级的显示出来。要在某一级修改，可以单击堆栈栏里的修改命令，返回某一级即可。

**14** 在左视图中，单击 缩放区域工具按钮，将视图局部放大。选择到上面一排控制点，再单击 工具按钮，沿X轴向内缩小，底部一排的控制点，以相同的方式沿X轴向内缩小，参考如图11-2-9所示。

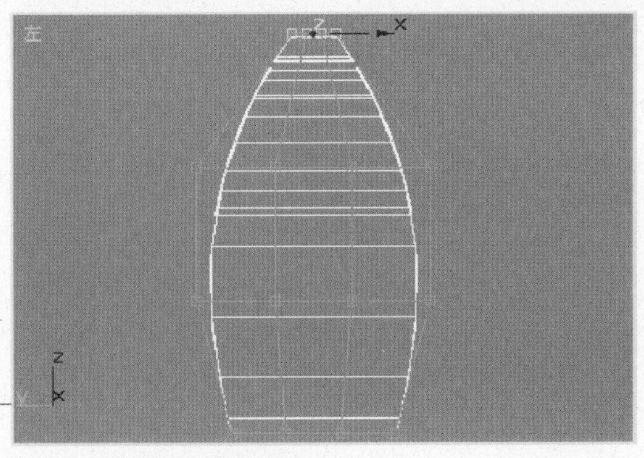


图11-2-9 沿X轴向内缩放控制点

**15** 修改好后，在堆栈栏中单击FFD 4×4×4级，关闭次物体编辑状态。再为“下嘴唇”增加一个网格平滑的修改命令。在细分量卷展栏中设置迭代次数值为2，如图11-2-10所示。

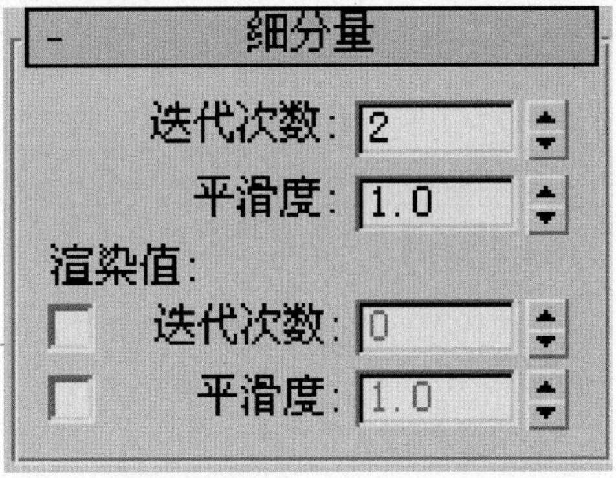

细分量
迭代次数: 2
平滑度: 1.0
渲染值:
迭代次数: 0
平滑度: 1.0

图11-2-10 细分数量卷展栏

**注意：**

迭代次数值，数字越大表面越光滑，但是会因为网面成倍增加，造成计算机有时会瘫痪，尤其是配置很低的机器会死机，一般情况下默认值为1，在特殊情况下细分数值也不要超过4，四次迭代次数值细分已是很大了。切记！

**16** 在设置卷展栏中，单击操作于的 多边形按钮 ，并且选择保持凸面选项，如图11-2-11所示。

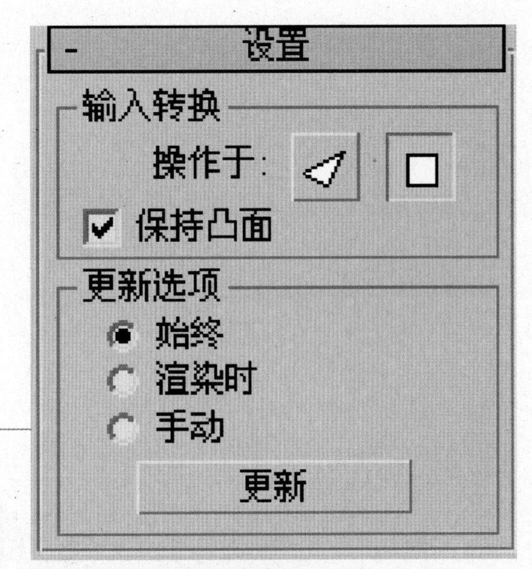


图11-2-11 设置卷展栏的设置

**提示：**

此项打开是为了使多边形以原来的面不变的情况下光滑物体，不打开就是随机处理光滑面，细分值大时有时会造成变形。

**17** 参照“下嘴唇”的制作方法，制作出“上嘴唇”。移动调整“下嘴唇”和“上嘴唇”的位置，如图11-2-12所示。

图11-2-12 制作出“上嘴唇”

**18** 最后选择“下嘴唇”和“上嘴唇”，依次选择【组】→【成组】菜单命令，在对话框里取名为“嘴”，单击确定按钮关闭组对话框。

**要点：**

在3DS MAX中对物体成组，也是相当重要的，一方面在操作上方便，另一方面在选择时防止不小心将部件移动散了。成组并不是真正的将物体合成一体了，它只是暂时性的将其所需的物体对象组合在一起，可以通过【组】菜单中的【解组】来打散成组的物体对象，此方法建议大家养成习惯常用。

**19** 依次单击 → → 扩展基本体 → 切角长方体 按钮，在前视图中制作一个倒角立方体，参数设置为长度为1.0、宽度为12.0、高度为1.0、圆角为0.5、宽度分段为6。

**提示：**

增加宽度分段数，是为下一步制作弯曲做准备，如没有分段数，物体对象就不能弯曲。

**20** 进入 命令面板中，为倒角立方体增加一个弯曲修改命令，在参数卷展栏中设置角度为90，弯曲轴为X轴，如图11-2-13所示。

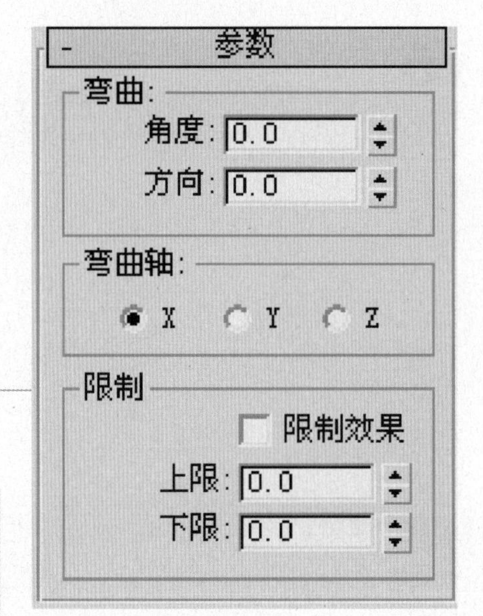


图11-2-13 弯曲设置参数

**注意：**

看来弯曲得不够理想，要修改倒角立方体参数，在堆栈栏里单击ChamferBox级，在参数卷展栏中，修改长度为1.5、高度为1.5、圆角为1.0、宽度分段为20，修改后在堆栈栏里单击Bend级，又回到上级修改命令层，这次看来还不错了，取名为“眉毛”。

**21** 在前视图中，单击工具按钮，并同时按着键盘上的【Shift】键，锁定X轴，移动鼠标实例复制一个"眉毛"，调整两个"眉毛"的位置，最终效果如图11-2-14所示。

图11-2-14 "眉毛"的位置

**22** 依次单击→图形→样条线→线按钮，在左视图中制作线条造型，取名为"手"，如图11-2-15所示。

图11-2-15 "手"的造型

**23** 进入命令面板中，为"手"添加一个挤出修改命令，在参数卷展栏中的参数设置数量为15，分段为10.0。

**24** 再为"手"增加一个编辑网格修改命令，在选择卷展栏中，选择面次物体编辑，也可以按键盘上的数字键【3】，快速地选择面次物体编辑。在修改命令面板中的显示状态如图11-2-16所示。

图11-2-16 修改命令面板中的显示状态

25 在顶视图中，单击工具按钮，选择“手”造型的前后两面，如图11-2-17所示。

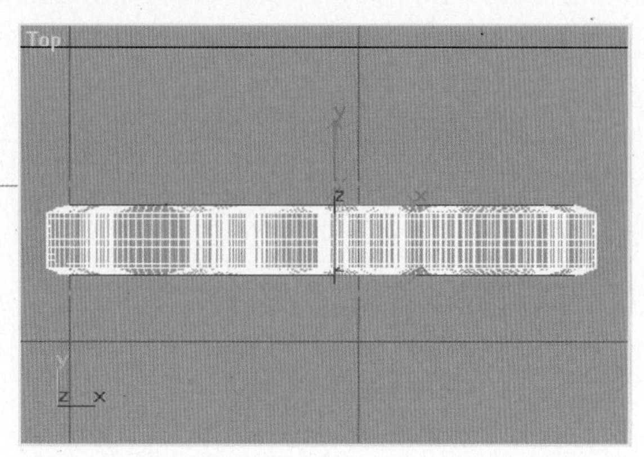
图11-2-17 选择“手”的前后两面

技巧：

单击缩放区域工具按钮，在“手”造型处局部放大视图，若还看不清可配合最大化视口切换工具按钮，或按键盘上的【W】键，也能切换最大化视图。

26 在编辑几何体卷展栏中，设置倒角为-1.0，关闭编辑网格次物体编辑状态。

27 再为“手”添加一个网格平滑修改命令。在细分量卷展栏中，设置迭代次数为1.0。在设置卷展栏中，单击操作于的三角形按钮。

28 再为“手”添加一个影响区域修改命令，在参数卷展栏中设置衰退为30，影响区域位置参考如图11-2-18所示。

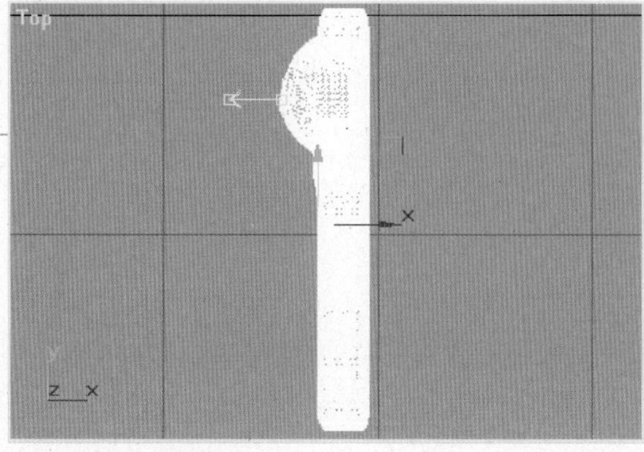
图11-2-18 影响区域位置

要点：

请注意影响区域箭头的方向。影响区域修改命令，衰退值大影响区域就大，反之就小，还要注意的是要打开次物体编辑状态才能进行位置的调整，而且要注意箭头的方向不要反了，前后两个黄色方点都可以进行位置的调整，离物体的远近也能造成不同的影响，可以多移动位置得出最佳的效果。

**29** 剩下的手指重复使用衰退修改命令三次，参数和位置参考如图11-2-19所示。

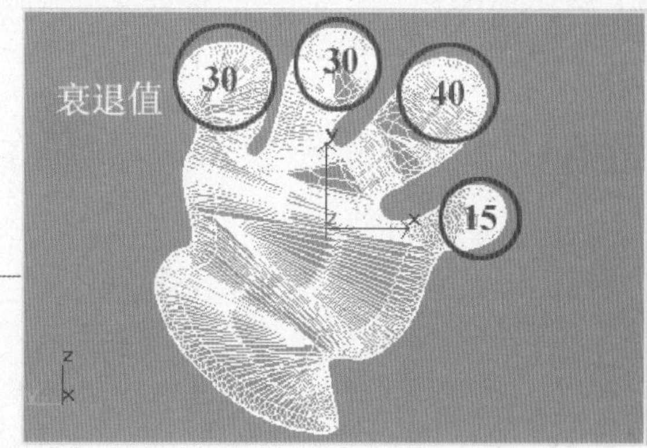

图11-2-19 手指影响区域的参数和位置

**提示：**

这只是个简单的手，要作精致的手，会有其他更好的方法制作。

**30** 选择"手"，依次单击 工具按钮，将"手"实例复制一只。然后，使用 工具和 工具，在顶视图中移动调整和旋转调整，其结果如图11-2-20所示。

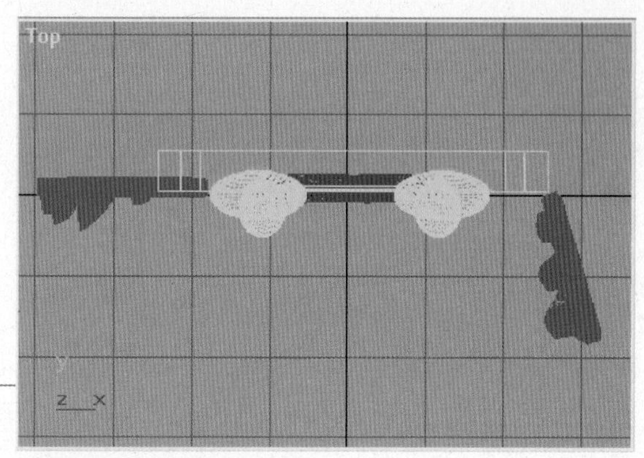

图11-2-20 双手的位置

**31** 依次选择【文件】→【另存为】菜单命令，保存当前模型，取名为"磁盘"。

**提示：**

建模完成了，不要忘记了保存这一步，要不就白费工了，在制作过程中要养成多保存不同阶段的文件，这样在出差错或要改动等都很方便的。

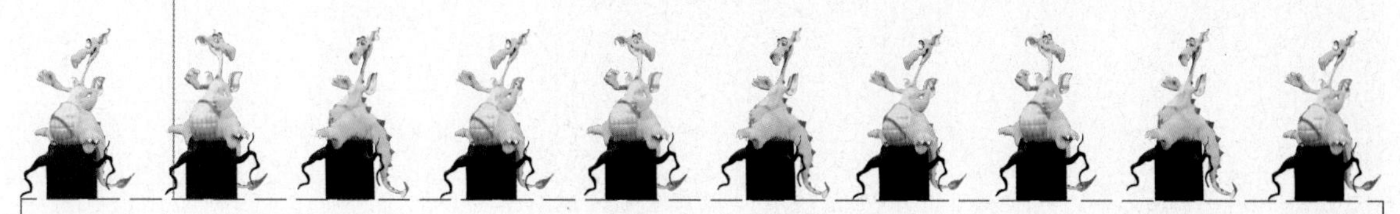

## 小结

在这个"磁盘"建模中，使用了3ds Max原始标准方式建立模型，这种几何体的建模属于多边形建模方式的一种。同时利用布尔运算几何计算方法，制作"磁盘"模型。而布尔运算是计算机图形图像制作中，很有特性的一种运算法，合理的应用布尔运算几何计算方法，会制作出很多复制的几何模型。

## 课外作业

使用多边形建模方式建模一个精巧的物品。

# 第十二章 样条曲线建模

本章包括以下学习内容：

**学习目的：**

这个实例主要学习样条曲线建模，并新增加高级放样建模在3ds Max中的应用。

## 第一节 建模"蜡灯"

1 依次单击 → → 样条线 → 线 按钮，在前视图中制作线条造型，取名为"蜡台"，如图12-1-1所示。

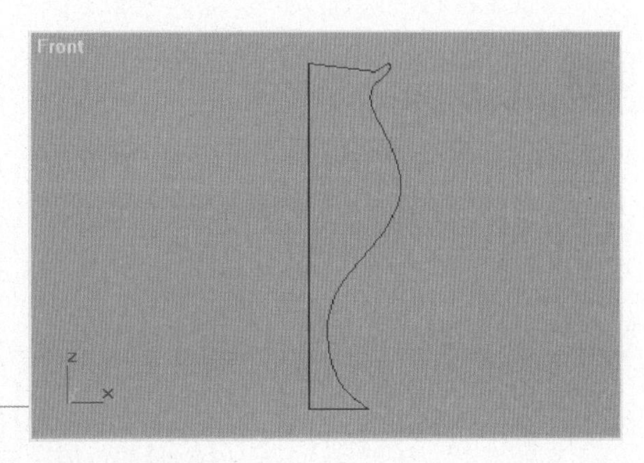


图12-1-1 曲线造型

2 选择"蜡台"，然后，进入 层次→ 轴 命令面板中，在调整轴卷展栏中，单击 仅影响轴 按钮，在前视图中，配合 选择并移动工具，锁定X 轴，调整轴的位置对齐"蜡台"的中心线。

3 进入 修改命令面板，为"蜡台"增加一个车削修改命令。在其参数卷展栏中，设置度数为360，分段为50。

4 依次单击 创建命令面板中，依次单击 → → 标准基本体 → 圆柱体 按钮，在顶视图中制作一个半径为18.0、高度为100.0、高度分段为5.0、断面分段为3.0、边数为18的圆柱体，取名为"蜡身"。

图12-1 样条曲线建模

**5** 选择“蜡身”，单击 工具按钮，拾取“蜡台”，在对齐当前选择对话框中，选择X轴和Y轴，设置当前对象和目标对象为中心对齐，单击【确定】按钮关闭对齐当前选择对话框。

**6** 进入 命令面板中，为“蜡身”增加一个编辑网格修改命令，按键盘上数字键【4】，进入 多边形次物体编辑状态。

**7** 在前视图中，单击 选择对象工具按钮，选择“蜡身”顶部的面，参照图12−1−2所示选择顶部的面。

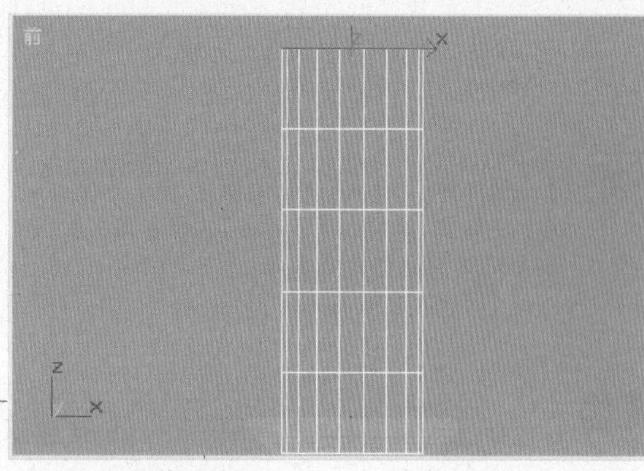


图12−1−2 选择顶部的面

**8** 不要关闭 多边形次物体编辑状态。然后，为“蜡身”增加一个噪波修改命令。

**技巧：**

为了使其增加的修改命令，只对选择的次物体起作用，就通过先选择到次物体，然后再为次物体增加修改命令。其实就是对物体局部进行修改制作，这是很有用的方法。

**9** 在参数卷展栏中，设置噪波的种子为5.0，比例为100.0。选择分形选项，粗糙度为0.045，迭代次数为5.99。强度作用Z轴为20，得到如图12−1−3所示的效果。

**提示：**

这样“蜡身”的顶面就会因增加Noise噪波修饰，而产生不平的表面，模拟被火烧过的效果。

图12−1−3 噪音参数设置后的效果

**10** 依次单击 → → 标准基本体 → 圆柱体 按钮，在顶视图中制作一个圆柱体，取名为“蜡芯”。

**11** 选择“蜡芯”，进入 命令面板中，为“蜡芯”添加一个弯曲修改命令，在参数卷展栏中，设置角度为30，弯曲轴为Z轴，如图12-1-4所示。

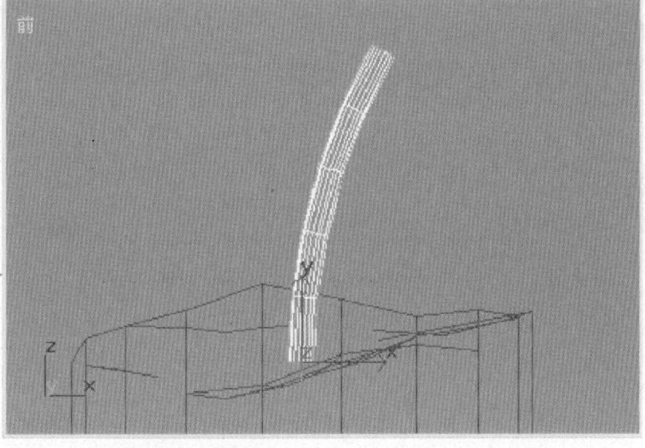

图12-1-4 弯曲修改的“蜡芯”

**注意：**

在建立“蜡芯”时，需将圆柱体的高度分段设定为5.0。当然，不管设定多少段，只要是有段数，添加的弯曲修改命令才有效。

**12** 选择“蜡芯”，单击 工具按钮，在视图中拾取“蜡身”，在对齐当前选择对话框，选择X轴和Y轴，设置当前对象和目标对象为中心对齐，单击【确定】按钮关闭对齐当前选择对话框。

**13** 单击 工具按钮，选择“蜡芯”、“蜡身”。依次选择【组】→【成组】菜单命令，将群组取名为“蜡烛”，“蜡烛”造型如图12-1-5所示。

图12-1-5 “蜡烛”造型示意图

**14** 依次单击 → → 样条线 → 线 按钮，在前视图中制作线条造型，取名为“蜡盘”，线条造型如图12-1-6所示。

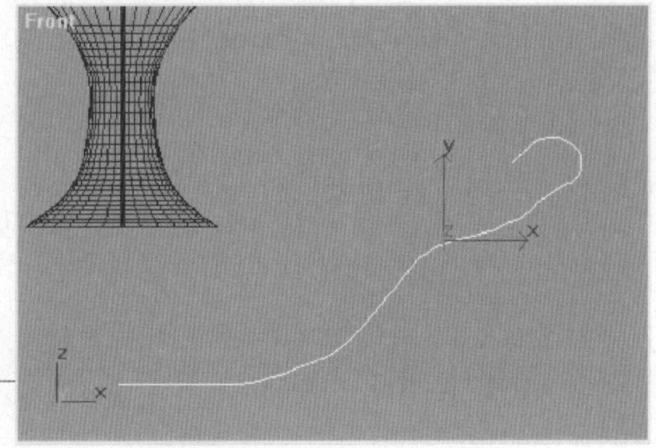

图12-1-6 线条造型

**15**

进入命令面板中，单击样条线按钮，进入样条线次物体编辑状态。在视图中选择线条，然后，在几何体卷展栏的 轮廓 输入栏里输入1.0，按键盘上的【Enter】键，得到如图12-1-7所示的轮廓结果。

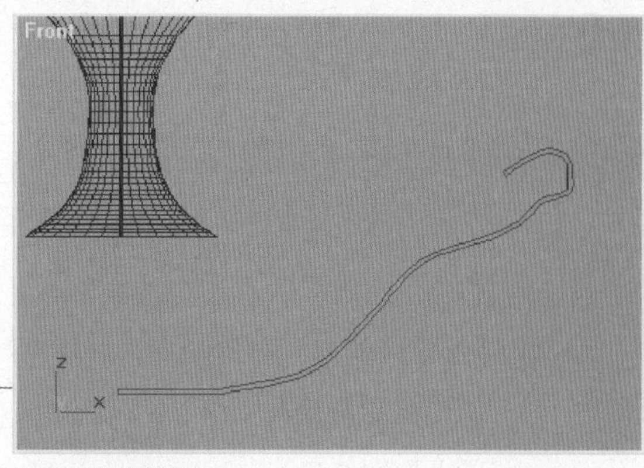

图12-1-7 轮廓结果

**16**

选择“蜡台”，进入→ 轴 命令面板中，在调整轴卷展栏中，单击 仅影响轴 按钮，在前视图中，配合工具，锁定X轴，调整轴的位置对齐“蜡盘”左下部最后那个点，参照图12-1-8所示放置轴的位置。

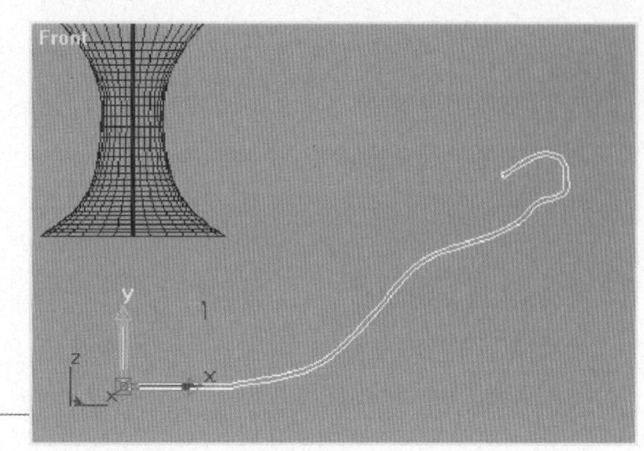

图12-1-8 调整轴的位置对齐左下部

**17**

再为“蜡台”添加一个车削修改命令，在其参数卷展栏中，设置度数为360，分段为50。

**18**

依次单击 → → 样条线 → 线 按钮，在前视图中制作线条造型，取名为“蜡盘把”，如图12-1-9所示。

图 4-1-9 “蜡盘把”造型

**19**

然后，进入命令面板中，单击按钮进入样条线次物体编辑状态。选择到线条，在几何体卷展栏中的 轮廓 输入栏里输入2.0，按键盘上的【Enter】键。

**20**

再为“蜡台”添加一挤出修改命令，其参数卷展栏设置数量为15。

**21**

为增加“蜡台”一个网格光滑修改命令，在细分量卷展栏中，设置迭代次数为1。在设置卷展栏中，设置操作于为多边形，并且选择保持凸面选项。

**22** 依次单击 →辅助对象→大气装置→球体 Gizmo 按钮，在前视图中制作一个球体发明，取名为“烛火”。在球体Gizmo参数卷展栏中，设置半径为30的球体大气，这是为烛火设定效果大小，打开半球，参照图12-1-10所示设置球体Gizmo参数。

图12-1-10 球体Gizmo参数

**提示：**

在3ds Max中不能有其他的方式来制造烛火的形状，我们可以通过辅助对象选择项里的大气装置，很好地模拟烛火的形态，这是一个很优秀的模拟器，可以模拟现实生活中很多的气体形态，如云雾、火光、蒸汽等等。

**23** 确定“烛火”被选择，单击 工具按钮，拾取“蜡身”，在对齐当前选择对话框，选择X轴和Y轴，设置当前对象和目标对象为中对齐，单击【确定】按钮关闭对齐当前选择对话框。

**24** 确定“烛火”被选择，右击 选择并均匀缩放工具按钮，在缩放变换输入设置框中，设置绝对坐标的Z轴为400，关闭缩放变换输入对话框，参照图12-1-11所示进行设置。

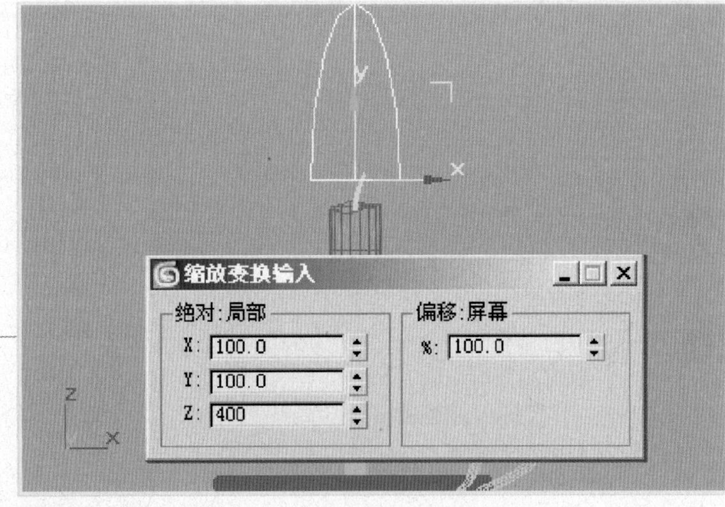


图12-1-11 等比缩放“烛火”

**提示：**

这样将“烛火”的形状做出来了，但在渲染时还是不能看到火的效果，因为还需为“烛火”设定一个火的效果。

**25** 确定“烛火”被选择，进入 命令面板中，在大气和效果卷展栏中，单击 添加 按钮，进入添加大气对话框，选择火效果，如图12-1-12所示，单击确定按钮关闭添加大气对话框。

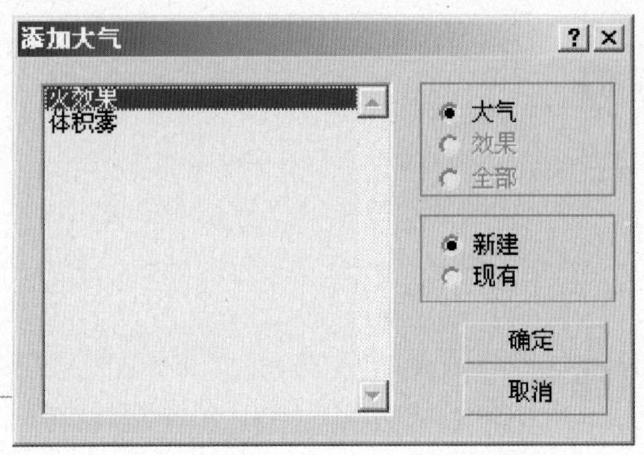


图12-1-12 增加大气对话框

**26** 在选择栏里单击火效果，此时火效果变成蓝色的，这表明已被选择，如图12-1-13所示。

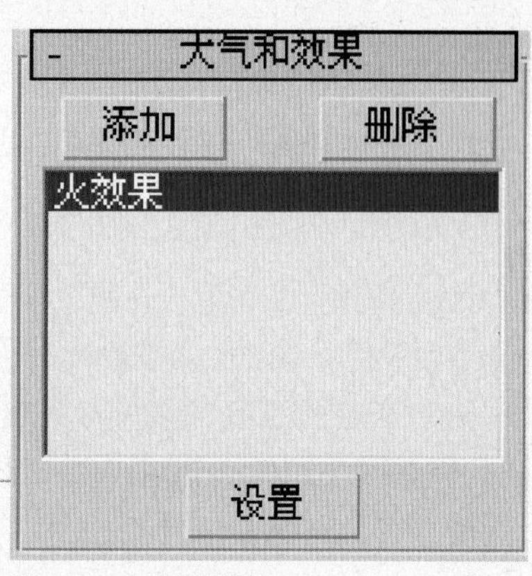


图12-1-13 选择火效果

**27** 然后，单击选择栏下面的 设置 按钮，进入环境和效果对话框，参考如图12-1-14所示设置燃烧效果参数。

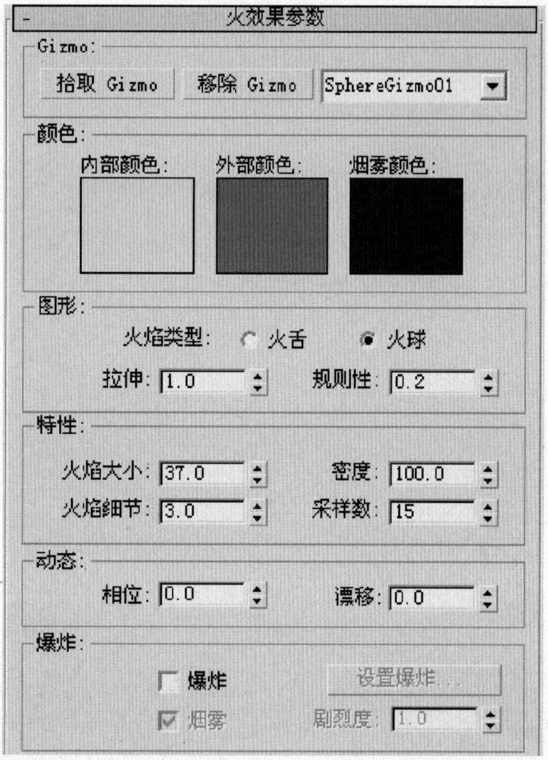

火效果参数
Gizmo:
拾取 Gizmo　移除 Gizmo　SphereGizmo01
颜色:
内部颜色:　外部颜色:　烟雾颜色:
图形:
火焰类型: 火舌　火球
拉伸: 1.0　规则性: 0.2
特性:
火焰大小: 37.0　密度: 100.0
火焰细节: 3.0　采样数: 15
动态:
相位: 0.0　漂移: 0.0
爆炸:
爆炸　设置爆炸...
烟雾　剧烈度: 1.0

图12-1-14 设置燃烧效果

**28** 依次选择【菜单】→【另存为】菜单命令，保存当前场景文件，取名为“蜡灯”。

## 第二节 建模“陶罐”

**1** 依次单击 → → 样条线 → 线 按钮，在前视图中制作线条造型，取名为“罐身”，如图12-2-1所示。。

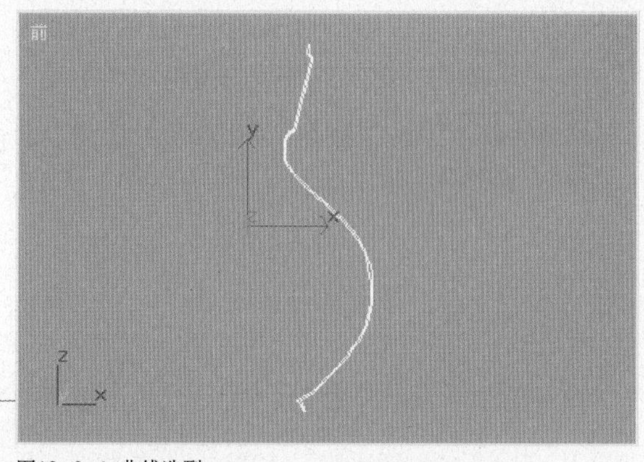


图12-2-1 曲线造型

第二部分 技能教学

**2** 进入命令面板中，依次单击工具按钮，进入样条线次物体编辑状态。在视图中选择线条，在几何体卷展栏中的 轮廓 输入栏里输入4.0，按键盘上的【Enter】键，关闭样条线次物体编辑状态。

**3** 选择“罐身”，进入→ 轴 命令面板，在调整轴卷展栏中，单击 仅影响轴 按钮，在前视图中，配合工具，锁定X轴，调整轴的位置对齐“罐身”的中心线，参照图12-2-2所示放置轴的位置。

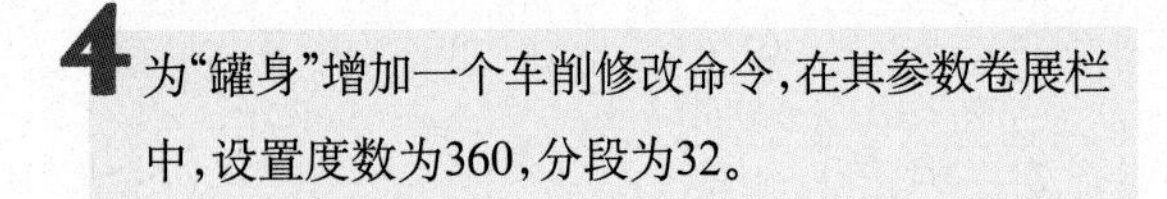

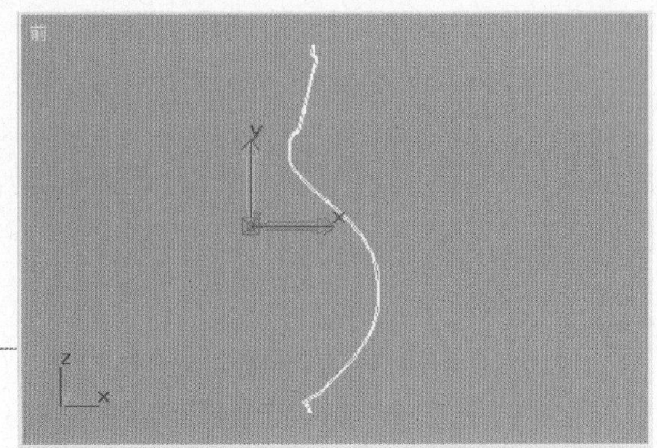
图12-2-2 轴的位置示意图

**4** 为“罐身”增加一个车削修改命令，在其参数卷展栏中，设置度数为360，分段为32。

**5** 依次单击→→ 样条线 → 线 按钮，在前视图中制作线条造型，取名为“罐把”，线条造型如图12-2-3所示。

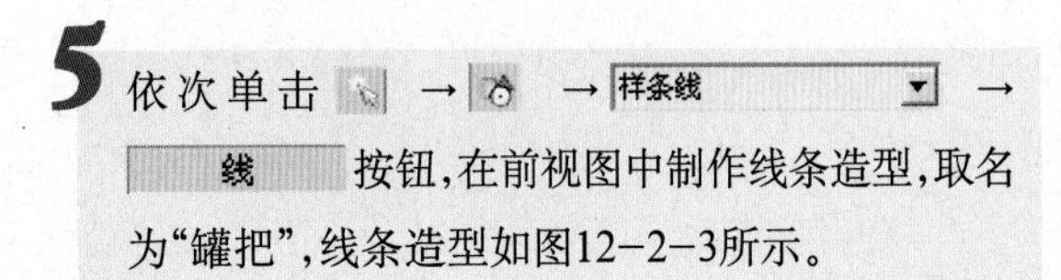

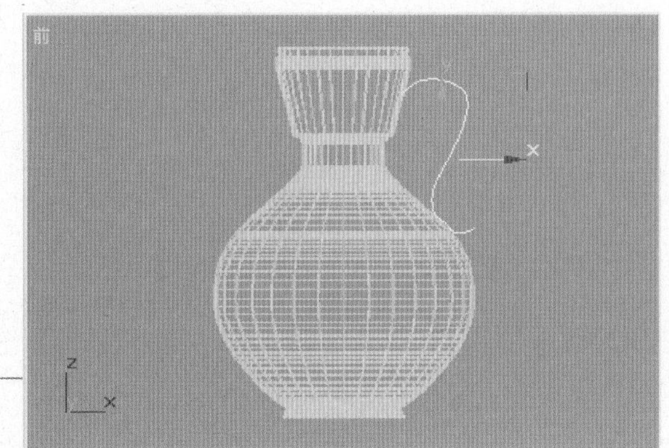
图12-2-3 线条造型

**6** 依次单击→→ 样条线 → 椭圆 按钮，在前视图中制作一个长度为60.0、宽度为90.0的椭圆形。

**7** 进入命令面板中，为椭圆形增加一个编辑样条线修改命令。在选择卷展栏中，单击顶点按钮，进入次物体编辑状态。

**8** 然后，在几何体卷展栏中，单击 优化 按钮，在椭圆形上添加两个点，增加两个点的位置，如图12-2-4所示。

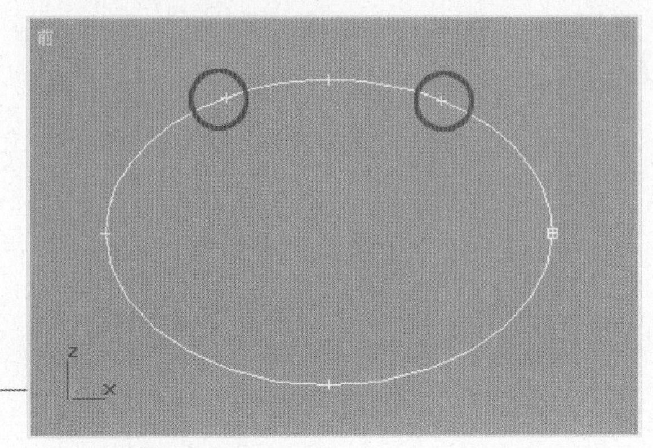
图12-2-4 增加两点的位置示意图

**9** 关闭 优化 按钮，单击 工具按钮，同时选择到增加的两点，锁定Y轴，向下移动两点，然后单独对点进行调整，再将增加的两点之间的点稍做调整。调整增加两点的结果如图12–2–5所示。

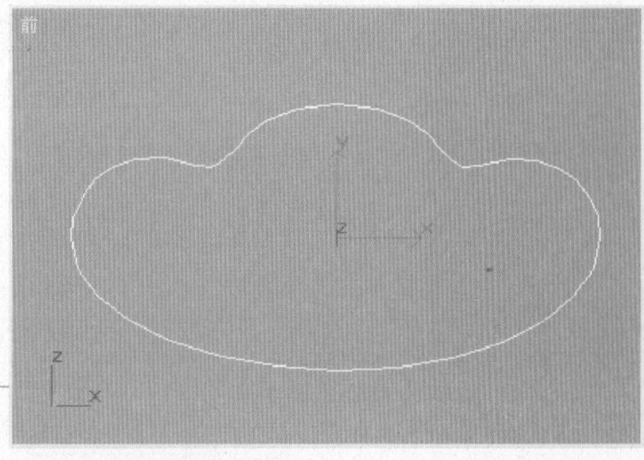

图12–2–5 调整增加两点的结果

**10** 依次单击 → → 复合对象 → 放样 按钮，单击 获取图形 按钮，在视图中拾取椭圆形放样，放样结果如图12–2–6所示。

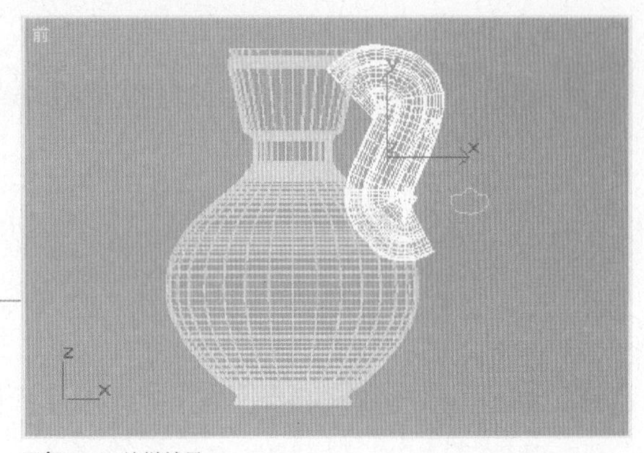

图12–2–6 放样结果

**提示：**

现在放样后的“罐把”，有点怪怪的，这是为何呢？这是因为制作椭圆形造型时，方向不对所造成的。

**11** 选择椭圆形，在 命令面板的选择卷展栏中，选择 样条线次物体编辑，在视图中选择椭圆形。单击 工具按钮，在视图中，锁定Z轴向逆时针方向旋转90度，旋转椭圆形后的结果，如图12–2–7所示。

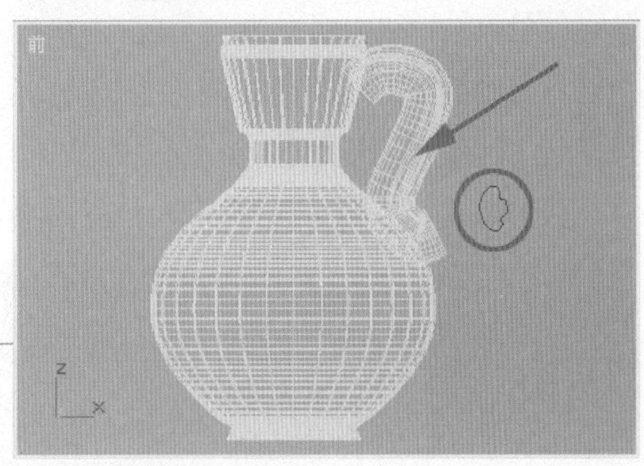

图12–2–7 旋转椭圆形后的结果

**要点：**

关闭次物体编辑状态，现在观察是不是正确了。在修改放样物体的方向时，不能简单地使用 工具来旋转，那样对放样物体是没有影响的。只能进入 命令面板，在次物体编辑状态下，首先选择到要修改的物体对象，然后，再进行对物体对象旋转，这样才能对放样物体的修改有作用。大家可以试一试。

**12** 确定放样后的“罐把”是选择的，再进入 命令面板中，在放样下的变形卷展栏中，单击 缩放 按钮，进入缩放变形对话框，变形卷展栏如图12–2–8所示。

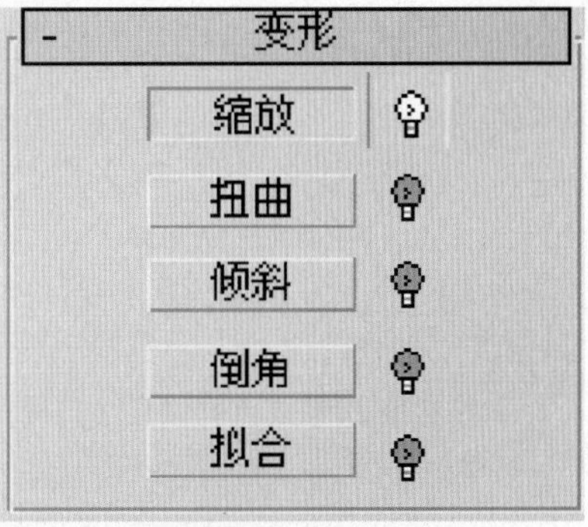

- 变形

缩放

扭曲

倾斜

倒角

拟合

图12–2–8 变形卷展栏

**13** 先来观察默认对话框，如图12-2-9所示。

**提示：**

打开对话框，默认的是一直线，表明没有做过缩放修改，接下来就做缩放修改“罐把”。

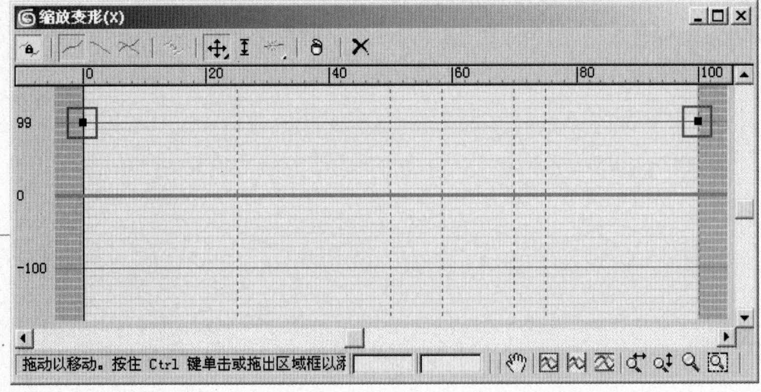


图12-2-9 默认对话框

**14** 观察修改“罐把”，增加两个点的对话框，如图12-2-10所示。

**提示：**

在对话框上的标题中，工具按钮是显示X/Y，这是同时改变X/Y轴的比例变形状态。

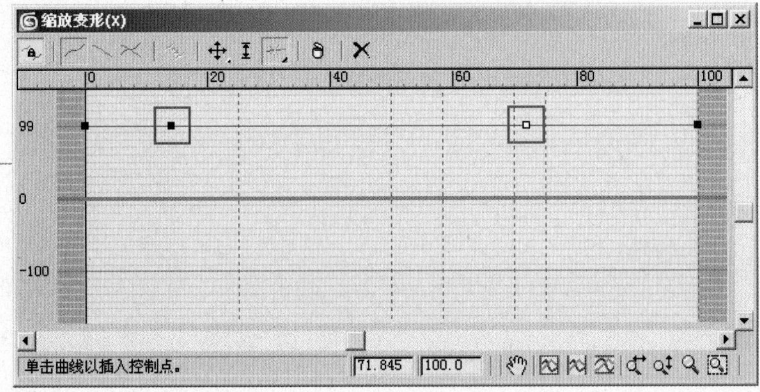


图12-2-10 增加两个点的对话框

**15** 单击插入角点按钮，在绿线上增加两个点，左边的100，表示是原比例，上方的0-100，是百分比位置，增加的两个点，大概在12%、80%之处。再来观察制作Bezier平滑的对话框，如图12-2-11所示。

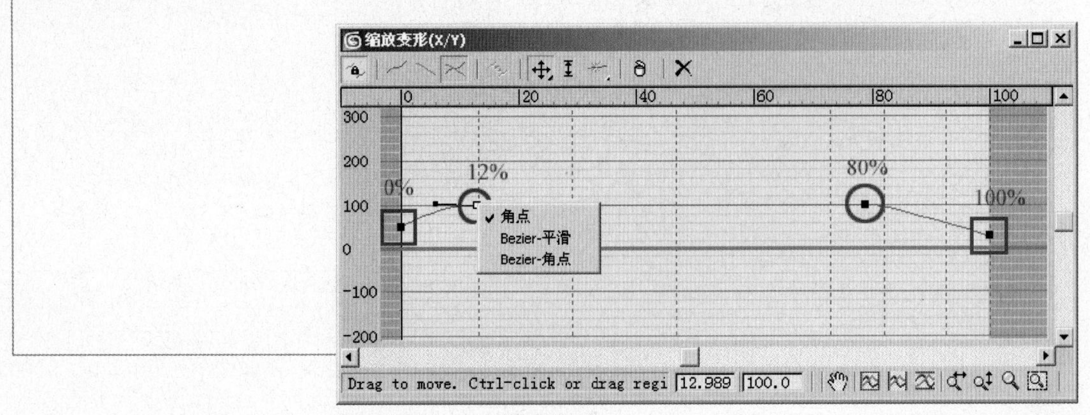


图12-2-11 Bezier平滑的对话框

**16** 依次单击移动控制点工具按钮，选择0%处的点，向下移动至50%处，选择12%处的点，依次单击鼠标右键，选择Bezier平滑调节控制点，选择80%处的点，依次单击鼠标右键，选择贝塞尔角点调节控制点，选择100%处的点向下移动至10%处，在最底部能看到百分比的参数。

**17** “罐把”已做好了，关闭缩放变形对话框。单击 工具按钮，在对话框中，设置镜像轴为X轴，克隆当前选择为实例，单击确定按钮关闭镜像对话框。再移动调整好两个“罐把”的位置，放在“罐身”的两侧，“罐把”的位置如图12-2-12所示。

图12-2-12 “罐把”的位置

**18** 依次单击击 → → 样条线 → 多边形 按钮，在顶视图中制作一个半径为160.0，边数为12的多边形。在参数卷展栏中选择圆形的多边形。

**19** 选择圆形多边形，依次选择【编辑】→【克隆】菜单命令。选择克隆的圆形多边形，进入 命令面板中，将参数卷展栏中的半径改为170.0。

**20** 为克隆的圆形多边形，增加一个编辑样条线修改命令。在几何体卷展栏中，单击 附加 按钮，拾取半径为160.0的多边形。关闭 附加 按钮，将合并后的物体改名为“小组”。

**21** 选择“小组”，再克隆“小组01”。选择“小组01”，进入 命令面板中，单击 从堆栈中移除修改器功能按钮，将原来的编辑样条线修改命令删除。然后，将参数卷展栏中的半径改为190。

**22** 选择半径改为190的多边形，再依次选择【编辑】→【克隆】菜单命令，克隆一个多边形，进入 命令面板中，将参数卷展栏中的半径改为200。

**23** 为克隆的圆形多边形，增加一个编辑样条线修改命令。在几何体卷展栏中，单击 附加 按钮，拾取半径为190的多边形，关闭 附加 按钮，将合并后的物体改名为“中组”。

**24** 选择“中组”，再克隆“中组01”，选择“中组01”，进入 命令面板中，单击 功能按钮，将原来的编辑样条线修改命令删除。然后，将参数卷展栏中的半径改为220。

**25** 选择半径为220的多边形，再依次选择【编辑】→【克隆】菜单命令，克隆一个多边形。进入 命令面板中，将参数卷展栏中的半径改为230。

**26** 为克隆的圆形多边形，增加一个编辑样条线修改命令。在几何体卷展栏中，单击 附加 按钮，拾取半径为220的多边形，关闭 附加 按钮，将合并后的物体改名为“大组”，观察这三组多边形的参考图如图12-2-13所示。

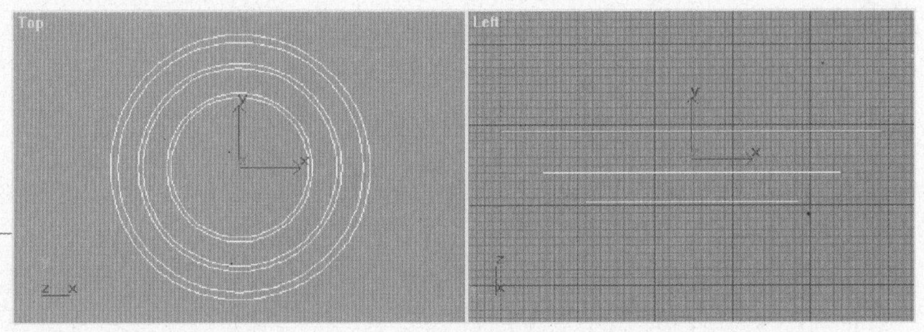

图12-2-13 观察这三组多边形

**27** 依次单击 → → 样条线 → 线 按钮，在前视图中制作出一直线，长度参考如图12-2-14所示。

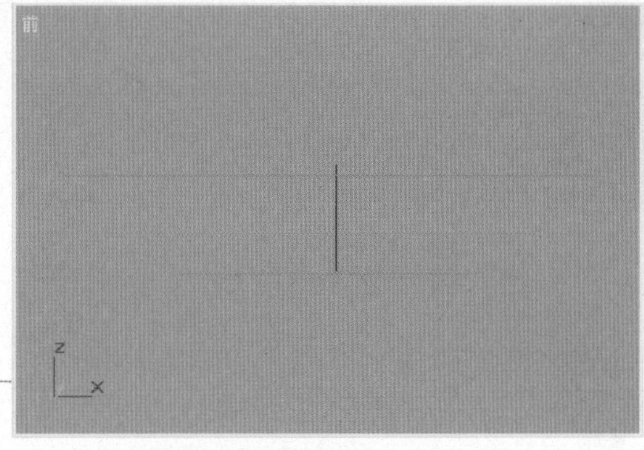


图12-2-14 制作直线长度参考示意图

**28** 选择直线，依次单击击→→复合对象→放样 按钮，单击击 获取图形 按钮，在视图中拾取“小组”。单击 获取图形 按钮，在视图中拾取“中组”，在路径参数卷展栏中，将路径改为30，如图12-2-15所示。

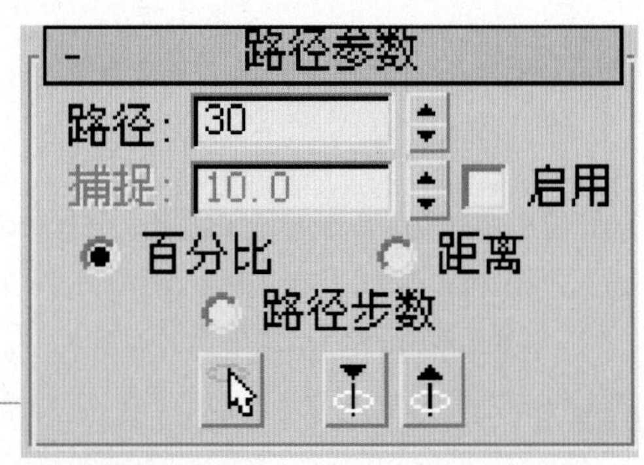


图12-2-15 路径为30

**29** 单击 获取图形 按钮，拾取“大组”，将路径改为100，如图12-2-16所示。

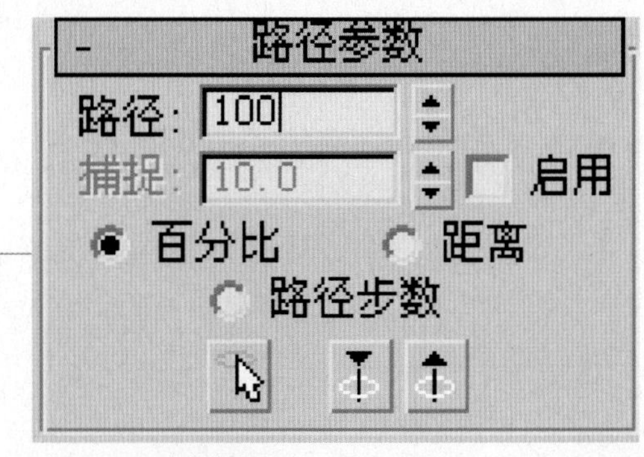


图12-2-16 路径为100

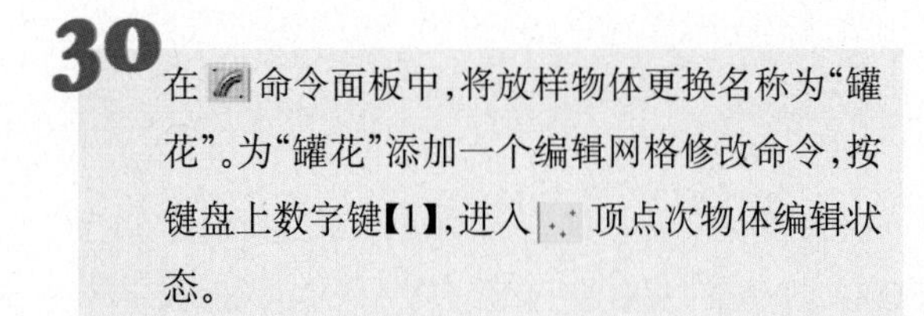

**30** 在 命令面板中，将放样物体更换名称为“罐花”。为“罐花”添加一个编辑网格修改命令，按键盘上数字键【1】，进入 顶点次物体编辑状态。

**31** 在左视图中，单击 工具按钮，确信打开 窗口/交叉选择方式。选择“罐花”最底部一排的点，并右击 工具按钮，在对话框里，设置偏移为95%，关闭对话框，参照图12-2-17所示编辑端点。

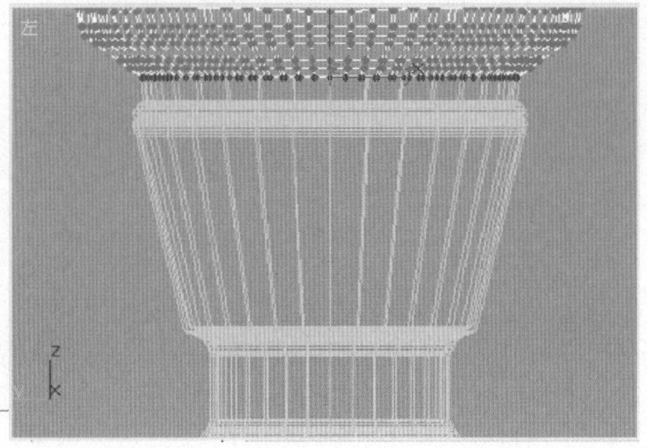


图12-2-17 编辑端点

**32** 选择“大组”，在命令面板中的选择卷展栏中，激活端点次物体编辑状态。在顶视图中，依次单击工具按钮，同时选择到两点，移动到“中组”的边线上。分别将各组移动调整，“罐花”最后形状如图12-2-18所示。

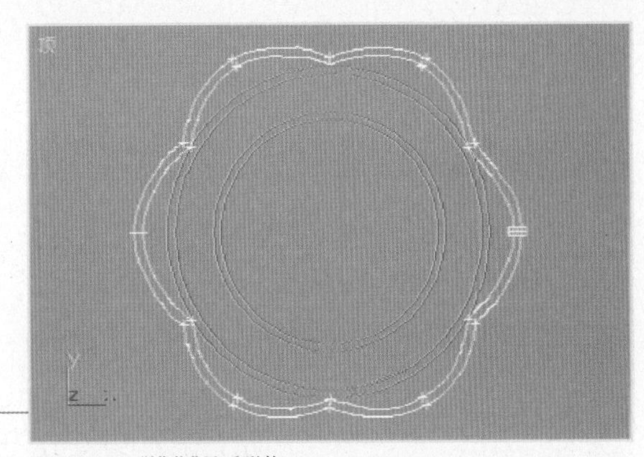

图12-2-18 “罐花”最后形状

**33** 再在顶视图中，配合键盘上的【Ctrl】键，单击工具按钮同时，选择到如图12-2-19所示的端点。

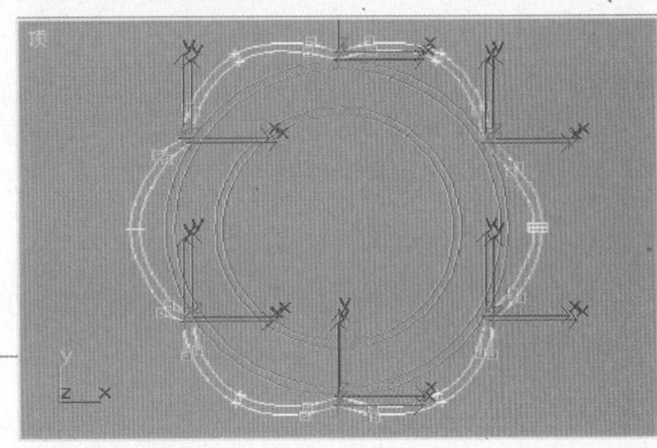

图12-2-19 选择端点

**34** 按键盘上的空格键，或者单击选择锁定切换工具按钮，选择点也就不会被取消掉。切换到前视图中，锁定Y轴上，向下移动端点，参照图12-2-20所示移动端点。

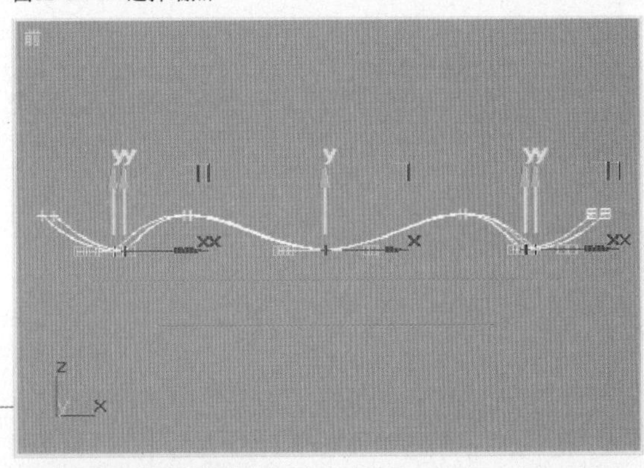

图12-2-20 向下移动端点

**35** 关闭次物体编辑状态。依次选择【编辑】→【全选】菜单命令，再依次选择【组】→【成组】菜单命令，将群组取名为“罐”。激活透视视图，单击工具按钮，观察快速渲染效果，如图12-2-21所示。

图12-2-21 “罐”的观察快速渲染效果

## 第三节 建模“长陶罐”

**1** 选择【文件】→【重置】菜单命令，单击【确定】按钮后，刷新3ds Max。

**2** 依次单击 → → 样条线 → 线 按钮，在前视图中制作线条造型，取名为“长罐”，如图12-3-1所示。

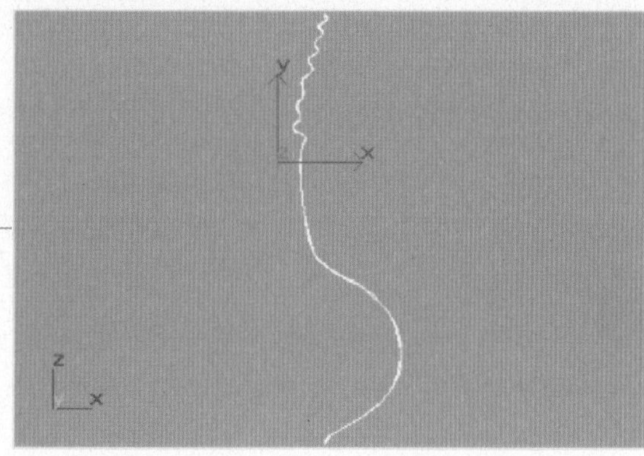

图12-3-1 曲线样条造型

**3** 然后，进入 命令面板中，单击 按钮打开样条线次物体编辑状态。在几何体卷展栏中的 轮廓 输入框里输入2，按键盘上的【Enter】键，关闭样条次物体编辑状态。

**4** 选择“长罐”，然后，进入 →4 轴 命令面板，在调整轴卷展栏中，依次单击 仅影响轴 按钮，在前视图中，配合 工具，锁定X轴，移动调整轴的位置对齐“长罐”的中心线。

**5** 进入 命令面板中，为“长罐”增加一个车削修改命令，在其参数卷展栏中，设置度数为360，分段为32。最终效果如图12-3-2所示。

图12-3-2 “长罐”观察快速渲染效果

### 小结

放样变形是一个很重要的建模手段，放样还有其他四个变形方式，在这里只介绍了其中的一个。希望下一次会有机会介绍所有的放样变形功能。

### 课外作业

利用样条曲线和放样功能，建模一组静物场景。

# 第四部分 国外艺术家讲座

## 国外艺术家讲座导读



★注：以上为国外艺术家讲座教学的课程，参考学时：6课时。

Zurich（苏黎诗）

**艺术家自诉**

我是学习新闻专业的，但我一直以来就渴望成为艺术师。为此我不断努力学习艺术方面的知识，我受很多艺术书籍的影响，我爱我的新闻专业，更爱我的艺术创作。我使用的软件是三维制作软件，每一个三维制作软件都让我兴奋不已，我不能确信我更喜欢哪一种制作软件，我想我都迷恋它们。我长期以来绘画儿童插图、RPG角色、人物肖像。我很崇拜龙这个幻想的生物，这都是从科幻书籍中得到的创作源。

这次的机会更使我开心，因为中国也是龙的故乡，龙的传说很多很多，很高兴能与大家交流CG艺术，这也是我的心愿，Thank you!

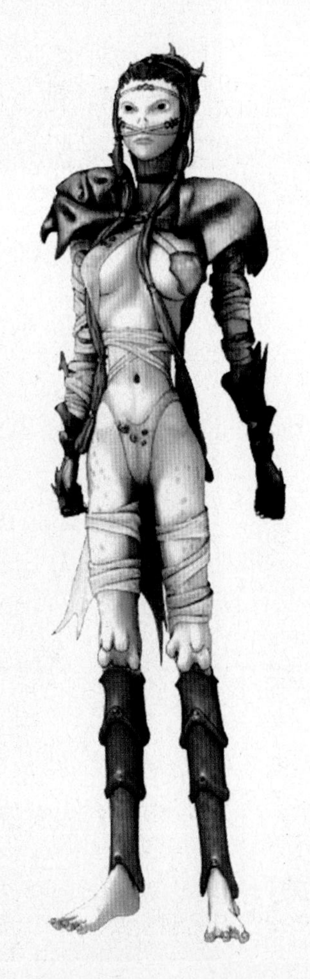

# 第十三章 Zurich的作品欣赏

图 10-1
Me(我)

图 10-2
Drew-Back
(背的魅力)

图 10-3
Dragon(龙)

图10-4
Dragon(龙)

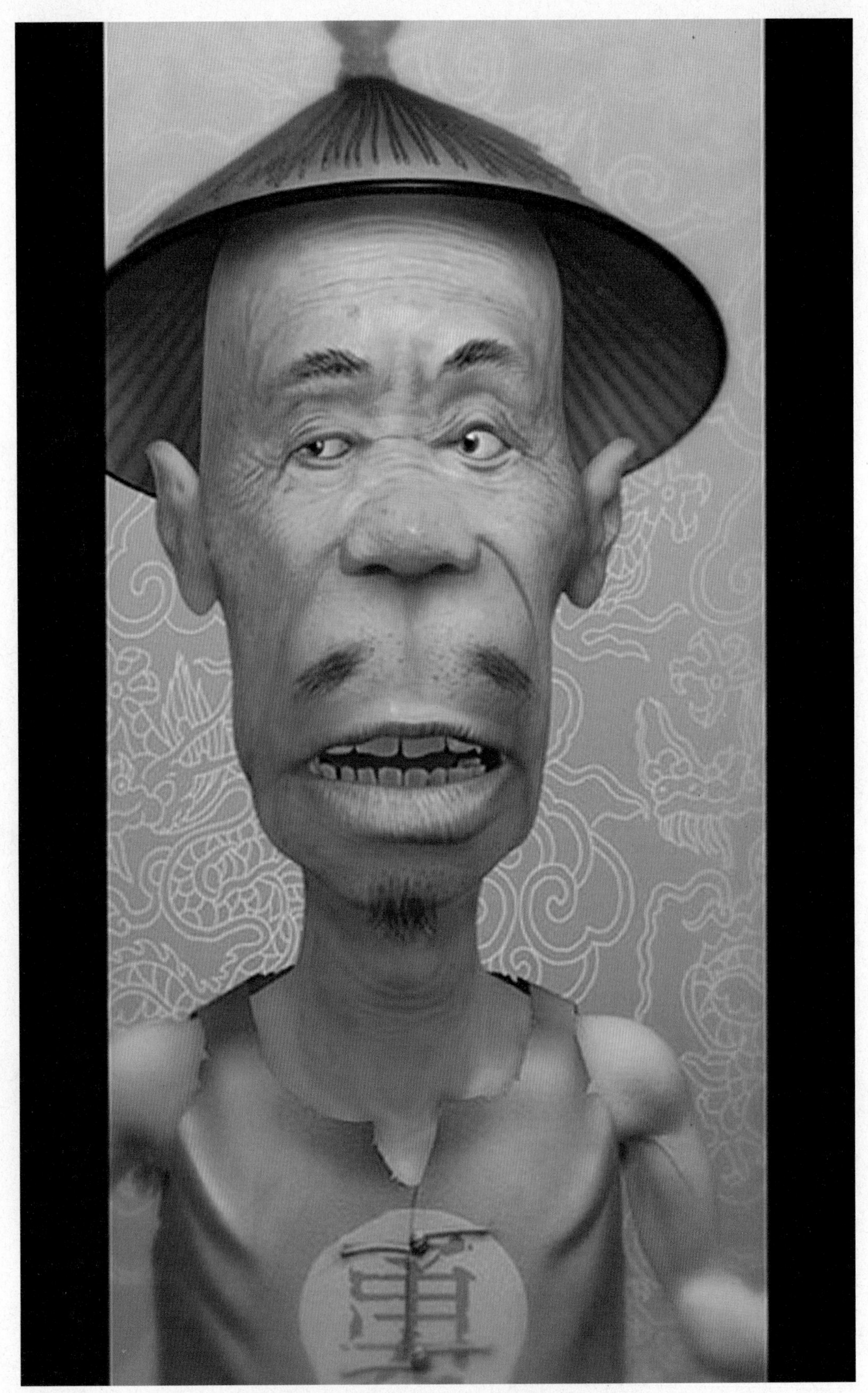

图 10–5 Under Arms(士兵)

图 10-6 Differentia(异族)

图10-7 Me(我)

# 第十四章 艺术家技法讲解（人体造型技法）

1 创建一个12边、高为6段数的圆柱体，如图11-1所示。

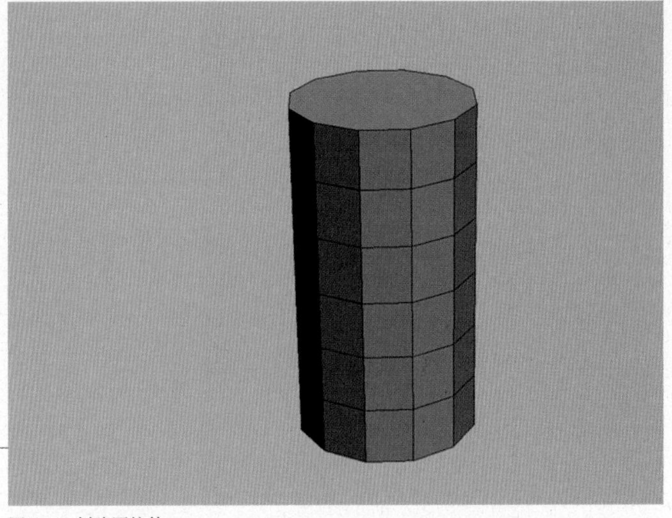

图11-1 创建圆柱体

2 通过移动、缩放调整出身体的肩部、胸部、腰部、臀部等大致的造型，如图11-2所示。

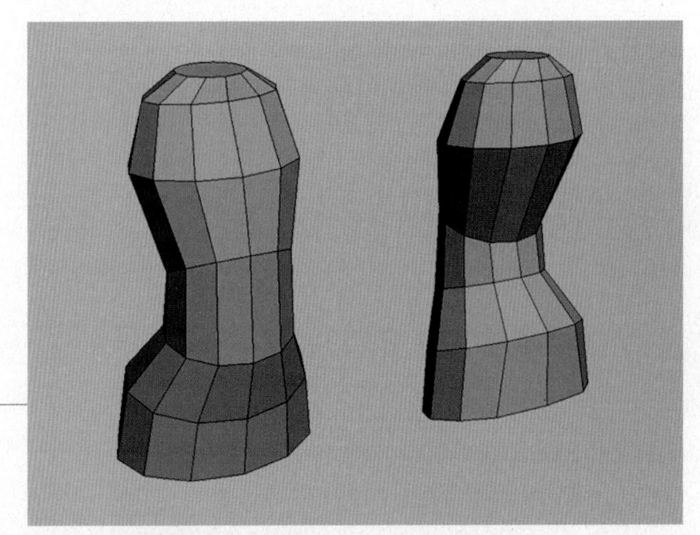

图11-2 调整大致的造型

3 然后删掉如图11-3所示的部分后，镜像复制一半身体。

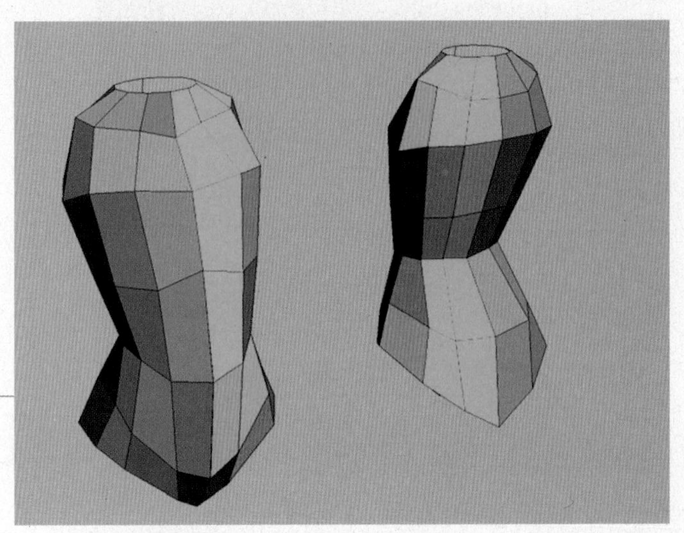

图11-3 删掉绿色部分

**4** 在胸部、腰部、臀部等处，增加一些边，如图11-4所示，然后移动调整图中标示的边来造型身体。

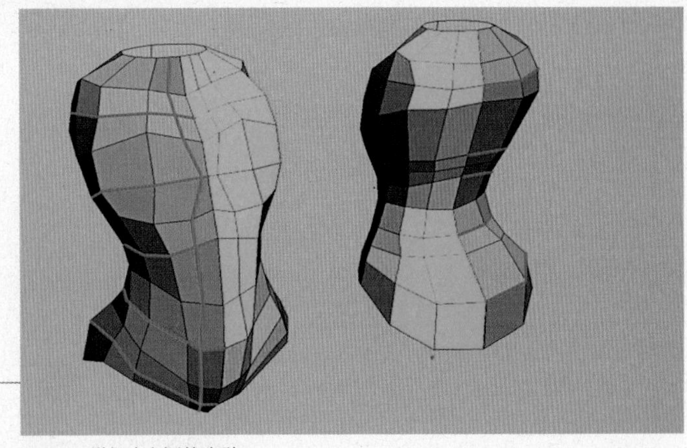
图11-4 增加边和调整造型

**5** 为制作腋窝准备，在侧面增加如图11-5所示的边。

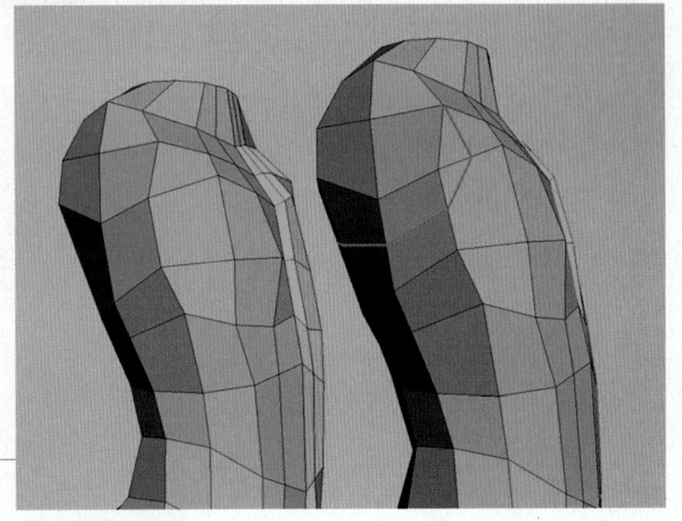
图11-5 增加腋窝边

**6** 删除红色处的边，使其成为四边形网结构，如图11-6所示。

图11-6 删除红色处的边

**7** 创建斜角的边，形成乳头的轮廓，如图11-7所示。

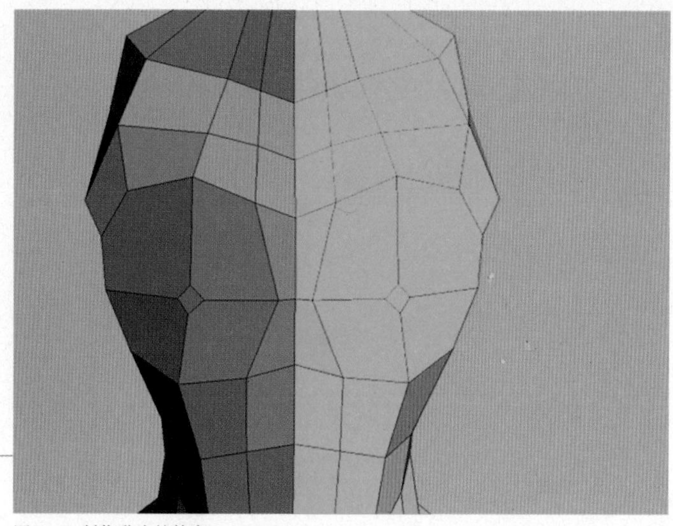

图11-7 制作乳头的轮廓

**8** 胸部的三个制作步骤，围绕乳头中心增加一些斜边，然后围绕圆周增加一些边，最后挤压出乳房，如图11-8所示。

技巧：

注意胸部应稍微下垂一点。

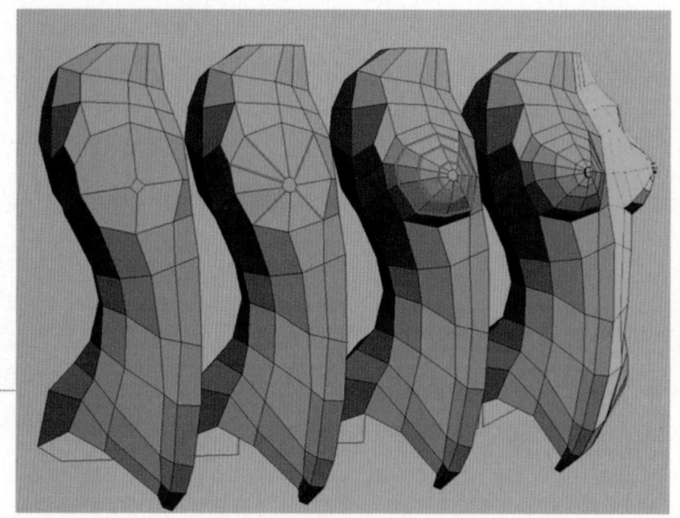

图11-8 胸部的三个制作步骤

**9** 选择侧面，挤压出手臂，如图11-9所示。

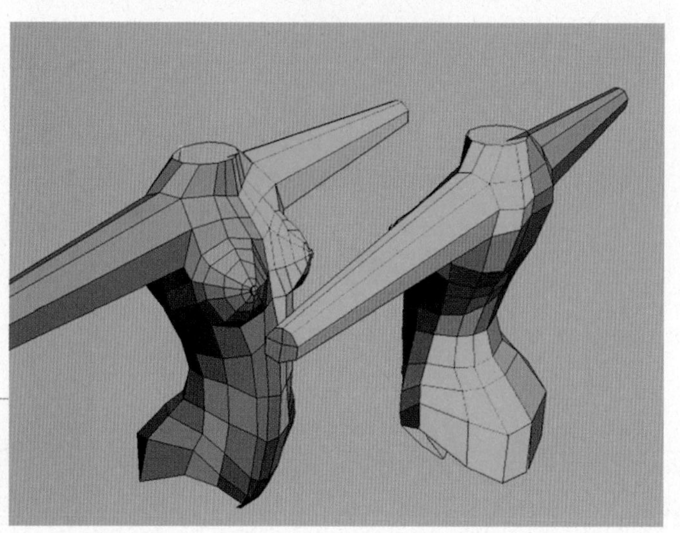

图11-9 挤压出手臂

## 10

删除末端的面，调整腋窝处的面，使其不能交叉重叠，如图11-10所示。

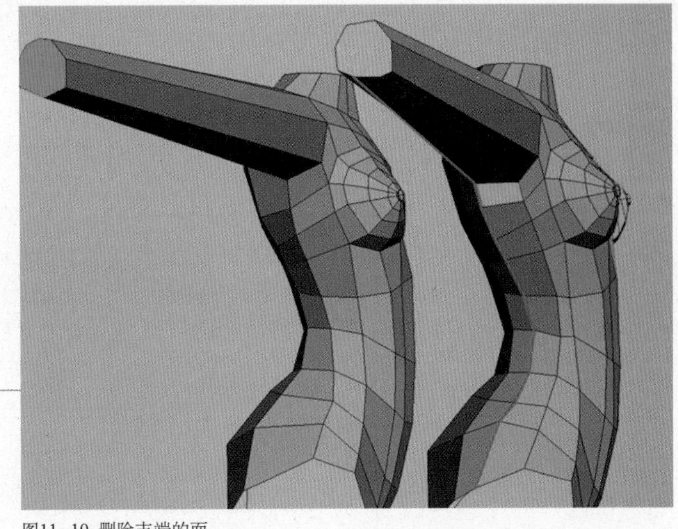

图11-10 删除末端的面

## 11

在腋窝处细分增加两条边，如图11-11所示。

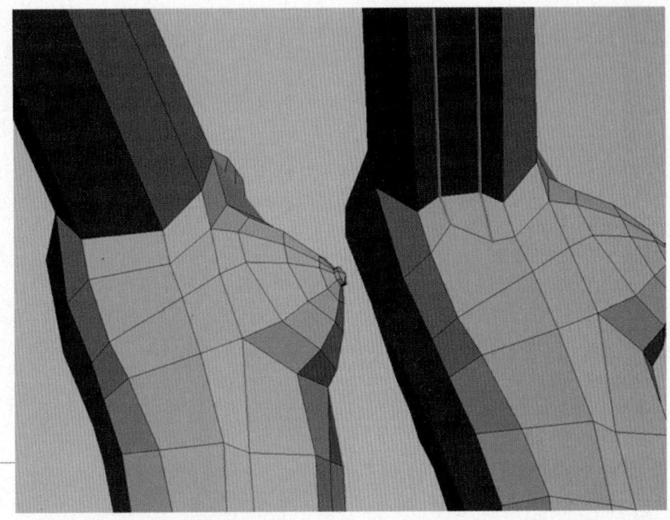

图11-11 在腋窝处细分增加两条边

## 12

在手臂上增加三条如图11-12所示的边。

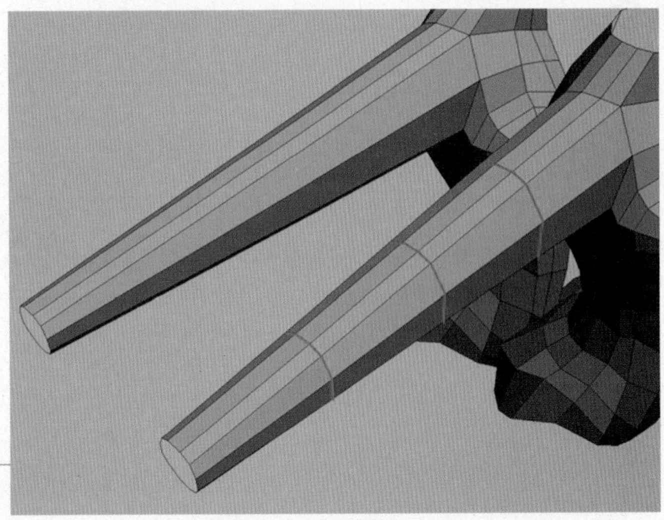

图11-12 在手臂上增加三条边

13 移动顶点，调整三角肌、肘、前臂造型，如图11-13所示。

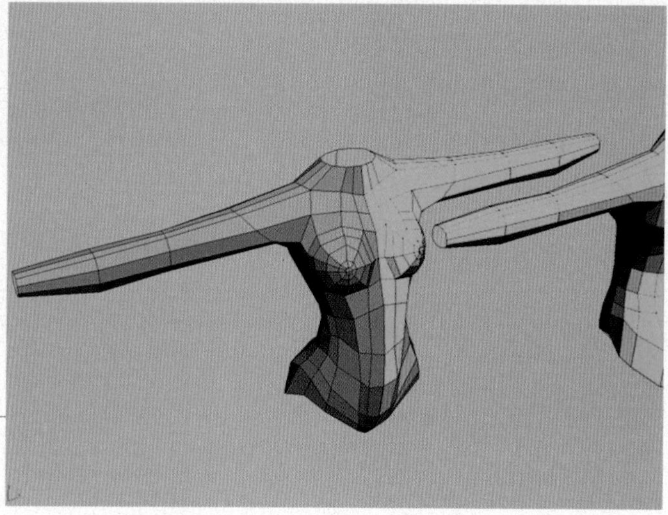

图11-13 移动顶点造型

14 重要的一点，旋转90度，扭曲手臂，如图11-14所示。

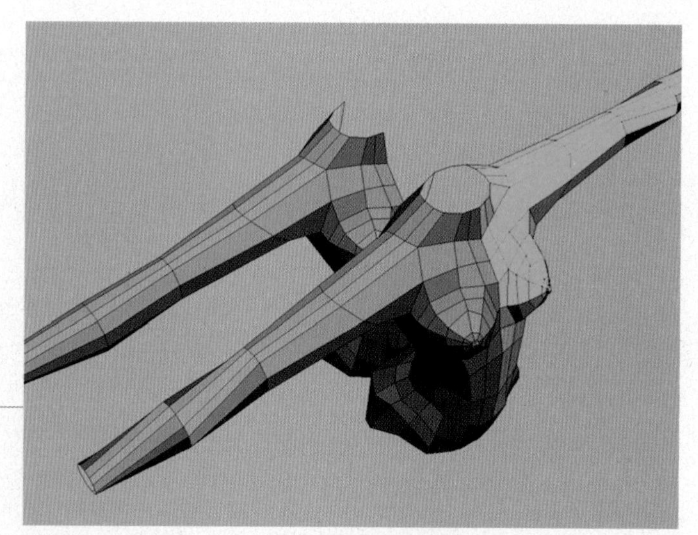

图11-14 扭曲手臂

15 逐步细分手臂，并扭曲手臂造型，如图11-15所示。

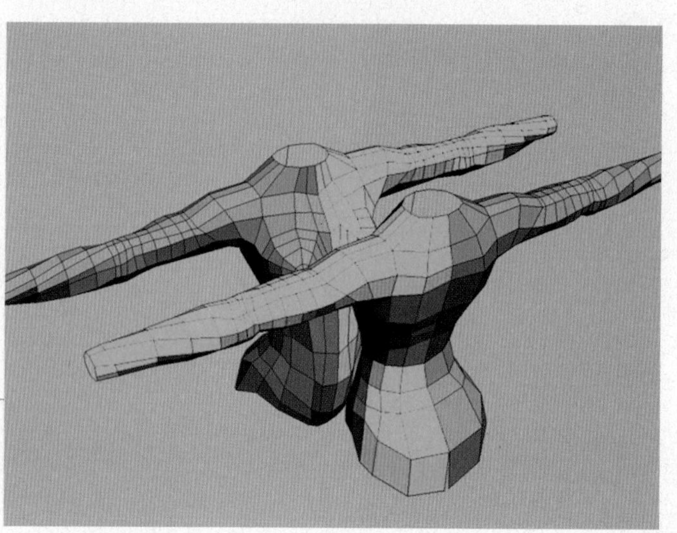

图11-15 逐步细分手臂

**16** 精细增加更多的边，造型手臂的肌肉，如图11-16所示。

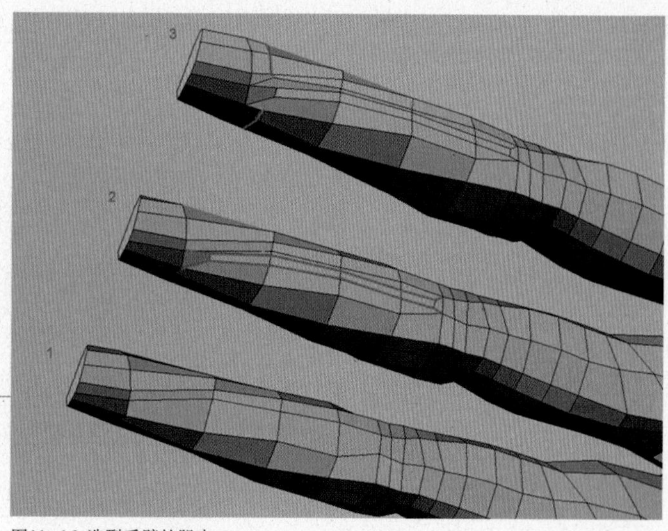


图11-16 造型手臂的肌肉

**17** 在制作中，会产生三角形的面，为此可以删除多余的边，以此来优化面的结构，如图11-17所示。

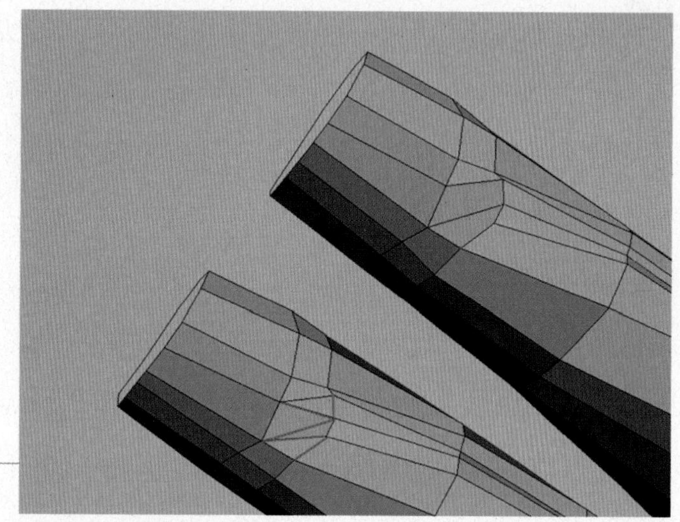

图11-17 优化面的结构

**18** 可以在肘上增加更多的边，制作前臂的肌肉，如图11-18所示。

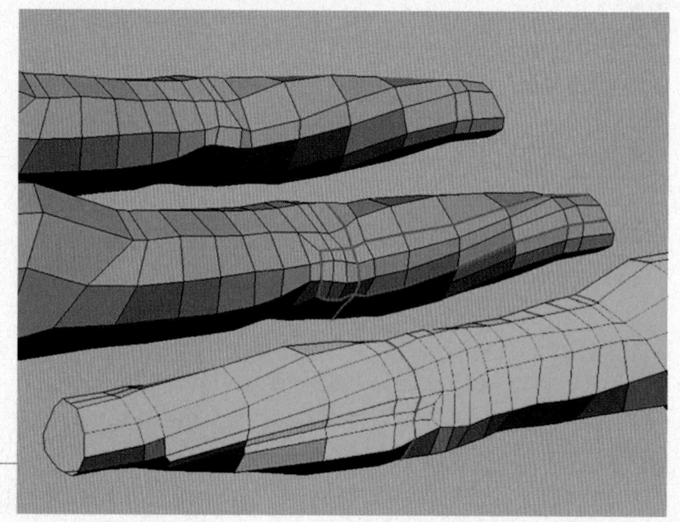

图11-18 制作前臂的肌肉

**19** 仔细调整改变面的方向，如图11-19所示。

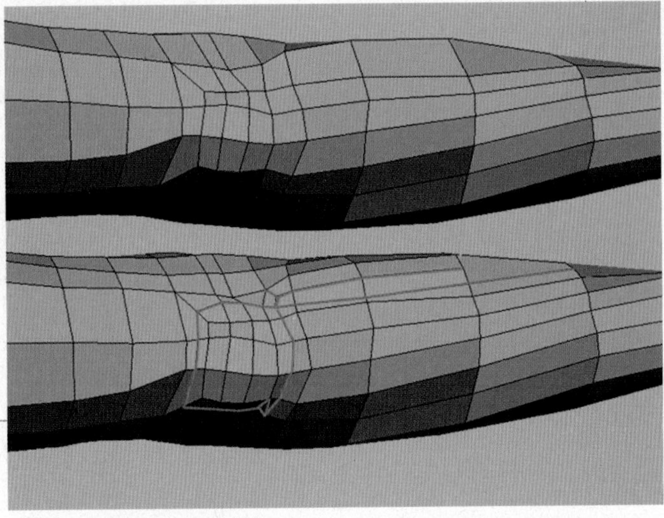

图11-19 仔细调整改变面的方向

**20** 参考制作手臂的方法，制作出手掌，如图11-20所示。

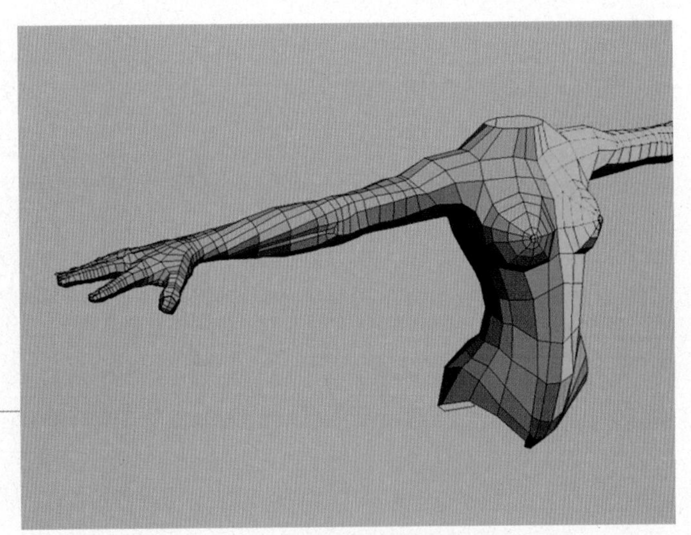

图11-20 制作出手掌

**21** 继续在背部增加边，然后调整顶点造型，如图11-21所示。

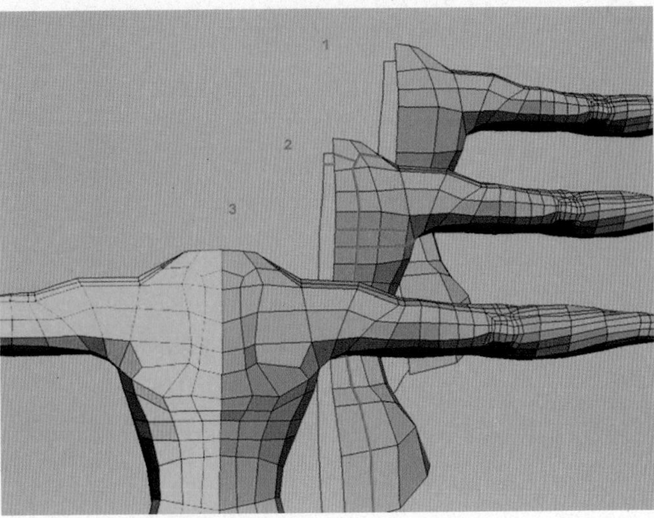


图11-21 调整顶点造型背部

**22** 调整面，增加背部突起效果，如图11-22所示。

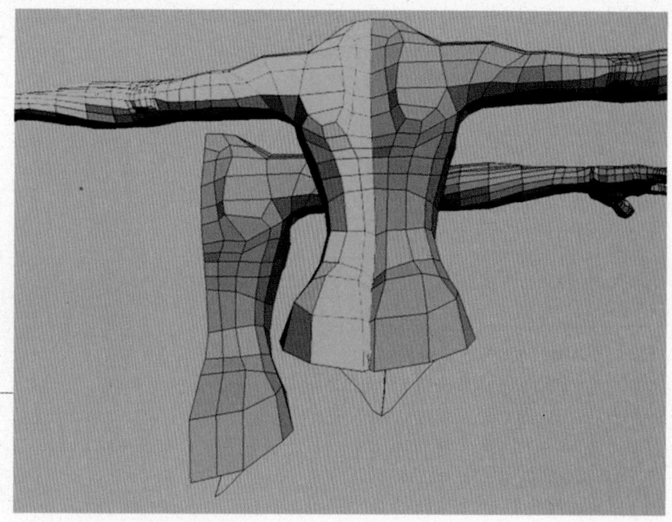

图11-22 增加背部突起效果

**23** 挤压出新的边，然后移动调整造型，如图11-23所示。

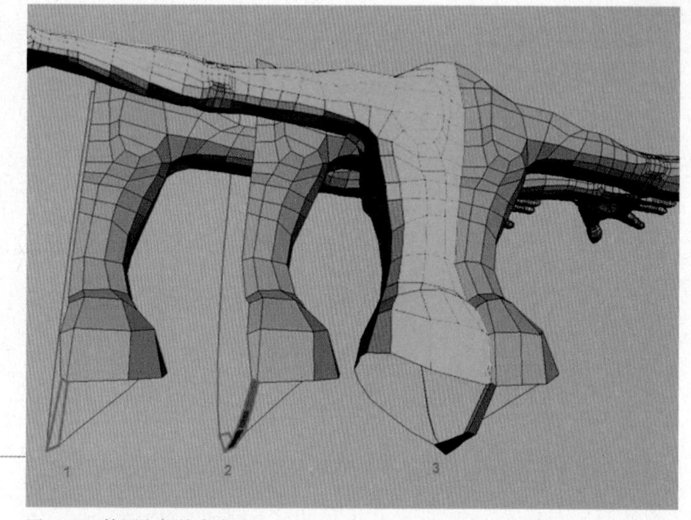


图11-23 挤压出新的边造型

**24** 必须挤压出腿部四周的边，然后增加细分边，直到完成腿的造型，如图11-24所示。

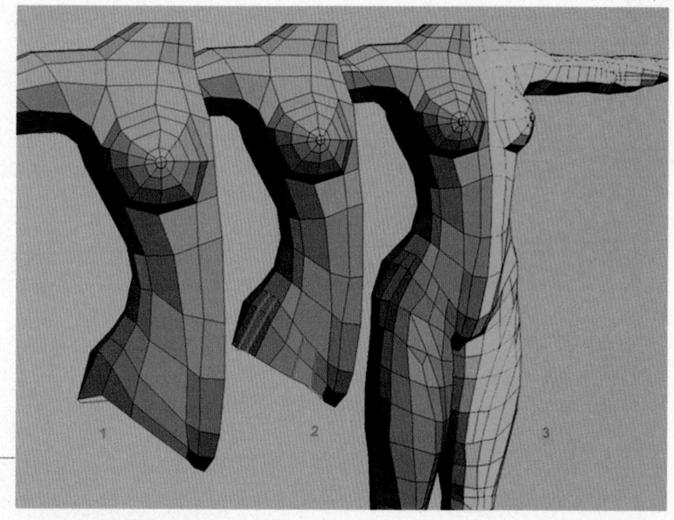


图11-24 造型腿

**25** 优化边，如图11−25所示。

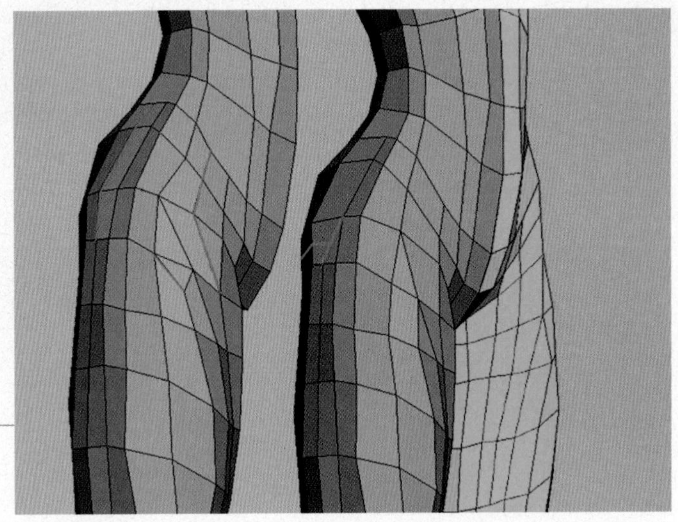
图11−25 优化边

**26** 调整臀部的顶点，使其臀部突起，如图11−26所示。

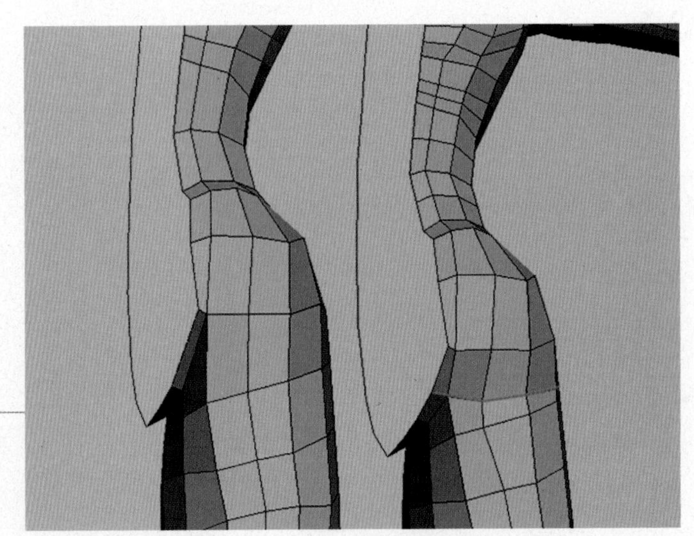
图11−26 使其臀部突起

**27** 继续制作其他部位，如图11−27所示。

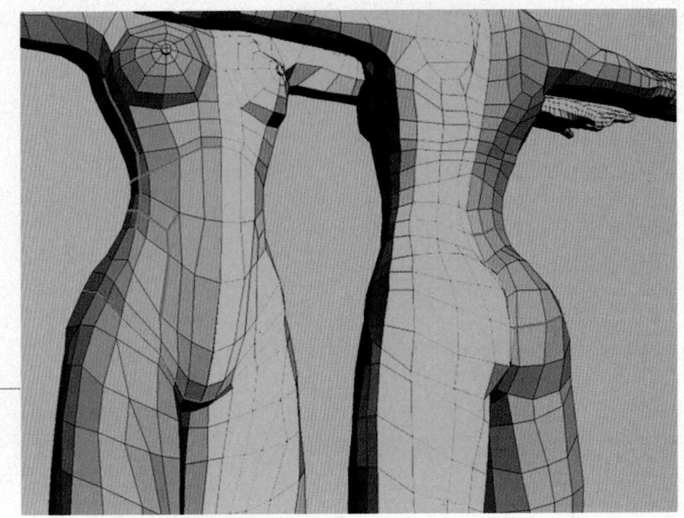
图11−27 继续制作其他部位

**28** 再次修正不好的边和面，如图11–28所示。

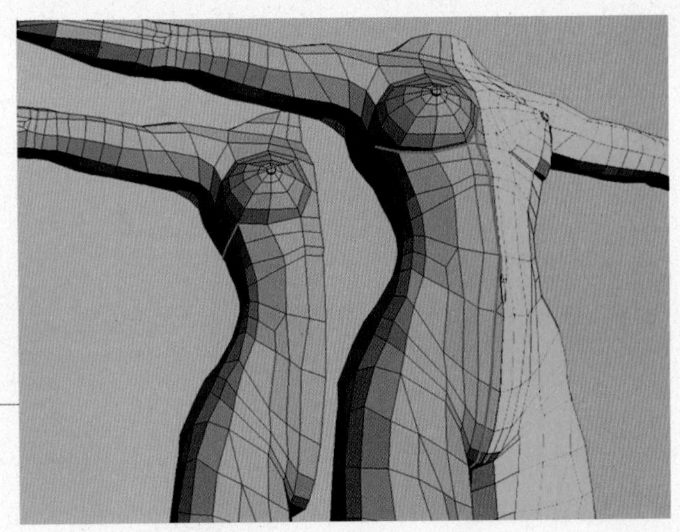

图11–28 再次修正不好的边和面

**29** 删除红色的边，增加两条边，如图11–29所示。

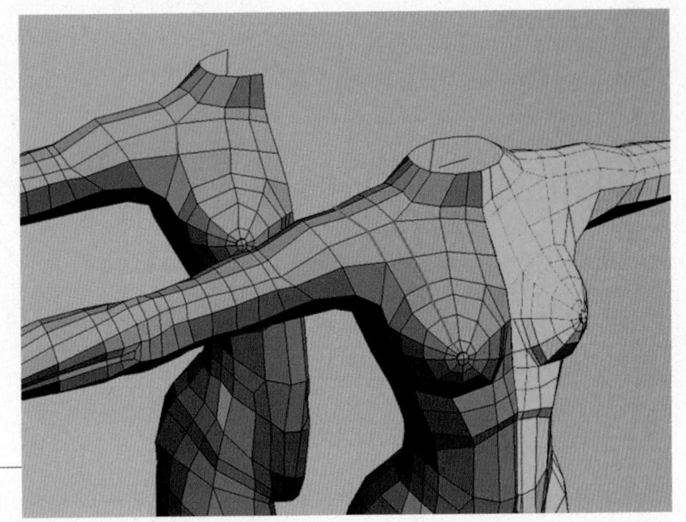

图11–29 删除红色的边，增加两条边

**30** 继续修正边，如图11–30所示。

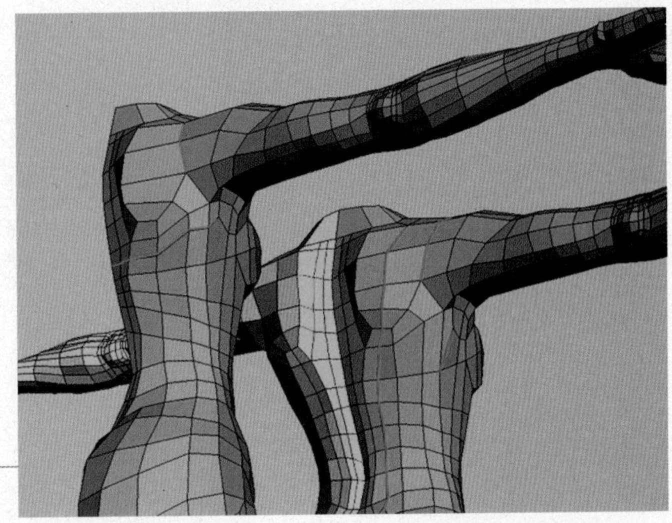

图11–30 继续修正边

**31** 制作一些细节，如图11-31所示。

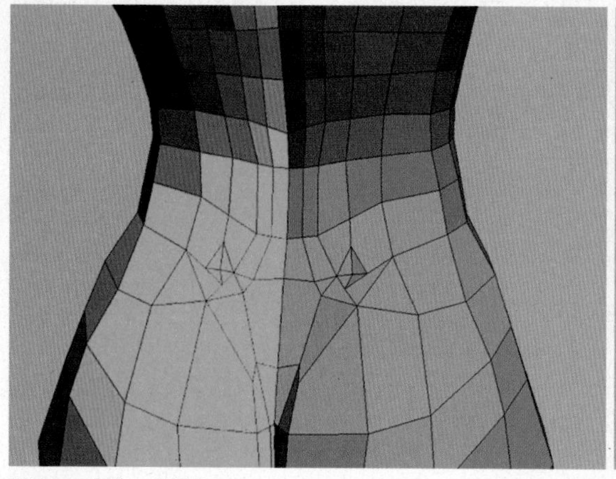
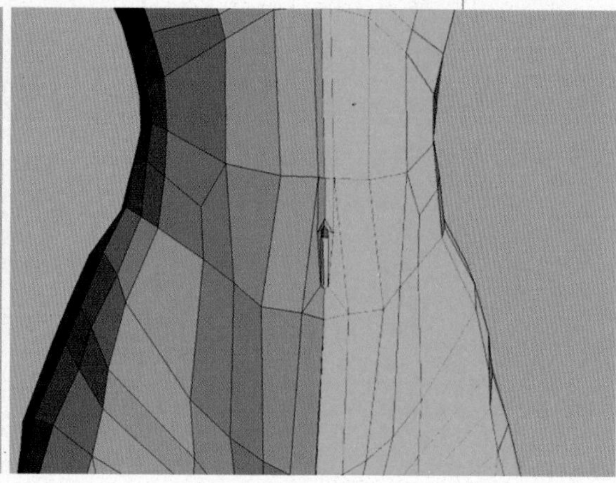

图11-31 制作一些细节

**32** 放入已经制作好的头，如图11-32所示。

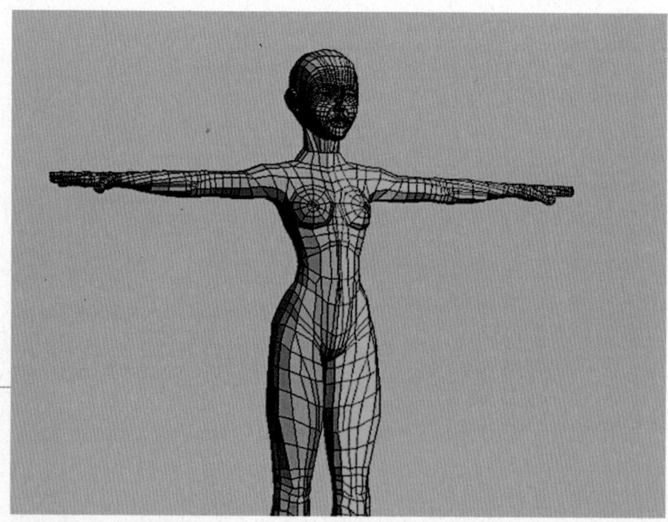

图11-32 放入已经制作好的头

**33** 增加锁骨细节，如图11-33所示。

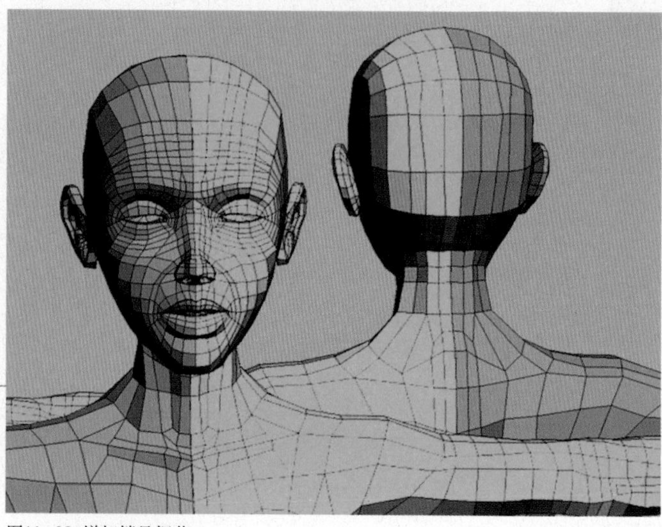

图11-33 增加锁骨细节

**34** 最后要注意的就是根据人体结构来修正不足之处，参考完成的人体模型，如图11-34所示。

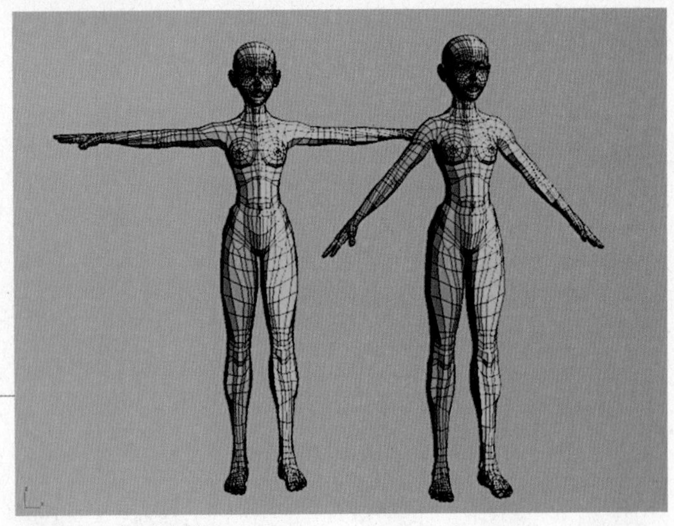

图11-34 完成的人体模型

**35** 增加衣服和头发的最终效果模型，如11-35所示。

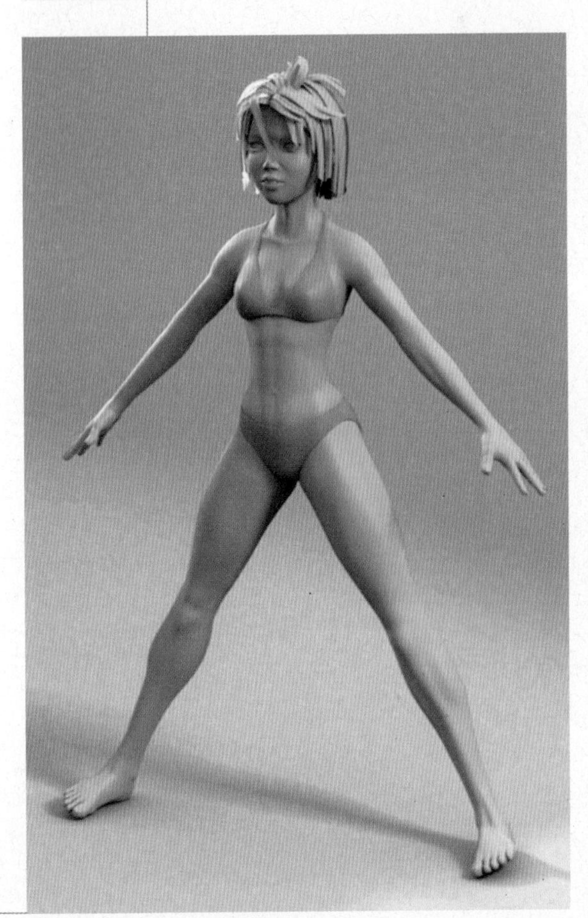

图11-35a 前面

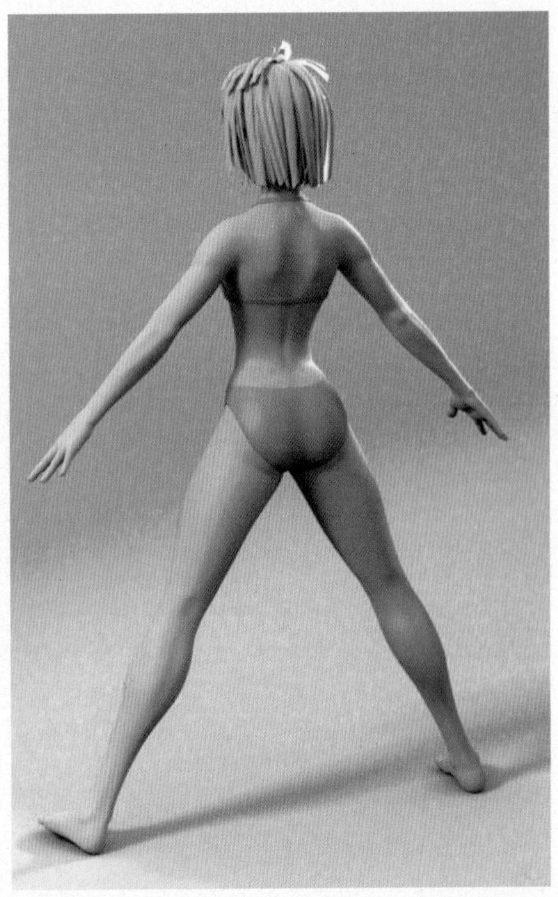

图11-35b 背面

**提示：**

这只是一个大致的讲解步骤图，希望对大家有所帮助。

**建议：**

在学习外国艺术大师的课程中，主要领会大师们的制作要领和技法指导，在3ds Max基础不熟悉的情况下，请先学习国内传统的步骤讲解，然后，在进一步提高3ds Max时，可以参看大师们的讲解，那样才能对国外的教学方法有所理解。

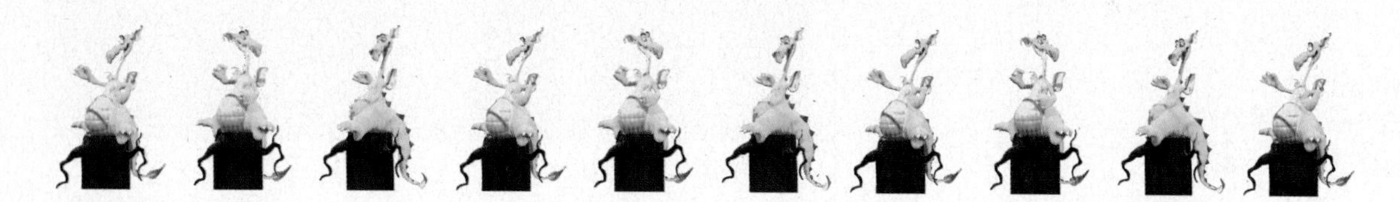

## 小结

人体三维建模是有规律可循的，这种建模人体的方式是根据人体结构来完成的，是一种有效、有参考价值的学习方法。我在此提供的建模思路，需要同学们自己多练习、多思索，方可有一种适合自己的建模方法。

## 课外练习

熟悉人体结构，建模一个人体模型。

## 后记

建模是三维制作的基础，也是制作动画关键的第一步，由于内容实在太多而篇幅有限，为此只能将基础教学的一些内容，融汇在技术教学和创作教学中，这样也可以达到事半功倍的效果。

其实三维造型还有很多方法可以达到很好的效果，请大家自己多多开动脑筋，举一反三，在课余时间多练习建模制作，从而熟能生巧。

Awang

2007年 春